Adobe Dreamweaver CC 2018
经典教程

[美] 吉姆·马伊瓦尔德（Jim Maivald）著
姚军 译

人民邮电出版社
北京

图书在版编目（CIP）数据

Adobe Dreamweaver CC 2018经典教程 / (美) 吉姆·马伊瓦尔德 (Jim Maivald) 著 ; 姚军译. -- 北京 : 人民邮电出版社, 2019.1(2020.3重印)
ISBN 978-7-115-50058-8

Ⅰ. ①A… Ⅱ. ①吉… ②姚… Ⅲ. ①网页制作工具－教材 Ⅳ. ①TP393.092.2

中国版本图书馆CIP数据核字(2018)第251369号

版权声明

◆ 著　　　　[美] 吉姆·马伊瓦尔德（Jim Maivald）
译　　　　姚　军
责任编辑　傅道坤
责任印制　焦志炜

◆ 人民邮电出版社出版发行　　北京市丰台区成寿寺路 11 号
邮编　100164　　电子邮件　315@ptpress.com.cn
网址　http://www.ptpress.com.cn
固安县铭成印刷有限公司印刷

◆ 开本：800×1000　1/16
印张：23.5
字数：550 千字　　　　2019 年 1 月第 1 版
印数：4 201－5 000 册　　2020 年 3 月河北第 4 次印刷

著作权合同登记号　图字：01-2017-4811 号

定价：69.00 元

读者服务热线：(010) 81055410　印装质量热线：(010) 81055316
反盗版热线：(010) 81055315

内容提要

本书由 Adobe 公司的专家编写，是 Adobe Dreamweaver CC 软件的官方指定培训教材。

本书共分为 12 课，每一课先介绍重要的知识点，然后借助具体的示例进行讲解，步骤详细、重点明确，手把手教你如何进行实际操作。本书是一个有机的整体，它涵盖了定制工作空间，HTML 基础知识，CSS 基础知识，Web 设计基础知识，创建页面布局，使用模板，处理文本、列表和表格，处理图像，处理导航，增加交互性，发布到 Web，处理代码等内容，并在适当的地方穿插介绍了 Dreamweaver CC 版本中的新功能。

本书语言通俗易懂，并配以大量图示，特别适合 Dreamweaver 新手阅读。有一定使用经验的用户也可以从本书中学到大量高级功能和 AdobeDreamweaver CC 的新增功能。本书也可作为相关培训班的教材。

前　言

Adobe Dreamweaver CC 是行业领先的 Web 内容制作程序。无论你是为了生活还是为了自己的事业而创建网站，Dreamweaver 都提供了你所需的所有工具，帮助你达到专业水平。

关于经典教程

本书是在 Adobe 产品专家支持下开发的图形和出版软件官方培训系列教材中的一本。

精心合理的课程设计，可使你按自己的进度来学习。如果你是 Dreamweaver 的初学者，那么将会学到使用这款软件的基础知识。如果你是经验丰富的用户，那么将会发现经典教程讲解了许多高级特性，包括使用 Dreamweaver 最新版本的提示和技巧。

尽管每个课程都包括创建一个具体项目的逐步指导，但是你仍有进行探索和试验的空间。你可以按课程的设计从头至尾通读本书，也可以只阅读你感兴趣或者需要的那些课程。每个课程最后的“复习题”一节包含关于在这节课中所学习主题的问题和答案。

必须具备的知识

在使用本书之前，你应该具备有关计算机及其操作系统的知识。确信你知道如何使用鼠标、标准菜单和命令，以及如何打开、保存和关闭文件。如果你需要复习这些技术，可以参阅 Microsoft Windows 或 macOS 操作系统提供的印刷文档或在线文档。

Windows 与 macOS 指南

在大多数情况下，Dreamweaver 在 Windows 与 macOS 中的操作方法完全相同。这两个版本之间存在细微的区别，这主要是由于不受软件控制、特定于平台的问题。其中大多数问题仅仅只是键盘快捷键、对话框的显示方式以及按钮命名方式之间的区别。在大部分情况下，屏幕截图都是用 macOS 版本的 Dreamweaver 制作的，可能在你的屏幕上有不同的显示。

在具体命令有区别的地方，正文内都进行了说明。Windows 命令列在前面，其后接着对应的 macOS 命令，比如 Ctrl+C/Cmd+C。只要有可能，就会为所有命令使用常见的简写形式，如下所示：

Windows	macOS
Control = Ctrl	Command = Cmd
Alternate = Alt	Option = Opt

随着课程的深入，我们假设你在前期课程掌握了基本概念，为节约篇幅起见，指令可能会被

截断或缩短。例如，在早期课程你看到的说明可能是“按 Ctrl+C/Cmd+C 组合键”，之后你看到的可能只是“复制”文本或代码元素。这些应该被看成完全相同的指令。

如果你在任何练习中遇到困难，那么请复习之前的步骤或练习有关课程。在某些情况下，如果练习基于之前介绍的概念，你将涉及特定课程的内容。

安装程序

在进行本书中的任何练习之前，先验证你的计算机系统是否满足 Dreamweaver 的硬件需求，配置是否正确，并且安装了所有需要的软件。

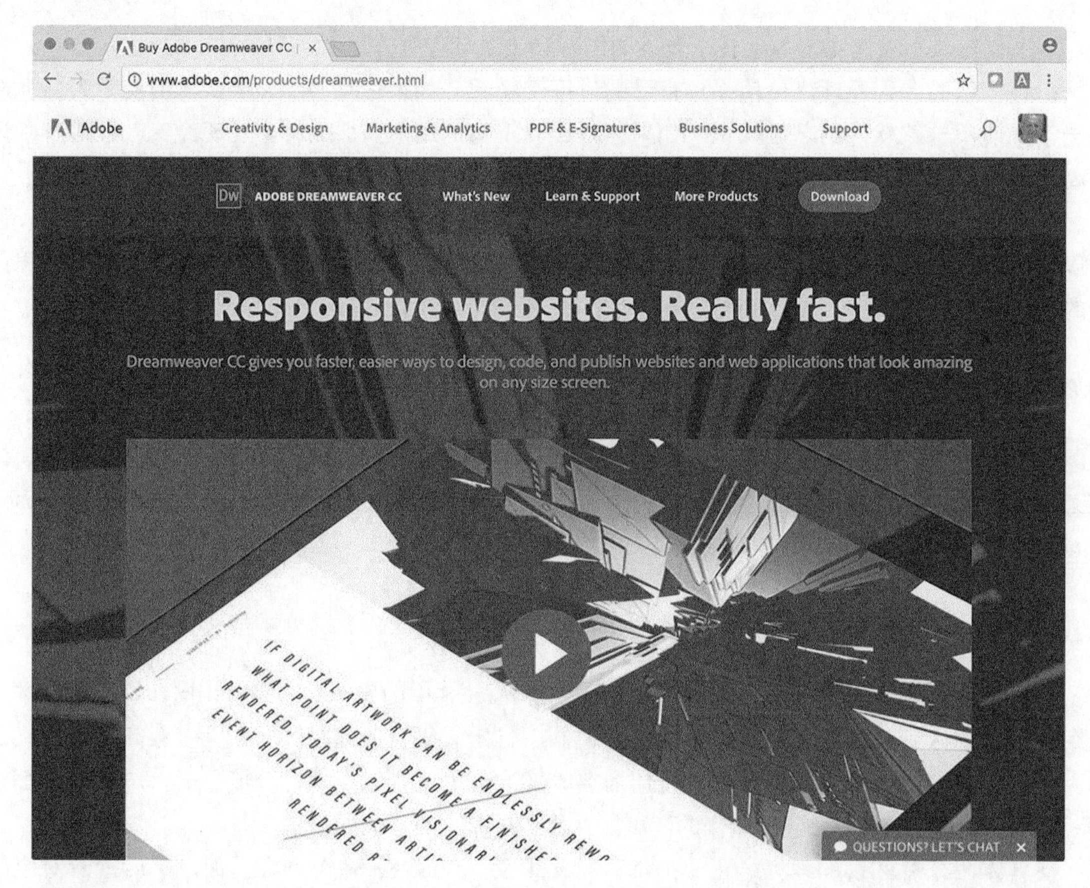

如果你没有 Dreamweaver 安装程序，必须首先从 Creative Cloud 安装。Adobe Dreamweaver 必须单独购买，在本书配套的课程文件中不包括该软件。有关系统需求可以访问 Adobe 官网的帮助页面进行查询。

访问 Adobe 的官方网站，注册 Adobe Creative Cloud。Dreamweaver 可以和整个 Creative Cloud 产品族一起购买，也可以作为一个独立应用程序购买。Adobe 还允许免费试用 Creative Cloud 和单独应用 7 天。

将 Dreamweaver 更新到最新版本

虽然 Dreamweaver 是下载并安装在你的计算机的硬盘驱动器上的，但定期更新是通过 Creative Cloud 提供的。有些更新提供 Bug 修复及安全补丁，其他更新则提供新的奇妙功能和能力。本课程基于 Dreamweaver CC（2018 版），在早期版本中可能无法正常工作。要检查你的计算机上安装了哪个版本，请在 Windows 版本中选择 Help（帮助）>About Dreamweaver（关于 Dreamweaver）或在 macOS 上选择 Dreamweaver > About Dreamweaver（关于 Dreamweaver）。这将打开一个窗口，显示应用程序的版本号和其他相关信息。

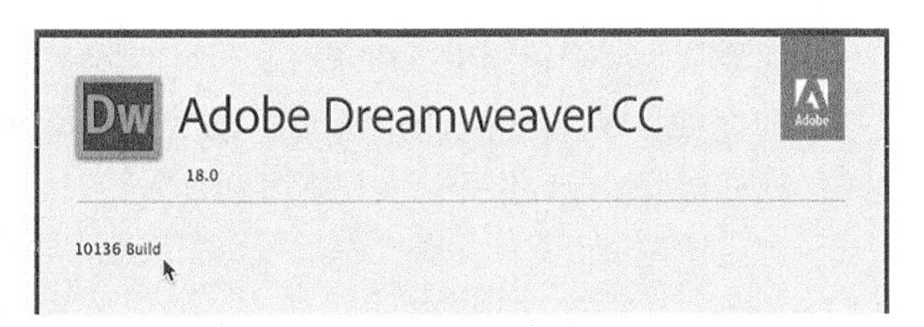

如果你有一个早期版本的安装程序，必须更新为最新版本的 Dreamweaver。你可以打开 Creative Cloud 管理器并登录到你的账户，检查安装状态。

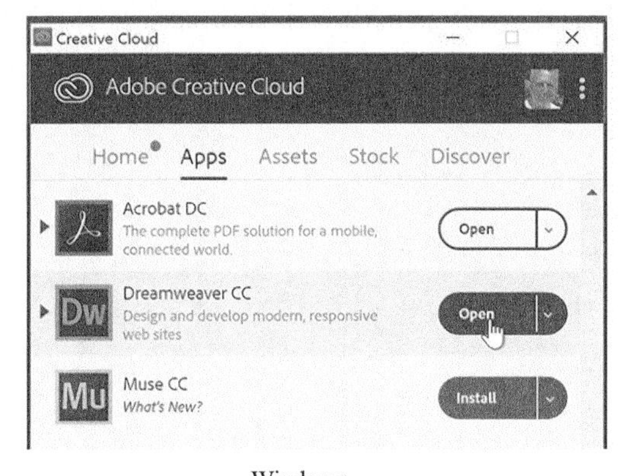

Windows

macOS

访问 Adobe 官方网站的帮助页面，了解如何在计算机或笔记本电脑上下载和安装 Creative Cloud 的有限试用期版本。

课程文件

为了完成本书的项目，你必须从异步社区的相应页面下载课程文件。你可以下载单独的课程文件，也可以下载包含所有内容的单个文件。

建议的课程顺序

本书的培训旨在引领你从初级水平过渡到具有中级网站设计、开发和制作技能的水平。每个新课程都构建在以前的练习之上，使用提供的文件和资源创建完整的一个网站。我们建议一次性下载所有课程文件。

从第1课开始，按顺序学习整本书，直到第12课为止。然后在网上继续学习第13～16课（关于在线材料的更多信息，请见“额外赠送的素材”一节）。

我们建议不要跳过任何课程，甚至不要跳过各个练习。虽然这是理想的方法，但对于每个用户并不一定都是实用的方案。因此，每个课程文件夹都包括完成那个课程内包含的练习所需的所有文件和资源。每个文件夹都包含部分已完成和阶段性的资源，使你在需要时可以不按照顺序完成单独的课程。

不过，不要认为每个课程中的阶段性文件和自定义模板代表着一组完整的资源。这些文件夹看似包含了重复的材料，但是这些“重复”的文件和资源在大部分情况下不能互换适用于其他课程和练习。这样做可能导致你无法实现练习的目标。

因此，你应该将每个文件夹看成一个独立的网站。将课程文件夹复制到你的硬盘上，并用Site Setup（站点设置）对话框为课程创建一个新站点。不要用现有站点的子文件夹定义站点。将站点和资源放在原来的文件夹中，避免冲突。

我们的建议之一是将课程文件夹放在靠近硬盘根目录的单个web或者sites主文件夹中。但是要避免使用Dreamweaver应用文件夹。在大部分情况下，你应该使用本地Web服务器作为测试服务器，这将在第11课中说明。

额外赠送的素材

我们还在异步社区（www.epubit.com）上为第2～4课提供了额外的素材。本书有许多出色的内容，无法全部放入纸质书中，所以我们将第13～16课也放在了异步社区上。

第2课，“HTML基础知识”

第3课，“CSS基础知识”

第4课，“用Adobe生成器创建Web资源”

第13课，“为移动设备设计”

第14课，“使用Web框架”

第15课，“使内容适配响应式设计”

第16课，“使用Web动画和视频”

第一次启动

安装之后第一次启动时，Dreamweaver CC将显示多个介绍屏幕。首先会出现Sync Settings（同步设置）对话框。如果你是旧版Dreamweaver的用户，选择Import Sync Settings（导入同步设置）下载现有程序首选项。如果这是你第一次使用Dreamweaver，选择Upload Sync Settings（上传同步设置），将你的首选项同步到Creative Cloud账户。

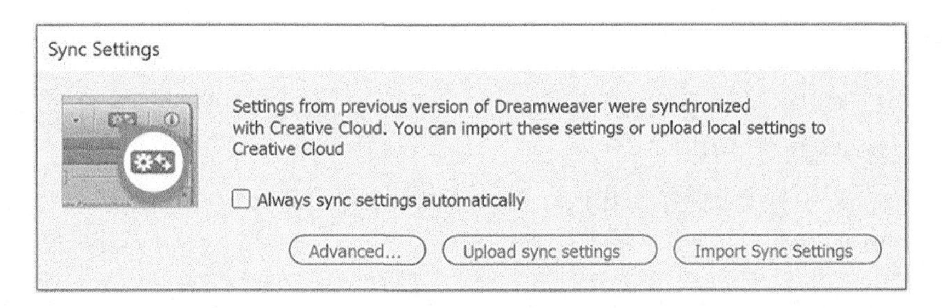

在本书中，我使用最浅色的界面主题制作屏幕截图，这样做是为了节约印刷时的油墨，减少对环境的压力。你尽可以使用自己偏爱的颜色主题。

选择程序颜色主题

如果你在安装并启动 Dreamweaver 之后购买了本书，你可能正在使用与本书中大多数屏幕截图中不同的颜色主题。使用任何颜色主题，所有练习都可以正常运行，但如果要配置你的界面以匹配所显示的界面，请完成以下步骤。

1. 在 Windows 系统中选择 Edit（编辑）>Preferences（首选项）或在 macOS 中选择 Dreamweaver CC>Preferences（首选项）。首选项对话框出现。

2. 选择 Interface（界面）类别。

3. 选择最浅的应用主题颜色。

从 Code Theme（代码主题）菜单中选择 Solarized Light。

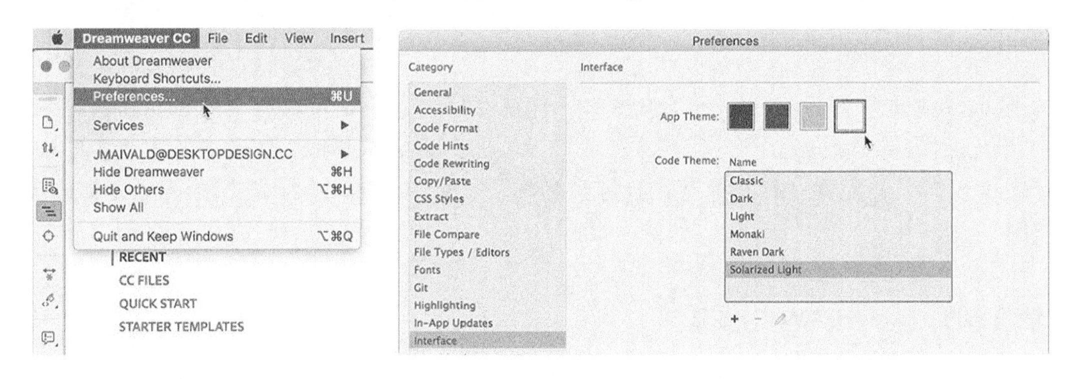

界面变为新主题。根据选择的应用主题，代码主题可能自动改变。但这些变化并不是永久的。如果关闭对话框，主题将恢复到原来的颜色。

4. 单击 Apply（应用）按钮。

现在，主题永久改变。

5. 单击 Close（关闭）按钮。

可以在任何时候改变颜色主题。用户往往选择最适合常规工作环境的主题。浅色主题最适合于光线充足的房间，而深色主题在一些设计办公室使用的间接或受控照明环境中效果最好。所有练习在任何主题颜色中都可以正常运行。

设置工作区

Dreamweaver CC（2018 版本）包括两种主要工作区，以适应各种计算机配置和单独工作流程。对于本书，建议使用标准工作区。

1. 如果默认情况下不显示标准工作区，可以从 Window（窗口）> Workspace Layout（工作区布局）菜单中选择。

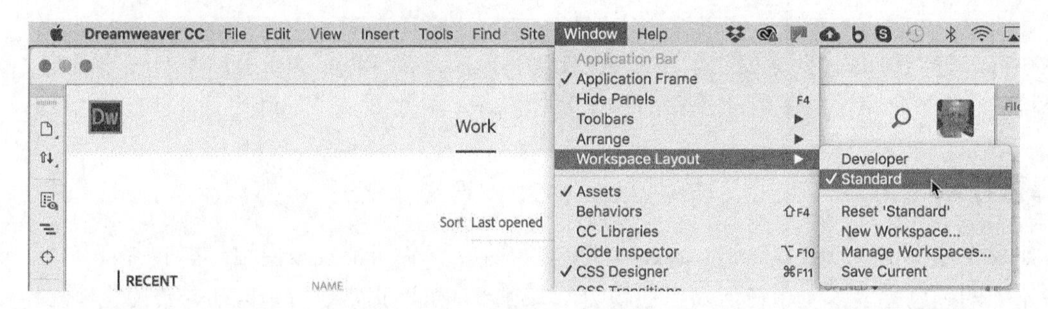

2. 如果默认的标准工作区已被修改，其中某些工具栏和面板不可见（如书中插图所示）。可以从 Workspace（工作区）下拉菜单中选择 Reset ‘Standard’（重置 ‘标准’）来恢复出厂设置。

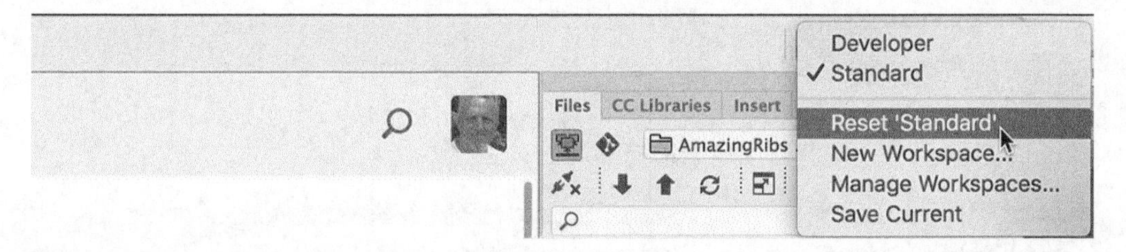

从 Window（窗口）> Workspace Layout（工作区布局）菜单中可以选择相同的选项。本书的大部分插图显示标准工作区。当你完成本书中的课程时，请尝试其他工作区，以找到你喜欢的工作区，或构建自己的配置并将其保存在自定义名称下。有关 Dreamweaver 工作区更完整的描述，请参阅第 1 课。

定义一个 Dreamweaver 站点

在完成以下课程的过程中，你将从头开始创建网页，并使用存储在硬盘驱动器上的现有文件和资源。生成的网页和资源构成了所谓的本地站点。当你准备好将站点上传到互联网时（请参阅第 11 课），将完成的文件发布到 Web 主机服务器，然后将其变为远程站点。通常，本地和远程站点的文件夹结构和文件一致。

第一步是定义你的本地站点。

> Dw **警告：**你必须在创建站点定义之前解压课程文件。

1. 启动 Adobe Dreamweaver CC（2018 版）或者更高版本。

2. 打开 Site（站点）菜单。

“站点”菜单提供创建和管理标准 Dreamweaver 站点的选项。

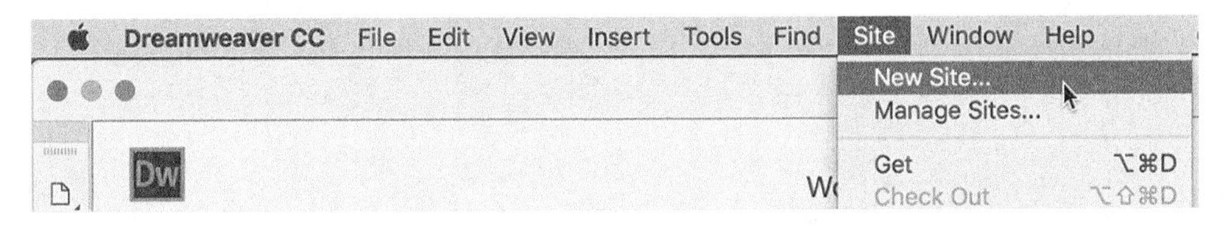

3. 选择 New Site（新建站点）。

Site Setup（站点设置）对话框出现。

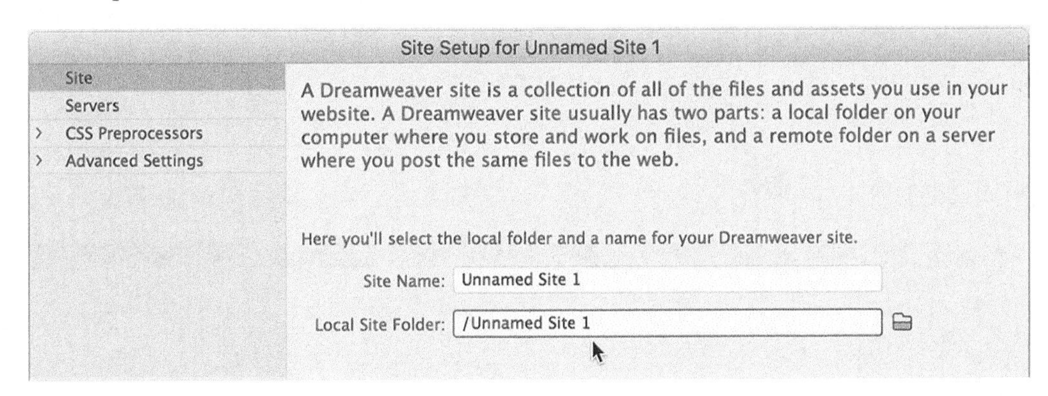

要在 Dreamweaver 中创建标准的网站，你只需要命名并选择本地站点文件夹。站点名称应与特定项目或客户端相关，并将显示在 Files（文件）面板站点下拉菜单中。该名称仅供你自己使用，不会被公众看到，所以创建名称时没有任何限制。建议使用清楚描述网站目的的名称。为了本书的目的，请使用你正在完成的课程的名称，例如 lesson01、lesson02、lesson03 等。

注意：包含该站点的主文件夹在本书中都被当作站点根文件夹。

4. 在 Site Name（站点名称）字段中输入 lesson01 或者其他合适的名称。

5. 单击 Local Site Folder（本地站点文件夹）旁边的 Browse For Folder（浏览文件夹）图标 。

6. 找到包含课程文件的文件夹，单击 Select/Choose（选择）。

> **注意：** 在定义站点之前，必须解压课程文件。

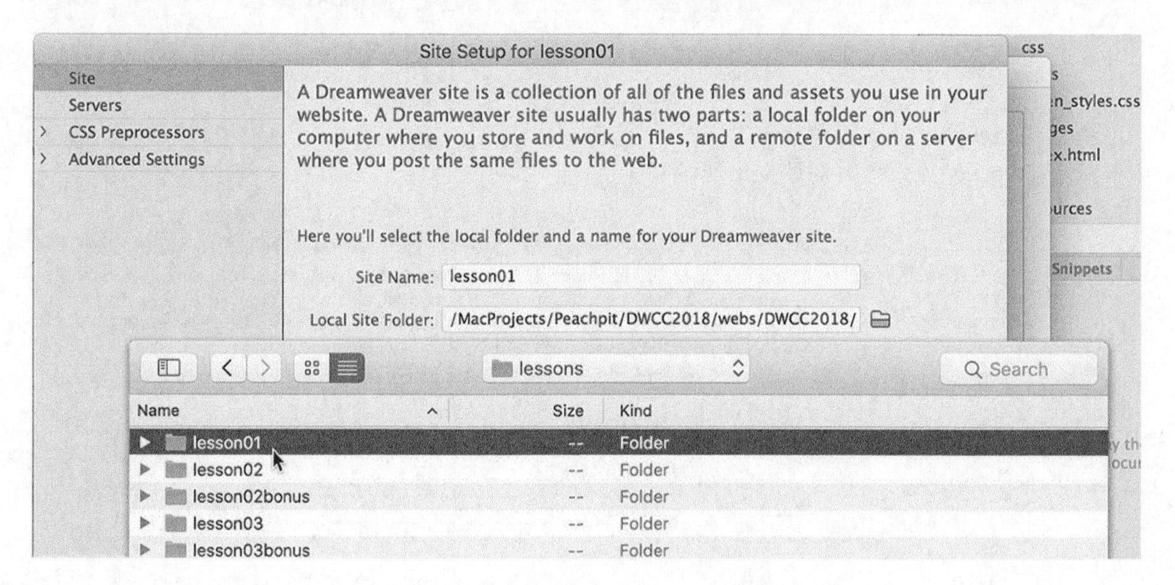

此时，你可以单击 Save（保存），开始新网站的工作。但是你还将添加一个方便的信息。

7. 单击 Advanced Settings（高级设置）类别旁边的箭头，列出子类别。选择 Local Info（本地信息）。

虽然不是必须的，但将不同类型的文件存储在不同文件夹中是很好的网站管理策略。例如，许多网站为图像、PDF、视频等提供单独的文件夹。Dreamweaver 通过为 Default Images 文件夹添加选项来协助这项工作。

之后，当你从计算机上其他位置插入图像时，Dreamweaver 将使用此设置自动将图像移到站点结构中。

> **注意：** 在本书中，包含图像资源的文件夹都将作为站点默认图像文件夹或默认图像文件夹。

8. 单击 Default Images Folder（默认图像文件夹）字段旁边的 Browse For Folder（浏览文件夹）图标。当对话框打开时，导航到该课程或站点对应的图像文件夹，然后单击“选择”按钮。

图像文件夹的路径显示在 Default Images Folder（默认图像文件夹）字段中。下一步将是在“Web URL”字段中输入你的站点域名。

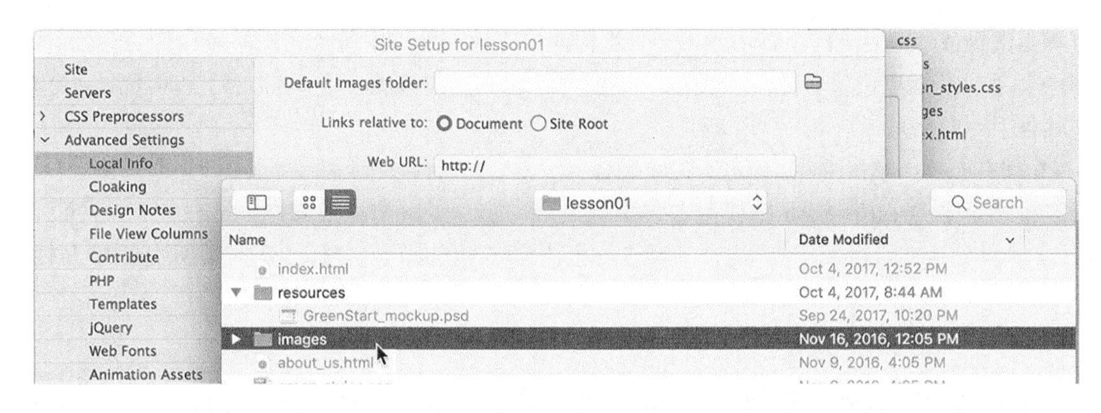

9. 对于本书的课程，在 Web URL 字段中输入 http://green-start.org 或者你自己的网站 URL。

注意：对大部分静态 HTML 网站来说不需要 Web URL，但是对于使用动态应用或者链接到数据库及测试服务器的站点来说，这是必需的。

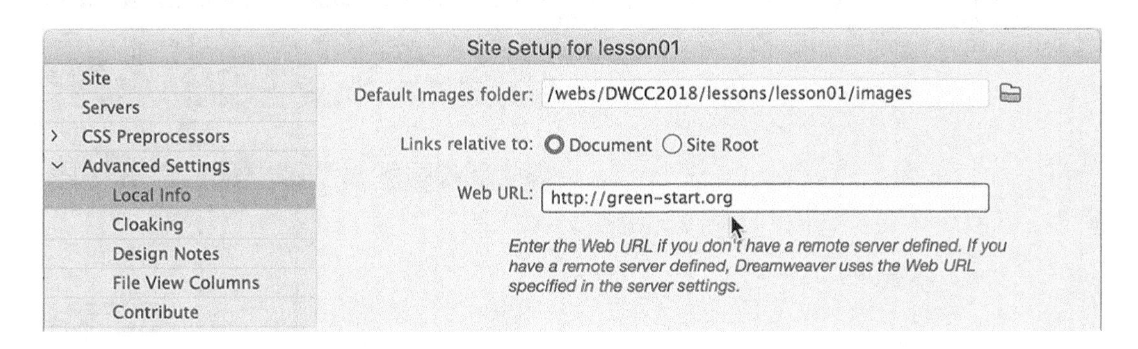

你已经输入启动新站点所需的所有信息，在后续课程中，你将添加更多的信息，以便能够将文件上传到远程服务器和测试服务器。

10. 在 Site Setup（站点设置）对话框中，单击 Save（保存）。

Site Setup（站点设置）对话框关闭。

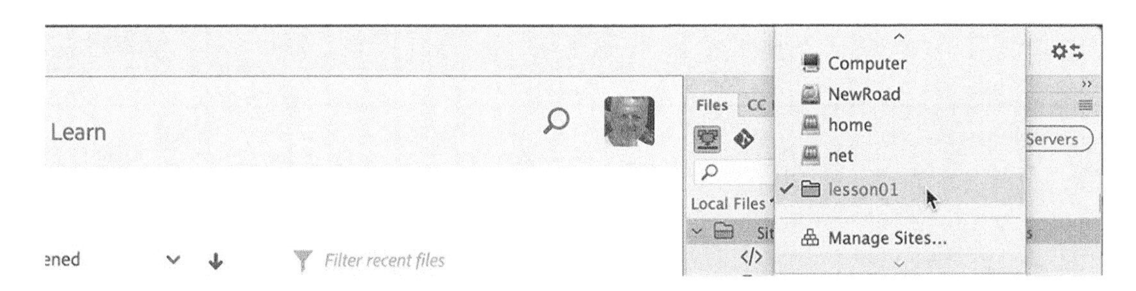

在文件面板中，新站点名称将显示在“站点列表”下拉菜单中。在添加更多网站定义时，你可以通过从此菜单中选择适当的名称在站点之间进行切换。

每当选择或修改站点时，Dreamweaver 将构建或重建文件夹中每个文件的缓存。缓存标识网页之间的关系以及站点内资源之间的关系，并且可以在文件被移动、重命名或删除时帮助你更新链接或其他引用的信息。

11. 如有必要，单击 OK（确定）构建缓存。

设置站点是 Dreamweaver 中任何项目关键的第一步。了解站点根文件夹所在位置，可以帮助 Dreamweaver 确定链接路径，启用许多在整个站点内起作用的选项，如孤立文件检查及查找/替换等。

检查更新

Adobe 定期提供软件更新。要检查程序更新，可在 Dreamweaver 中选择 Help（帮助）> Updates（更新）。更新通知也可能出现在 Creative Cloud 更新桌面管理器中。

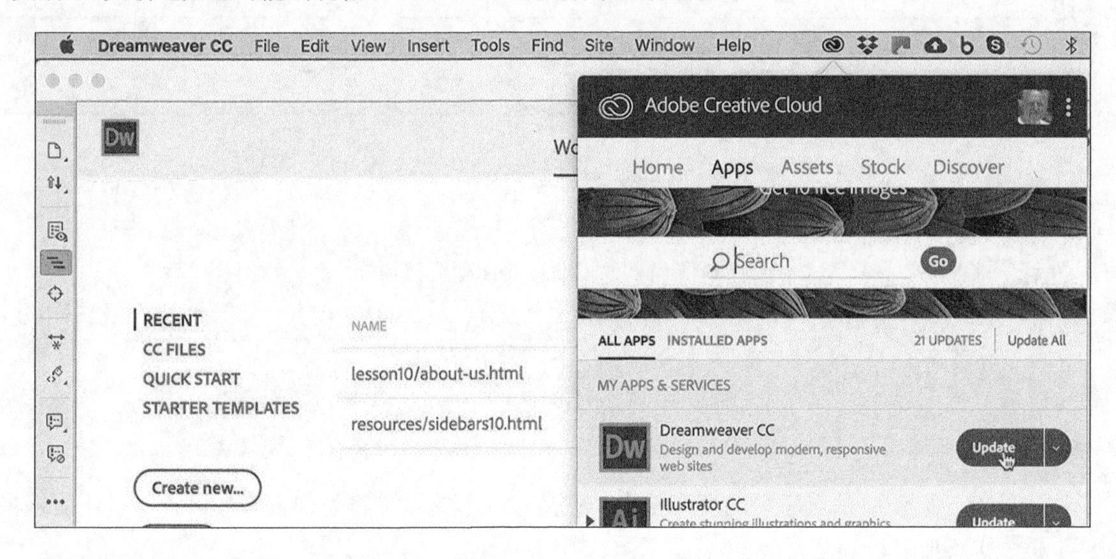

资源与支持

本书由异步社区出品，社区（https://www.epubit.com/）为您提供相关资源和后续服务。

配套资源

本书提供如下资源：

- 本书课程资源。

要获得以上配套资源，请在异步社区本书页面中单击 配套资源 ，跳转到下载界面，按提示进行操作即可。注意：为保证购书读者的权益，该操作会给出相关提示，要求输入提取码进行验证。

提交勘误

作者和编辑尽最大努力来确保书中内容的准确性，但难免会存在疏漏。欢迎您将发现的问题反馈给我们，帮助我们提升图书的质量。

当您发现错误时，请登录异步社区，按书名搜索，进入本书页面，单击“提交勘误”，输入勘误信息，单击“提交”按钮即可。本书的作者和编辑会对您提交的勘误进行审核，确认并接受后，您将获赠异步社区的 100 积分。积分可用于在异步社区兑换优惠券、样书或奖品。

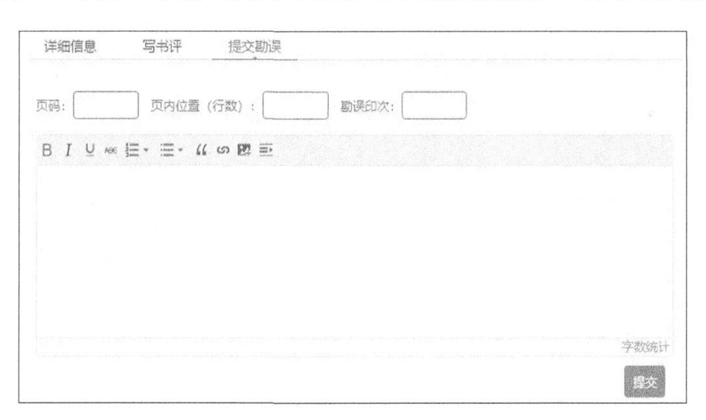

扫码关注本书

扫描下方二维码，您将会在异步社区微信服务号中看到本书信息及相关的服务提示。

与我们联系

我们的联系邮箱是 contact@epubit.com.cn。

如果您对本书有任何疑问或建议，请您发邮件给我们，并请在邮件标题中注明本书书名，以便我们更高效地做出反馈。

如果您有兴趣出版图书、录制教学视频，或者参与图书翻译、技术审校等工作，可以发邮件给我们；有意出版图书的作者也可以到异步社区在线提交投稿（直接访问 www.epubit.com/selfpublish/submission 即可）。

如果您是学校、培训机构或企业，想批量购买本书或异步社区出版的其他图书，也可以发邮件给我们。

如果您在网上发现有针对异步社区出品图书的各种形式的盗版行为，包括对图书全部或部分内容的非授权传播，请您将怀疑有侵权行为的链接发邮件给我们。您的这一举动是对作者权益的保护，也是我们持续为您提供有价值的内容的动力之源。

关于异步社区和异步图书

“异步社区”是人民邮电出版社旗下 IT 专业图书社区，致力于出版精品 IT 技术图书和相关学习产品，为作译者提供优质出版服务。异步社区创办于 2015 年 8 月，提供大量精品 IT 技术图书和电子书，以及高品质技术文章和视频课程。更多详情请访问异步社区官网 https://www.epubit.com。

“异步图书”是由异步社区编辑团队策划出版的精品 IT 专业图书的品牌，依托于人民邮电出版社近 30 年的计算机图书出版积累和专业编辑团队，相关图书在封面上印有异步图书的 LOGO。异步图书的出版领域包括软件开发、大数据、AI、测试、前端、网络技术等。

异步社区

微信服务号

目　录

第1课　定制工作空间

课程概述

在本课中，读者将学习以下内容：

- 使用程序欢迎屏幕；
- 切换文档视图；
- 使用面板；
- 选择工作空间布局；
- 调整工具栏；
- 个性化首选项；
- 创建自定义快捷键；
- 使用属性检查器；
- 使用 Extact 工作流。

完成本课程需要 1 小时 15 分钟。请先到异步社区的相应页面下载本书的课程资源，并进行解压。以 lesson01 文件夹为基础定义一个站点。

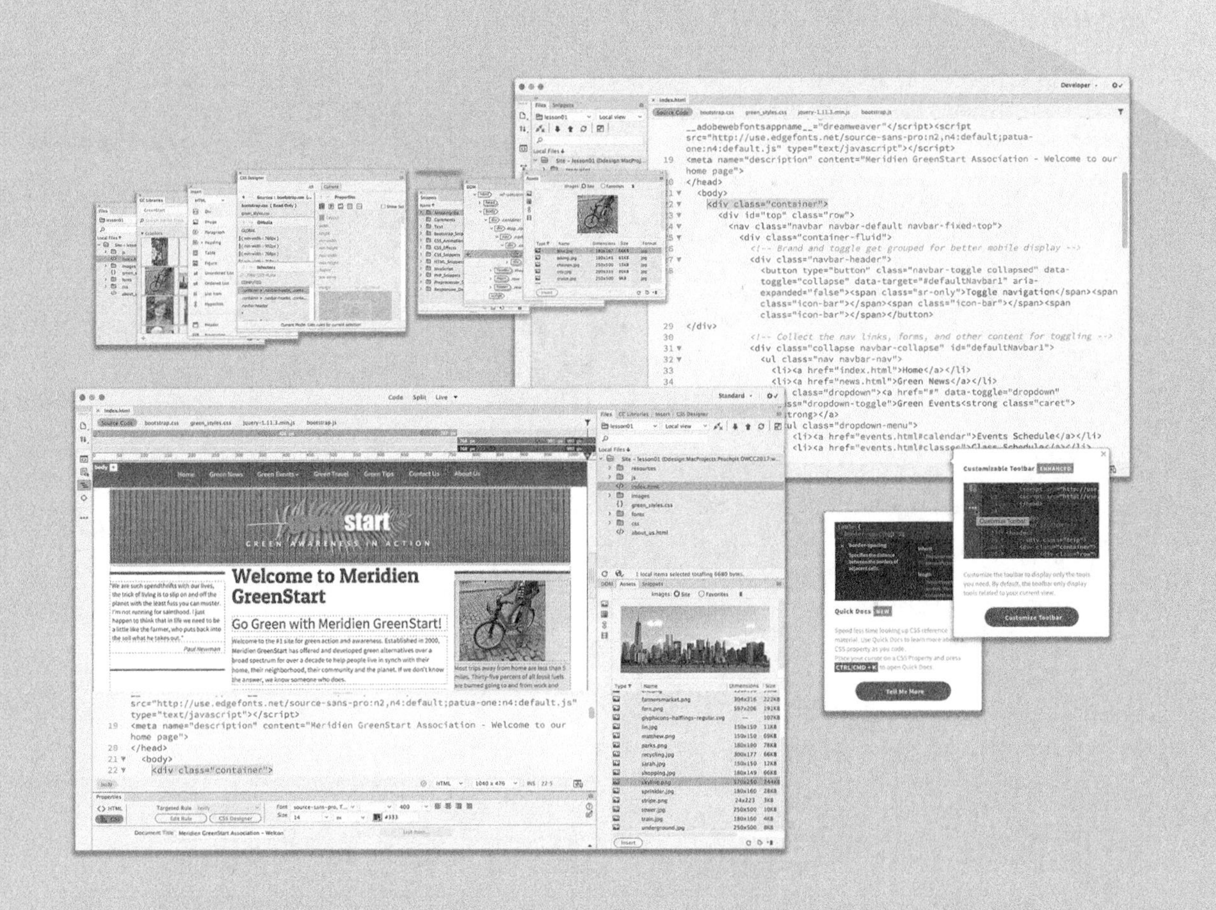

你可能需要 10 多种程序，才能实现 Dreamweaver 的所有功能——这些程序的使用可都没有 Dreamweaver 那么有趣。

1.1 浏览工作区

> **注意：**在开始本课之前，按照本书开头的前言所述，下载课程文件并创建一个 lesson01 网站。

Dreamweaver 是行业领先的超文本标记语言（HTML）编辑器，如图 1-1 所示。它的流行有着充分的理由。该程序提供了大量不可思议的设计及代码编辑工具。Dreamweaver 为每个人都提供了合适的工具。

图 1-1　Dreamweaver 界面有大量的用户可配置面板及工具栏。花一点时间熟悉这些组件的名称

A　菜单栏	F　文档工具栏	K　CSS 设计器	P　资源面板
B　文档选项卡	G　可视化媒体查询（VMQ）界面	L　滑动条	Q　行为面板
C　相关文件界面	H　实时/设计视图	M　CC 库面板	R　代码视图
D　编码工具栏	I　文件面板	N　插入面板	S　标签选择器
E　新功能指南	J　工作区菜单	O　DOM 面板	T　属性检查器

编码人员喜欢 Code（代码）视图环境中的多种增强特性，开发人员则非常享受这种软件对各种编程语言及代码提示的支持。设计人员惊异于在工作时看到他们的文本和图形出现在精确的所见即所得（What You See Is What You Get，WYSIWYG）环境中，从而节省在浏览器中预览页面的时间。初学者肯定欣赏该软件易于使用且功能强大的界面。不管你是哪种类型的用户，如果使用 Dreamweaver，都不必做出妥协。

你可能认为要提供这么多功能的软件会显得十分拥挤、缓慢和笨重，但是你错了。Dreamweaver

通过可停靠面板和工具栏提供它的大部分功能，你可以显示或隐藏它们，并以无数种组合排列它们，创建理想的工作区。在大部分情况下，如果没有看到需要的工具或者面板，可以在 Windows（窗口）菜单中找到。

本课程介绍 Dreamweaver 界面，还将介绍一些隐藏的功能。在后面的课程中我们不会花费太多时间教你如何在这些界面内完成基本的活动，这是本课的目的。因此，花些时间来通读下面的描述，完成练习，以便熟悉软件界面的基本操作。假如后面你需要了解 Dreamweaver 软件中的许多对话框或者面板的功能，可以随时回过头来在本章中查阅。

1.2 使用“开始”屏幕

Dreamweaver 软件安装和初始设置完成后，你就会看到新的 Dreamweaver“开始”屏幕。这个屏幕可以快速访问最近的网页，简单地创建各类网页，直接访问几个关键的帮助资源和教程。当你第一次启动程序或不打开其他文档时，开始屏幕就会出现。在新版 Dreamweaver 中，开始屏幕进行了一些小的改进，值得你快速浏览一下，了解提供的功能。例如，它现在有 4 个主要选项：RECENT（最近的文件）、CC FILES（CC 文件）、QUICKSTART（快速启动）和 STARTER TEMPLATES（启动模板），如图 1-2 所示。单击每个选项的名称就可以访问这些功能。

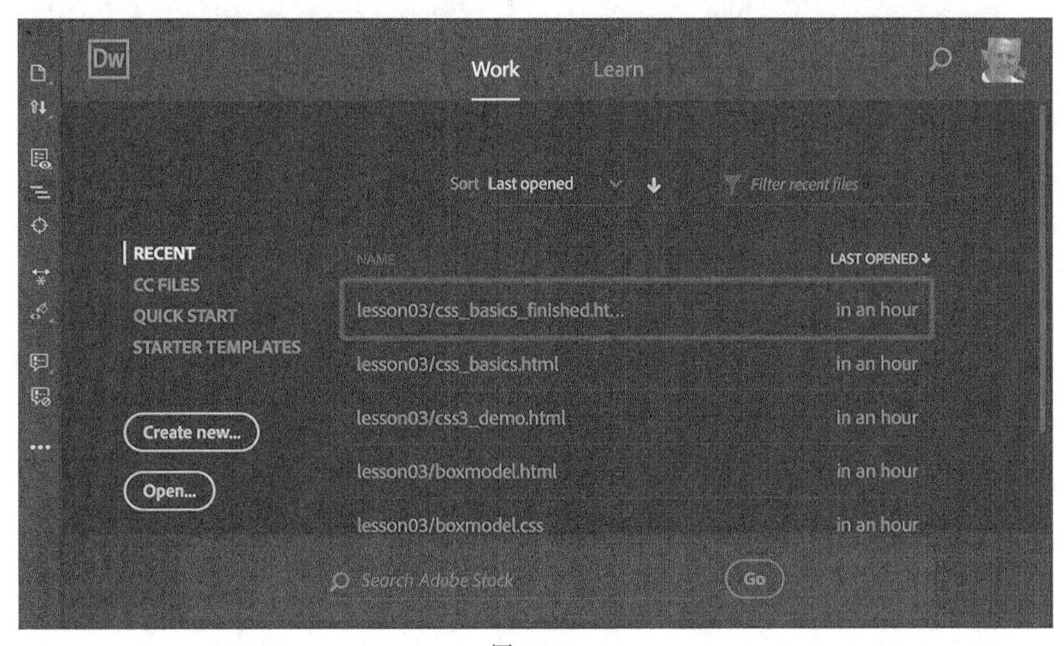

图 1-2

1.2.1 最近的文件

当你选择 RECENT（最近的文件）选项（见图 1-3）时，Dreamweaver 将提供一个最近使用文件的列表。这个列表是动态的，单击文件名称就可以重新打开它。

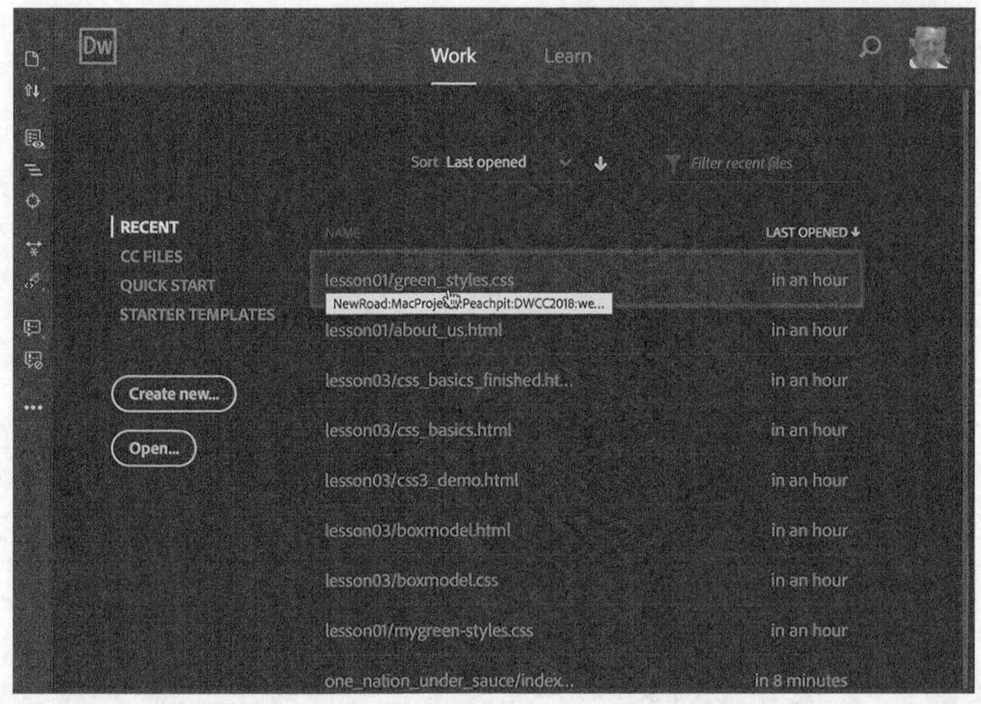

图 1-3

1.2.2 CC 文件

CC FILES（CC 文件）选项（见图 1-4）显示你复制到 Creative Cloud Files 文件夹、可由 Dreamweaver 编辑或使用的文件列表。这些文件包括 HTML、CSS、JavaScript 和文本文件等。在该视图中，与 Dreamweaver 不兼容的文件将被隐藏。

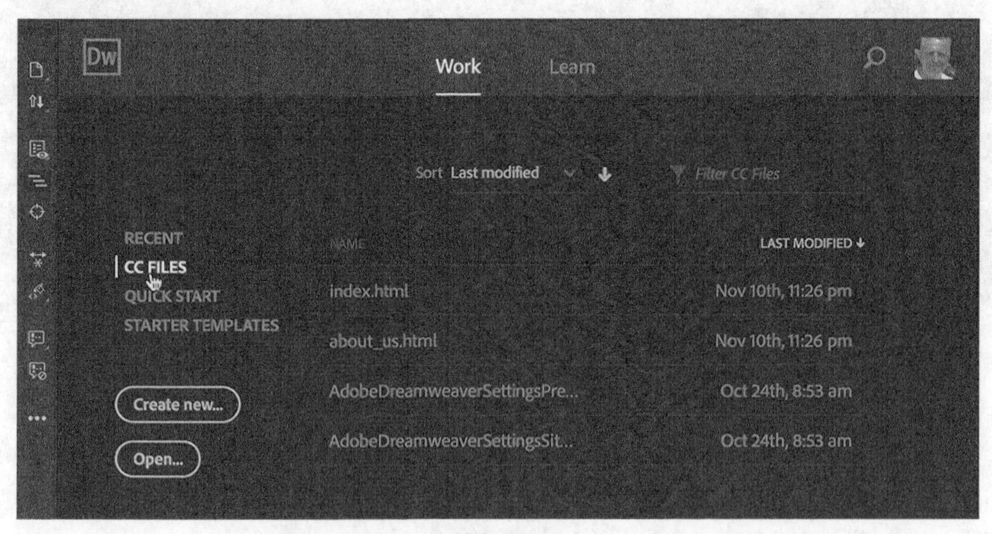

图 1-4

1.2.3 快速启动

QUICK START（快速启动）选项卡看上去很熟悉（见图 1-5），这是因为它在 Dreamweaver 的许多版本中都以这样或那样的形式出现过。和往常一样，它提供了可以立即访问的 Web 兼容文件类型（如 HTML、CSS、JS、PHP 等）。单击文件类型就可以开始一个新文档。

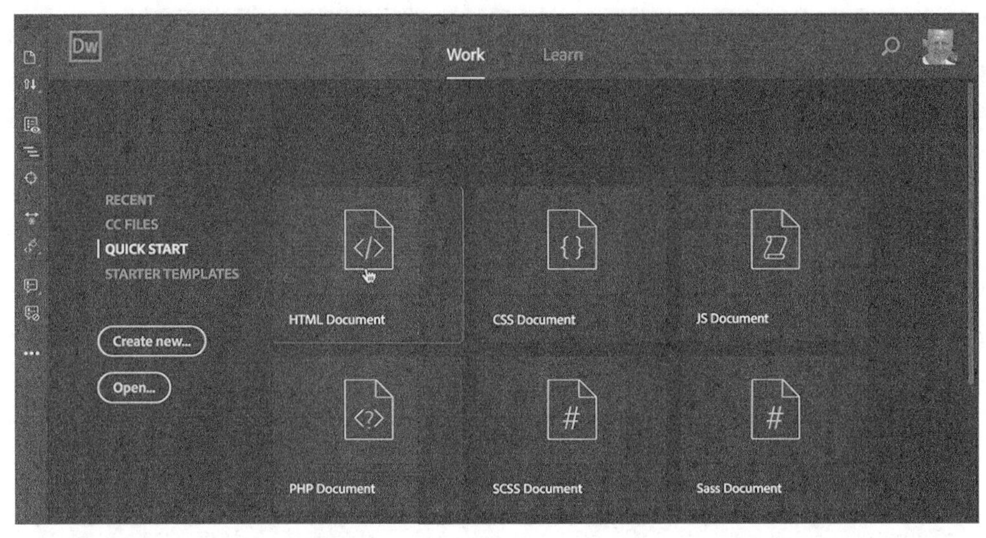

图 1-5

1.2.4 启动器模板

STARTER TEMPLATES（启动器模版）选项（见图 1-6）可以访问预先定义的启动器模板，这些模板可以提供响应式风格，以支持智能手机和移动设备，以及流行的 Bootstrap 框架。

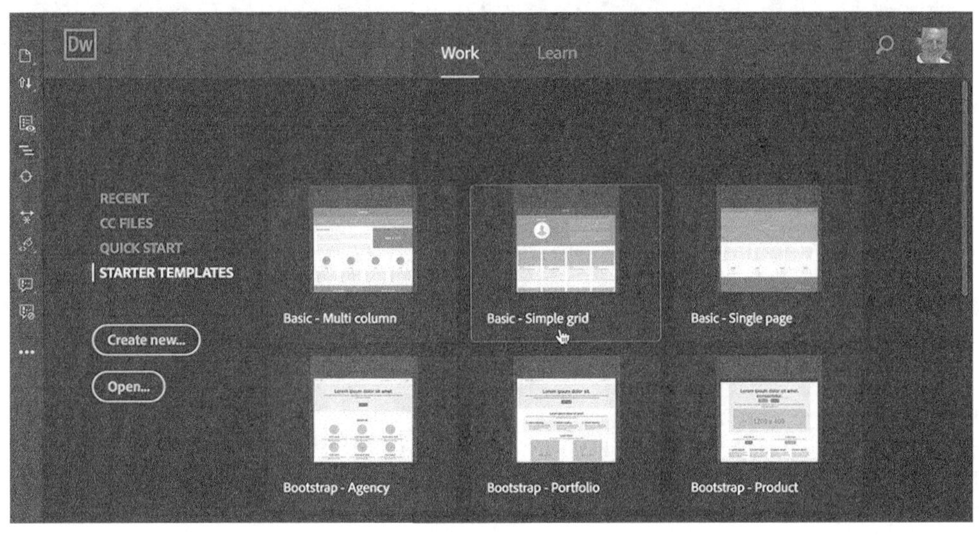

图 1-6

1.2.5 新建与打开

Create new（新建）和 Open（打开）按钮（见图 1-7）分别打开 New Document（新建文档）和 Open（打开）对话框。旧版本的用户可能更习惯于使用这些选项，因为它们打开熟悉的界面，以完成创建新文档或者打开现有文档的工作。

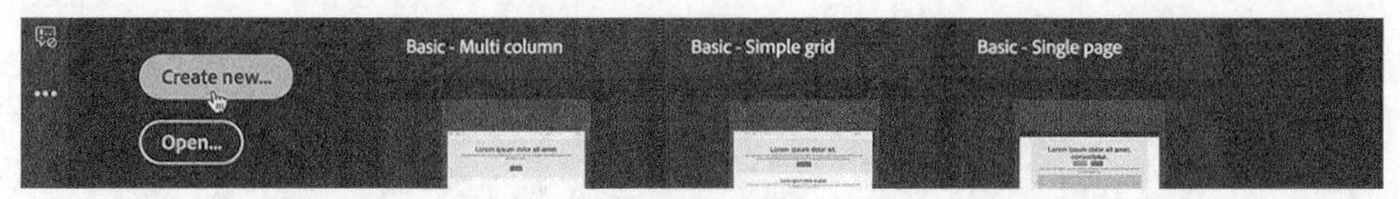

图 1-7

1.2.6 学习

当你选择开始屏幕中的 Learn（学习）选项卡（见图 1-8），就会看到一个帮助主题列表，提供指导教程和概述程序整体功能的视频，以及一组你可能想要评估的新工具和工作流。这个选项随着 Dreamweaver 增加新功能或者改进而动态更新。

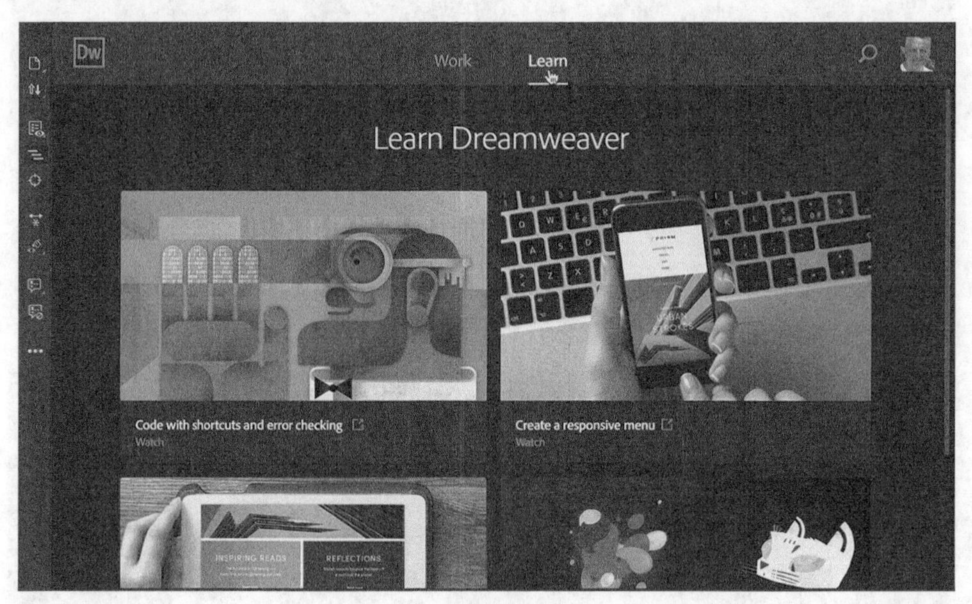

图 1-8

如果你不再想要看到“开始”屏幕，可以访问 Dreamweaver Preferences（首选项）中 General（常规）设置里的选项，清除对应的复选框，如图 1-9 所示。

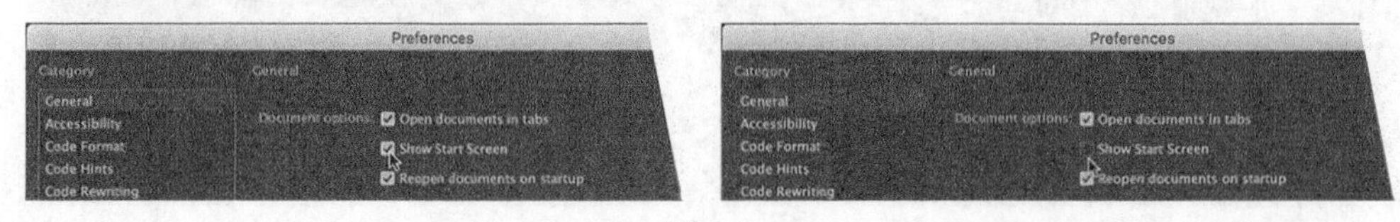

图 1-9

1.3 探索新功能指南

在 Dreamweaver CC 中，当你访问各种工具、功能或界面选项时，新功能指南将不时弹出。弹出窗口将引起你对程序中增加的新功能或工作流程的注意，并提供方便的提示，帮助你充分利用它们（见图 1-10）。

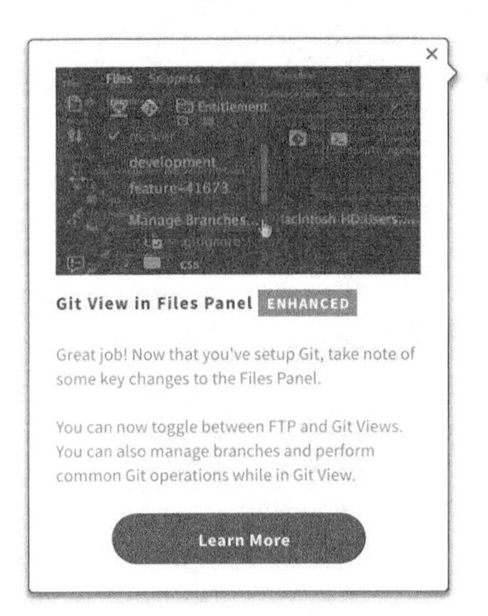

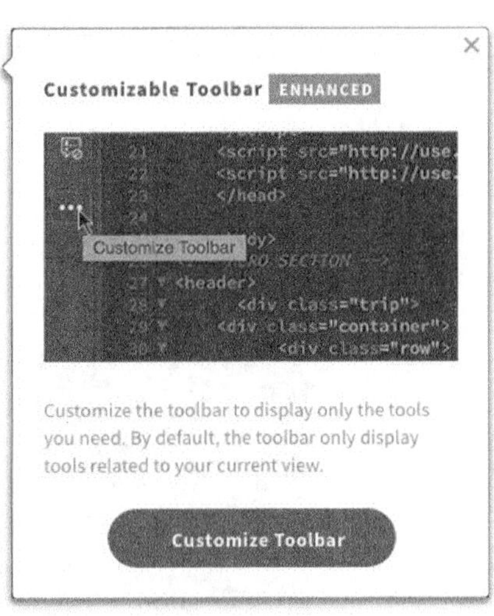

图 1-10

当提示出现时，可以按照弹出窗口中的提示来获得更详细的信息，或者你可以访问教程。完成后，你可以单击每个提示右上角的关闭图标来关闭弹出窗口。关闭提示后，它将不会再显示。如果需要，你可以通过选择 Help（帮助）> Reset Contextual Feature Tips（重置上下文功能提示）再次显示提示。

1.4 设置界面首选项

Dreamweaver 为用户提供了对基本程序界面的广泛控制。你可以按照自己的喜好设置、安排和定制各种面板。开始本书中课程之前，你首先应该访问的位置之一是 Dreamweaver Preferences（首选项）对话框。

和其他 Adobe 应用一样，首选项对话框提供描述软件外观和功能的特定设置和规格。首选项设置通常是持久的，也就是说，在软件关闭重启之后仍然有效。对话框中的选项太多，无法在一课中介绍，但是我们将进行几处更改，让你体会一下这种可能性。有些软件功能在你创建或者打开文件进行编辑之前是不可见的。

1. 按照本书前言里的描述，以 lesson01 文件夹为基础定义一个新站点。
2. 选择 Window（窗口）> Files（文件）或者按 F8 键（见图 1-11），选择 Files（文件）面板（见图 1-12）。

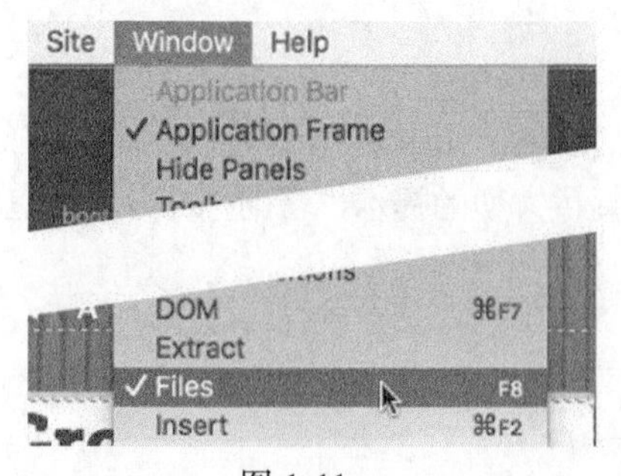

图 1-11

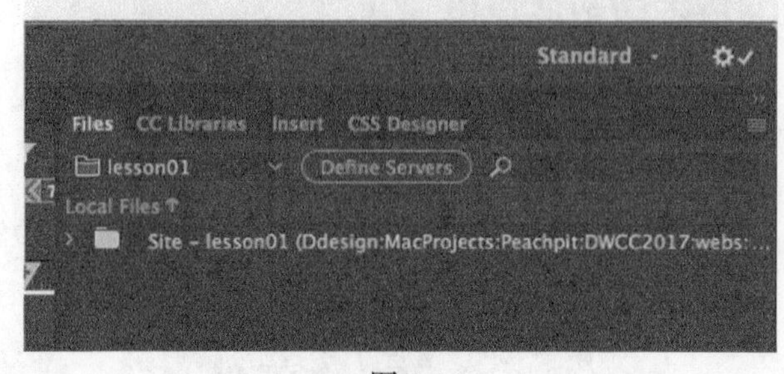

图 1-12

3. 如果有必要，在文件面板中，从下拉菜单选择 lesson01，在面板上显示站点文件列表。

4. 右键单击 lesson01 文件夹中的 index.html 文件，从上下文菜单里选择 Open（打开），如图 1-13 所示。也可以双击列表中的文件将其打开。

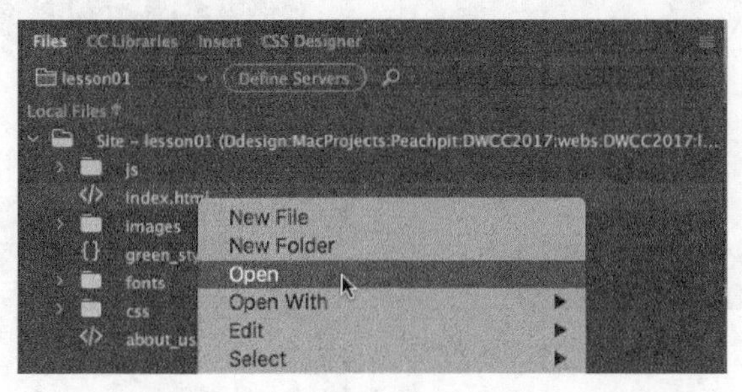

图 1-13

文件在文档窗口中打开。如果以前没有使用过 Dreamweaver，该文件应该在 Live（实时）视图中打开。为了全面理解接下来的更改，我们同时也显示代码编辑界面。

5. 如果有必要，在文档窗口顶部选择 Split（拆分）视图，如图 1-14 所示。

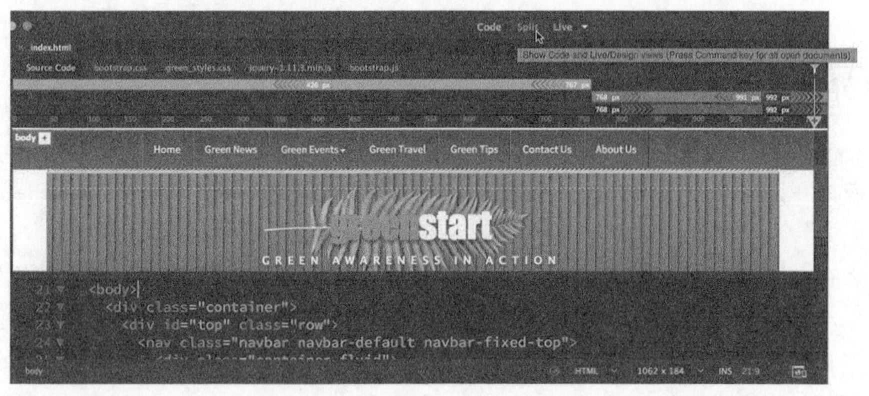

图 1-14

Dreamweaver 在代码视图中使用了新的深配色方案。有些用户喜欢这种配色，有些人则不喜欢。你可以在首选项中完全改变或者进行调整。如果你已经更改了界面主题，直接跳到下一个练习。

6. 在 Windows 中，选择 Edit（编辑）> Preferences（首选项）。

在 macOS 上，选择 Dreamweaver CC > Preferences（首选项），如图 1-15 所示。

显示首选项对话框（见图 1-16）。

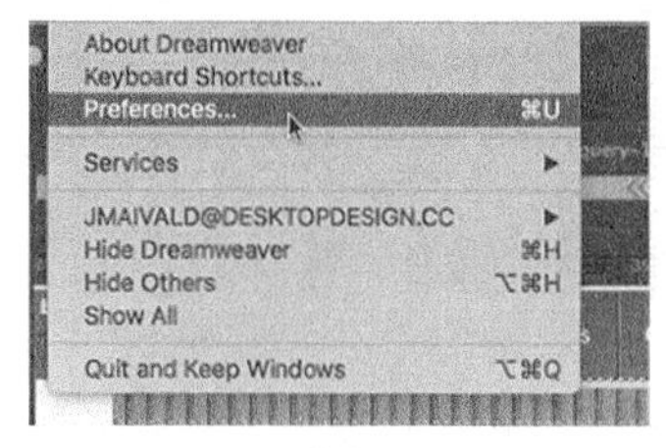

图 1-15

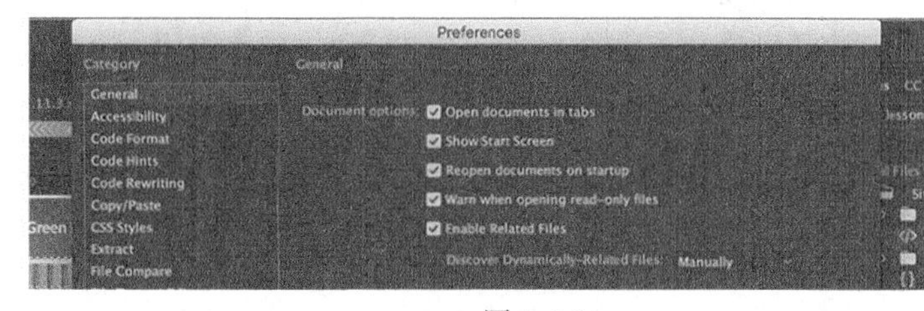

图 1-16

7. 选择 Interface（界面）类别。

从对话框中可以看到，Dreamweave 可以控制整体颜色主题，也可以控制代码编辑窗口。你可以更改其中之一，也可以同时更改两者。许多设计人员在受控照明环境里工作，他们更偏爱深色的界面主题，这也成为了大部分 Adobe 应用程序的默认设置。为了本书的目的，从现在开始，所有屏幕截图都是在最浅色的主题中制作的。这在印刷中节约油墨，对环境的影响也较小。你可以继续使用偏爱的深色主题，也可以切换屏幕，使其与本书的插图匹配。

8. 在 App Theme（应用程序主题）窗口中，选择最浅色的主题，如图 1-17 所示。

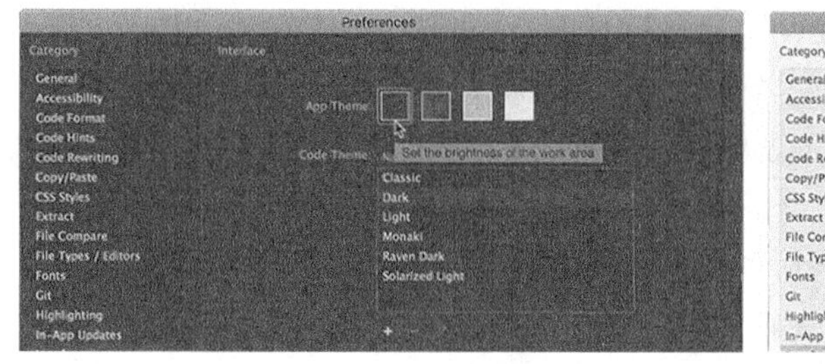

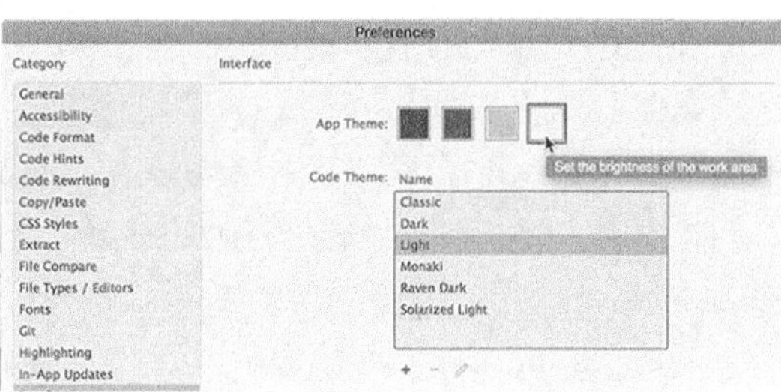

图 1-17

整个界面的主题变成浅灰色。你将会注意到，Code Theme（代码主题）设置同时变成 Light（浅）。根据你的喜好，可以将代码主题切换回 Dark（深）或者选择其他主题。本书代码编辑的屏幕截图使用 Solarized Light 主题。

9. 在代码主题窗口选择 Solarized Light。

此时，更改不是永久的，如果在对话框中单击 Close（关闭）按钮，主题将恢复成深色。

10. 单击对话框右下角的 Apply（应用）。

现在，更改已经应用。

11. 单击 Close（关闭）。

保存的首选项将在多次使用和每个工作区中保持。

1.5　切换和拆分视图

Dreamweaver 为编码人员和设计人员提供了专用的环境。

1.5.1 代码视图

代码视图将 Dreamweaver 工作区专门聚焦于 HTML 代码和各种代码编辑效率工具。单击 Document（文档）工具栏中的 Code（代码）视图按钮（见图 1-18），可以访问代码视图。

```
Code  Split  Live
index.html
Source Code  bootstrap.css  green_styles.css  jquery-1.11.3.min.js  bootstrap.js
Show Code view (Press Command key for all open documents)
31 ▼        <div class="collapse navbar-collapse" id="defaultNavbar1">
32 ▼          <ul class="nav navbar-nav">
33              <li><a href="index.html">Home</a></li>
34              <li><a href="news.html">Green News</a></li>
35 ▼            <li class="dropdown"><a href="#" data-toggle="dropdown"
                class="dropdown-toggle">Green Events<strong class="caret"></strong></a>
```

图 1-18　代码视图

1.5.2 设计视图

Design（设计）视图与 Live（实时）视图使用相同的文档窗口，将 Dreamweaver 工作区聚焦于其经典的所见即所得（WYSIWYG）编辑器。过去，设计视图模拟了网页在浏览器中显示的外观，但随着 CSS 和 HTML 的发展，设计视图已经不像以前那样达到 WYSIWYG 的效果了。虽然在某些情况下难以使用，但是你会发现，它确实提供了一个加速内容创建和编辑的界面。正如你在将来的课程中看到的那样，目前设计视图还是访问某些 Dreamweaver 工具或者工作流的唯一途径。

从文档工具栏中的 Design/Live（设计 / 实时）视图下拉菜单中可以选择激活设计视图，如图 1-19 所示。大部分 HTML 元素和基本层叠样式单（CSS）格式将在设计视图中正常显示，但是 CSS3 属性、动态内容、交互性（如链接行为、视频、音频和 jQuery 窗口小部件）以及一些表达元素例外。在 Dreamweaver 的前几个版本中，你的大部分时间花在设计视图中，现在情况不再是这样了。

图 1-19　设计视图

1.5.3 实时视图

Live（实时）视图是 Dreamweaver CC 的默认工作区。在这个视图中，你可以在和浏览器类似的环境中以可视化方式创建和编辑网页及 Web 内容，该视图也支持大部分动态效果和交互性的预览。

要使用实时视图，可以从文档工具栏中的 Design/Live（设计 / 实时）视图下拉菜单中选择，如图 1-20 所示。激活实时视图时，大部分 HTML 内容将和在实际浏览器中的作用相同，你可以预览和测试大部分动态应用程序及行为。

在旧版 Dreamweaver 中，实时视图中的内容是无法编辑的。现在这种情况已经有了变化。你可以在同一个窗口中编辑文本、删除元素、创建类和 ID 甚至样式元素，这就如同在 Dreamweaver 中实时编辑一个网页。

实时视图与 CSS 设计器紧密相关，你可以创建和编辑高级 CSS 样式，构建完全响应式的网页，而无需切换视图，或者浪费时间在浏览器中预览页面。

图 1-20　实时视图

1.5.4　拆分视图

> **注意：**拆分视图可将代码视图与设计或者实时视图搭配。

Split（拆分）视图提供了一个复合工作空间，可让你同时访问设计和代码视图。在任一窗口中进行的更改将在另一个视图中实时更新。

要访问拆分视图，请单击 Document（文档）工具栏中的 Split（拆分）视图按钮，如图 1-21 所示。Dreamweaver 默认将分割工作区。使用拆分视图时，可以将实时视图或者设计视图与代码视图一同显示。

图 1-21　拆分视图（水平排列）

你可以在 View（查看）菜单中选择 Split Vertically（垂直拆分）选项，垂直分割屏幕，如图 1-22 所示。当窗口拆分显示时，Dreamweaver 还可以选择两个窗口的显示方式。你可以将代码窗口放在顶部、底部、左侧或右侧。你可以在“查看”菜单中找到所有这些选项。本书中大多数拆分视图的屏幕截图将设计或实时视图显示在顶部或右侧。

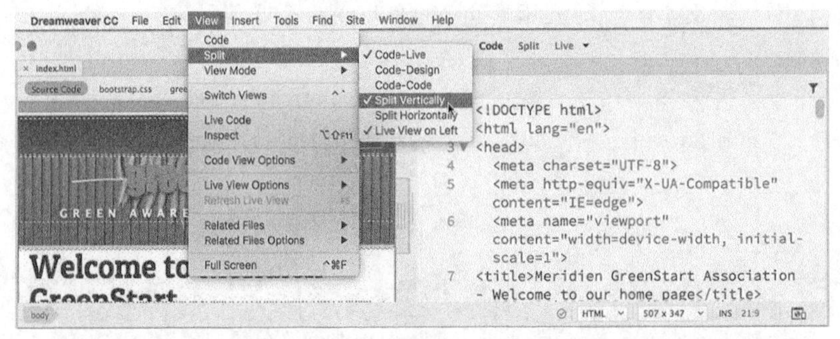

图 1-22　拆分视图（垂直排列）

1.5.5　实时代码

> **注意：**实时代码图标可能不会默认出现在常见工具栏里。你可能需要用自定义工具栏图标…激活它。

实时代码（Live Source Code）是一种 HTML 代码故障排除显示模式，只要激活实时视图即可出现。要访问实时代码，请激活实时视图（见图 1-23），然后单击文档窗口左侧“通用”工具箱中的“实时代码”图标。在激活时，实时代码将显示 HTML 代码，就像出现在互联网上的真实浏览器中一样，帮助你了解访问者与页面的各个部分交互时代码的变化。

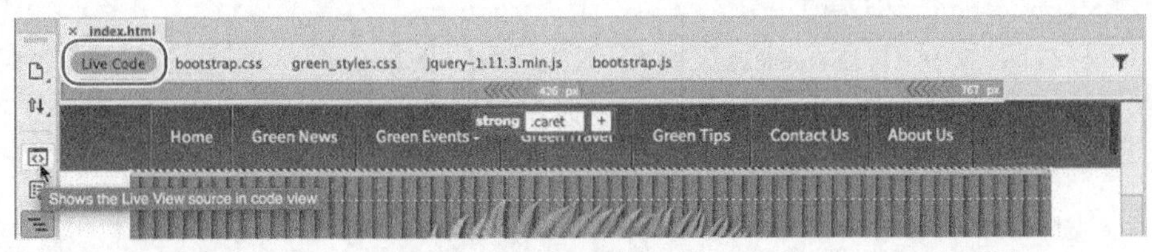

图 1-23

你可以单击 Green Events 菜单项打开下拉菜单，亲眼看看这种交互，如图 1-24 所示。在代码视图中，你将看到菜单项启动时具有类 dropdown，然后类 open 以交互的方式添加到代码中。当你关闭菜单时，open 类被删除。如果没有实时代码，你就无法看到这种交互和行为。

图 1-24　实时代码模式

注意，实时代码激活时，你无法编辑 HTML 代码，但是仍然可以修改外部文件，如链接的样式单。再次单击实时代码图标关闭模式，就可以禁用实时代码。

1.5.6　检查模式

检查模式是在实时视图激活时就可以使用的一种 CSS 故障查错显示模式。它与 CSS 设计器集成，你可以将鼠标指针放在网页的元素上，迅速确定应用到内容的 CSS 样式。单击一个元素可以将焦点固定在该项目上。

实时视图窗口高亮显示目标元素，显示该元素应用或者继承的相关 CSS 规则。你可以在打开 HTML 文件时单击实时视图图标，然后单击通用工具栏中的检查图标，如图 1-25 所示。

图 1-25　检查模式

1.6　选择工作区布局

自定义软件环境的一种快捷方式是直接使用 Dreamweaver 中预建的工作区。Adobe 的专家们已经对这些工作区进行了优化，你所需的工具唾手可得。

Dreamweaver CC（2018）包括两种预建的工作区：“标准”和“开发人员”。要访问这些工作区，可以从位于程序窗口右上角的 Workspace（工作区）菜单中选择它们。

1.6.1　标准工作区

标准工作区（见图 1-26）将可用的屏幕空间集中在设计和实时视图上，是本书中屏幕截图的默认工作区。

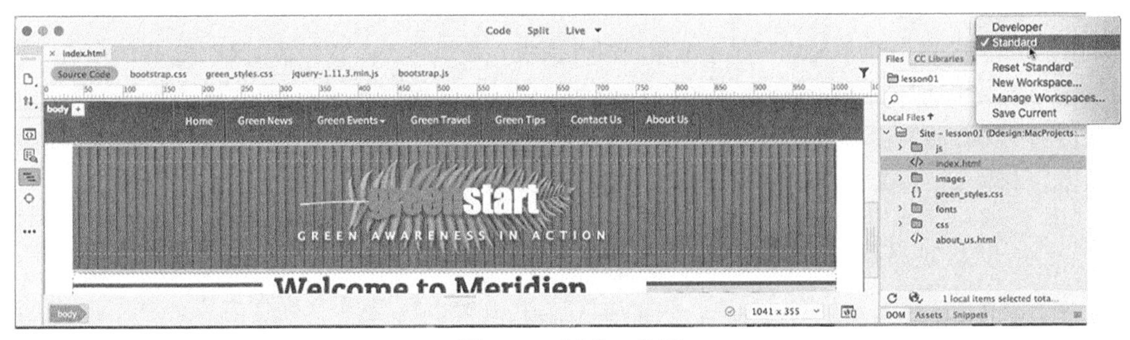

图 1-26　标准工作区

1.6.2 开发人员工作区

开发人员工作区（见图 1-27）提供了以代码为中心的工具和面板布局，对编码人员和程序员非常理想。这种工作区的焦点是代码视图。

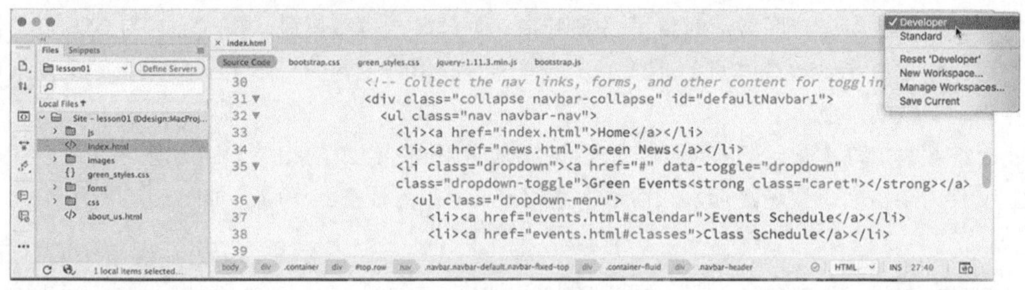

图 1-27　开发人员工作区

1.7 使用面板

尽管可以从菜单中访问大部分命令，但 Dreamweaver 的大部分能力分散在用户可选择的面板和工具栏中。你可以随意在屏幕各处显示、隐藏、安排和停靠面板，甚至可以将它们移到第二个或者第三个显示器上，如图 1-28 所示。

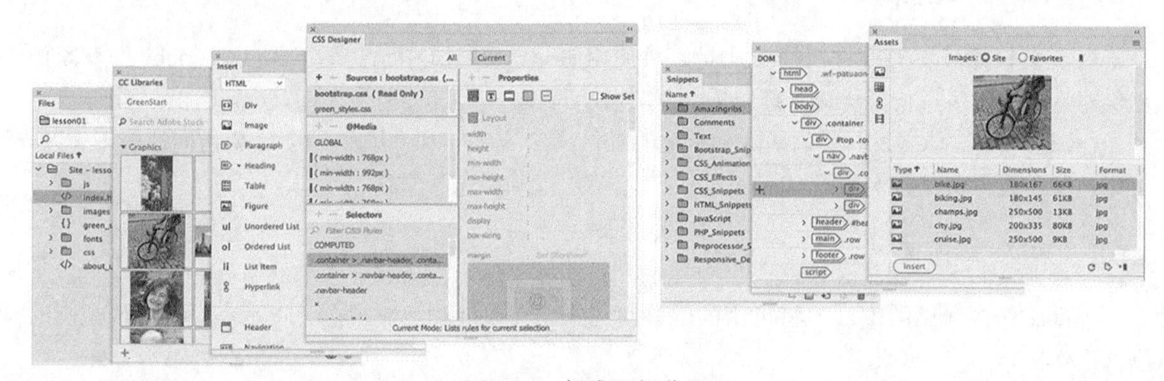

图 1-28　标准面板分组

Window（窗口）菜单列出程序中可用的所有面板。如果你没有在屏幕上看到想要的面板，可以从窗口菜单中选择。菜单中面板名称旁边的对勾表示该面板打开。有时候，一个面板出现在屏幕上的另一个面板之后，难以定位。在这种情况下，只需从“窗口”菜单中选择所需的面板，该面板就会出现在相互重叠的一组面板的顶部。

1.7.1 最小化面板

为了给其他面板留出空间，或者访问工作区被遮盖的区域，你可以在适当的地方最小化或者展开单独的面板。双击包含面板名称的选项卡可以最小化单独的面板，单击选项卡则可展开面板，如图 1-29 和图 1-30 所示。

图 1-29　双击选项卡最小化面板

图 1-30　用选项卡最小化相互堆叠的一组面板中的一个

为了恢复更多的屏幕空间，你可以通过双击标题栏，将面板组或者堆叠的面板最小化为图标，如图 1-31 所示。你也可以单击面板标题栏上的双箭头图标最小化面板。当面板最小化为图标时，你可以单击其图标访问单独的面板。在空间允许的情况下，选中的面板将出现在图标的左侧或者右侧。

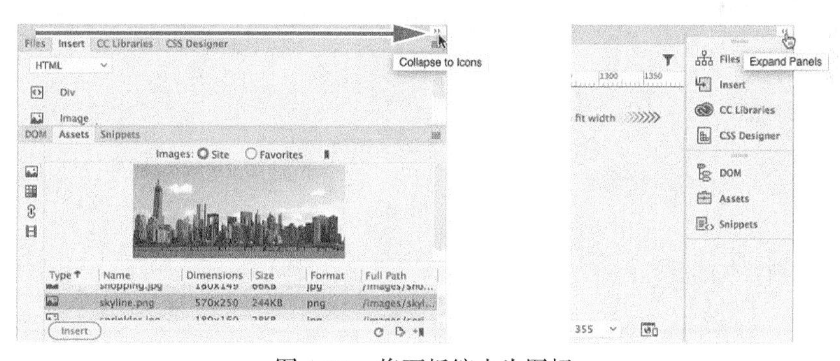

图 1-31　将面板缩小为图标

1.7.2　关闭面板和面板组

每个面板或者面板组可以在任何时候关闭。你可以多种方式关闭面板或面板组，具体方法往往取决于面板是浮动、停靠或者与另一个面板组合。

要关闭停靠的单独面板，可以用鼠标右键单击面板选项卡，从上下文菜单中选择 Close（关闭），如图 1-32 所示。要关闭整个面板组，可以用鼠标右键单击组中的任何选项卡，选择 Close Tab Group

（关闭标签组），如图 1-33 所示。

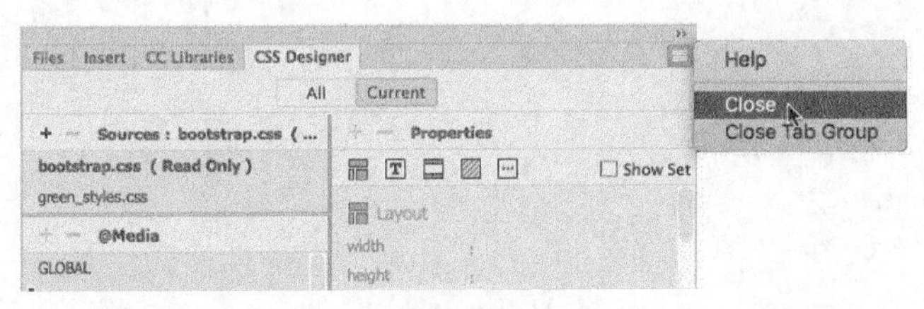

图 1-32

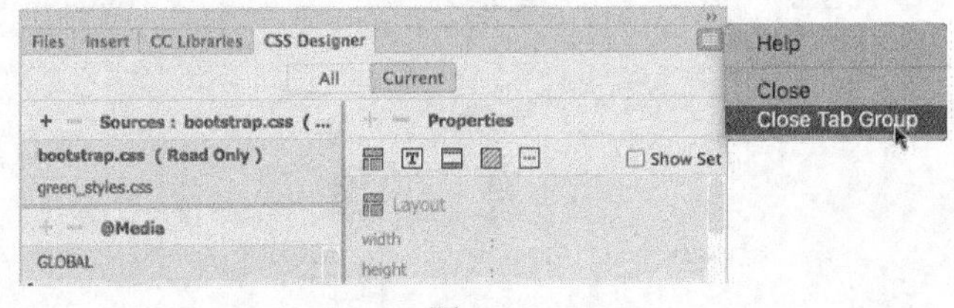

图 1-33

如果要关闭浮动面板或者面板组，单击面板或者面板组标题栏左角的 Close（关闭）图标。要重新打开面板，可从 Window（窗口）菜单中选择面板名称。重新打开的面板有时在界面中浮动显示。你可以就这样使用，或者将它们附着（停靠）在界面侧面、顶部或者底部。后面你将学习如何停靠面板。

1.7.3　拖动

你可以将面板选项卡拖动到组内的预想位置，重新排列面板，如图 1-34 所示。

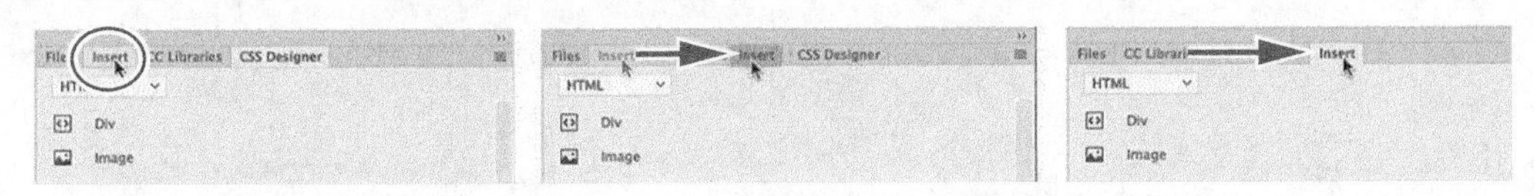

图 1-34　拖动选项卡改变其位置

1.7.4　浮动

与其他面板组合的面板可以单独浮动。要让一个面板浮动显示，可以从组中拖动其选项卡，如图 1-35 所示。

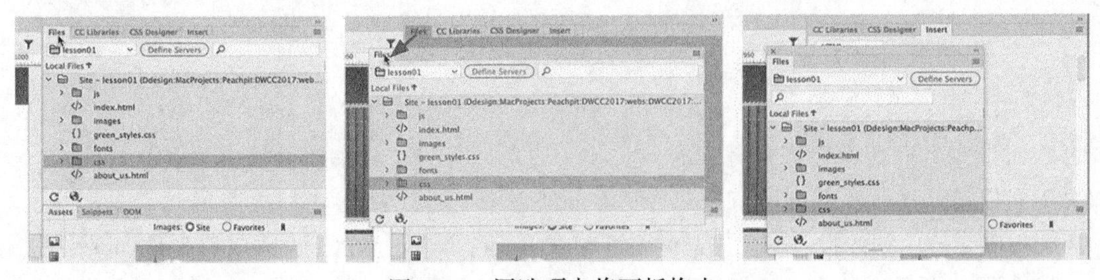

图 1-35　用选项卡将面板拖出

要在工作区中重新放置面板、面板组和堆叠面板，只需从标题栏拖动它们。当面板组停靠时，可以从其选项卡栏将其拖出，如图 1-36 所示。

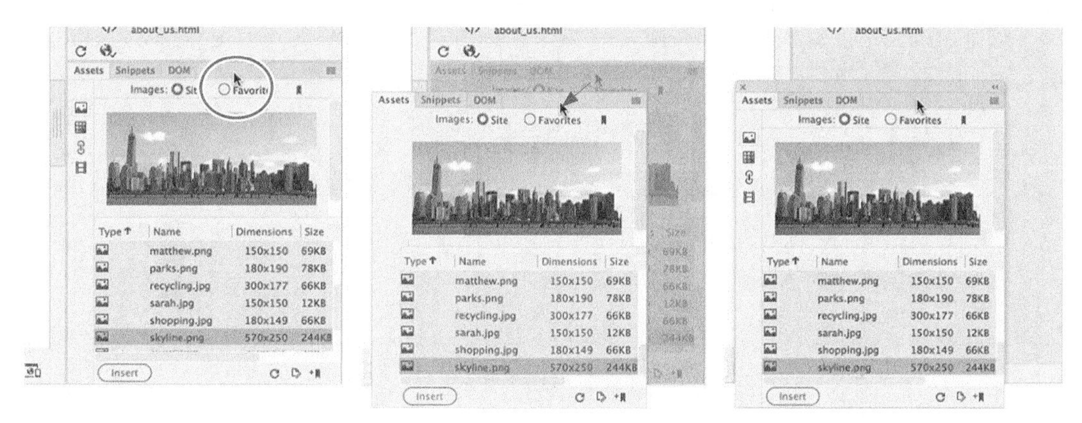

图 1-36　将整个停靠面板组拖到新位置

1.7.5　组合、堆叠和停靠

你可以将一个面板拖到另一个面板中，创建自定义组。当你将面板移动到正确位置时，Dreamweaver 以蓝色高亮显示该区域（称为“拖放区”），如图 1-37 所示。放开鼠标按钮可创建新组。

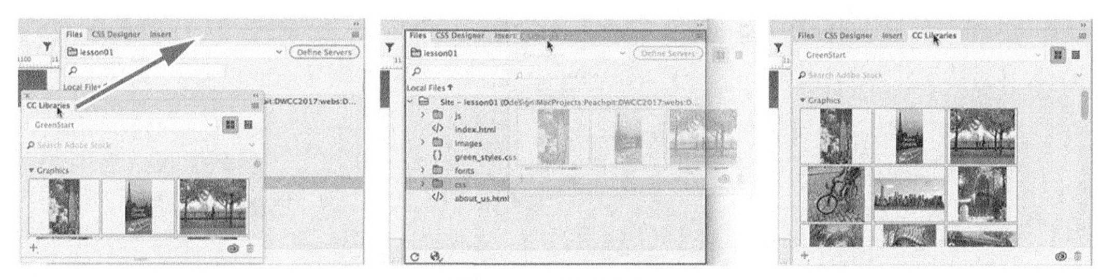

图 1-37　创建新组

在某些情况下，你可能希望让两个面板同时可见。将想要的选项卡拖到另一个选项卡顶部或者底部，可以堆叠面板。当你看到一个蓝色的拖放区出现时，放开鼠标按钮，如图 1-38 所示。

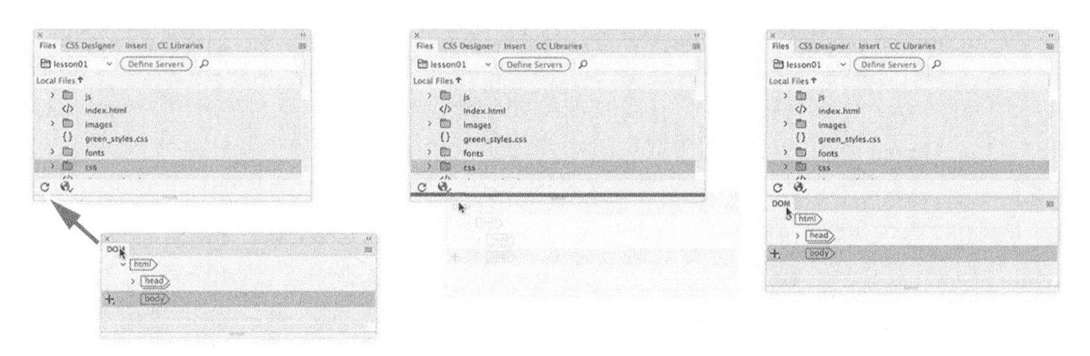

图 1-38　创建面板堆叠

浮动的面板可以停靠到 Dreamweaver 工作区的右侧、左侧或者底部。要停靠面板、组或者堆叠，可以将其标题栏拖到想要停靠的窗口边缘。当你看到蓝色的拖放区出现时，放开鼠标按钮，如图 1-39 所示。

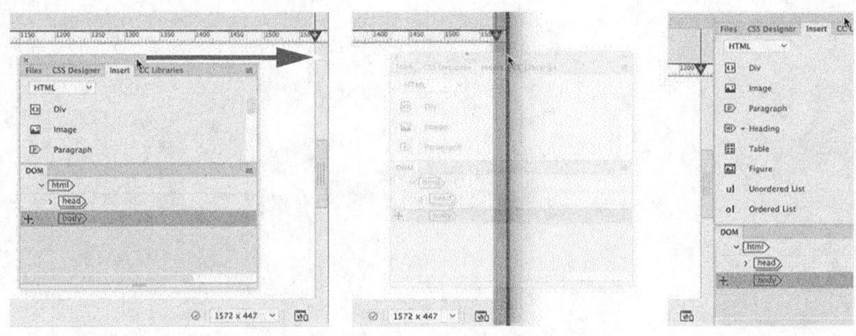

图 1-39　停放面板

1.8　个性化 Dreamweaver

随着持续使用 Dreamweaver，你将为自己的每项活动设计出最优的面板工作区和工具栏。你可以将这些配置保存在自己命名的自定义工作区中。

保存自定义工作区

要保存一个自定义工作区，创建你预想的面板配置，从 Workspace（工作区）菜单中选择 New Workspace（新建工作区），然后为工作区取一个自定义的名称，如图 1-40 所示。

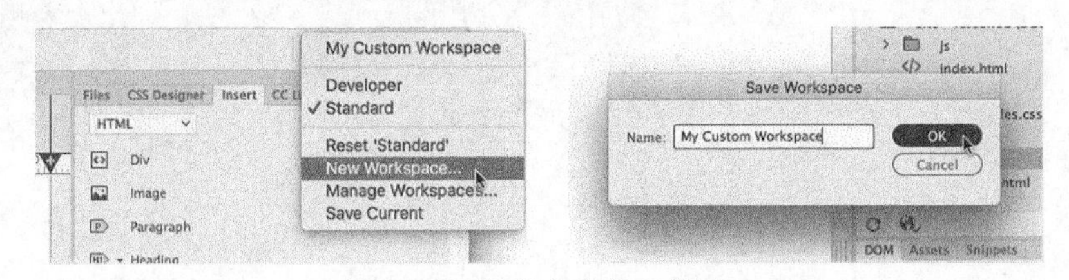

图 1-40　保存自定义工作区

1.9　使用 Extract

Extract 是一个较新颖的工作流，可以从基于 Photoshop 的模型文件中创建 CSS 样式和图像资源，如图 1-41 所示。你可以用文本、链接或嵌入的图层创建网页，将文件发布到 Creative Cloud（见图 1-42），Dreamweaver 可以从那里访问样式、颜色和图像，帮助你构建基本网站设计，如图 1-43 所示。

你可以自行尝试这些功能，将 lesson01/resources 文件夹中的 GreenStart_mockup.psd 文件上传到 Creative Cloud 账户的在线文件夹中。访问 helpx.adobe.com/creative-cloud/help/sync-files.html 学习如何上传文件到 Creative Cloud 账户。在第 5 课中，你将学习如何从 Photoshop 模型文件中提取 CSS 样式和图像资源，构建网站模板布局。

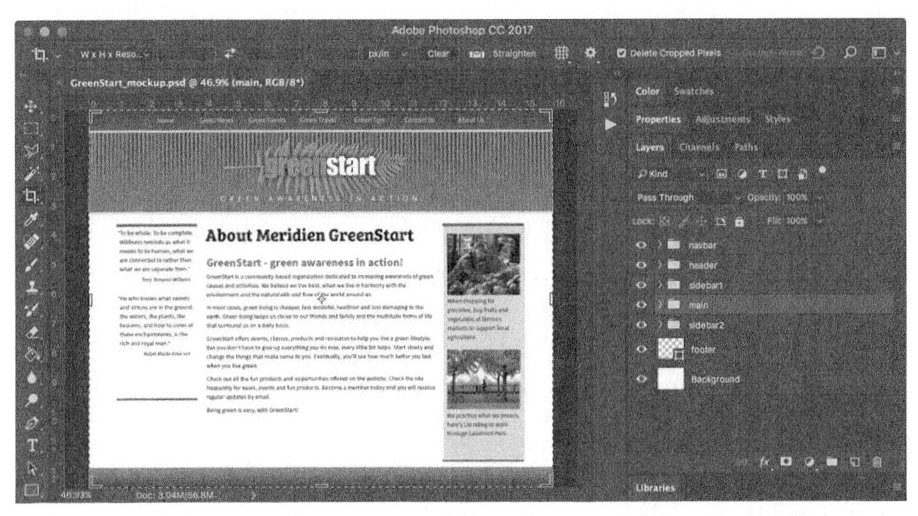

图 1-41　在 Photoshop 中用保存在不同图层的文本、图像和特效构建你的设计

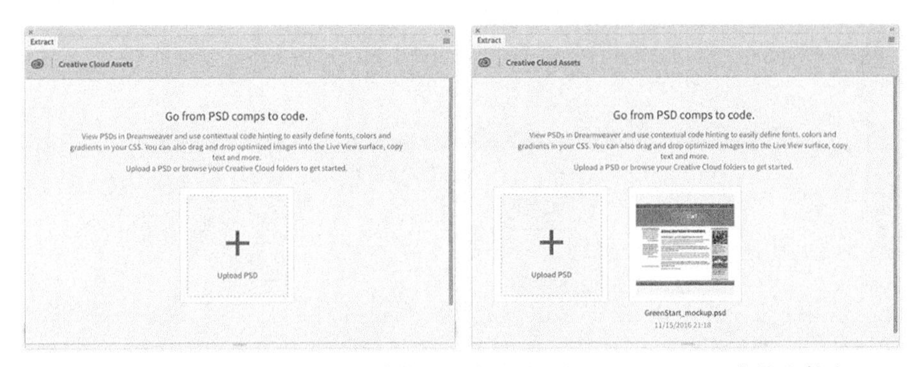

图 1-42　从 Dreamweaver 中将你的文件发布到 Creative Cloud 在线文件夹

图 1-43　从 Dreamweaver 内的 Extract 面板访问各个图层，复制样式和文本，甚至下载图像资源

1.10　使用工具栏

Dreamweaver 的一些功能非常方便，你可能希望它们以工具栏的形式始终可用。文档窗口的顶部水平方向显示两个工具栏——Document（文档）和 Standard（标准）工具栏。而 Common（通用）工具栏则以垂直方向显示在屏幕的左侧。你可以从 Window（窗口）菜单选择需要显示的工具栏。

1.10.1 “文档”工具栏

Document（文档）工具栏（见图 1-44）出现在程序界面的顶部，提供在实时、设计、代码和拆分视图之间进行切换的命令。在打开文档时，你可以选择 Window（窗口）> Toolbars（工具栏）>Document（文档）启用这个工具栏。

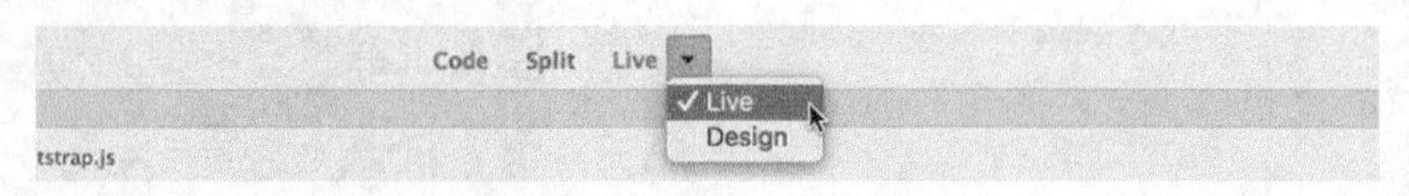

图 1-44 文档工具栏

1.10.2 “标准”工具栏

Standard（标准）工具栏（见图 1-45）出现在“相关文件”界面和文档窗口之间，为各种文档和编辑任务提供方便的命令，例如创建、保存或者打开文档，复制、剪切和粘贴内容等。你可以在打开文档时选择 Window（窗口）> Toolbars（工具栏）> Standard（标准）启用这个工具栏。

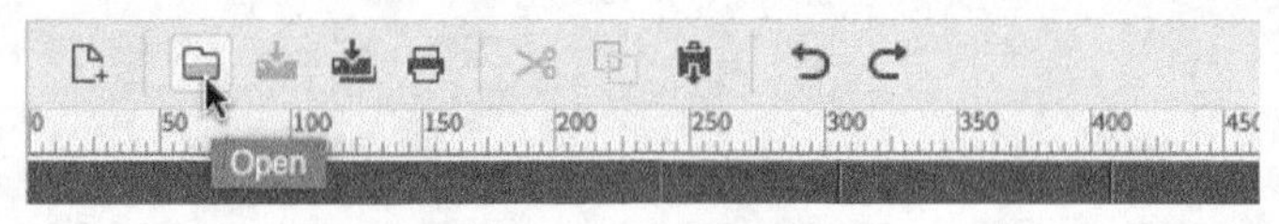

图 1-45 标准工具栏

1.10.3 “通用”工具栏

Common（通用）工具栏出现在程序窗口左侧，提供处理代码和 HTML 元素的各种命令。这个工具栏在实时和设计视图中默认显示 6 个工具。但是将光标放在代码窗口中，可能看到另外几个工具。

“通用”工具栏在旧版 Dreamweaver 中命名为“编码”工具栏，在 CC 2018 中可以由用户自定义。你可以选择 Customize Toolbar（自定义工具栏）图标添加和删除工具，如图 1-46 所示。注意，有些工具只在使用代码视图窗口时显示和激活。

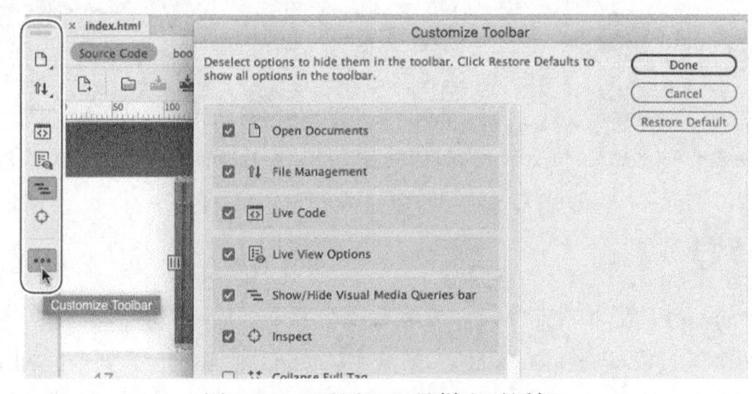

图 1-46 “通用”工具栏和对话框

1.11 创建自定义快捷键

创建自定义快捷键以及更改现有快捷键的能力是 Dreamweaver 的又一个强大特性。快捷键的加载和保存独立于工作区。

有没有一个命令是你觉得不可或缺，但却没有快捷键或者快捷键用起来不方便的？那就创建自己的快捷键吧。

1. 在 Windows 中选择 Edit（编辑）> Keyboard Shortcuts（快捷键）或者在 MacOS 中选择 Dreamweaver CC > Keyboard Shortcuts（快捷键）。

你不能修改默认快捷键，所以必须创建自己的一系列快捷键。

2. 单击 Duplicate Set（复制副本）图标，创建一组新的快捷键。

3. 在 Name Of Duplicate Set（复制副本名称）字段中输入一个名称，单击 OK（确定），如图 1-47 所示。

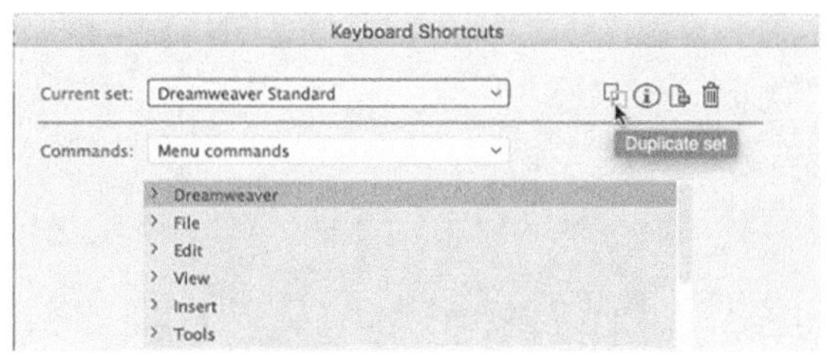

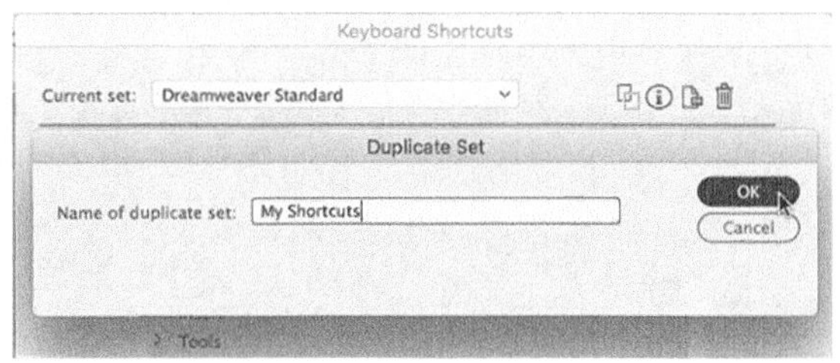

图 1-47

4. 从 Commands（命令）弹出菜单中选择 Menu Commands（菜单命令）。

5. 在命令窗口中，选择 File（文件）> Save All（保存全部），如图 1-48 所示。

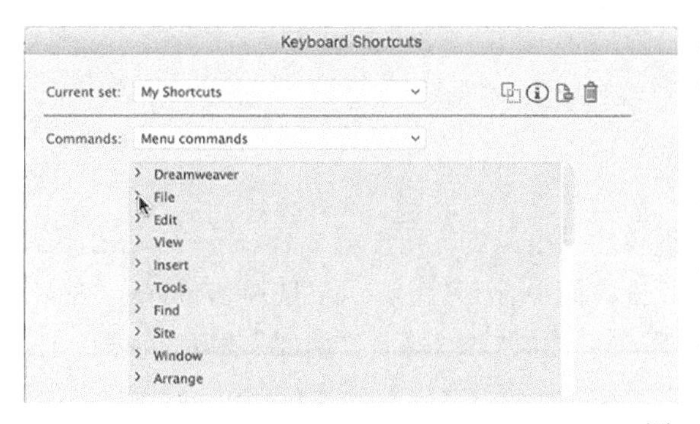

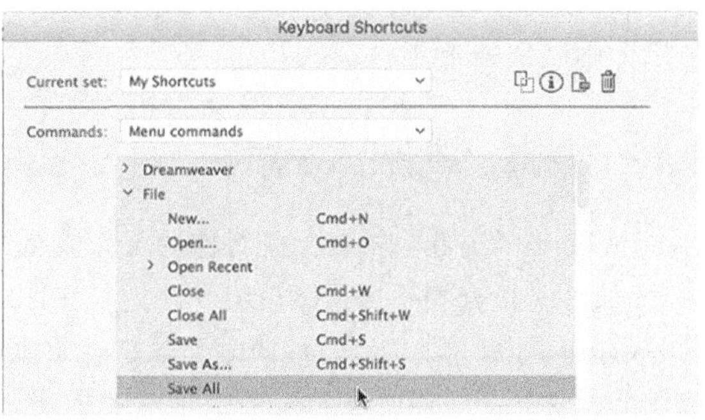

图 1-48

注意，“保存全部”命令没有现成的快捷键，但是你在 Dreamweaver 中将频繁使用该命令。

6. 将光标放到 Press Key（按键）字段中。按 Ctrl+Alt+S/Cmd+Opt+S 组合键，如图 1-49 所示。

注意表示你所选择的组合键已经分配给某个命令的错误信息。虽然我们可以重新分配组合键，但还是选择不同的组合键。

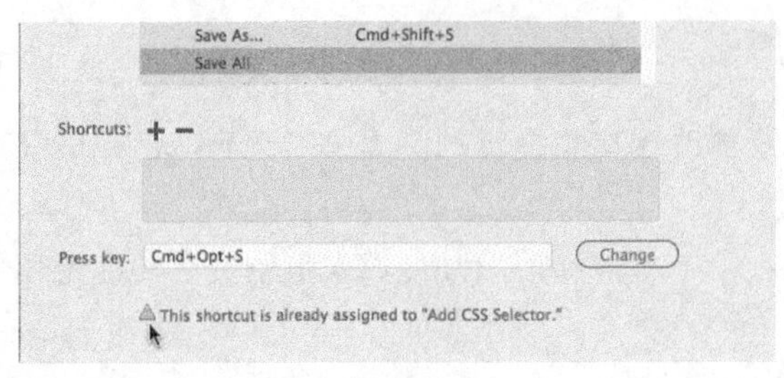

图 1-49

7. 按下 Ctrl+Alt+Shift+S/Control+Cmd+S 组合键。这个组合键当前没有使用，我们将其分配给“保存全部”命令。

注意：默认快捷键被锁定，无法编辑。但你可以复制快捷键组，保存在一个新名称中，然后修改自定义组中的任何快捷键。

8. 单击 Change（更改）按钮，如图 1-50 所示。

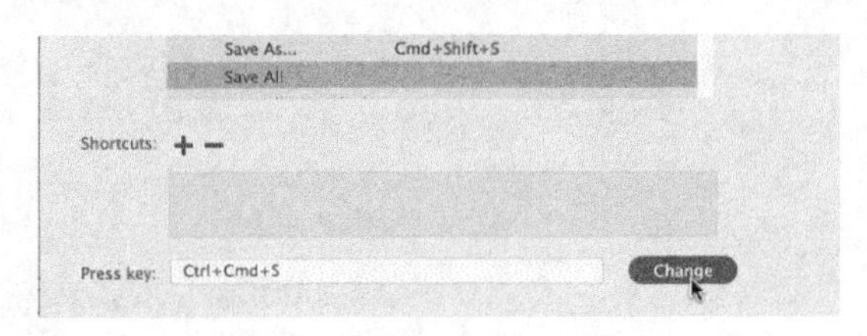

图 1-50

现在，新的快捷键已经分配给“保存全部”命令。

9. 单击 OK（确定）保存更改。

你创建了自己的快捷键——可用于将来的课程。每当课程中有“保存全部文件”的命令，就可以使用这个快捷键。

1.12 使用“属性”检查器

Property（属性）检查器是对你的工作流至关重要的一个工具。在预定义 Dreamweaver 工作区中，“属性”检查器不再是默认组件。如果在你的软件界面中看不到它，可以选择 Window（窗口）> Properties（属性），然后按照之前的描述将其停靠在文档窗口的底部。“属性”检查器是上下文驱动的，自动适应你选择的元素类型。

1.12.1 使用 HTML 选项卡

将光标插入页面上的任何文本内容中，“属性”检查器将提供快速分配一些基本的 HTML 代码和格式化效果的手段。当选择 HTML 按钮时，可以应用标题或段落标签，以及粗体、斜体、项目列表、编号列表与缩进和其他格式化效果和属性，如图 1-51 所示。Document Title（文档标题）元数据字段也可以在所有视图的“属性”检查器中使用。在此字段中输入所需的文档标题，Dreamweaver

会自动将其添加到文档 <head> 部分。如果你没有看到完整的“属性”检查器，单击面板右下角的三角形图标，可以将其展开显示。

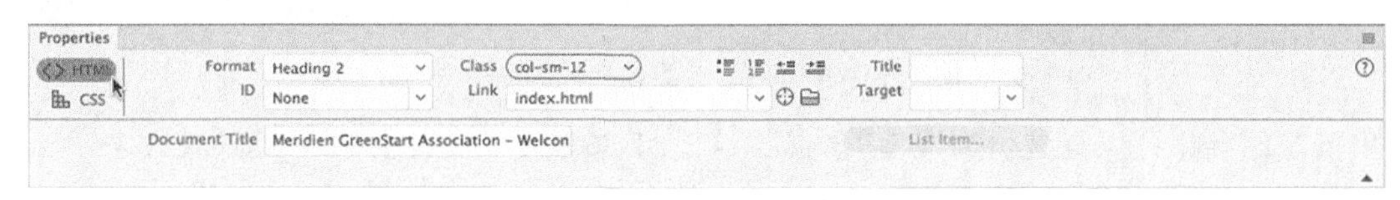

图 1-51　HTML 属性检查器

1.12.2　使用 CSS 选项卡

单击 CSS 按钮快速访问命令指定或者编辑 CSS 格式，如图 1-52 所示。

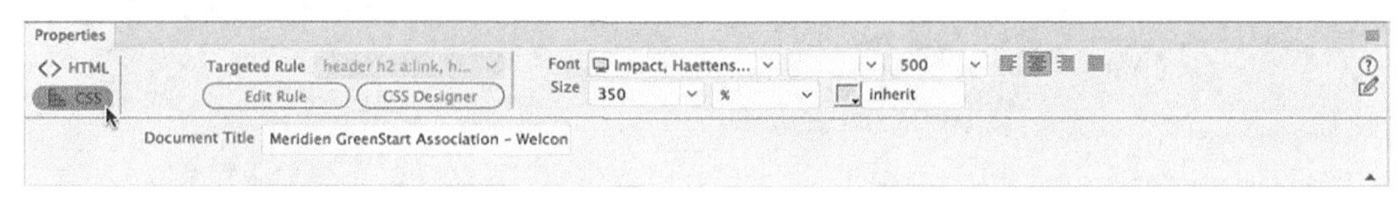

图 1-52　CSS 属性检查器

1.12.3　访问图像属性

在网页中选择一个图像，访问属性检查器中基于图像的属性和格式化控制，如图 1-53 所示。

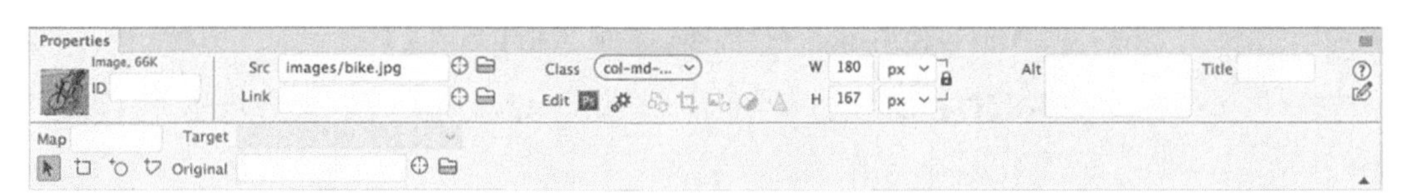

图 1-53　图像属性检查器

1.12.4　访问表格属性

要访问表格属性，在表格中插入光标并单击文档窗口底部的表格标签选择器，如图 1-54 所示。

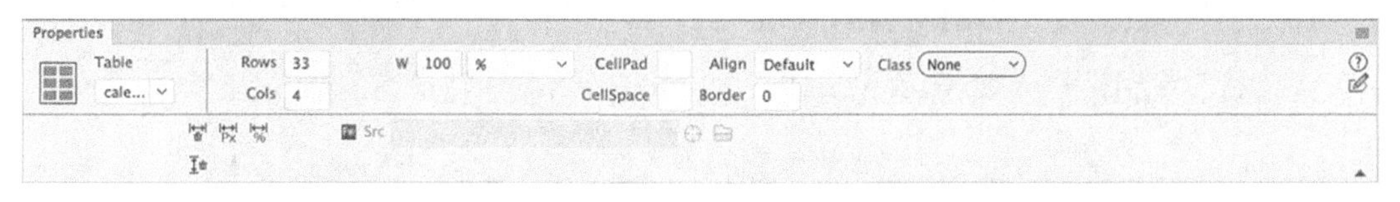

图 1-54　表格属性检查器

1.13　使用“相关文件”界面

网页通常使用多个用于提供样式和编程协助的外部文件来构建。通过在文档窗口顶部的 Related Files（相关文件）界面中显示文件名（见图 1-55），Dreamweaver 让你可以查看链接到当前文档，或者当前文档引用的所有文件。此界面显示任何外部文件的名称，并将实际显示每个文件的内容（如果可用），而你只需要选择所显示的文件名。

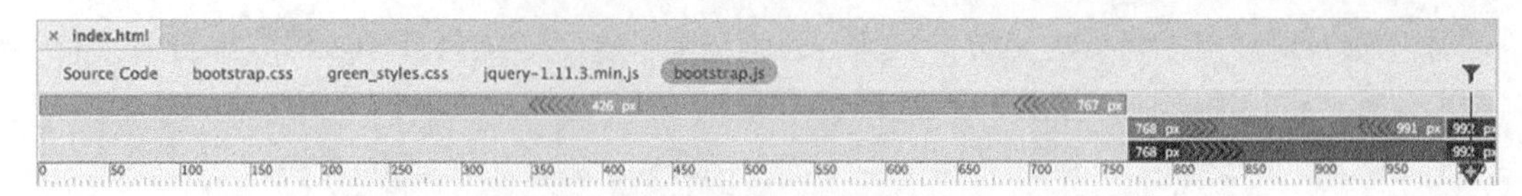

图 1-55　相关文件界面列出链接到文档的所有外部文件

单击文件名称可以查看引用文件的内容，如图 1-56 所示。如果你处于实时或者设计视图，Dreamweaver 拆分文档窗口，在代码视图窗口里显示所选文件的内容。如果文件保存在本地，你甚至可以编辑选中文件的内容。

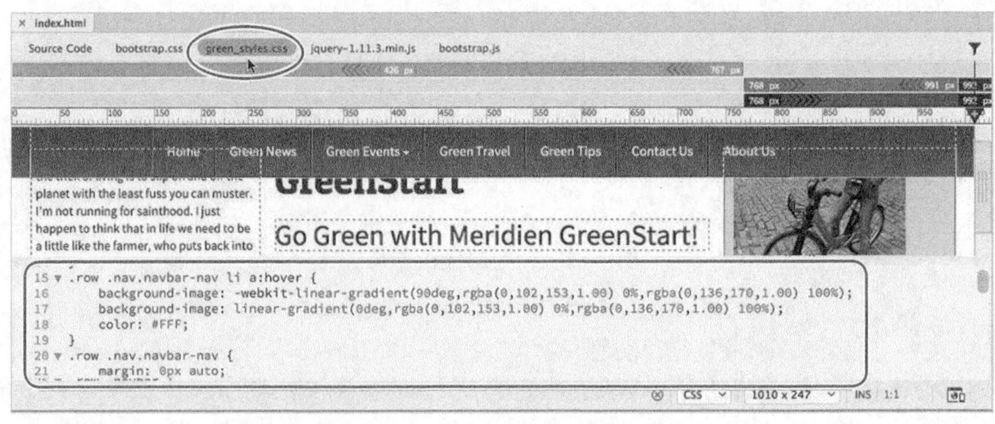

图 1-56　使用相关文件界面编辑保存在本地的文件

要查看包含在主文档里的 HTML 代码，单击界面中的 Source Code（源代码）选项，如图 1-57 所示。

图 1-57　选择“源代码”选项，查看主文档内容

1.14 使用标签选择器

Dreamweaver 最重要的特性之一是出现在文档窗口底部的标签选择器界面。这个界面显示与光标插入点或者选择内容相关的任何 HTML 文件中的标签及元素结构。标签以层次结构显示，从左侧的文档根开始，根据页面结构和所选元素，按照顺序列出每个标签或者元素，如图 1-58 所示。

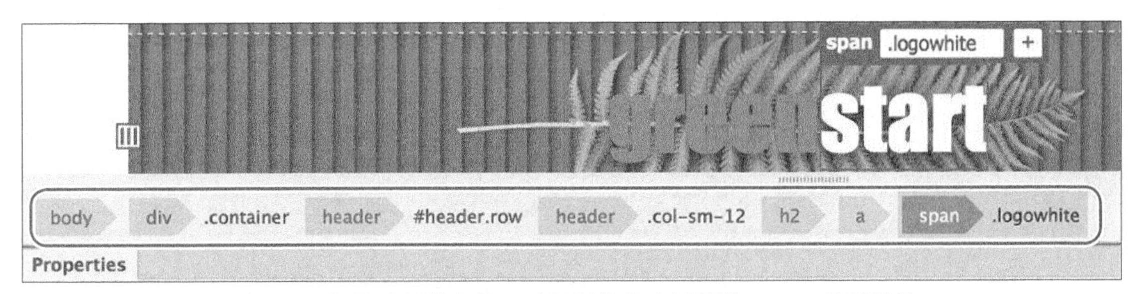

图 1-58　标签选择器中的显示根据你的选择模拟 HTML 代码结构

标签选择器还使你可以简单地单击一个标签，选择显示的任何元素，如图 1-59 所示。选中一个标签时，包含在该标签内的所有内容和子元素也被选中。

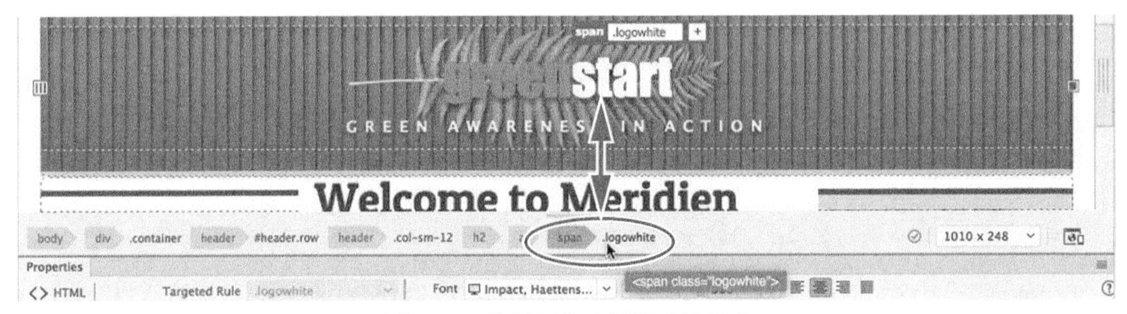

图 1-59　使用标签选择器选择元素

标签选择器界面与 CSS 设计器面板紧密集成（见图 1-60）。你可以使用标签选择器帮助你设置内容样式，或者剪切、复制、粘贴和删除元素。

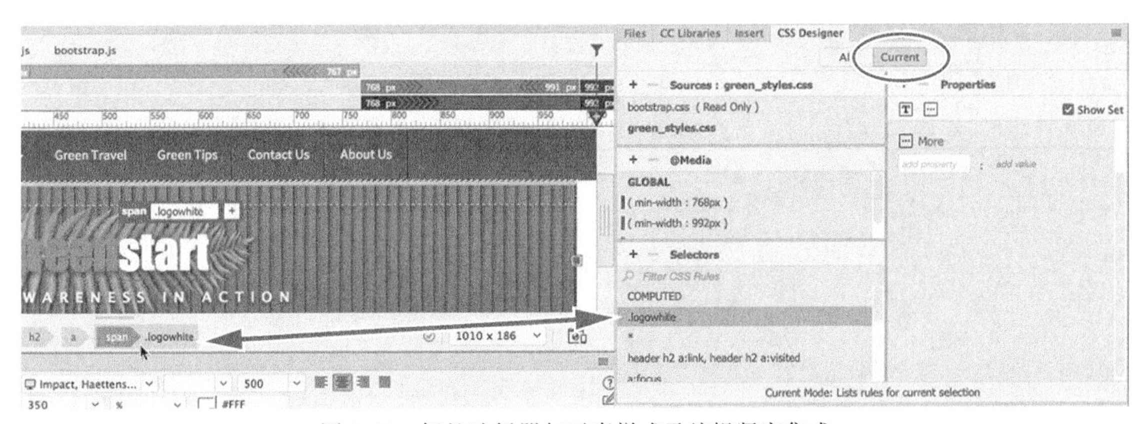

图 1-60　标签选择器与元素样式及编辑紧密集成

1.15 使用 CSS 设计器

CSS 设计器是用于可视化创建、编辑和诊断 CSS 样式的强大工具。CSS 设计器已经在复制和粘贴 CSS 样式规则的效率上有了新的改进。你还可以通过上下箭头键，分别减小或者增大新选择器名称的特异度，如图 1-61 所示。

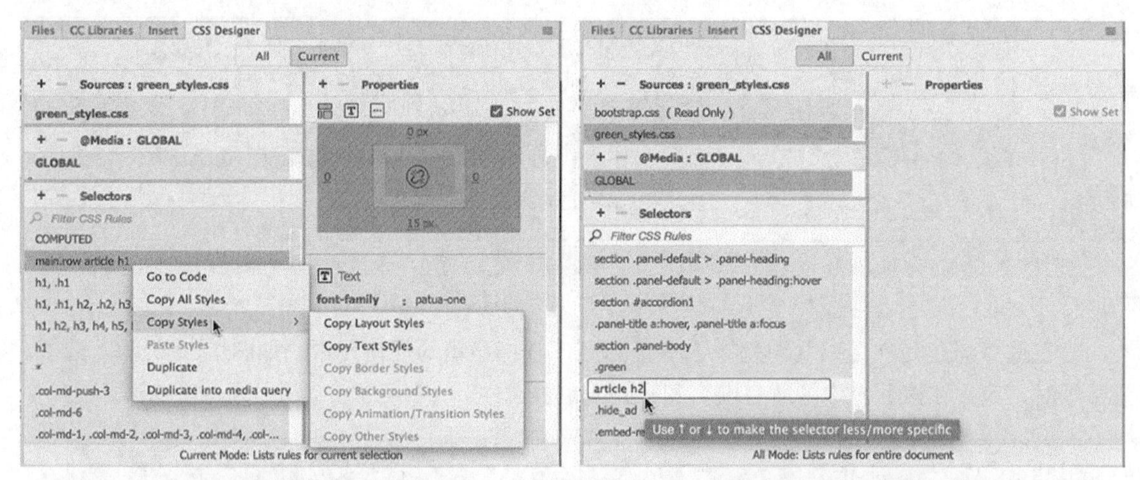

图 1-61　从一条规则复制和粘贴样式到另一条规则中（左），用箭头键改变选择器的特异度（右）

CSS 设计器面板由 4 个窗口组成：Sources（源）、@Media（@ 媒体）、Selectors（选择器）和 Properties（属性）。

1.15.1 “源”窗口

Sources（源）窗口（见图 1-62）可以创建、附加、定义和删除内部嵌入和外部链接样式表。

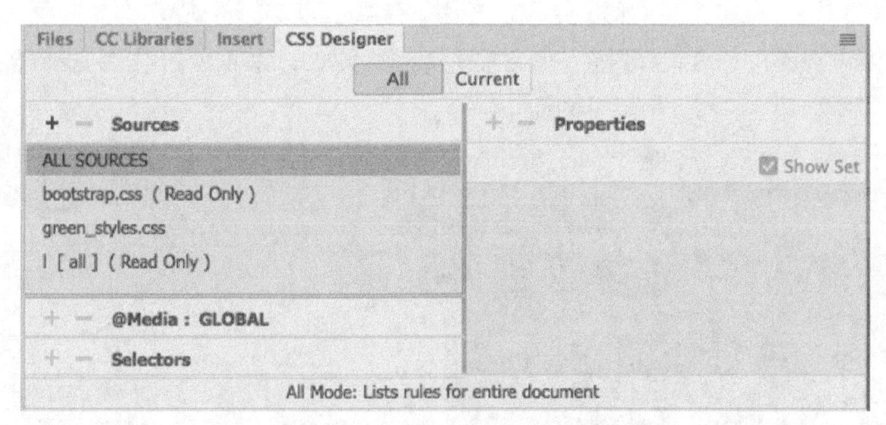

图 1-62

1.15.2 “@ 媒体”窗口

@Media（@ 媒体）窗口（见图 1-63）用于定义媒体查询，支持各种类型的媒体和设备。

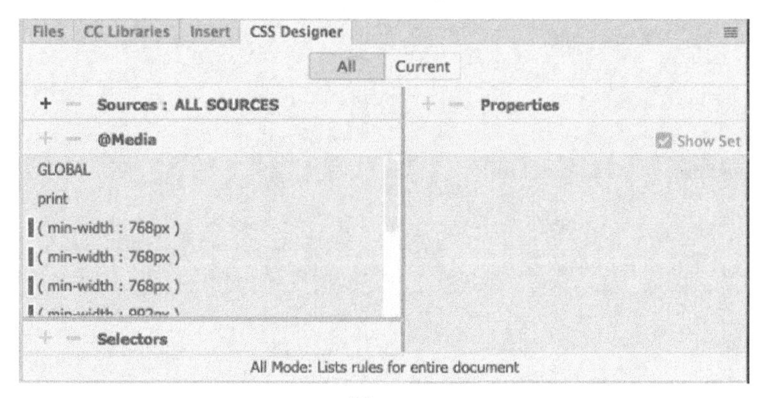

图 1-63

1.15.3 “选择器”窗口

Selectors（选择器）窗口（见图 1-64）用于创建和编辑格式化页面组件及内容的 CSS 规则。创建一个选择器（或者规则）之后，就定义了你希望在 Properties（属性）窗口中应用的格式。

除了创建和编辑 CSS 样式之外，CSS 设计器还可用于确定已经定义和应用的样式，查找这些样式的问题或者冲突。

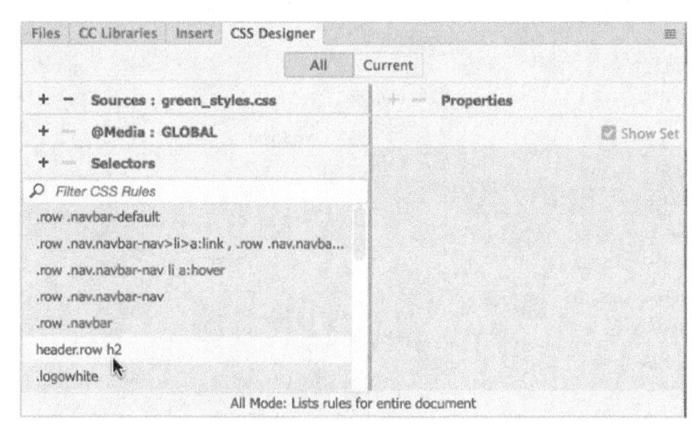

图 1-64

1.15.4 “属性”窗口

Properties（属性）窗口（见图 1-65）有两个基本模式。默认情况下，“属性”窗口显示一个所有可用 CSS 属性的列表，组织为 5 个类别：布局（▤）、文本（T）、边框（▭）、背景（▨）以及更多（⋯）。你可以在列表中向下滚动，按照需要应用样式，或者单击图表跳到“属性”面板的对应类别。

注意： 不选择 Show Set（显示集）选项，将看到所有 CSS 设计器类别。

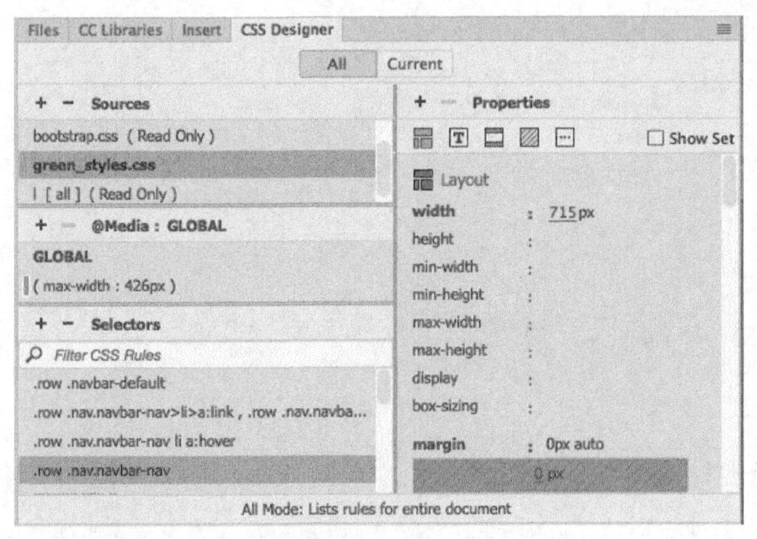

图 1-65

第二个模式可以通过选择窗口右上角的 Show Set（显示集）访问，如图 1-66 所示。在这个模式中，“属性”面板将过滤列表，只显示适用于“选择器”窗口中选中规则的属性。在任何一种模式中，你都可以添加、编辑或者删除样式表、媒体查询、规则及属性。

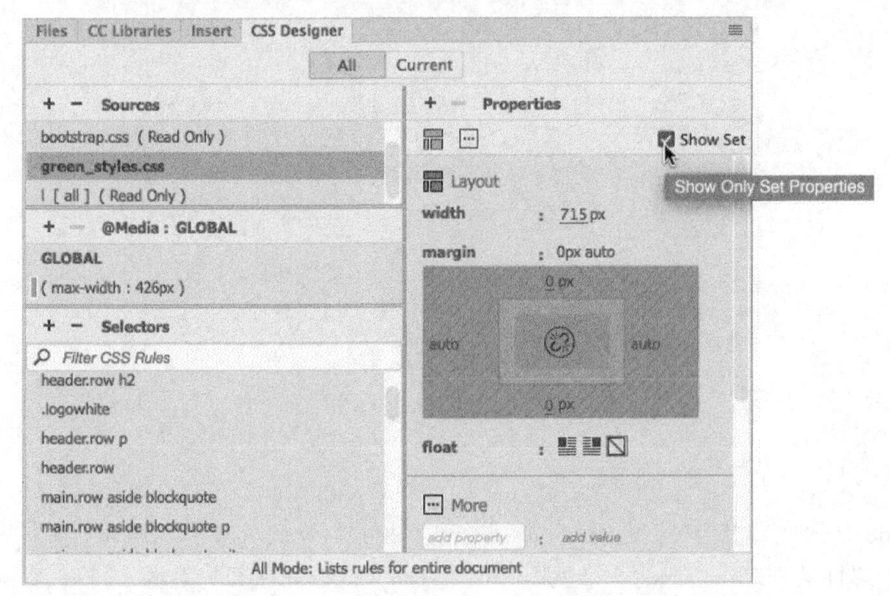

图 1-66　选择 Show Set（显示集）选项将显示的属性限制在样式使用的属性上

“属性”面板还有一个 COMPUTED 选项，显示 CSS 设计器中的 Current（当前）按钮选中时，应用到所选元素的样式聚合列表，如图 1-67 所示。每当你在页面上选择一个元素或者组件，COMPUTED 选项就将出现。当你创建任何类型的样式时，Dreamweaver 创建的代码符合行业标准及最佳实践。

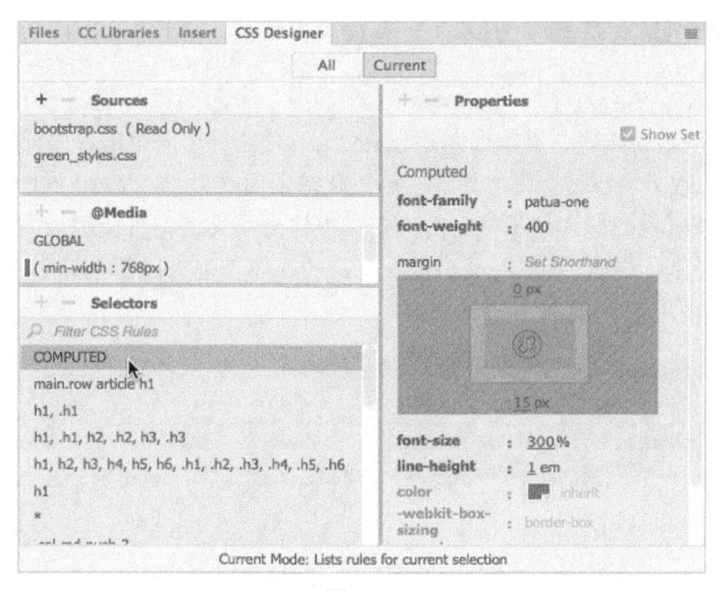

图 1-67

1.15.5 "全部"和"当前"模式

CSS 设计器面板顶部有两个按钮：All（全部）和 Current（当前），这两个按钮启用面板内的特定功能和工作流。

选择 All（全部）按钮时，你可以用面板创建和编辑 CSS 样式表、媒体查询、规则和属性。选择 Current（当前）按钮时，启用 CSS 查错功能，你可以检查网页中的单独元素、评估应用到所选元素的现有样式属性，如图 1-68 所示。不过，在这个模式中，你将会注意到 CSS 设计器的一些常规功能被禁用。例如，在"当前"模式中，你可以编辑现有属性，添加新样式表、媒体查询和适用于所选元素的规则，但是不能删除现有样式表、媒体查询或者规则。这种交互方式在所有文档视图模式中都保持不变。

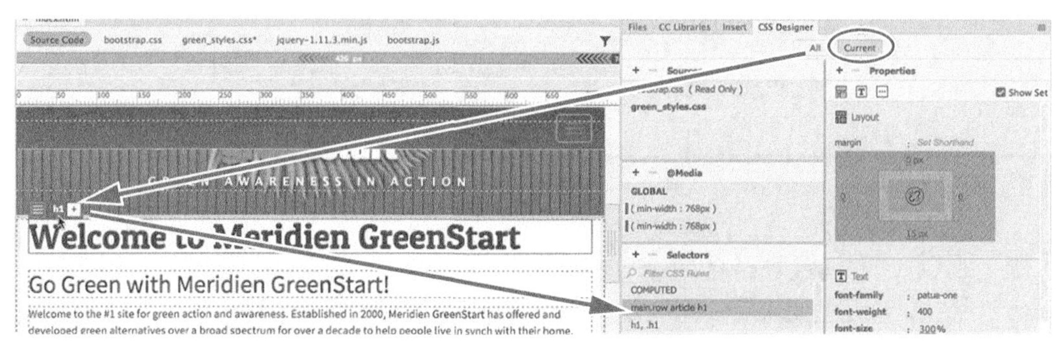

图 1-68 当选中 Current（当前）按钮时，CSS 设计器显示所有与选中元素相关的样式

除了使用 CSS 设计器之外，你还可以在代码视图中手动创建和编辑 CSS 样式，同时利用许多效率改进措施，如代码提示和自动完成。

1.16 使用可视化媒体查询（VMQ）界面

可视化媒体查询（VMQ）界面是 Dreamwaver 的另一个新特性，它出现在文档窗口的上方。VMQ 界面允许你直观地检查现有媒体查询并与之交互，使用简单的单击界面即时创建新的查询。

打开由具有一个或多个媒体查询的样式表格式化的任何网页时，VMQ 界面将显示在文档窗口的上方，并以颜色条形栏的形式显示特定的已定义媒体查询类型。仅使用最大宽度规格的媒体查询将以绿色显示（见图 1-69）。仅使用最小宽度规格的媒体查询将以紫色显示（见图 1-70）。两者均使用的对象将显示为蓝色（见图 1-71）。

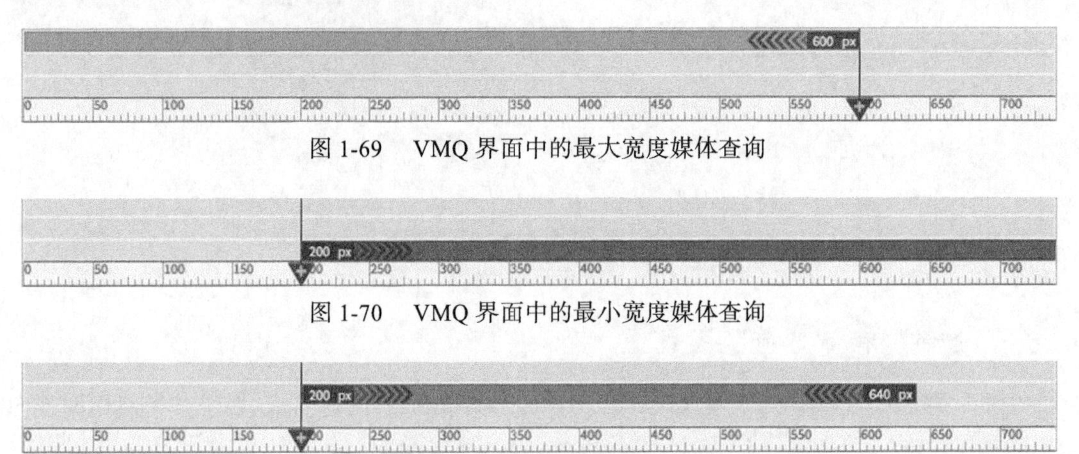

图 1-69　VMQ 界面中的最大宽度媒体查询

图 1-70　VMQ 界面中的最小宽度媒体查询

图 1-71　同时使用最大宽度和最小宽度规格的媒体

1.17 使用 DOM 查看器

你可以用 DOM 查看器查看文档对象模型（DOM），快速检查网页结构，并与之交互以选择、编辑和移动现有元素，插入新元素，如图 1-72 所示。你将会发现，这简化了复杂 HTML 结构的处理。

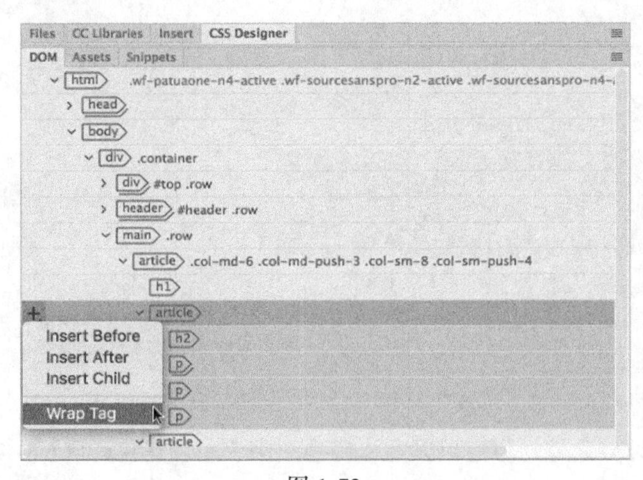

图 1-72

1.18 使用元素对话框、显示和检查器

Dreamweaver 提供实时视图和默认工作区，推动了编辑和管理 HTML 元素的新方法的开发。你将会发现一些新的对话框、显示和检查器，它们提供了对重要元素属性和规格的直接访问。除了 Text Display（文本显示）之外，这些新界面都允许你对选中的元素添加类或者 ID 属性，甚至将对那些属性的引用插入到你的 CSS 样式表及媒体查询中。

1.18.1 "定位辅助"对话框

Position Assist（定位辅助）对话框每当使用 Insert（插入）菜单或者 Insert（插入）面板将新元素插入实时视图时出现。通常,"定位辅助"对话框提供 Before（之前）、After（之后）、Wrap（换行）和 Nest（嵌套）选项，如图 1-73 所示。根据选择元素的类型和光标指向的项目，其中一个或者多个选项将变成灰色（不可用）。

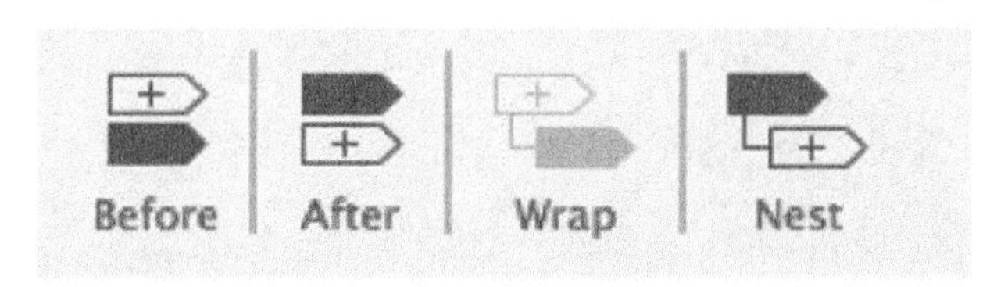

图 1-73 定位辅助对话框允许你控制元素和组件在实时视图中插入的方式

1.18.2 元素显示

每当在实时视图中选择一个元素，Element Display（元素显示）出现。在实时视图中选中一个元素时，可以按上下箭头键更改选择焦点。"元素显示"将按照元素在 HTML 结构中的位置，依次高亮显示每个元素。

"元素显示"上有一个 Quick Property Inspector（快速属性检查器）图标，你可以用它快速访问格式、链接和对齐等属性，如图 1-74 所示。"元素显示"还允许你添加一个类或者 ID 选择元素，或者编辑类或 ID。

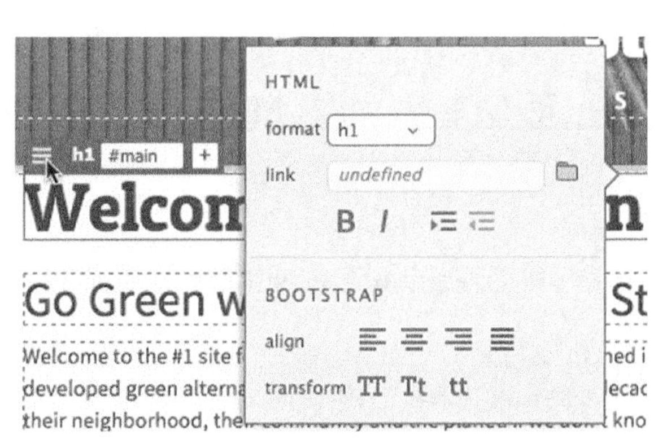

图 1-74 "元素显示"使你能够快速应用类、ID、链接，进行基本的格式化工作

1.18.3 图像显示

Image Display（图像显示）提供一个 Quick Property（快速属性）检查器，你可以从这个检查器上访问图像来源、替代文本和宽度 / 高度属性。检查器中还包含一个输入字段，你可以用它添加一个超链接，如图 1-75 所示。

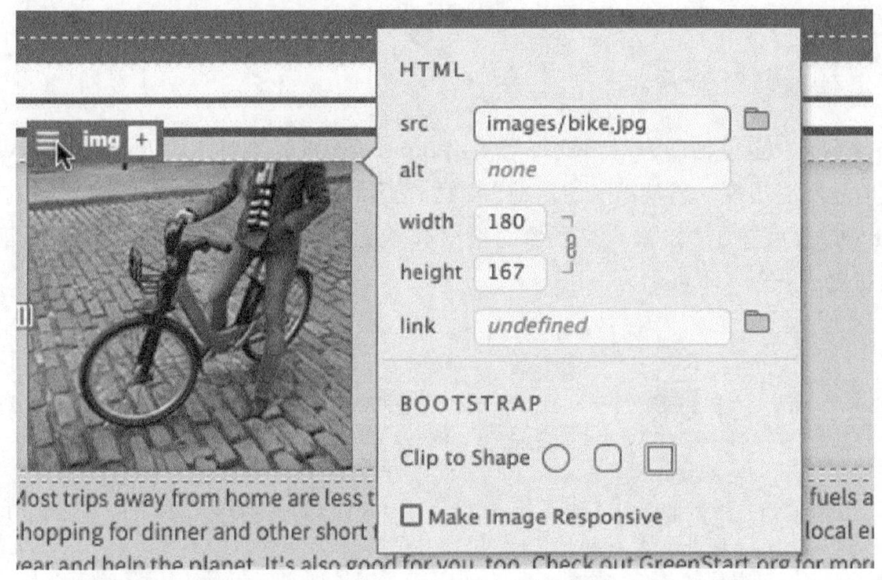

图 1-75 “图像显示”可以快速访问图像来源，添加超链接

1.18.4 文本显示

每当在实时视图中选择一部分文本时，Text Display（文本显示）将出现。“文本显示”允许你将代表粗体的 `<strong>`、斜体的 `<em>` 和超链接的 `<a>` 标记应用到选中的文本，如图 1-76 所示。双击文本打开橙色的编辑框。当你选择一些文本时，“文本显示”就会出现。完成文本编辑时，单击橙色输入框之外的地方完成更改。按 Esc 键撤销更改，将文本返回到之前的状态。

图 1-76 “文本显示”可以对选中文本应用粗体、斜体和超链接标记

1.19 在 Dreamweaver 中设置版本控制

Git 支持是 Dreamweaver CC（2018）的新功能，Git 是一种流行的开放源码版本控制系统，用于管理网站源代码（见图 1-77）。当你的项目中有多人协同工作时，这类系统对避免冲突和工作成果丢失很有价值。

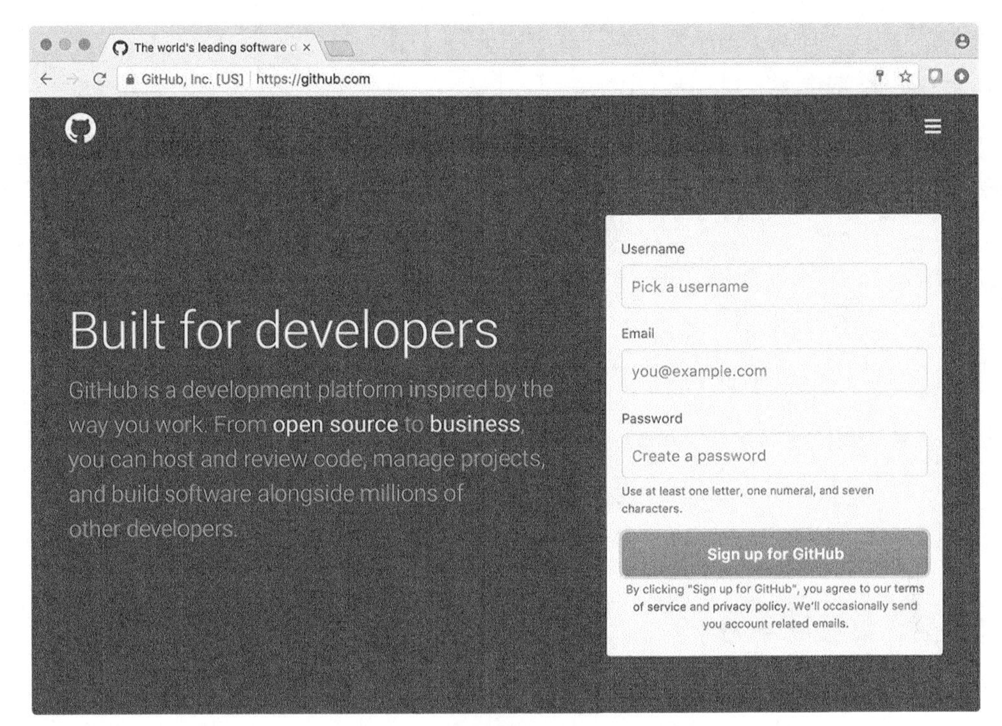

图 1-77

你可以在站点定义对话框中设置一个 Git 存储库，如图 1-78 所示。此后，你可以在必要时将站点连接到远程存储库，推送和拉取更改，如图 1-79 所示。

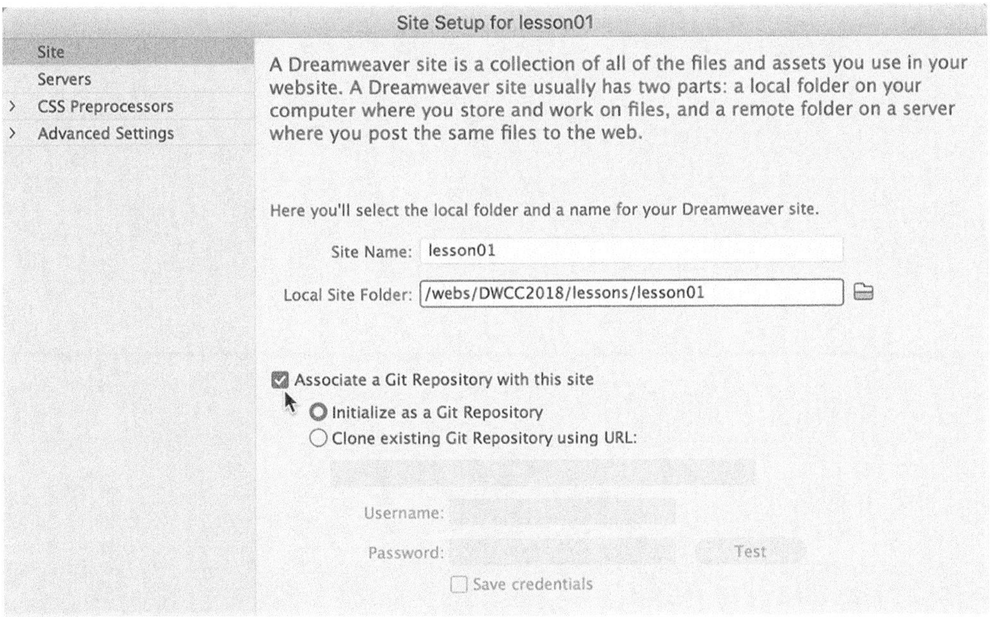

图 1-78

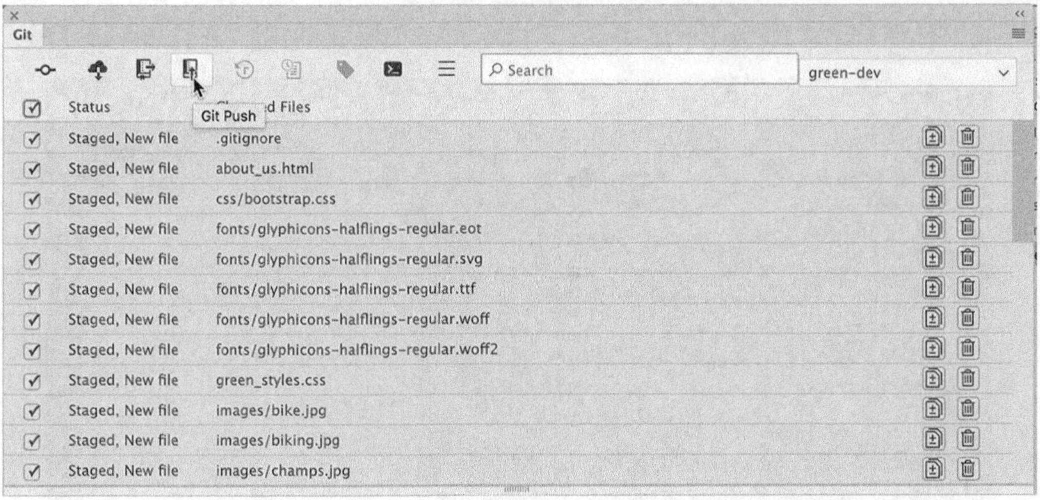

图 1-79

1.20 探索、试验和学习

Dreamweaver 界面经过多年精心制作，旨在快速、容易地进行网页设计与开发。这是不断进步的设计，它总在变化和发展。如果你认为已经了解了这个软件，那就错了。安装最新版本并尝试使用。你可以自由地探索和试验各个菜单、面板和选项，创建理想的工作区和快捷键，为自己的工作创造最高效的环境。你将会发现这个程序有无穷的适应能力，具有完成任何任务的能力。好好享受吧。

1.21 复习题

1. 你可以从哪里访问显示或者隐藏任何面板的命令？

2. 你可以从哪里找到代码、拆分、设计和实时视图按钮？

3. 工作区里可以保存什么？

4. 工作区是否也加载了快捷键？

5. 当你在网页的不同元素中插入光标时，属性检查器里会发生什么？

6. CSS 设计器的哪些功能便于从现有规则中构建新规则？

7. 你可以用 DOM 查看器做什么？

8.“元素显示”出现在设计还是代码视图中？

9. Git 是什么？

1.22 复习题答案

1.“窗口”菜单中列出所有面板。

2. 代码、拆分、设计和实时视图按钮是文档工具栏的组件。

3. 工作区可以保存文档窗口的配置、打开的面板以及面板大小及其在屏幕上的位置。

4. 否。快捷键的加载和保存独立于工作区。

5. 属性检查器适应选中的元素，显示属性信息和格式化命令。

6. CSS 设计器可以从一个规则复制和粘贴样式到另一个规则。

7. DOM 查看器使你可以可视化方式检查 DOM，选择和插入新元素，编辑现有元素。

8. 都不是。“元素显示”只可见于实时视图。

9. Git 是一个开放源码版本控制系统，用于管理网站源代码。

第2章　HTML基础知识

课程概述

在本课中，读者将学习以下内容：

- HTM 概念及来源；
- 常用的 HTM 标签；
- 如何插入特定字符；
- 什么是语义网页设计以及为什么它很重要；
- HTM 中的新特性和功能。

完成本课大约需要 25 分钟的时间。本课没有项目文件。

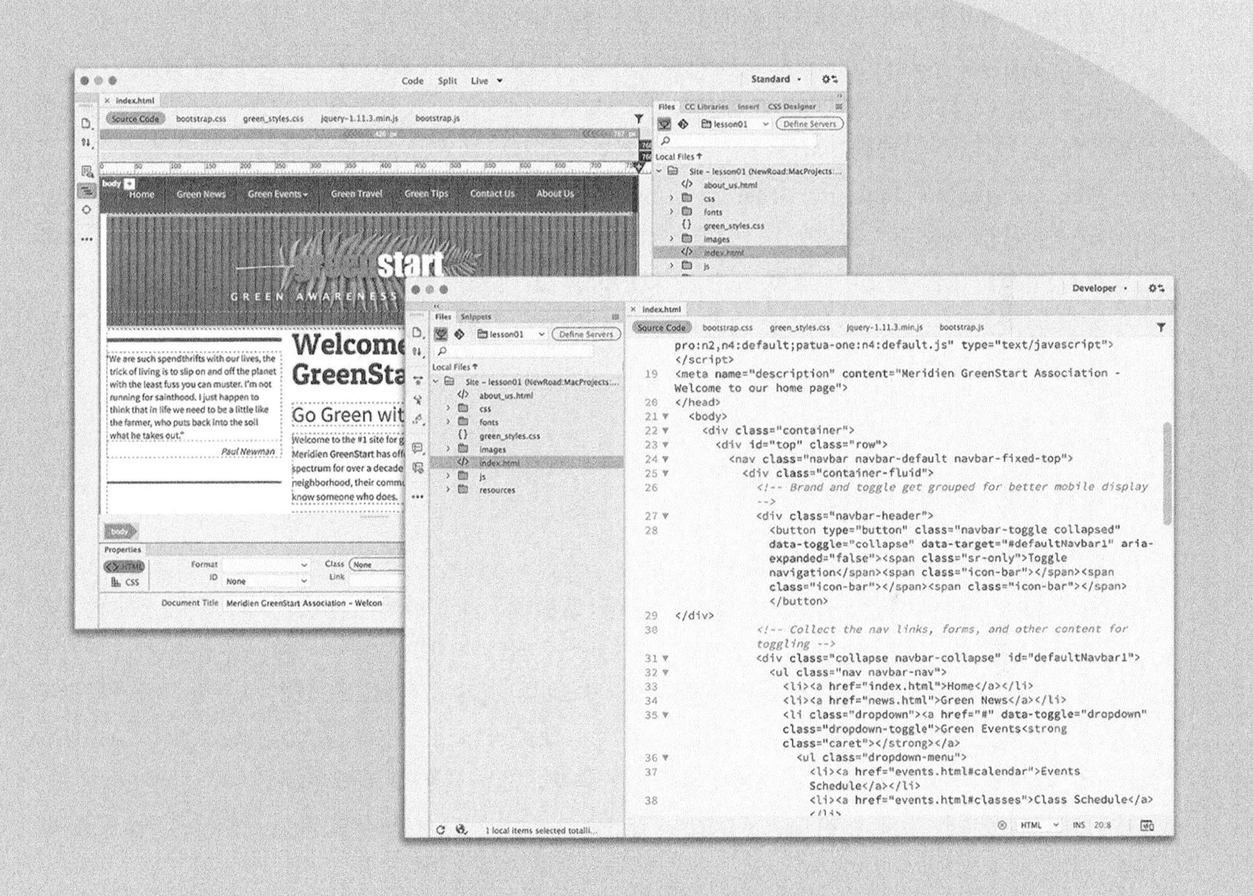

HTML 是 Web 的支柱，也是 Web 页面的骨架。像你身体里的骨骼一样，它是 Internet 的结构组织和实质内容，但除了 Web 设计师之外其他人通常看不到它。如果没有它，Web 将不会存在。Dreamweaver 具有许多特性，可以帮助你快速、有效地访问、创建和编辑 HTML 代码。

2.1 什么是 HTML

“其他软件可以打开 Dreamweaver 文件吗？”在 Dreamweaver 课堂上，一个学生问到这个问题。尽管这个问题的答案对于经验丰富的开发人员来说可能是显而易见的，但它阐释了讲授和学习 Web 设计时的一个基本问题。大多数人都会把软件与技术混为一谈。他们认为扩展名 .htm 或 .html 属于 Dreamweaver 或 Adobe。这并不是罕见的现象。印前设计师习惯于处理以 .ai、.psd、.indd 等为扩展名的文件，这只是他们工作的一部分。随着时间的推移，他们认识到在不同的软件中打开这些格式的文件可能产生无法接受的结果，甚至会破坏文件。

另一方面，Web 设计师的目标是创建用于在浏览器中显示的 Web 页面。原始软件的能力和 / 或功能几乎不会对得到的浏览器显示效果产生任何影响，因为显示效果完全与 HTML 代码以及浏览器解释它的方式相关。尽管软件可能编写良好或糟糕的代码，但是浏览器会完成所有困难的工作。

Web 基于 HTML（Hypertext Markup Language，超文本标记语言）。该语言和文件格式不属于任何单独的软件或公司。事实上，它不是专有的纯文本语言，可以在任何计算机上由任何操作系统的任何文本编辑器编辑。在某种程度上，Dreamweaver 是一种 HTML 编辑器，但它远远超越了这一点。为了最大化 Dreamweaver 的潜力，首先需要很好地理解 HTML 是什么，它可以做什么，以及它不可以做什么。本课旨在简要介绍 HTML 的基础知识及其能力，以此作为理解 Dreamweaver 的基础。

2.2 HTML 来源于何处

HTML 和第一个浏览器是由在瑞士日内瓦的 CERN（Conseil Européen pour la Recherche Nucléaire，它是 European Council for Nuclear Research（欧洲核物理研究委员会）的法语形式）粒子物理实验室工作的科学家 Tim Berners-Lee 于 20 世纪 90 年代早期发明的。他原本打算使用该技术，通过当时刚刚问世的互联网共享技术论文和信息。他公开地共享他的 HTML 和浏览器发明，尝试使整个科学界及其他人采用它们，并参与 HTML 的开发。他没有申请版权保护或者尝试出售他的发明创造，这一事实开启了 Web 的开放性和友好关系的趋势，这一趋势今天仍在延续。

在 HTML 之前，互联网更像 MS DOS 或者 macOS 这样的终端应用程序，没有格式，没有图形，没有用户可定义的颜色，如图 2-1 所示。

Berners-Lee 在 25 年前创建的语言比我们现在使用的语言的构造要简单得多，但是 HTML 仍然极其容易学习和掌握。在本书编写时，HTML 的版本为 5，该版本于 2014 年 10 月正式采用。HTML 由超过 120 个标签（Tag）组成，比如 html、head、body、h1 和 p 等。

标签插入小于号（<）和大于号（>）之间，如 `<p>`、`<h1>` 和 `<table>`。这些标签用于标记（Mark up）文本和图形，通知浏览器以特定方式显示它们。当标记同时具有开始标签（<...>）和结束（封闭）标签（</...>）时，就认为 HTML 代码正确地平衡（balanced）了，比如 `<h1>…</h1>`。

当两个匹配的标签以这种方式出现时，它们被称为元素（element），元素包括两个标签中包含的任何内容。空（void）元素（如水平线）只能使用一个标签以缩写的方式编写，如 <hr/>，实质

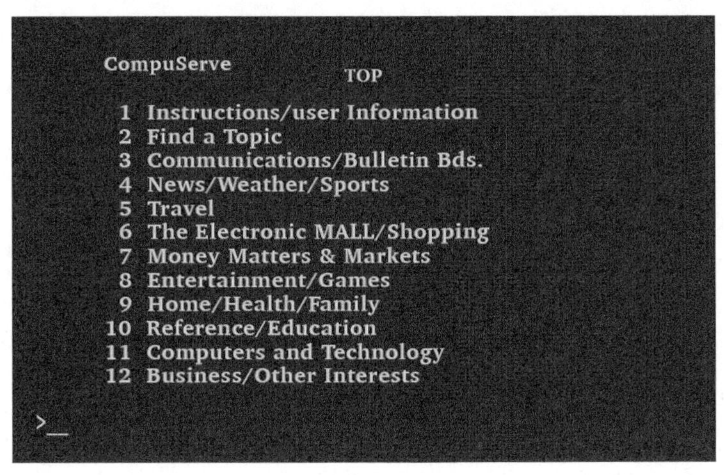

图 2-1

上同时是开始和结束（封闭）标签。在 HTML5 中，空元素也可以有效地表达，而不需要结束斜杠，如 <hr>。有些 Web 应用程序需要结束斜杠，所以在用一种形式代替另一种之前最好检查一下。

有些元素用于创建页面结构，另一些用于结构和格式化文本，还有一些则实现交互和可编程性。尽管 Dreamweaver 排除了手动编写大部分代码的需求，但对于任何成长中的 Web 设计人员来说，读取和解释 HTML 代码的能力仍然是推荐的技能。有时这是在网页中查找错误的唯一方法。随着通过移动设备和基于互联网资源创建和传播的信息和内容越来越多，理解和读取代码的能力也可能成为其他领域的一项重要技能。

注意：如果你非常抵触学习阅读和编写良好 HTML 的方法，就应该研究一下 Adobe Muse。这个软件可在与 Adobe InDesign 类似的图形用户界面中，使用指向 - 单击技术创建具有专业外观效果的 Web 页面，同时永远也不会让你接触到在后台运行的代码。

2.3 基本 HTML 代码结构

从图 2-2 中可以看到网页的基本结构。

图 2-2　网页结构

你可能会感到奇怪，这段代码只在 Web 浏览器中显示文本“Welcome to my first webpage”。代码的余下部分用于创建页面结构和文本格式化效果。像冰山一样，实际网页的大部分内容都是不可见的。

2.4 常用 HTML 元素

HTML 代码元素用于特定的目的。标签可以创建不同的对象、应用格式，识别逻辑内容或生成交互性。在屏幕上拥有独立空间的标签被称为块元素，在另一个标签的流程中完成其任务的元素称为内联元素。有些元素也可用于在页面中创建结构关系，例如垂直列中的堆叠内容或在逻辑分组中收集多个元素。结构元素可以像块或内联元素一样表现，或者在完全不可见的情况下进行工作。

2.4.1 HTML 标签

表 2-1 所示为一些最常用的 HTML 标签。要最大限度地利用 Dreamweaver 和你的网页，理解这些元素的特性及其使用方法是很有助益的。记住，有些标签可能有多种用途。

表 2-1　常用 HTML 标签

标签	描述
`<!--...-->`	注释。指定 HTML 注释。允许在 HTML 代码内添加注释（在标签中以…表示），当用浏览器查看页面时，将不会显示它们
`<a>`	锚。超链接的基本构件
`<blockquote>`	引文，创建一个独立缩进段落
`<body>`	文档主体。指定文档主体，包含网页内容的可见部分
` `	换行。插入一个换行符，不创建新段落
`<div>`	页面划分。用于将网页内容划分成可辨识的部分
`<em>`	强调。增加语义强调，在大多数浏览器和阅读器中默认显示为斜体
`<form>`	表单。指定一个 HTML 表单，用于收集用户数据
`<h1>to<h6>`	标题。创建标题，默认格式为粗体
`<head>`	头部。指定文档头部，包含执行后台功能的代码，比如元标签、脚本、样式、链接及其他不明显可见于网站访问者的信息
`<hr>`	水平标线。生成一条水平线的空元素
`<html>`	大多数 Web 页面的根元素。包含整个 Web 页面，只不过在某些情况下必须在 `<html>` 开始标签之前加载基于服务器的代码
`<iframe>`	内联框架。可以包含另一个文档或从另一个网站加载内容的结构元素

续表

标签	描述
<img>	图像。提供来源引用，以显示图像
<input>	输入。表单输入元素，如文本框
<li>	列表项目。HTML 列表的单独内容项
<link>	链接。指定文档和外部资源间的关系
<meta>	元数据。为搜索引擎或者其他应用提供的附加信息
<ol>	有序（编号）列表。定义一个编号列表，列表项以字母数字（1、2、3 或 A、B、C）或者罗马数字（ⅰ、ⅱ、ⅲ或Ⅰ、Ⅱ、Ⅲ）序列形式显示
<p>	段落。指定一个单独的段落
<script>	脚本。包含脚本元素或者指向内部 / 外部脚本
<span>	指定文档区域。提供对文档的一部分应用特殊格式或强调的方式
<strong>	强调。增加语义强调，在大多数浏览器和阅读器中默认显示为粗体
<style>	样式。CSS 样式的嵌入或者内联容器
<table>	表格。指定 HTML 表格
<td>	表格数据。指定一个表格单元
<textarea>	文本区域。为表单指定一个多行文本输入元素
<th>	表格标题。指定一个单元包含标题
<title>	标题。包含当前页面的元数据标题引用
<tr>	表格行。描述不同数据行的结构化元素
<ul>	无序（项目）列表。定义一个项目列表，默认显示的列表项前有项目符号

2.4.2 HTML 字符实体

文本内容通常通过电脑键盘输入。但是，许多字符不会出现在典型的 101 键输入设备上。如果不能直接从键盘输入符号，可以通过键入名称或称为实体的数值将其插入到 HTML 代码中。可以显示的每个字母和字符的实体都存在对应的实体。表 2-2 列出了一些流行的实体。

Dw **注意：**有些实体可以用名称或者数字创建，如版权符号，但是命名实体可能无法在所有浏览器或者应用中正常工作。所以应该坚持使用编号实体，或者在使用之前测试特定的命名实体。

表 2-2 HTML 字符实体

字符	说明	名称	数字
©	版权	©	©
®	注册商标	®	®
™	商标		™
•	项目符号		•
–	短划线		–
—	长划线		—
	非间断空格		

2.5 HTML5 的新内容

HTML 的每个新版本都对构成语言的元素数量和用途做了改变。HTML 4.01 包含大约 90 个元素。HTML 5 规范中完全删除了 HTML4 的一些元素，也采纳或提出了一些新元素。

对列表的改变通常涉及支持新技术或不同类型的内容模型，删除那些不好的想法或者很少用到的特性。有些改变只是简单地反映了随时间推移在开发人员社区内流行的习惯或技术。其他一些改变是为了简化创建代码的方式，使之更容易编写并能更快地传播。

2.5.1 HTML5 标签

表 2-3 所示为 HTML5 中一些重要的新标签。目前，HTML5 规范中有将近 50 个新元素，同时删除了至少 30 个旧标签。在本书的练习中，你将学习许多新的 HTML5 标签的用法，帮助你理解它们在 Web 上的作用。请花一点时间熟悉这些标签以及它们的描述。

表 2-3 重要的 HTML5 新标签

标签	描述
<article>	文章。指定独立的内容，可以独立于站点的其余内容的分发
<aside>	侧栏。指定与周围内容相关的侧栏内容
<audio>	音频。指定多媒体内容、声音、音乐或者其他音频流
<canvas>	画布。指定用脚本创建的图形内容
<figure>	插图。指定包含图像或视频的独立内容区域
<figcaption>	插图标题。为 <figure> 元素指定标题
<footer>	页脚。为文档或者区段指定页脚
<header>	页首。为文档或者区段指定简介

续表

标签	描述
<hgroup>	标题组。当有多级标题时指定一组 <h1> ～ <h6> 元素
<nav>	导航。指定导航区域
<picture>	图像。为网页图像指定一个或多个资源，以支持智能手机和其他移动设备上可用的各种分辨率。这是旧的浏览器或设备可能不支持的新标签
<section>	区段。指定文档中的一个部分
<source>	源。为视频或者音频元素指定媒体资源，可以为不支持默认文件类型的浏览器定义多个源
<video>	视频。指定视频内容，如影片剪辑或者其他视频流

2.5.2 语义 Web 设计

HTML 已经做了许多改变，以支持语义 Web 设计的概念。这一运动对 HTML 的未来、可用性以及互联网上网站之间的互操作性有着重要的意义。现在，Web 上的每个网页都是独立的。内容可能链接到其他页面和网站，但是实际上没有任何方法，能够以一致的方式组合或者收集多个页面或者多个网站上的信息。搜索引擎尽其所能地索引出现在每个网站的内容，但由于旧 HTML 代码的性质和结构，许多内容还是丢失了。

HTML 最初被设计为一种表示语言。换句话说，它旨在以一种容易理解和预测的方式在浏览器中显示技术文档。如果仔细查看 HTML 的原始规范，它看起来基本上像你将放入大学研究论文中的项目列表：标题、段落、引用的材料、表格、编号列表和项目符号列表等。

HTML 第一个版本中的元素列表基本上确定了内容将如何显示。这些标签没有传达任何内在的含义或意义。例如，使用标题标签以粗体显示特定的文本行，但是它没有指出标题与下面的文本或者整个故事之间具有什么关系。它是一个标题（title），或者只是一个子标题（subheading）?

HTML5 添加了许多重要的新标签，为标记添加含义。诸如 <header>、<footer>、<article> 和 <section> 之类的标签可以从一开始就确定特定的内容，而不必求助于额外的属性。最终的结果是更简单、更少的代码。但是，最重要的是，给代码添加语义含义使你和其他开发人员可以令人兴奋的新方式，把一个页面中的内容与另一个页面联系起来，其中许多新方式还没有发明出来，但这项工作真的已经在进行之中了。

2.5.3 新技巧与新技术

HTML5 还重新研究了语言的基本性质，撤销了一些以前需要第三方插件应用程序和外部编程的功能。

如果你是 Web 设计的新手，这种过渡不会带来痛苦，因为不需要重新学习任何知识或者打破什么坏习惯。如果你已经具有构建 Web 页面和应用程序的经验，本书将指导你安全地渡过这些难关，并且以合乎逻辑、直观的方式介绍新技术和技巧。但是，无论如何，你都没有必要抛弃所有的旧站点，从头开始重新构建所有的一切。

有效的 HTML 4 代码在可预见的将来仍将保持有效。HTML5 旨在使你能够更轻松地完成任务，它可以使你事半功倍。那么就让我们开始吧！

2.6 复习题

1. 什么程序可以打开 HTML 文件？

2. 标记语言是做什么的？

3. HTML 由多少个代码元素组成？

4. 大多数网页的 3 个主要部分是什么？

5. 块和内联元素有什么区别？

6. HTML 的当前版本是什么？

2.7 复习题答案

1. HTML 是一种纯文本语言，可以在任何文本编辑器中打开和编辑，并在任何 Web 浏览器中查看。

2. 标记语言将标签包含在括号（<>）中，其中的纯文本内容与结构和格式相关的信息从一个应用程序中传递到另一个应用。

3. HTML5 包含超过 100 个标签。

4. 大多数网页由 3 个主要部分组成：根、头部和主体。

5. 块元素创建一个独立元素。内联元素可以存在于另一个元素中。

6. HTML5 已于 2014 年底正式通过，但全面支持可能需要几年时间。而且，与 HTML 4 一样，一些浏览器和设备可能以不同的方式支持规范。

第3章 CSS基础知识

课程概述

在本课中，读者将学习以下内容：

- CSS（层叠样式表）术语和术语学；
- HTM 和 CSS 格式之间的不同；
- 编写 CSS 规则和标记的不同方法；
- 层叠、继承、后代和特异度理论如何影响浏览器应用 CSS 格式的方式；
- CSS3 新特性和功能。

完成本课需要花费大约 1 小时 15 分。请先到异步社区的相应页面下载本书的课程资源，并进行解压。根据 lesson03 文件夹定义站点。

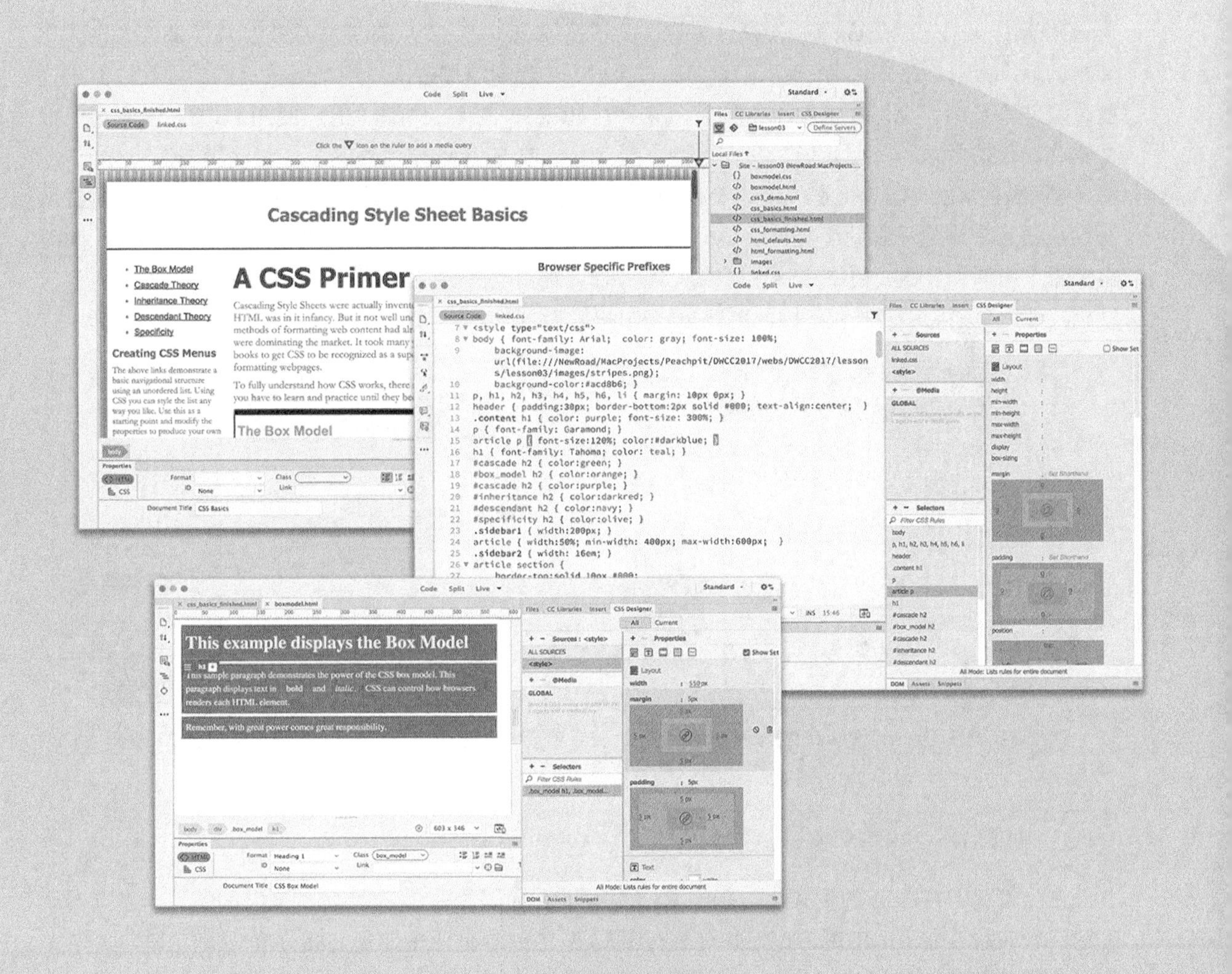

层叠样式表控制网页的观感。CSS 语言和语法很复杂、强大且有无穷的适应性。CSS 需要花费很多时间和精力去学习，需要几年的时间才能熟练掌握，但它是现代 Web 设计人员不可或缺的工具。

3.1 什么是 CSS

注意：我们删除了许多实操练习，将它们移到额外的在线课程中。在异步社区上的本书课程资源中可以找到额外的实操练习，你可以从中得到编写和编辑 CSS 代码的重要技能及经验。详见本书开始的“前言”部分。

HTML 从来就没想成为一种设计媒介。除了粗体和斜体之外，版本 1 缺少加载字体或者格式化文本的标准方法。格式化命令直到 HTML 的版本 3 才逐渐添加进来，用于解决这些局限性，但是这些改变并不足够。设计师求助于各种技巧来产生想要的结果。例如，他们使用 HTML 表格来模拟文本和图形的多列和复杂布局，并在他们需要 Times 或 Helvetica 之外的字体时使用图像。

基于 HTML 的格式化是一个很有误导性的概念，因此在正式采用它之后不到一年的时间就被建议从语言中删除，以便于支持层叠样式表（CSS）。CSS 避免了 HTML 格式化的所有问题，同时也节省了时间和金钱。使用 CSS，可以从 HTML 代码剥离不必要的成分，只剩下必不可少的内容与结构，然后单独应用格式化，因此可以更轻松地使网页适应特定的设备和应用程序，如图 3-1 所示。

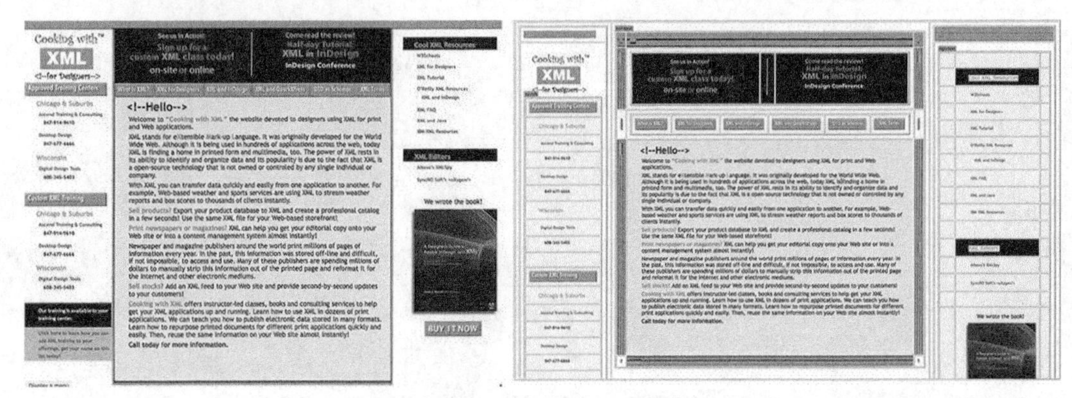

图 3-1　在 Dreamweaver 中为表格结构添加表格填充和边距（左），你可以看到网页是如何依赖表格及图像产生最终设计（右）的

3.1.1　HTML 与 CSS 格式的对比

在比较基于 HTML 的格式化与基于 CSS 的格式化时，很容易看到 CSS 在时间和工作量方面产生的巨大效益。在下面的练习中，你将通过编辑两个 Web 页面来探索 CSS 的能力和功效，其中一个页面通过 HTML 进行格式化，另一个页面则通过 CSS 进行格式化。

注意：为了节省油墨，在此和所有后续课程中进行的屏幕截图将使用 UI 亮度为 1.0 和 Light 代码着色主题。你可以自由使用默认的黑色 UI 和代码主题，或任何自定义设置。程序和课程在任何 UI 颜色设置中的执行情况都相同。

1. 启动 Dreamweaver CC 2018 或更新版本（如果目前还没有运行的话）。

2. 按照本书前言中的指南，以 lesson03 文件夹为基础创建一个新站点，命名为 lesson03。

3. 选择 File（文件）>Open（打开）。

4. 导航到 lesson03 文件夹，打开 html_formatting.html。

5. 单击 Split（拆分）视图按钮。如果有必要，选择 View（查看）> Split（拆分）> Split Vertically（垂直拆分），垂直拆分代码及实时视图。

内容的每个元素用已经弃用的 <font> 标签单独格式化。注意每个 <h1> 和 <p> 元素的 color="blue" 属性。

注意：弃用意味着标签从 HTML 的未来支持中删除，但仍然可能被当前浏览器和 HTML 读取程序识别。

6. 在出现 "blue" 的每一行中以 "green" 替换之，如图 3-2 所示。如果有必要，单击实时视图窗口更新显示。

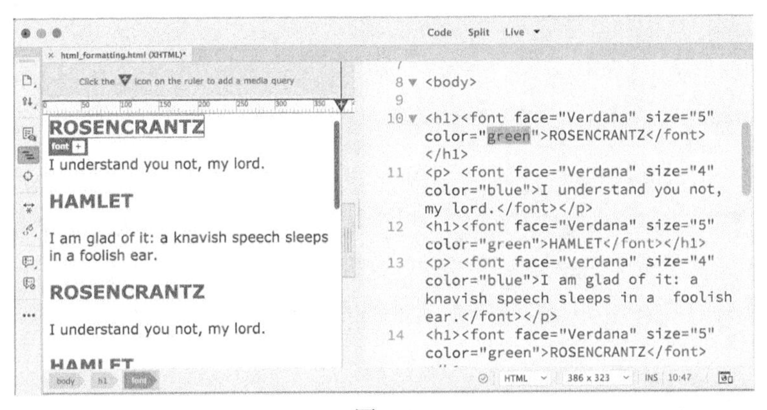

图 3-2

现在，在更改颜色值的每一行中，文本显示为绿色。可以看到，使用过时的 <font> 标签进行格式化不仅缓慢，而且也容易出错。如果输入 greeen 或 geen，浏览器将完全忽略颜色格式。

7. 打开 lesson03 文件夹中的 css_formatting.html。

8. 如果当前没有选中，单击 Split（拆分）视图按钮。

除了用 CSS 格式化之外，这个文件内容与上一个文档完全相同。格式化 HTML 元素的代码出现在文件的 <head> 段。注意，代码只包含两个 color: blue; 属性。

9. 在代码 h1{color: blue;} 中，选择 blue，输入 green 代替它。如果有必要，单击实时视图窗口更新显示。

注意：当你打开或者创建一个新页面时，Dreamweaver 通常默认打开实时视图。如果不是这样，你可以从文档工具栏中的视图 / 设计下拉菜单选择。

在实时视图中，所有标题元素都显示为绿色。段落元素仍然是蓝色。

10. 选择代码 p{color: blue;} 中的 blue，输入 green 替代它，如图 3-3 所示。单击实时视图窗口更新显示，在实时视图中，所有段落元素都变成绿色。

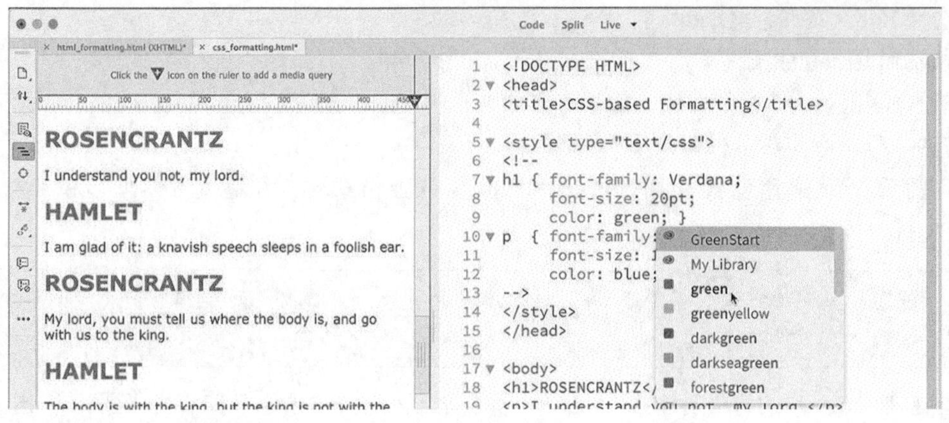

图 3-3

11. 关闭所有文件，不保存更改。

注意：如果想更全面地体会 CSS 的威力和功能，可以访问本书课程文件中包含的额外 CSS 在线课程。下载这些额外课程的细节参见本书前言。

在这个练习中，CSS 利用两处简单的编辑就完成了颜色的改变，而 HTML 的 <font> 标签要求编辑每一行代码。你开始理解 W3C（制定互联网规范和协议的 Web 标准组织）不建议使用 <font> 标签且开发了层叠样式表的原因了吗？这个练习只是 CSS 提供的格式化能力和效率增强的一个精选示例，而单独使用 HTML 是做不到这些的。

3.2 HTML 默认设置

从一开始，HTML 标签就有一个或多个默认格式、特征或行为。所以，即使你什么也没做，大部分浏览器中的文字都已经以某种方式格式化了。掌握 CSS 的基本任务之一是学习和理解这些默认值，以及它们对内容的影响。让我们来观察一下。

1. 打开 lesson03 文件夹中的 html_defaults.html。如果有必要，打开实时视图预览文件的内容。

该文件包含一系列 HTML 标题和文本元素。每个元素直观地展示了大小、字体、间隔等基本样式。

2. 切换到拆分视图。如果必要，选择 View（查看）> Split（拆分）> Split Vertically（垂直拆分），垂直拆分代码和实时视图。在代码视图窗口中，找到 <head> 区段（见图 3-4），尝试确定可能格式化 HTML 元素的任何代码。

注意：代码和实时视图窗口可以通过选择查看菜单中的选项，从顶部切换到底部，从左侧切换到右侧。更多信息参见第 1 课。

匆匆一瞥就能知道，文件中没有任何明显的样式信息，但是文本仍然显示出不同的格式类型。这些格式从何而来？更重要的是，使用的是什么设置？

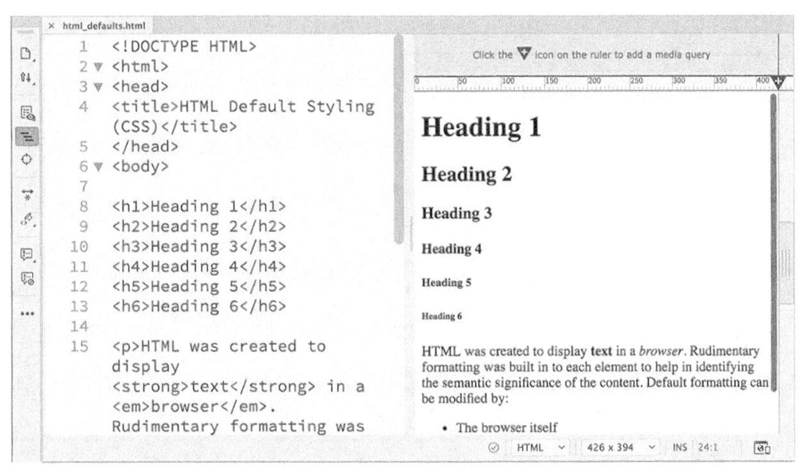

图 3-4

答案是：视情况而定。过去，HTML 4 元素从多个来源提取特征。首先要查看的是 W3C。它创建了一个默认样式表，你可以在 www.w3.org/TR/CSS21/sample.html 找到该样式表。样式表定义了所有 HTML 元素的标准格式和行为。浏览器供应商以此样式表为基础，决定 HTML 元素的默认呈现，但那是 HTML5 出现之前的事情了。

3.2.1 HTML5 默认设置

过去 10 年来，网络上一直进行着将“内容”与“样式”分开的运动。在撰写本书时，HTML 中“默认”格式的概念似乎已经消亡。根据 W3C 在 2014 年采用的规范，HTML5 元素没有默认的样式标准。如果你想在 w3.org 上查找 HTML5 的默认样式表，就像针对 HTML 4 的那样，那是找不到的。目前，没有任何公开的动议来改变这种关系，浏览器制造商仍然将 HTML 4 默认样式应用于基于 HTML5 的网页。感到困惑吗？那就加入这个俱乐部吧。

注意： 如果当前的趋势持续，HTML5 默认样式表的缺失将使你开发自己的网站标准变得更加重要。

这种趋势有着戏剧性的深远影响。不远的将来，HTML 元素可能不默认显示任何格式。也就是说，理解元素当前的格式比以往更为重要，以便在需求出现时做好准备，开发自己的标准。

为了节约时间，让你具有先行一步的优势，表 3-1 中列出了一些最常见的默认设置。

表 3-1　常见 HTML 默认设置

项目	描述
背景	在大多数浏览器中，页面背景颜色为白色。元素 <div>、<table>、<td>、<th> 和大多数其他标签的背景是透明的
标题	标题 <h1> ～ <h6> 为粗体，并向左对齐。6 个标题标签应用不同的字体大小属性，<h1> 最大，<h6> 最小。浏览器之间的显示尺寸可能会有所不同

续表

项目	描述
正文	在表格单元格之外，段落 -<p>，<li>，<dd>，<dt>- 向左对齐，从页面顶部开始
表格单元格文本	表格单元格内的文字 <td> 在水平方向左对齐并垂直居中
表头	表头单元格内的文本 <th> 水平和垂直居中（这在所有浏览器中都不是标准的）
字体	文字颜色为黑色。浏览器指定和提供默认的字体和字体，而用户可以使用浏览器中的首选项设置来覆盖它
边距	元素边框 / 边界外部的间距由边距处理。许多 HTML 元素具有某种形式的边距。边距通常用于在段落和缩进文本之间插入额外的空格，如列表和块引用
填充	在元素边框内的间距由填充（填充）处理。根据默认的 HTML 4 样式表，没有元素具有默认填充。

3.2.2 浏览器的“怪癖”

开发自定义样式标准的下一个任务是识别显示 HTML 的浏览器（及其版本）。那是因为，浏览器在解释或渲染 HTML 元素和 CSS 格式的过程中经常有所不同（有时是显著的）。不幸的是，即使不同版本的同一浏览器也可能在解释相同的代码时具有不同的结果。

Web 设计的最佳实践是，构建和测试 Web 页面，确保它们在大多数网络用户使用的浏览器中正常工作，特别是网站自身的访问者所使用的浏览器。网站自身访问者的浏览器细分可能不同于常规。常规也随着时间的推移而变化，尤其是现在，越来越多的人放弃桌面电脑，喜欢使用平板电脑和智能手机。2016 年 8 月，W3C 发布了图 3-5 所示的统计信息，说明了最受欢迎的浏览器。

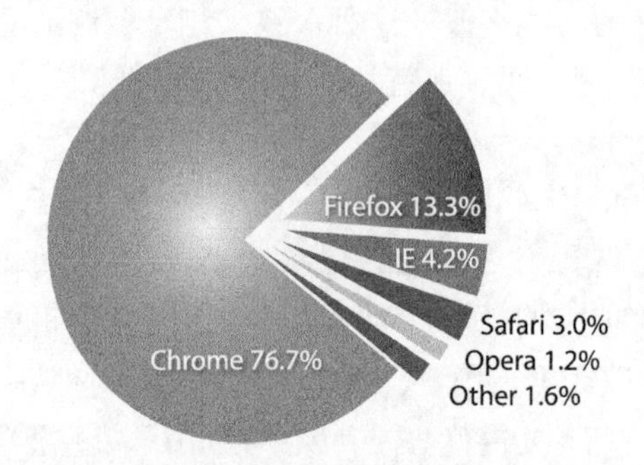

图 3-5　了解哪些浏览器在一般公众中最为流行是很好的，但在构建和测试页面之前，关键的是确定你的目标受众使用的浏览器

虽然图 3-5 显示了各种浏览器在全世界的基本占有率，但它掩盖了每个浏览器有多个版本仍在使用中的事实。这很重要，因为较早的浏览器版本不太可能支持最新的 HTML 及 CSS 功能和特效。让事情变得更加复杂的是，这些统计数据显示了互联网整体的趋势，但是你自己网站的统计数据可能会有很大的不同。

随着 HTML5 得到越来越广泛的支持，不一致的情况会减少，但它们可能永远不会消失。到目前为止，HTML4、CSS1 和 CSS2 的某些方面尚未得到普遍的认可。仔细测试任何样式或结构是至关重要的。

3.3 CSS 盒子模型

浏览器正常读取 HTML 代码，解释其结构和格式，然后显示网页。CSS 通过在 HTML 与浏览器之间游走来执行其工作，并且重新定义呈现每个元素的方式。它在每个元素周围强加了一个假想的盒子（box），然后允许你对这个方框及其内容的各个方面的显示方式进行格式化，如图 3-6 所示。

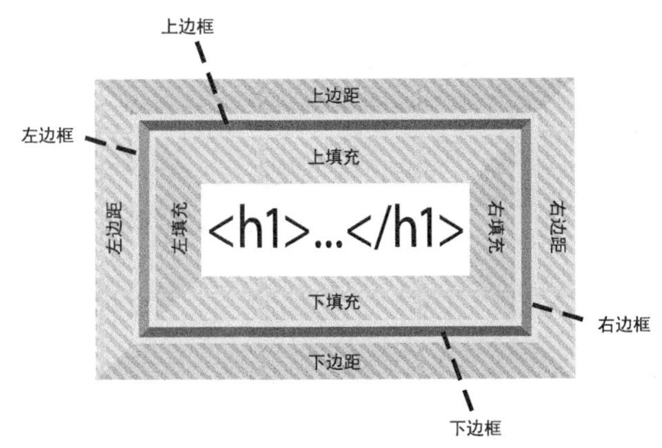

图 3-6　盒子模型是 HTML 和 CSS 强加的一种编程结构，使你可以格式化或者重定义任何 HTML 元素的默认设置

CSS 允许指定字体、行间距、颜色、边框、背景阴影和图形，以及边距和填充等。在大多数情况下，这些盒子都是不可见的，尽管 CSS 提供了格式化它们的能力，但这样做并不是必需的。

1. 启动 Dreamweaver CC 2018 或更高版本。

打开 lesson03 文件夹中的 boxmodel.html。

2. 如果有必要，单击拆分视图按钮，将工作区分为代码视图和实时视图，如图 3-7 所示。

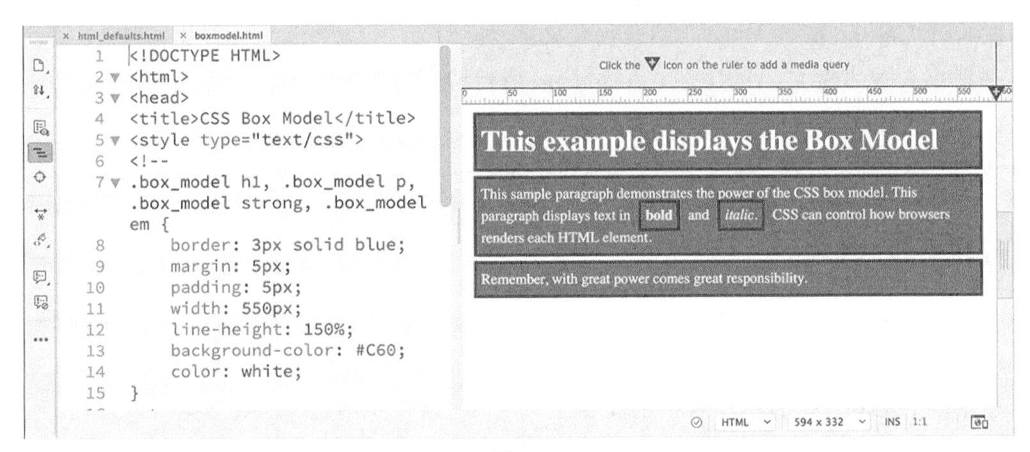

图 3-7

该文件的 HTML 代码样板包含一个标题和两个段落，其中带有一些样板文本，对它们进行了格式化，以阐释 CSS 盒子模型的一些属性。这些文本显示了可见的边框、背景颜色、边距和填充。要了解 CSS 的真正威力，有时观察没有 CSS 的页面外观是很有帮助的。

3. 切换到设计视图。

选择 View（查看）> Design View Options（设计视图选项）> Style Rendering（样式呈现）> Display Styles（显示样式），如图 3-8 所示。

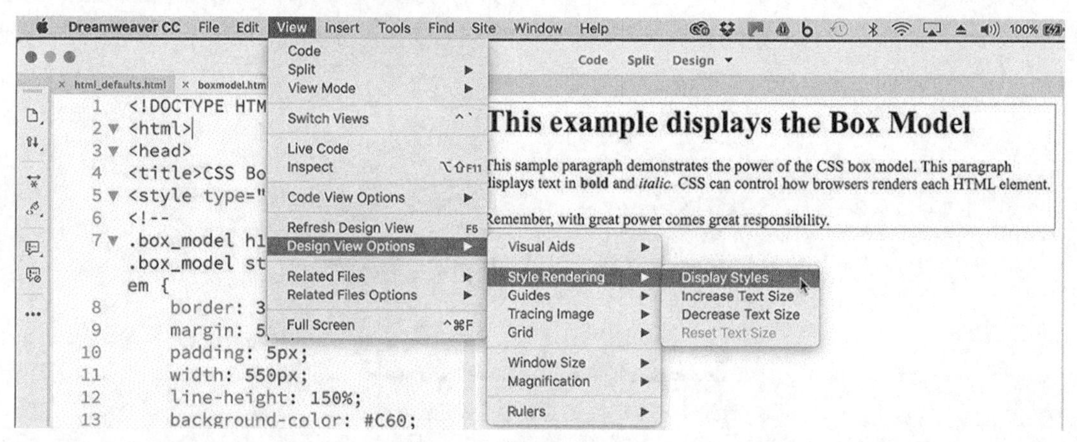

图 3-8

> Dw | **注意：**“样式呈现”命令只在设计视图中可用。

Dreamweaver 现在显示没有应用任何样式的页面。当今网络标准的基本原则是内容（文本、图像、列表等）与其呈现（格式）的分离。虽然这些文本并不是完全非格式化的，但很容易看出 CSS 转换 HTML 代码的强大功能。

不管文本是否格式化，都说明了内容结构与质量的重要性。如果去掉这些漂亮的格式，人们还会为你的网站而着迷吗？

4. 选择 View（查看）> Design View Options（设计视图选项）> Style Rendering（样式呈现）> Display Styles（显示样式），再次启用 CSS 呈现。

5. 关闭所有文件，不要保存更改。

3.4 应用 CSS 样式

你可以 3 种方式应用 CSS 格式：内联（在元素本身上）、嵌入（在内联样式表中）或者链接（通过外部样式表）。CSS 格式化命令被称为规则。规则包括两个部分——一个选择器和一个或多个声明。选择器指定要格式化的元素或者元素组合；声明包含样式信息。CSS 规则可以重新定义任何现有 HTML 元素，也可以定义两种自定义元素限定符——“class”（类）和“id”。

规则还可以组合选择器，针对多个元素，或者针对元素以独特方式显示的页面内的特定实例，例如当一个元素嵌套在另一个元素中时。图 3-9 显示了一些规则示例。

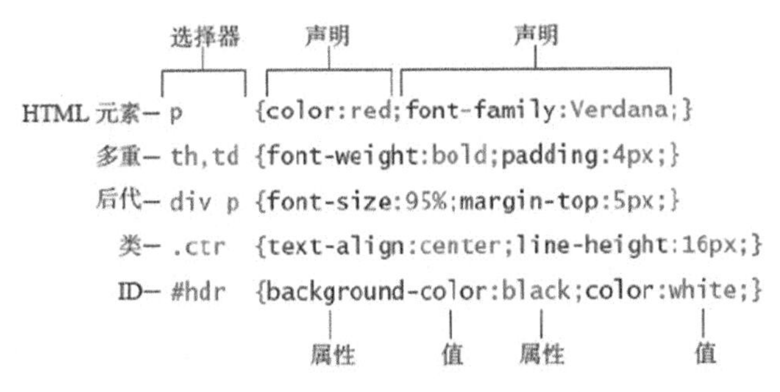

图 3-9　这些规则示例展示了用于选择器和声明的典型构造。编写选择器的方式决定了样式的应用和规则之间的相互关系

应用 CSS 规则并不是像在 Adobe In Design 或 Adobe Illustrator 中选择一些文本并应用段落或字符样式那样简单的事情。CSS 规则可以影响单词、文本段落或文本 / 对象组合。单一规则可以影响整个网页、单个段落或只是几个单词 / 字母。基本上，任何具有 HTML 标签的东西都可以设置样式，甚至还有一个 HTML 标签用于设置无标签内容的样式。

确定 CSS 规则如何执行其工作时，会有很多因素发挥作用。为了帮助你更好地了解它是如何工作的，以下几个小节将介绍 4 个主要的 CSS 概念，我喜欢将其称为理论：层叠、继承、后代和特异性。

3.4.1　层叠理论

层叠理论描述了样式表中或者页面上的规则影响样式应用的顺序和位置。换言之，如果两条规则相互冲突，哪一条会胜出？

看看样式表中可能出现的如下规则：

```
p{color: red;}
p{color: blue;}
```

两条规则都对段落标签 <p> 应用文本颜色。由于两者完全相同，它们都无法取胜。根据层叠理论，最后声明（最靠近 HTML 代码）的规则胜出。文本将显示为蓝色。

CSS 规则语法：编写或者错误

CSS 是 HTML 的强大附件。它具有设置任何 HTML 元素样式及格式的能力，但是这种语言对于最微小的拼写错误或语法错误也很敏感。少写一个句号、逗号或分号，都可能使代码完全离开你的页面。一条规则中的错误可能会取消后续规则或整个样式表中的所有样式。

例如下面的这条简单规则：

```
p{padding: 1px;
  margin: 10px;}
```

它对段落元素 <p> 应用填充和边距。

这条规则也可以不间断地写成：

```
p{padding:1px;margin:10px;}
```

第一个例子中使用的空格和换行是没有必要的，只是为了帮助人们编写和阅读代码。删除过多的空格称为“精简”（Minification），常常用于优化样式表。浏览器和处理这些代码的其他应用不需要额外的空格，但是 CSS 中充斥的各种标点符号可不是这样。

用圆括号（ ）或者方括号 [] 代替花括号 {}，规则（可能还有你的整个样式表）就会失效。对于代码中的冒号（ : ）和分号（ ; ）也是如此。

你能找出如下规则示例中的错误吗?

```
p{padding; 1px: margin; 10px:}
p{padding: 1px; margin: 10px;]
p{padding 1px, margin 10px,}
```

构造复合选择器时也可能出现相同的问题。例如，在错误的位置里添加空格可能会完全改变选择器的含义。

规则 `article.content{color:#F00}` 格式化 <article> 元素和代码结构中的所有子元素：

```
<article class="content"><p>...</p></article>
```

相反，规则 `article.content{color:#F00}` 将完全忽略之前的 HTML 结构，只格式化如下代码中的 <p> 元素：

```
<article class="content"><p class="content">...</p></article>
```

一个微小的错误可能会产生戏剧性的深远影响。优秀的 Web 设计师始终保持关注，认真地找出任何微小的错误、错误放置的空格或者标点符号，以使他们的 CSS 和 HTML 正确地工作。当你进行以下练习时，请仔细观察所有代码是否有类似的错误。如本书前言部分所述，在书中的说明里可能会有意忽略一些可能造成混乱或代码错误的句点以及其他标点符号。

当你确定将遵守哪些 CSS 规则并应用哪种格式时，浏览器通常会遵循以下层次结构顺序，其中第 4 种是最强大的。

1. 浏览器默认设置。

2. 外部或者嵌入样式表。如果两者都存在，最后声明的项目优先于冲突中较早声明的项目。

3. 内联样式表（在 HTML 元素内）。

4. 应用 `!important` 属性的样式。

3.4.2 继承理论

继承理论描述了元素同时受到一条或多条规则影响的方式。继承可以影响同名的规则以及格式化父元素的规则（包含其他元素的规则），如下面的代码：

```
<article>
  <h1>Pellentesque habitant</h1>
  <p>Vestibulum tortor quam</p>
  <h2>Aenean ultricies mi vitae</h2>
  <p>Mauris placerat eleifend leo.</p>
  <h3>Aliquam erat volutpat</h3>
  <p>Praesent dapibus, neque id cursus.</p>
</article>
```

上述代码包含各种标题和段落元素，以及一个包含它们全部的父元素 `<article>`。如果要将蓝色应用于所有文本，可以使用以下这组 CSS 规则：

```
h1 { color: blue;}
h2 { color: blue;}
h3 { color: blue;}
p { color: blue;}
```

这么多代码都在描述相同的情况，是大部分 Web 设计人员希望避免的。继承性在这种情况下可以节约时间和精力。利用继承性，你可以用如下代码代替上述 4 行：

```
article{color: blue;}
```

那是因为所有的标题和段落都是 `article` 元素的子元素，只要没有其他规则覆盖它们，它们就会继承应用于父元素的样式。继承可以真正帮助你在设计页面时节省编写的代码量。但这是一把双刃剑。尽可能多地用这一理论设置元素样式，但也必须注意意料之外的效果。

3.4.3 后代理论

继承提供了将样式应用到多个元素的一种手段，但 CSS 还提供了将样式针对于特定元素的手段。

后代理论描述格式如何根据与其他元素的相对位置，针对特定元素。这种技术涉及到组合多个标签（有些情况下还有 id 和 class 属性）创建标识特定元素或元素组的选择器名称。

观察如下代码：

```
<section><p>The sky is blue</p></section>
<div><p>The forest is green.</p></div>
```

注意，两个段落都没有包含非固有格式或者特殊属性，但是它们确实出现在不同的父元素里。假定你想要对第一行应用蓝色，对第二行应用绿色。你不能用一条仅针对 <p> 标记的规则完成这个任务。但是用如下的后代选择器可以很简单地做到：

```
section p {color: blue;}
div p {color: green;}
```

看看每个选择器中如何组合两个标签。选择器识别要格式化的特定类型的元素结构。其中一个选择器针对作为 section 标签后代的标签 p，另一个则针对 div 标签的后代。在选择器中组合多个标签来严格控制样式的应用效果，是很常见的情况。

最近几年，已经开发了一组特殊字符，将这种技术磨炼到尖端水平。在 w3schools 官网上可以看到完整的特殊选择器集及其使用方法。但是要小心使用这些特殊字符。其中许多是在近几年才加入的，得到的支持仍然有限。

3.4.4 特异性理论

两条或者更多规则之间的冲突是大部分 Web 设计人员的痛苦之源，他们可能浪费很多的时间去查找 CSS 格式错误。过去，设计人员不得不花费时间逐一人工浏览样式表和规则，试图跟踪样式错误的根源。

特异性描述浏览器如何确定两条或者更多规则冲突时应用哪一个格式。有些人将此称作权重——根据顺序（层叠）、距离、继承和后代关系为某些规则指定较高优先级。使选择器权重更容易理解的方法之一是为名称中的每个组件给定数值。

例如，每个 HTML 标签得到 1 分，每个类得到 10 分，每个 id 得到 100 分，内联样式属性得到 1 000 分。通过加总每个选择器中的组件价值，就可以计算出特异度并与另一个选择器比较，特异权重较高的胜出。

计算特异度

你会算术吗？查看如下选择器列表，看看如何加总。通读本课中样板文件里出现的规则列表。你能确定每个选择器的权重，立即领会出哪条规则更特殊吗？

```
* (wildcard) { } 0 + 0 + 0 + 0 = 0 points
h1           { } 0 + 0 + 0 + 1 = 1 point
```

```
ul li          { } 0 + 0 + 0 + 2 = 2 points
.class         { } 0 + 0 + 10 + 0 = 10 points
.class h1      { } 0 + 0 + 10 + 1 = 11 points
a:hover        { } 0 + 0 + 10 + 1 = 11 points
#id            { } 0 + 100 + 0 + 0 = 100 points
#id.class      { } 0 + 100 + 10 + 0 = 110 points
#id.class h1 { } 0 + 100 + 10 + 1 = 111 points
style=" "      { } 1000 + 0 + 0 + 0 = 1000 points
```

正如你在本课中学到的，CSS 规则通常不会单独工作。它们可以一次为多个 HTML 元素创建样式，并且可能会彼此重叠或继承样式。到目前为止描述的每个理论都可以通过在你的网页和整个网站应用 CSS 样式来发挥作用。当样式表加载时，浏览器将使用以下层次结构（第 4 个是最强大的）来确定应用样式，特别是在规则冲突时。

1. 层叠
2. 继承
3. 后代结构
4. 特异性

当然，当你面对有数十条或者数百条规则和多个样式表的页面上出现 CSS 冲突时，知道这一层次结构于事无补。幸运的是，Dreamweaver 有多种工具能够帮助你。我们首先要介绍的是 Code Navigator（代码浏览器）。

3.4.5 代码浏览器

Code Navigator（代码浏览器）是一个 Dreamweaver 编辑工具，可以即时检查 HTML 元素并访问其基于 CSS 的格式。当它被激活时，将显示在格式化元素时具有某种作用的所有嵌入和外部链接 CSS，并将按它们的层叠应用和特异性顺序列出。“代码浏览器”可以同时在 Dreamweaver 的各个视图中工作。

1. 如果有必要，打开 lesson03 文件夹中的 css_basics_finished.html。
2. 必要时切换到拆分视图。

根据显示器的大小，你可能希望水平拆分屏幕，看到整个页面的宽度。

3. 选择 View（查看）> Split（拆分）> Split Horizontally（水平拆分），图 3-10 中的屏幕在顶部显示“实时”视图。
4. 在拆分视图中，观察 CSS 代码和 HTML 内容结构。然后，注意实时视图窗口中的文本外观。

该页面包括各种 HTML5 结构化元素（如 `article`、`section` 和 `aside`）表示的标题、段落和列表，以代码 `<head>` 段中出现的 CSS 规则设置样式。

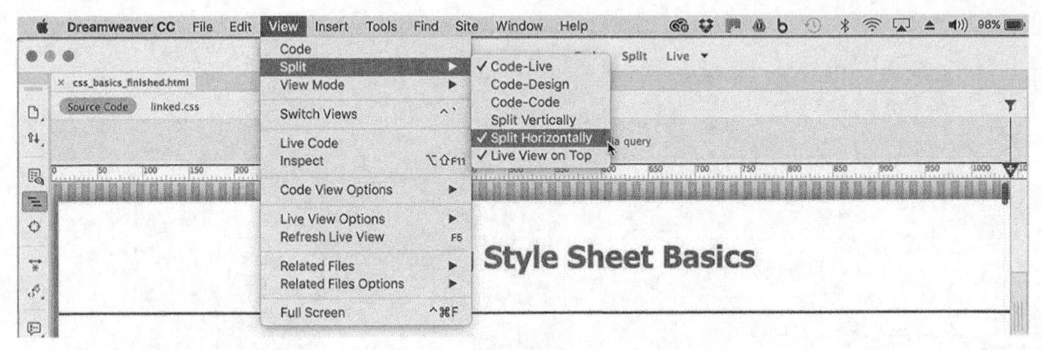

图 3-10

5. 在实时视图中，将光标插入标题“A CSS Primer.”中，按 Ctrl+Alt+N/Cmd+Opt+N 键，出现一个小窗口，显示应用到这个标题的 8 条规则，如图 3-11 所示。

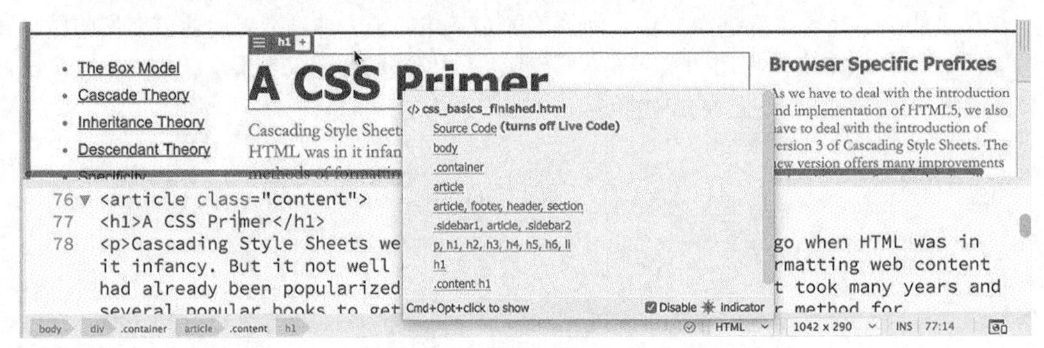

图 3-11

这就是在实时视图中访问代码浏览器的方法。你也可以右键单击任何元素，从上下文菜单中选择 Code Navigator（代码浏览器）。

如果将鼠标指针依次放在每条规则上，Dreamweaver 将显示由这条规则及其值格式化的任何属性，如图 3-12 所示。特异度最高（最强大）的规则出现在列表底部。

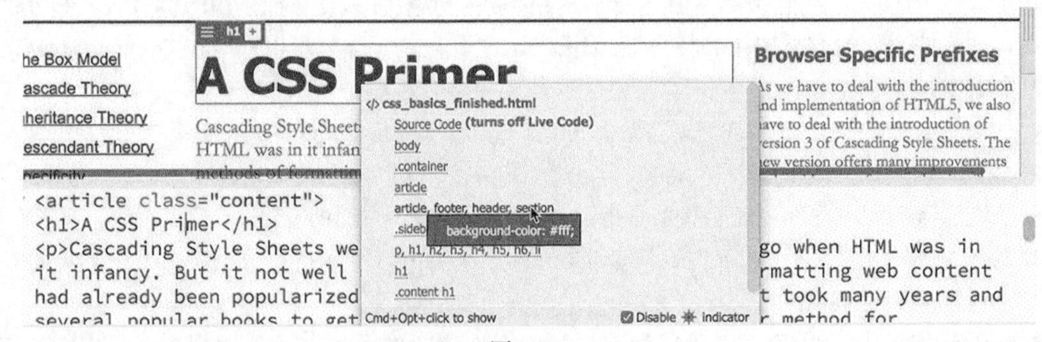

图 3-12

遗憾的是，代码浏览器没有显示通过内联样式应用的样式，所以你不得不单独检查这类属性，在头脑里盘算内联样式的效果。在其他情况下，列表中的规则顺序表示它们的层叠顺序和特异性。

当规则相互冲突时，列表中下方的规则覆盖上方的规则。记住，元素可能从一条或者多条规则继承样式，默认样式——不会被覆盖的规则——可能仍然在最终显示里起作用。遗憾的是，代码浏览器不会显示仍然起作用的默认样式特征。

.content h1 出现在代码浏览器窗口底部，表示它是设置该元素样式的最强大规则。但是许多因素可能影响胜出的规则。有时候，两条规则的特异性完全相同，这时，决定实际应用规则的是样式表中声明的顺序（层叠）。

如前所述，更改规则的顺序往往影响了规则的工作方式。有一个简单的方法可以确定哪条规则凭借层叠或者特异性胜出。

6. 在代码视图窗口，找到 .content h1 规则（第 13 行左右），单击行号。

单击行号选择该行的全部代码。

7. 按 Ctrl+X/Cmd+X 键剪切该行。

8. 在样式表开头（第 8 行）插入光标。按 Ctrl+V/Cmd+V 键将剪切的那一行粘贴到样式表的开头。

9. 如果有必要，单击实时视图窗口刷新显示。样式没有改变。

10. 单击 heading“A CSS Primer”文本选中它，像第 5 步那样激活代码浏览器，如图 3-13 所示。

> **提示：**代码浏览器可能默认被禁用。为了让它自动显示，在代码浏览器窗口可见时反选 Disable（禁用）选项。

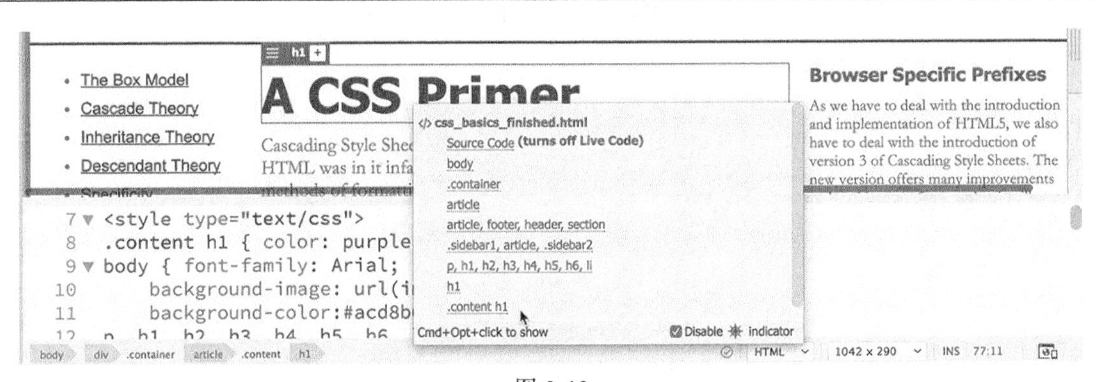

图 3-13

虽然这条规则被移到样式表的开头（最弱的位置），代码浏览器中的规则顺序没有改变。在这种情况下，层叠对规则的强度不起作用。.content h1 选择器的特异度高于 body 或者 h1 选择器。在这个例子中，不管将其放在代码中的哪个位置，它都将胜出。但是，它的特异度可以通过修改选择器更改。

11. 从 .content h1 选择器中选择并删除 ~~.content~~ 类标记。

> **注意：**不要忘记删除表示类名的先导句点。

12. 如果有必要，单击实时视图窗口刷新显示。

你注意到样式的变化了吗？“A CSS Primer”标题恢复成青色，其他 h1 标题放大到 300%。你知道为什么发生这种情况吗？

13. 单击标题“A CSS Primer”选中它，激活代码浏览器，如图 3-14 所示。通过从选择器中删除类标记，现在它的价值和其他 h1 规则相同，但由于它是最早声明的，失去了层叠位置中的优先权。

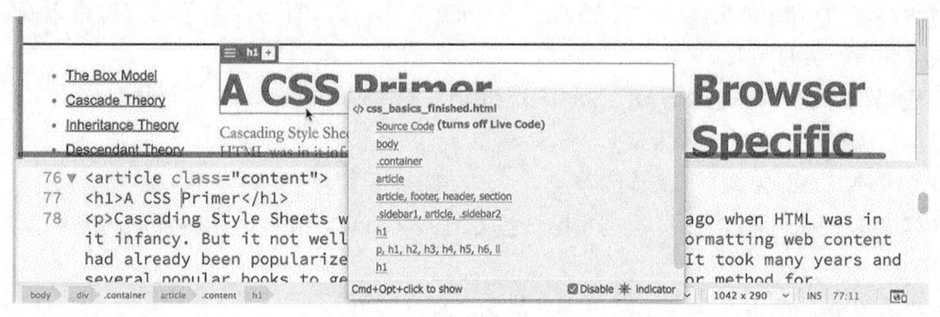

图 3-14

14. 使用代码浏览器，检查并比较应用到标题“A CSS Primer”和“Creating CSS Menus.”的规则。

代码浏览器显示，两者应用的是相同规则。

从选择器中删除 .content 类，规则不再仅仅针对 <article class="content"> 元素中的 h1 标题，现在它设置页面上所有 h1 元素的样式。

注意：代码浏览器不显示内联 CSS 规则。由于大部分 CSS 样式不是以这种方式应用的，这不是什么大不了的限制，但是你仍然应该在使用代码浏览器中意识到这个盲点。

15. 选择 Edit（编辑）> Undo（撤销），将 .content 类恢复到 h1 选择器。刷新实时视图显示，如图 3-15 所示。

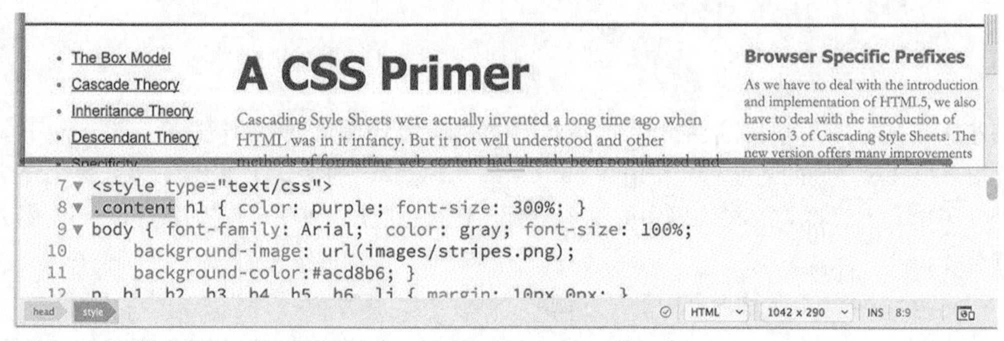

图 3-15

所有标题返回到之前的样式。

16. 在标题“Creating CSS Menus”中插入鼠标指针，激活代码浏览器。

标题不再由 `.content h1` 规则设置样式。

17. 选择 File（文件）> Save All（保存全部）。

你开始进一步理解了吗？如果没有，不需要担心，随着时间的推移，一切都会好起来的。在此之前，请记住，代码浏览器中最后显示的规则对任何特定元素的影响都最大。

3.4.6 CSS 设计器

代码浏览器是在 Dreamweaver CS4 中引入的，对于查找 CSS 格式化中的错误极有帮助。但是，Dremweave CSS 兵器库中的这个最新工具绝不仅仅是一个出色的查错工具。CSS 设计器不仅显示与所选元素有关的全部规则，还允许你同时创建和编辑 CSS 规则。

当你使用代码浏览器时，它显示每条规则的相对重要性，但你仍然必须访问和评估所有规则的效果，确定最终的效果。由于有些元素可能受到十几条以上规则的影响，即使对于老练的 Web 编码人员，这都可能是一件令人畏缩的任务。CSS 设计器提供一个 Properties（属性）窗口计算最终的 CSS 显示，完全消除了这个压力。最好的一点是，和代码浏览器不同，CSS 设计器甚至可以计算内联样式的效果。

1. 如果有必要，在拆分视图中打开 css_basics_finished.html。

2. 如果有必要，选择 Window（窗口）> CSS Designer（CSS 设计器），显示面板，如图 3-16 所示。

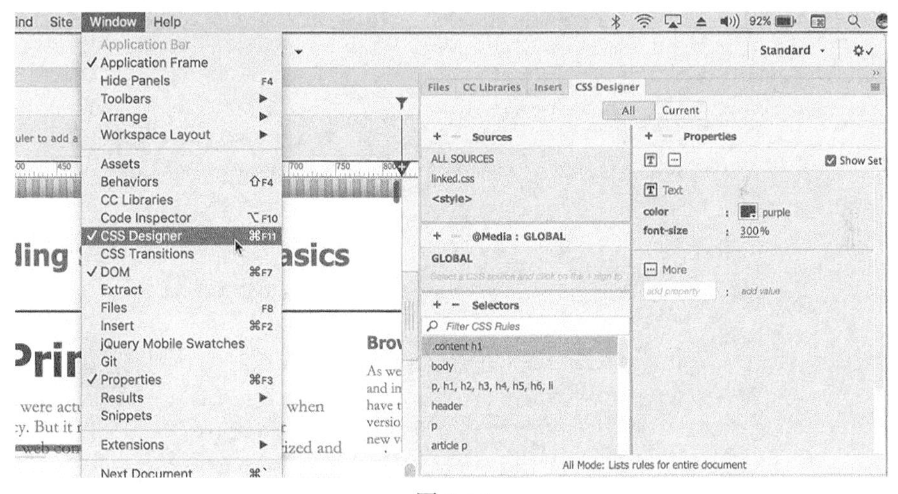

图 3-16

CSS 设计器面板具有 4 个窗口：Sources（源）、@Media（@ 媒体）、Selectors（选择器）和 Properties（属性）。可以随时根据需要调整窗口的高度和宽度。面板也是响应式的，如果你拖动面板的边缘，甚至可以将内容分隔成两列，利用任何额外的屏幕空间。

3. 选择标题“A CSS Primer.”。

CSS 设计器有两个基本模式：All（全部）和 Current（当前），如图 3-17 所示。使用“全部”模式时，你可以在面板上查看和编辑全部现有的 CSS 规则，创建新规则。在“当前”模式中，你可以在面板上确定和编辑已经应用到所选元素的规则和样式。

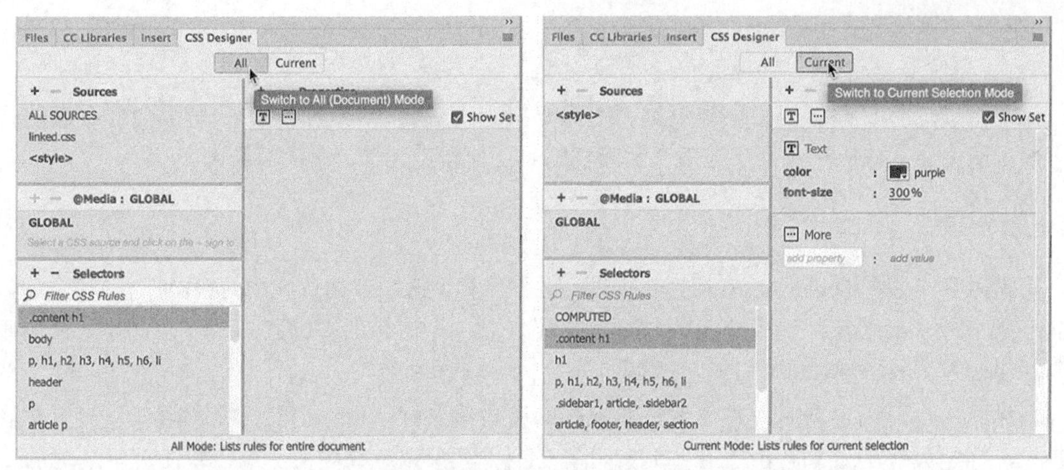

图 3-17　All（全部）模式（左）和 Current（当前）模式（右）

4. 如果有必要，单击 CSS 设计器面板中的 Current（当前）按钮。“当前”模式激活时，面板显示影响标题的 CSS 规则。在 CSS 设计器中，最强大的规则出现在选择器窗口顶部，这与代码浏览器相反。

5. 单击 Selectors（选择器）面板中的规则 `.content h1`，如图 3-18 所示。

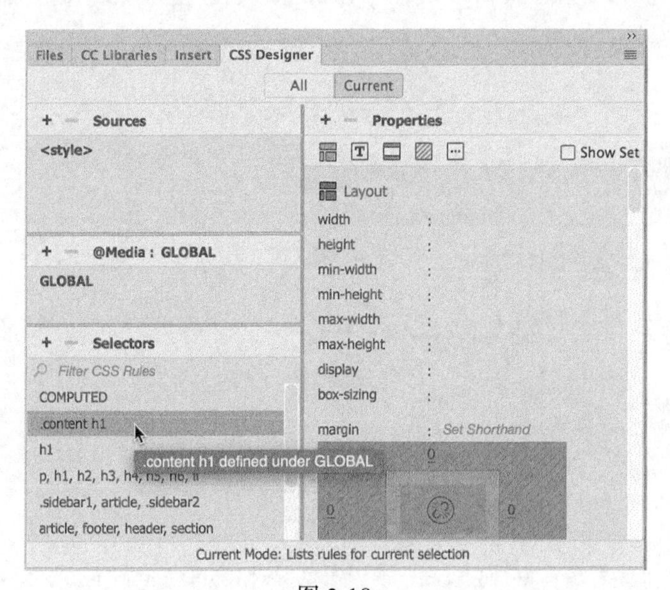

图 3-18

默认情况下，CSS 设计器的 Properties（属性）窗口将列出你可以为此元素设置样式的属性。列表并不详尽，但它包含你需要的大部分属性。

显示一个似乎无穷无尽的属性列表可能会令人困惑、效率低下，这样会难以区分该元素上指定和不指定的属性。幸运的是，CSS 设计器允许你只显示当前应用到所选元素的属性。

6. 如果有必要，单击 CSS 设计器面板中的 Show Set（显示集）选项，如图 3-19 所示。

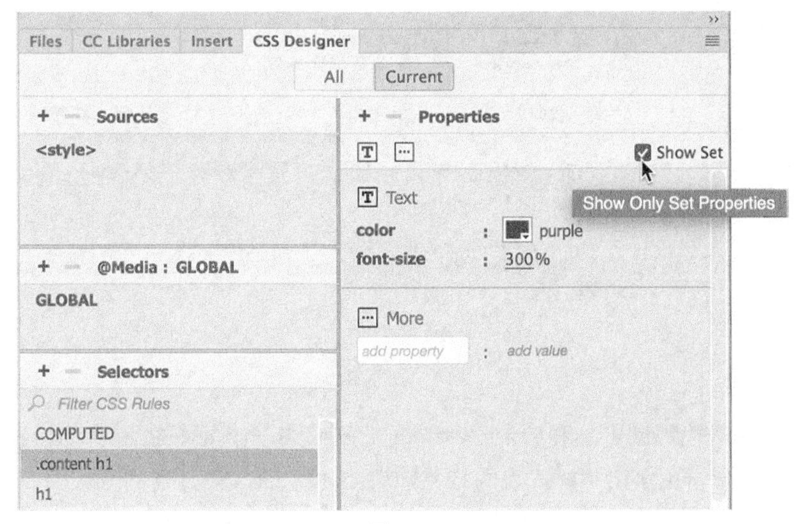

图 3-19

启用“显示集”时，“属性”面板只显示该规则中设置的项目。

7. 选择出现在 Selectors（选择器）窗口中的每条规则，观察它们的属性。要查看所有规则组合的预期结果，选择 COMPUTED 选项。

COMPUTED 选项分析影响元素的所有 CSS 规则，生成浏览器或者 HTML 阅读器应该显示的属性列表。通过显示相关 CSS 规则的列表，然后计算 CSS 应该呈现的效果，CSS 设计器比代码浏览器更进一步，但还不止如此。代码浏览器可以选择一条规则并在代码视图中编辑，而 CSS 设计器可以在面板中直接编辑 CSS 属性。最好的是，CSS 设计器甚至能够计算和编辑内联样式。

8. 在 Selector（选择器）窗口中选择 COMPUTED。在 Properties（属性）窗口中，选择 `color` 属性 `purple`。在字段中输入 `red`，按下 Enter/Return 键完成更改，如图 3-20 所示。

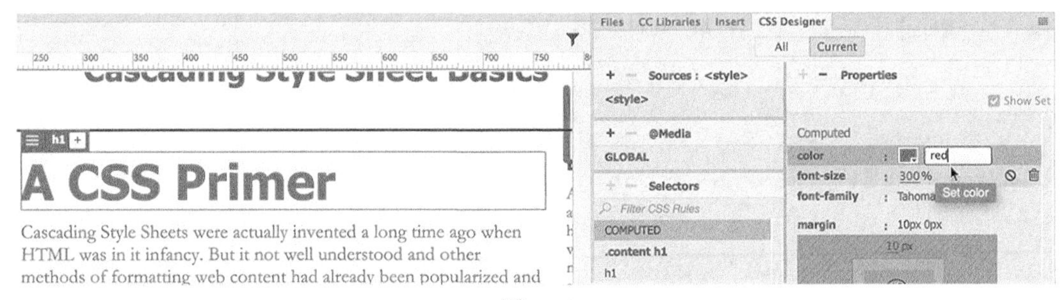

图 3-20

标题显示为红色。你可能没有注意到的是，你所做的更改实际上直接输入到最先对样式起作用的规则中。

9. 在代码视图窗口中，滚动到嵌入样式表，检查 `.content h1` 规则，如图 3-21 所示。

你可以看到，代码中的颜色改变并添加到对应的规则中。

图 3-21

10. 保存所有文件。

CSS 设计器就像是代码浏览器和 Dreamweaver 旧的 CSS 样式面板的混合物。在接下来的练习中，你将有机会随着学习更多层叠样式表的有关知识而体验 CSS 设计器的方方面面。

提示：单击编辑基于文本的颜色名称。你也可以使用颜色选择器选择颜色。

3.5 多重规则、类、id

利用层叠、继承、后代和特异性理论，可以对网页上任意位置的几乎任何元素进行格式化。但是，CSS 提供了另外几种方式，用于进一步优化和自定义格式化效果。

3.5.1 对多个元素应用格式

为了加快工作速度，CSS 允许同时对多个元素应用格式，只需在选择器中列出每个元素并用逗号隔开它们即可。例如，下面这些规则中的格式：

```
h1{font-family:Verdana; color:gray;}
h2{font-family:Verdana; color:gray;}
h3{font-family:Verdana; color:gray;}
```

也可以这样表达：

```
h1, h2, h3{font-family:Verdana; color:gray;}
```

3.5.2 使用 CSS 简写

虽然 Dreamweaver 会为你写出大部分 CSS 规则和属性，但有时你需要编写自己的 CSS 规则和属性。所有属性都可以完整地写出，但许多也可以使用简写方法。简写不仅使网页设计师的工作更容易，而且还减少了必须下载和处理的代码总数。例如，当边距或填充的所有属性相同时：

```
margin-top: 10px;
margin-right: 10px;
margin-bottom: 10px;
margin-left: 10px;
```

这条规则可以简写为 margin: 10px。

当顶部、底部和左右边距或者填充完全相同，如：

```
margin-top: 0px;
margin-right: 10px;
margin-bottom: 0px;
margin-left: 10px;
```

可以简写为 margin: 0px 10px;

但是，即使 4 个属性完全不同，如：

```
margin-top: 20px;
margin-right: 15px;
margin-bottom: 10px;
margin-left: 5px;
```

它们也可以简写为 margin: 20px 15px 10px 5px;

在这 3 个例子中，你可以清楚地看到使用简写节约了多少代码。

在整本书中，我将尽可能使用常用的简写表达式，看看我们是否可以识别它们。

3.5.3 创建类属性

到目前为止，你已经了解到，你可以创建用于格式化特定 HTML 元素，或者针对特定 HTML 元素结构 / 关系的 CSS 规则。在某些情况下，你可能希望将某种特定格式应用于已由一个或多个现有规则格式化的元素。为了实现这一点，CSS 允许你创建自己的自定义类（class）和 id 属性。

类属性可以应用于页面上的任意个元素，而 ID 属性只可能在每个页面上出现一次。对于印刷设计师，可以把类看成类似 Adobe InDesign 的段落、字符、表格和对象样式的组合。类和 ID 名称可以是单个单词、缩写词、字母和数字的任意组合或者几乎任何内容，但是不能以数字开头，也不能包含空格。在 HTML 4 中，id 不能以数字开头，但在 HTML5 中似乎没有类似的限制。为了向后兼容，你应该避免使用数字作为类和 id 名称的首字符。

虽然创建类和 ID 没有严格的规则或指导方针，但类本质上应该更普遍，而 id 应该更具体。大家似乎各持己见，但目前还没有绝对正确或错误的答案。

然而，大多数人认为，类和 ID 应该是描述性的，如 "co-address" 或 "author-bio"，而不是 "left-column" 或 "big-text"。这将有助于改善你的网站分析。谷歌和其他搜索引擎可以更好地理解你的网站结构和组织，网站在搜索结果中也将排名更高。

要声明一个 CSS 类选择器，可在样式表中的名称之前插入一个句点，如下所示：

```
.content
.sidebar1
```

然后，将 CSS 类应用到一个完整的 HTML 元素，作为属性，如：

```
<p class="intro">Type intro text here.</p>
```

或者用 `<span>` 标签应用到单独字符或者单词，如：

```
<p>Here is <span class="copyright">some text formatted
differently</span>.</p>
```

3.5.4 创建 ID 属性

HTML 把 ID 指定为唯一的属性。因此，在每个页面上不应该把特定的 ID 分配给多个元素。过去许多 Web 设计师使用 ID 属性指向页面内的特定成分，比如标题、脚注或文章。随着 HTML5 元素（header、footer、aside、article 等）的出现，以此为目的来使用 ID 和类属性的必要性不像过去那样强烈了。但是 ID 仍然可以用于标识特定的文本元素、图像和表格，以帮助在页面和站点内构建强大的超文本导航。在第 9 课中将学习关于这样使用 ID 的更多知识。

要在样式表中声明 ID 属性，可以在名称前面插入一个数字符号或 Hash 标记（#），如下所示：

```
#cascade
#box_model
```

下面是将 CSS id 应用到一个完整的 HTML 元素，作为属性的方法：

```
<div id="cascade">Content goes here.</div>
<div id="box_model">Content goes here.</div>
```

下面是应用到元素一部分的方法：

```
<p>Here is <span id="copyright">some text</span> formatted
differently.</p>
```

3.5.5 CSS3 特性与特效

CSS3 有 20 多个新特性。其中许多已经在所有现代浏览器中实现，今天就可以使用；其他仍然是实验性的，尚未得到广泛支持。在这些新功能中，你会发现：

- 圆角和边框特效；
- 盒子和文字阴影；

- 透明与半透明；
- 渐变填充；
- 多列文本元素。

你可以通过 Dreamweaver 实现所有这些功能。软件甚至可以在必要时帮助你构建供应商特定标记。为了让你快速浏览一些最酷的功能和效果，本书在单独的文件中提供了一个 CSS3 样式的示例。

1. 打开 lesson03 文件夹中的 css3_demo.html。

在拆分视图中显示文件，观察 CSS 和 HTML 代码，如图 3-22 所示。

图 3-22

有些新特效无法在设计视图中直接预览。你必须使用实时视图或者真正的浏览器，才能得到完整的特效。

2. 如果有必要，激活实时视图预览所有 CSS 特效。

该文件包含的特性与效果的大杂烩，可能会让你惊喜，但不要太兴奋。虽然 Dreamweaver 中已经支持许多这类功能，它们在许多新的浏览器中可以正常工作，但仍然有很多旧硬件和软件可能将你的梦幻站点变成噩梦，至少需要让你大费周章。

一些新的 CSS3 功能尚未标准化，某些浏览器可能无法识别 Dreamweaver 生成的默认标记。在这些情况下，你可能必须包含特定于供应商的命令，使其正常工作，例如 `-ms-`、`-moz-` 和 `-webkit-`。如果你仔细查看演示文件的代码，就可以在 CSS 标记中找到这些示例。你能想到在自己的页面中使用这些效果的方法吗？

3.5.6 CSS3 概述和支持

互联网的发展不会长期停滞。技术和标准不断发展和变化。W3C 的成员一直在努力使网络适应最新的现实，例如强大的移动设备、大型平板显示器、高清图像和视频，所有这些每天似乎都在变得更好、更经济。这种紧迫性推动着 HTML5 和 CSS3 的发展。

许多这类新标准尚未正式定义，浏览器供应商正在以不同的方式实施它们。但别担心，Dreamweaver 的最新版本已更新，利用最新的更改，并根据这些不断发展的标准提供了许多新功能。这包括对 HTML5 元素和 CSS3 格式最新组合的充分支持。随着新功能的开发，你可以期待 Adobe 公司用 Adobe Creative Cloud 尽快将它们添加到程序中。

在你完成后续的课程后，你将在自己的样板页面中了解并真正实现这些激动人心的新技术。

3.5.7 其他 CSS 支持

CSS 格式化和应用很复杂、强大，短短的课程无法介绍这个主题的所有方面。有关 CSS 的全面介绍可以参阅如下书籍。

- *CSS3: The Missing Manual* (*3rd Edition*), David Sawyer McFarland (O'Reilly Media, 2013) ISBN: 978-1-449-32594-7
- *CSS Secrets: Better Solutions to Everyday Web Design Problems*, Lea Verou (O'Reilly Media, 2014) ISBN: 978-1-449-37277-4
- *HTML5 & CSS3 for the Real World* (*2nd Edition*), Alexis Goldstein, Louis Lazaris, and Estelle Weyl (SitePoint Pty. Ltd., 2015) ISBN: 978-1-457-19278-4
- *Stylin' with CSS: A Designer's Guide* (*3rd edition*), Charles Wyke-Smith (New Riders Press, 2012) ISBN: 978-0-321-85847-4

3.6 复习题

1. 你应该使用基于 HTML 的格式吗？
2. CSS 在每个 HTML 元素上施加了什么影响？
3. 判断真伪：如果你什么都不做，HTML 元素将没有任何格式或者结构。
4. 影响 CSS 格式应用的 4 个“理论”是什么？
5. 判断真伪：CSS3 特性都是试验性的，你完全不应该使用它们。

3.7 复习题答案

1. 不。基于 HTML 的格式化于 1997 年采用 HTML4 时被弃用。行业最佳实践建议使用基于 CSS 的格式化代替。
2. CSS 在每个元素上强加一个想象的“盒子”。这个盒子及其内容可以用边框、背景颜色、图像、边距、填充和其他类型的格式设置样式。
3. 错。即使什么都不做，许多 HTML 元素也将具有默认的格式。
4. 影响 CSS 格式化的 4 个理论是：层叠、继承、后代和特异性。
5. 错。许多 CSS3 特性已经得到现代浏览器的支持，可以立即使用。

第4章　Web设计基础知识

课程概述

在本课中，读者将学习以下内容：

- 网页设计的基础知识；
- 如何创建页面缩略图和线框；
- 如何使用 Adobe Photoshop 自动生成站点图像资源。

完成本课约需 30 分钟。请先到异步社区的相应页面下载本书的课程资源，并进行解压。然后以解压后的文件夹为基础定义一个新的 Dreamweaver 站点。

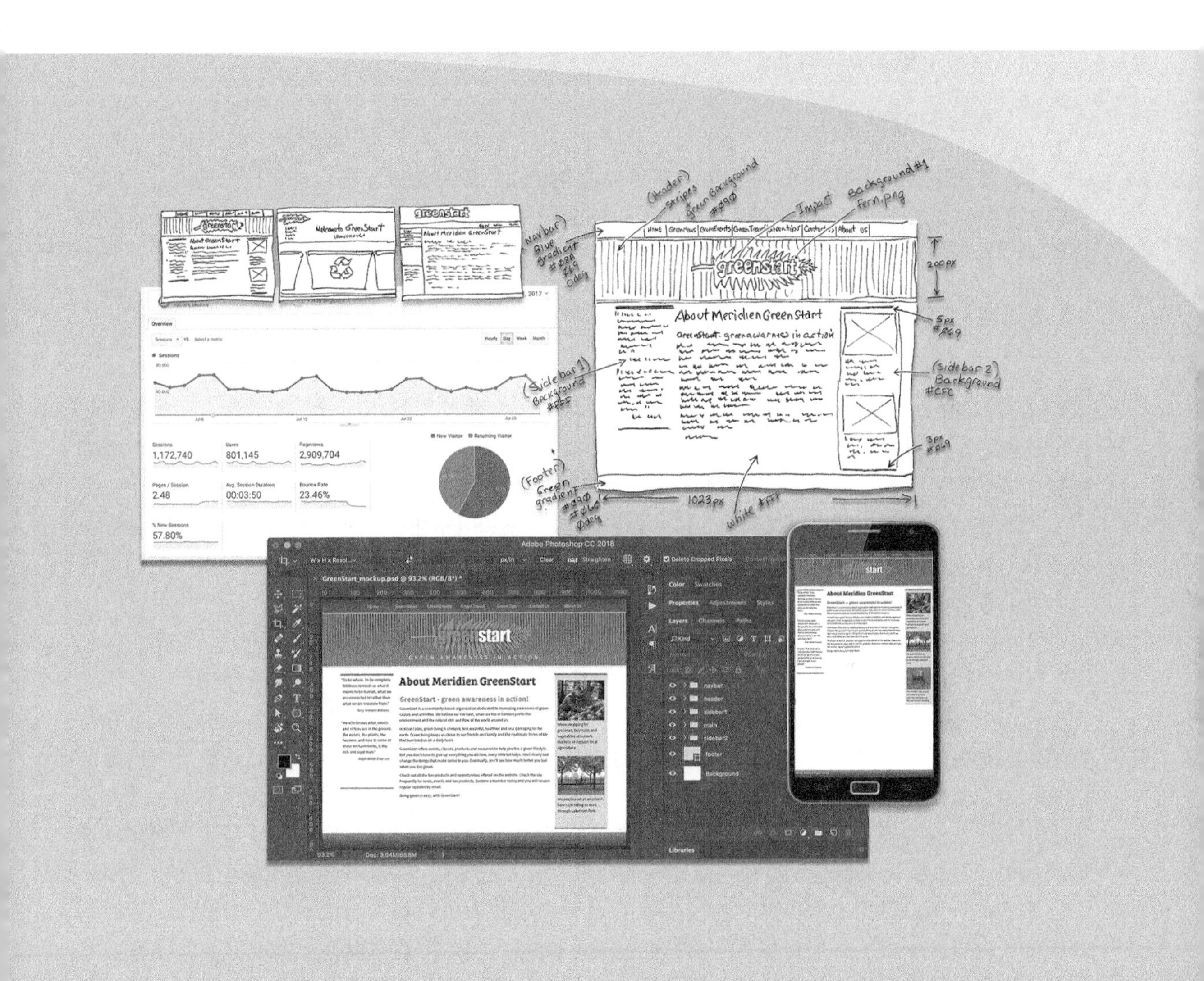

不管你使用缩略图和线框图、Photoshop 或者只是生动的想象，Dreamweaver 都能快速地将你的设计概念转化成完整、基于标准的 CSS 布局。

4.1 开发一个新网站

在你为自己或客户开始任何网页设计项目之前，需要回答 3 个重要问题：

- 网站的目的是什么？
- 网站的受众是谁？
- 他们如何找到这个网站？

4.1.1 网站的目的是什么

网站是否销售或支持产品 / 服务？你的网站是用于娱乐还是游戏？你会提供信息或者新闻吗？你需要购物车或数据库吗？你是否需要接受信用卡付款或者电子转账？了解网站的目的能够告诉你将要开发和使用的内容类型，以及需要加入哪些类型的技术。

4.1.2 网站的受众是谁

网站的受众群体是成年人、儿童、年长者、专业人员、业余爱好者、男人、女人还是所有人？了解你的受众是谁，对于站点的整体设计和功能是至关重要的。针对儿童的站点可能需要更多的动画、交互性和亮丽迷人的颜色。成年人想要的是严肃的内容和深入的分析。年长者可能需要较大的字体及其他可访问性等增强特性。

了解竞争对手是很好的第一步。是否有现有网站提供相同的服务或销售相同的产品？它们是否成功？你不必模仿竞争对手的作为。看看谷歌和雅虎——它们提供的基本服务相同，但网站设计有着非常多的不同之处。

4.1.3 受众群体如何找到网站

当谈到互联网时，这听起来像是一个奇怪的问题。但是，与实体业务一样，你的在线客户可以通过各种方式来找到你。例如，他们是在台式机、笔记本电脑、平板电脑还是手机上访问你的网站？他们是使用宽带、无线还是拨号服务？他们最有可能使用什么浏览器？显示器的尺寸和分辨率是多少？这些答案将告诉你很多客户期望的体验。拨号和手机用户可能不希望看到很多的图形或视频，而具有大平板显示器和高速连接的用户可能要求你尽可能多地发送给他们震撼的效果。

那么你从哪里得到这些信息？有些信息必须经过艰苦的研究和人口统计学分析获得。有些信息则要根据自己的口味和对市场的了解进行猜测。但是，实际上在互联网上就已经有许多现成的信息。

如果你正在重新设计现有网站，你的网络托管服务本身可能会提供有关历史流量模式甚至访问者自身的有价值的统计信息。如果你自己管理网站，可以将第三方工具（例如 Google Analytics 和 Adobe Omniture）纳入你的代码，免费或花费少量费用进行跟踪，如图 4-1 所示。

截至 2017 年秋天，Windows 仍然占主导地位（80% ～ 85%），浏览器方面，大多数用户喜欢 Google Chrome（76%），其次是 Firefox（13%），各种版本的 Internet Explorer/Edge（4%）排名第三，但远远落后。大多数浏览器（99%）被设置为高于 1 024 × 768 像素的分辨率。要不是用来访问互联网的平板和手机的数量迅速增长，这些统计数据对于大多数网页设计师和开发人员而言将是个好消息。但是，要想设计出在平板显示器和智能手机上都美观且有效工作的网站，是一个艰巨的任务。

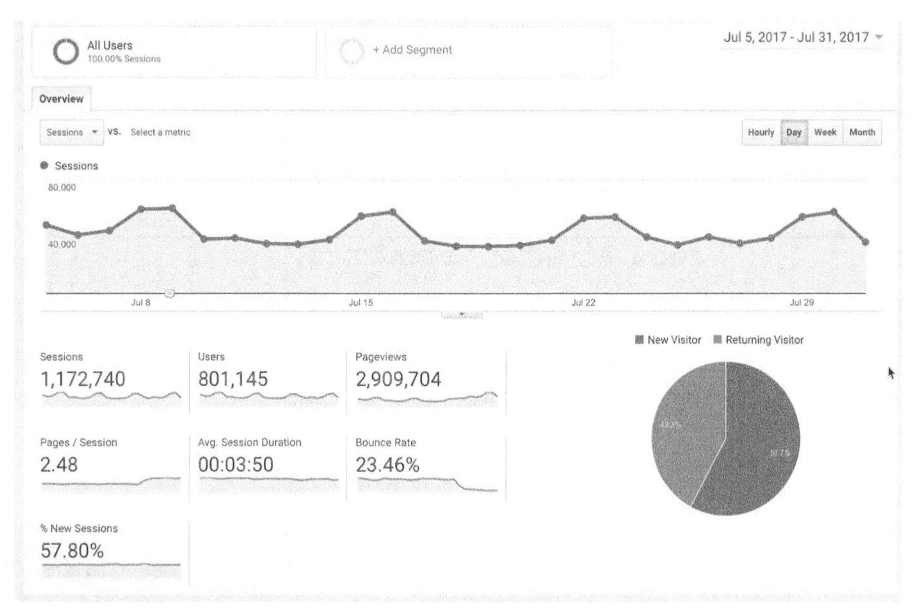

图 4-1　分析软件提供网站访问者的全面统计数字，图中的 Google Analytics 是流行的选择

响应式 Web 设计

每天都有更多的人使用手机和其他移动设备来访问互联网。有些人使用这些设备访问互联网可能比使用台式电脑更频繁。这给网页设计师带来了一些令人头疼的挑战。一方面，即使是最小的平板显示器，手机屏幕也比它小得多。如何将两栏或者三栏的页面设计挤到 300 ~ 400 像素的狭小空间？另一个问题是，移动设备制造商已经放弃在他们的设备上支持基于 Flash 的内容。

在最近 5 年之前，Web 设计通常要求你针对最优尺寸（以像素表示的高度和宽度）设计网页，然后按照这些规格构建整个网站。今天，那种情况已经变得很少见。现在，你必须做出决策，构建一个能够根据任何尺寸的显示器缩放（响应式），或者支持少数桌面及移动用户目标显示器类型（自适应）的网站，如图 4-2 所示。

你的决定将部分根据所要提供的内容，以及访问网页的设备能力。如果没有在各种不同显示器尺寸和设备能力上投入大量的研究，构建一个支持视频、音频和其他动态内容且吸引人的网站是很困难的。响应式 Web 设计一词是波士顿的 Web 开发人员 Ethan Marcotte 在 2011 年的同名书籍中提出的。在这本书中，他描述了设计能够自动适应多种屏幕尺寸的页面的思路。在本书的后面，你将和较为标准的技术一起，学习许多响应式 Web 设计的技术，以及在网站中实现它们的方法。

图 4-2

印刷品设计的许多概念并不适用于 Web，因为你不能控制用户的体验。例如，印刷品设计师预先知道他们要设计的页面大小。当你从纵向旋转为横向时，印刷品不会变化。另一方面，为典型的平板显示器精心设计的页面在智能手机上基本是没有用的。

4.2 场景

为了本书的目的，你将开始为 Meridien Green Start 开发一个网站，这是一个虚构的社区组织，致力于绿色投资和行动。该网站将提供各种产品和服务，需要广泛的网页类型，包括使用诸如 jQuery（Java Script 的一种形式）之类技术的动态页面。

你的客户来源广泛，涵盖所有年龄和教育水平。他们是关心环境条件，致力于保护、回收利用和再利用自然资源和人力资源的人。

你的市场研究表明，大多数客户使用台式电脑或笔记本电脑，通过高速互联网服务连接。你可以预期，有 20% ～ 30% 的访问者只通过智能手机和其他移动设备上网，其余访问者中，大部分也将不时地使用移动设备。

为了简化学习 Dreamweaver 的过程，我们将首先聚焦于创建固定宽度的桌面网站。以后，你将学习如何改造固定宽度设计，以使用智能手机和平板电脑。

4.3 使用缩略图和线框

在明确了关于 Web 站点目的、顾客统计和访问模式这 3 个问题的答案之后，下一步是确定你将需要多少个页面，这些页面将做什么，以及它们的外观。

4.3.1 创建缩略图

许多 Web 设计师通过铅笔和纸绘制缩略图来开始他们的设计。可以把缩略图视作是你需要为网站创建的页面的图形式购物清单。缩略图可以帮助你设计出基本的网站导航结构。在缩略图之间绘制的线条显示了网站导航与它们的联系方式，如图 4-3 所示。

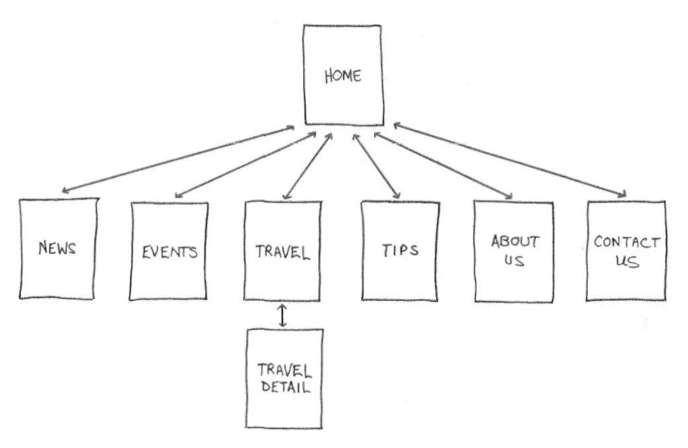

图 4-3 缩略图列出了需要构建的页面，以及它们相互之间的联系

大多数站点都分成多个层次（级）。通常，第一级包括主导航菜单中的所有页面，访问者可以直接从主页到达这些页面。第二级包括你只能通过特定的动作或者从特定的位置到达的页面，比如购物车或者产品详情页面。

4.3.2 创建页面设计

一旦你搞清楚了网站在页面、产品和服务方面的需要，就可以考虑这些页面的外观了。列出每个页面上你希望具备的组件，比如标题、页脚、导航，以及用于主要内容和侧栏的区域（如果有的话），如图 4-4 所示。撇开每个页面上不需要的任何项目，你还需要考虑其他因素吗？如果移动设备是设计形象的重要考虑因素，上述组件中哪些是在这些设备上必需（而不是可选）的？尽管许多组件都可以简单地在移动设备屏幕上改变大小，但是有些必须完全重新设计或者重新构想。

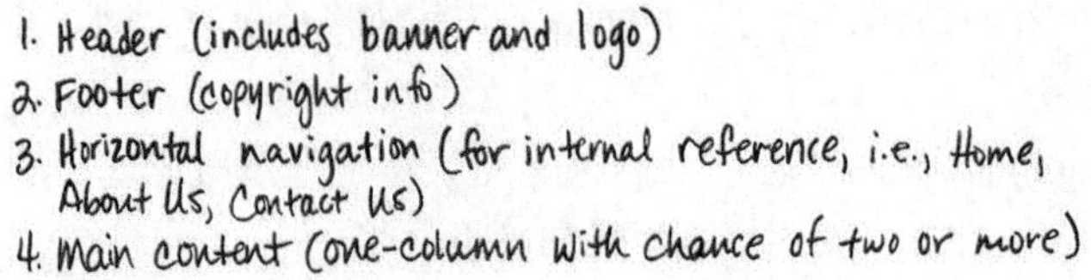

1. Header (includes banner and logo)
2. Footer (copyright info)
3. Horizontal navigation (for internal reference, i.e., Home, About Us, Contact Us)
4. Main content (one-column with chance of two or more)

图 4-4　确定每个页面上必不可少的组件，帮助你创建符合需求的页面设计和结构

你有公司标志、企业标识、图形图像，或者希望匹配 / 补充的配色方案吗？你需要模拟现有或提议中的出版物、宣传册或者广告活动吗？将它们收集到一起很有助益，你可以在书桌或者会议桌上一次性看到所有要求。如果你幸运的话，从这些收集来的信息可以自然地产生出一个主题。

4.3.3　桌面还是移动

在每个页面上创建了你需要的组件清单之后，可以勾画出用于这些组件的几种粗略布局。根据目标访问者的人口统计数据，你可能会决定是专注于针对台式机进行优化的设计，还是在平板电脑和智能手机上最有效的设计。

大多数设计师都选择在灵活性和美观之间达成妥协的基本页面设计。一些网站设计可能自然地倾向于使用多于一种的基本布局，但抗拒单独设计每一页的冲动。最小化页面设计的数量听起来可能像是很大的局限，但却是生成易于管理的专业网站的关键。这就是有些专业人士（如医生和航空公司的飞行员）需要穿制服的原因。使用一致的页面设计或模板，可向你的访问者传达专业的精神和信心。当你确定网页外观时，必须确定基本组件的大小和位置。你放置组件的位置可能大大影响其效果和实用性。

在印刷中，布局的左上角被设计师认为是“重要位置”之一，你可以把设计的重要特征（比如标志或标题）放在这个位置。这是因为在西方文化中，我们是从左到右、从上往下阅读。第二个重要位置是右下角，因为那是你完成阅读时眼光停留的地方。

不幸的是，在 Web 设计中，这种理论不那么有效，原因很简单：你永远无法确定用户将怎样查看你的设计。他们是使用 20 英寸的平板显示器，还是使用 3 英寸的智能手机？

在大多数情况下，你唯一可以确定的是用户可以看到任何页面的左上角。你希望将这个位置浪费在旋转的公司标志上吗？还是在这里放置一个导航菜单，使网站更好用？这是 Web 设计师的关键难题之一。你孜孜以求的是华丽的设计，还是实用性，抑或在二者之间寻找一种平衡？

4.3.4　创建线框图

在挑选了迷人的设计之后，线框图就是设计出站点中每个页面结构的快捷方式。线框就像是缩略图，但是更大，用于草拟每个页面并填充关于各个组件的更详细信息，比如实际链接名称和主标题，如图 4-5 所示。在编写代码时，这个步骤有助于在遇到问题之前捕获或预见它们。你使用数码手段花费几小时甚至几天制作的东西，手工画个草图只需要几分钟。

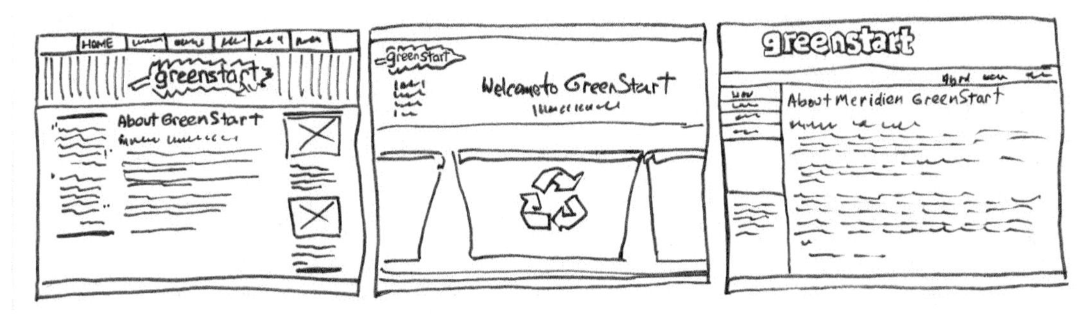

图 4-5　你可以用线框图快速轻松地试验页面设计，不需要花费时间编写代码

一旦设计出了基本概念，许多设计师就会采取一个额外的步骤，使用像 Fireworks、Photoshop 甚至是 Illustrator 这样的软件创建全尺寸模型或者“概念验证”，如图 4-6 所示。你会发现，有些客户不会仅根据铅笔画的草图就认可设计，因此这是一种方便的方法。这样做的优点是，所有这些软件都可以将结果导出为可在浏览器中查看的全尺寸图像（JPEG、GIF 或 PNG）。这种模型与看到的真实情况一样好，但是制作它们只需花很少的时间。

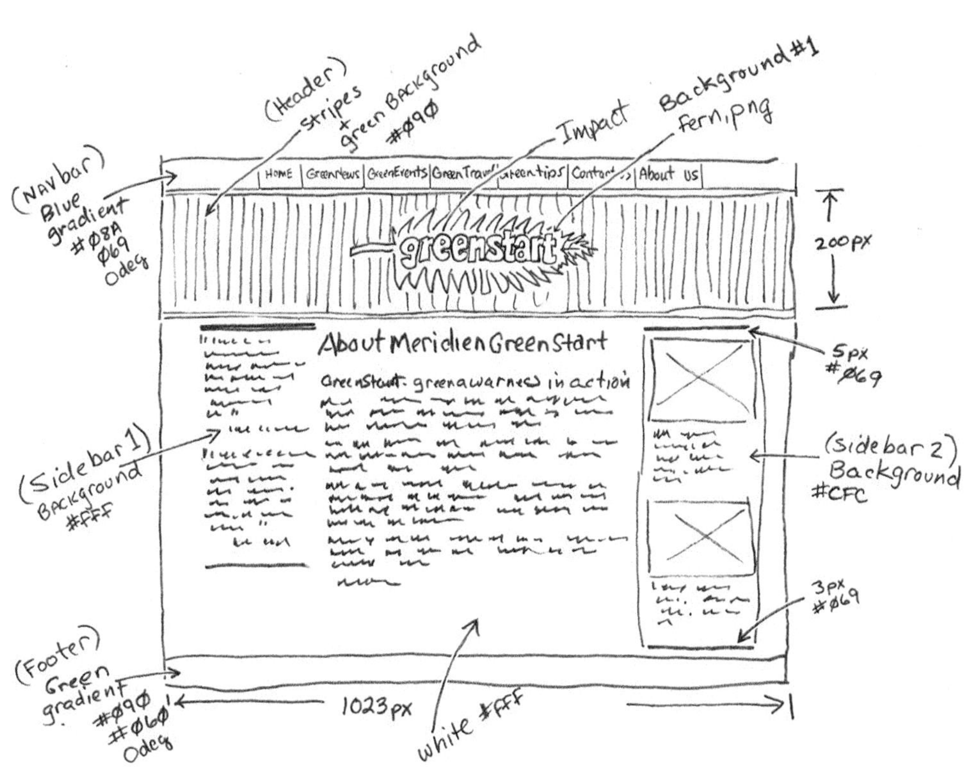

图 4-6　最终设计的线框图应该标识所有组件，包含关于内容、颜色和尺寸的具体信息

> **注意：** 你应该可以用 Photoshop CC 或者更高版本打开书中的示例文件。如果你使用的版本与图中不同，面板和菜单选项可能也不同。

为了演示如何使用图形程序来构建这样的模型，我使用 Photshop 创建了一个网页布局样板，并将其保存到第 4 课资源文件夹中。让我们来看看。

1. 启动 Photoshop CC 或更高版本。

2. 打开 lesson04/resources 文件夹中的 GreenStart_mockup.psd。

注意：模型使用 Typekit 的字体，这是 Adobe 在线字体服务中的字体。要在 Photoshop 中正确查看最终设计，你需要下载并安装这些字体。你的 Creative Cloud 订阅中包含 Typekit 字体。

Photoshop 文件包含一个完整的 GreenStart 站点设计模型，它由各种设计组件矢量图以及存储在不同图层中的图像资源组成。注意在设计中使用到的颜色和渐变。

除了创建图形模型之外，Photoshop 还有专门针对网页设计师的技巧。你可以亲自看看这些功能，我已经提供了附加在线课程 4，你可以在该课程中学习如何使用 Photoshop 利用此文件创建网络图像资源。查看本书开头的前言部分，了解如何访问附加课程。

4.4 复习题

1. 在开始任何 Web 设计项目之前，你应该提出哪 3 个问题？

2. 使用缩略图和线框的目的是什么？

3. 为什么创建一个考虑到智能手机和平板电脑的设计很重要？

4. 什么是响应式设计，为什么 Dreamweaver 用户应该了解这种设计？

5. 为什么要使用 Photoshop、Illustrator 或其他程序（如 Adobe Fireworks）来设计网站？

4.5 复习题答案

1. Web 站点的目的是什么？顾客是谁？他们怎样到达这里？这些问题以及它们的答案在帮助你开发站点的设计、内容和策略时是必不可少的。

2. 缩略图和线框是用于草拟站点设计和结构的快速技术，这样就不必浪费许多时间编码示例页面。

3. 移动设备用户是网络上增长最快的群体之一。许多访问者经常或者只使用移动设备访问你的网站。为台式机设计的网页在移动设备上往往显示效果不佳，使得网站难以或不可能用于这些移动访问者。

4. 响应式设计是一种 Web 设计方法，通过使网页自动适应不同类型显示器及设备，最大限度地高效利用网页机器内容。

5. 使用 Photoshop、Illustrator 或 Fireworks，你可以比使用 Dreamweaver 设计代码时更快地生成页面设计和模型。设计甚至可以导出为与 Web 兼容的图形，在浏览器中查看以获得客户的认可。

第5课 创建页面布局

课程概述

在本课中，读者将学习以下内容：

- 评估设计模型中的基本页面结构；
- 上传 Photoshop 模型，作为一个 Creative Coud 资源；
- 从 Photoshop 模型中提取样式、文本和图像资源；
- 将提取的样式、文本和图像资源应用到 Dreamweaver 中的 HTM 页面。

完成本课需要花费大约 1 小时 15 分。请先到异步社区的相应页面下载本书的课程资源，并进行解压。根据 lesson05 文件夹定义站点。

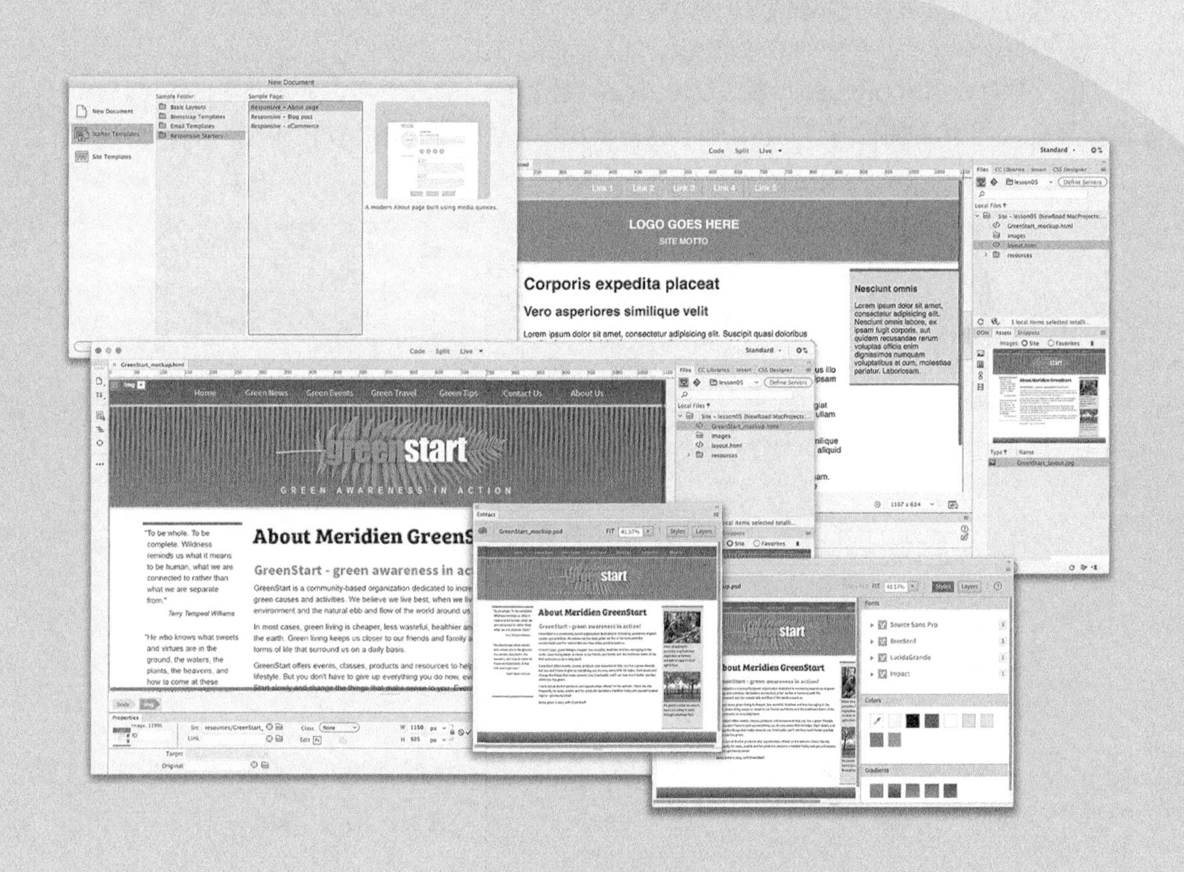

Dreamweaver提供强大的工具，以集成在其他Adobe应用（如Photoshop）中创建的样式、文本和图像资源。

5.1 评估页面设计选项

在上一课中，你经历了确定特定网站所需的页面、组件和结构的过程。所选择的设计根据其他各种因素（例如网站访问者类型及其连接方式），对这些需求进行平衡。在本课中，你将学习如何实现基本布局中的这些结构和组件。

由于构建特定设计的方式几乎是无限的，所以你将集中精力构建一个使用最少 HTML5 语义元素的简单结构。这将产生容易实现和维护的页面设计。

让我们首先观察第 4 课中创建的模型。

打开 lesson05 文件夹中的 GreenStart_mockup.html 文件。

该文件包含描述 GreenStart 网站设计的最终模型图像。该设计可以分为基本组件（如页眉、页脚、导航）、主体和侧栏内容元素。如果你将该方案绘制在模型上，结果如图 5-1 所示。

图 5-1

确定基本页面组件方案后，你可以将该图分解为基本的 HTML 元素，如图 5-2 所示。

虽然 <div> 元素是完全可以接受的，而且仍然广泛用作页面组件，但它是 HTML 4 中的一个缺点。例如，它要求使用“类”和 / 或“ID 属性”来帮助描绘设计中的各种组件，使得底层代码更加复杂。

今天，网页设计师正在使用新的 HTML5 元素来简化他们的设计，并为其代码添加语义。如果用 HTML5 结构代替 <div> 元素，那么布局会简单得多，如图 5-3 所示。

一旦你用框图将设计分解为组件，就可以立刻开始创建基本结构。但是在花时间手工创建新布局之前，Dreamweaver 可以提供更好的替代方法。保持模型打开，在必要时将其作为参考。

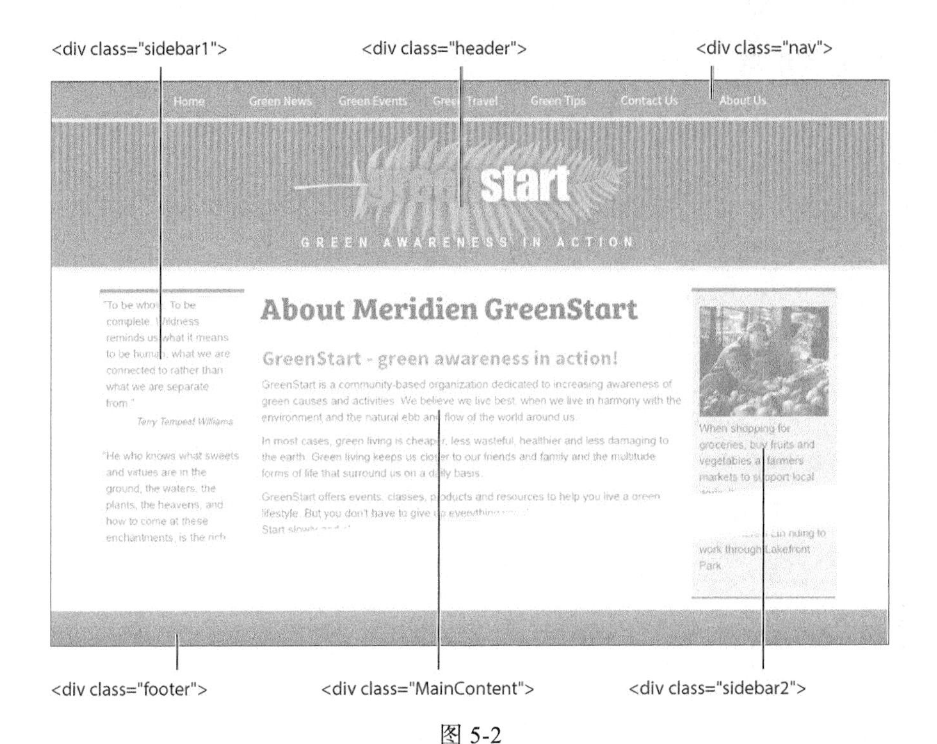

图 5-2

<aside class="sidebar1">
<header>
<nav>
Home
Green News
Green Events
Green Travel
Green Tips
Contact Us
About Us
start
GREEN AWARENESS IN ACTION
About Meridien GreenStart
GreenStart - green awareness in action!
<footer>
<article>
<aside class="sidebar2">

图 5-3

5.2 使用预定义布局

Dreamweaver 一直试图为所有网页设计师提供最新的工具和工作流程，无论他们的技能水平如何。例如，多年来，该程序提供了一些预先设定的模板、各种页面组件和代码片段，以便设计师们可以快速、轻松地构建和填充网页。建立网站的第一步往往是查看这些预设布局之一是否符合你的需求，或者你的需求是否可以适应其中的一种设计。

Dreamweaver CC（2018 版）延续这种传统，提供了样板 CSS 布局和框架，让你可以适应许多流行类型的项目。你可以从 File（文件）菜单访问这些示例。

1. 选择 File（文件）> New（新建）。

New Document（新建文档）对话框出现（见图 5-4）。除了 HTML、CSS 和 JavaScript 之外，Dreamweaver 还可以构建广泛的 Web 兼容文件。“新建文档”对话框显示许多文档类型，包括 PHP、XML 和 SVG。预定义布局、模板和框架也可以从这个对话框中访问。

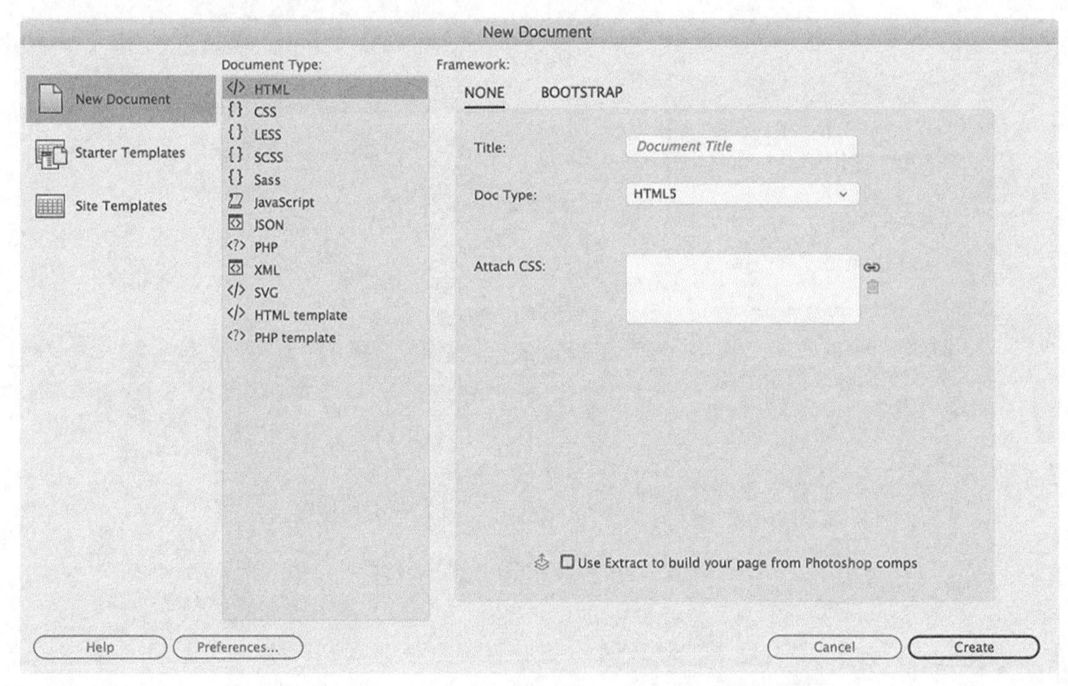

图 5-4

在编写本书时，Dreamweaver CC（2018 版）提供 3 种基本布局、6 个 Bootstrap 模板、4 个电子邮件模板和 3 个响应式启动器布局。随着时间的推移，这些布局的确切数量和特征可能会通过 Creative Cloud 进行自动更新。此列表可能会未经通知就发生变化，因此请随时注意这个对话框中的新选项。

所有的启动器模板都使用 HTML5 兼容结构构建响应式设计，将帮助你获得有关这个新兴标准的宝贵经验。除非你需要支持较旧的浏览器（如 IE5 和 IE6），否则在使用这些较新设计时不用担心。我们来看看选项。

2. 在 New Document（新建文档）对话框中，选择 Starter Templates（启动器模板）> Responsive Starters（快速响应式启动器）。New Document（新建文档）对话框的 Templates（模板）窗口显示 3 种选择：About Page（响应式 -“关于”页面）、Blog Post（响应式 - 博客文章）和 eCommerce（响应式 - 电子商务）。

3. 选择 About Page（响应式 -“关于”页面），如图 5-5 所示。

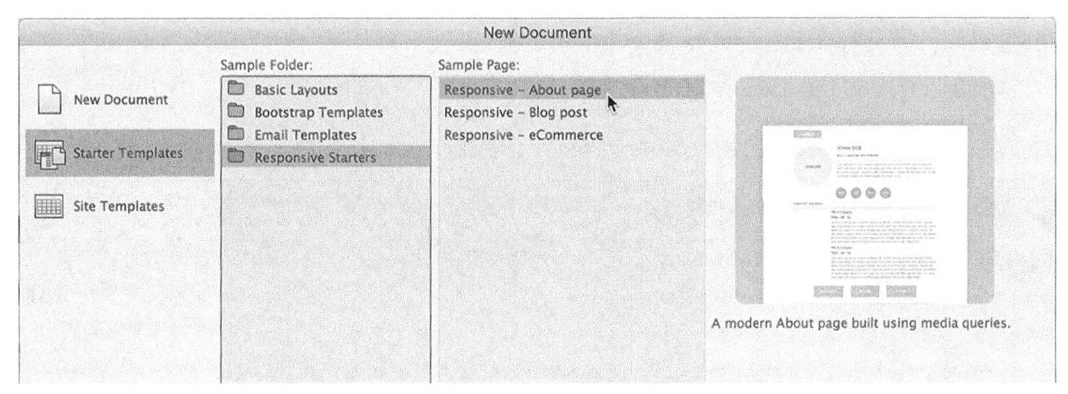

图 5-5

观察对话框中的预览图像。

显示一个图像，展示自动适应台式电脑、平板电脑和智能手机的网页设计。

4. 选择 Blog Post（响应式 - 博客文章），如图 5-6 所示。

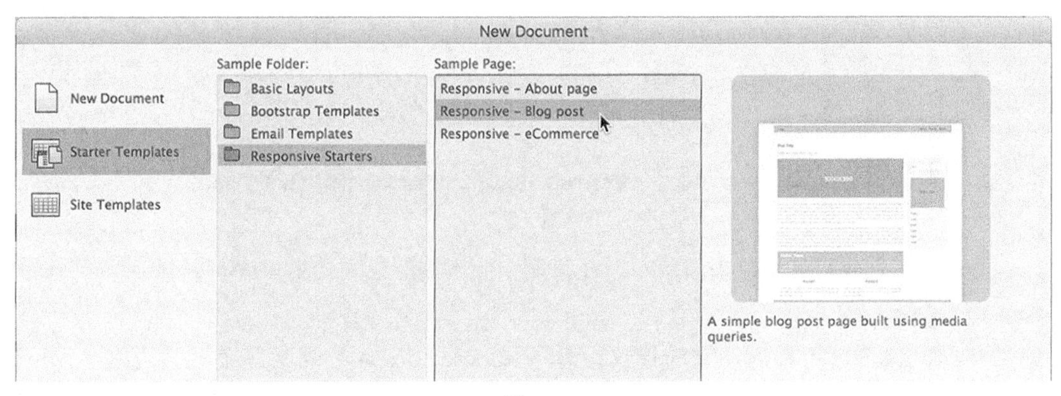

图 5-6

预览图像改变，展示新设计。

5. 依次选择每种设计选项。观察对话框里的预览图像。

每个模板提供适合于特定应用的设计，但是任何模板都不会与我们选择的设计完全相同（甚至接近）。相反，我已经提供了更适合需求的一个样板布局。

6. 单击 Cancel（取消）关闭“新建文档”对话框。

7. 打开 lesson05 文件夹中的 layout.html。

这个文件包含了一个三栏式布局，具备导航、页眉和页脚组件。在下面的练习中，你将学习如何改编这个布局，制作网站模板。

5.3 为现有布局设置样式

一旦掌握了必备的技能，构建一个网页布局就是简单的事情了。现在，我已经提供了一个样板 HTML 文件，快速启动构建网站模板的过程。

1. 如果有必要，打开 lesson05 文件夹中的 layout.html。

2. 选择 File（文件）> Save As（另存为）。将文件命名为 mylayout.html 并单击 Save（保存），如图 5-7 所示。

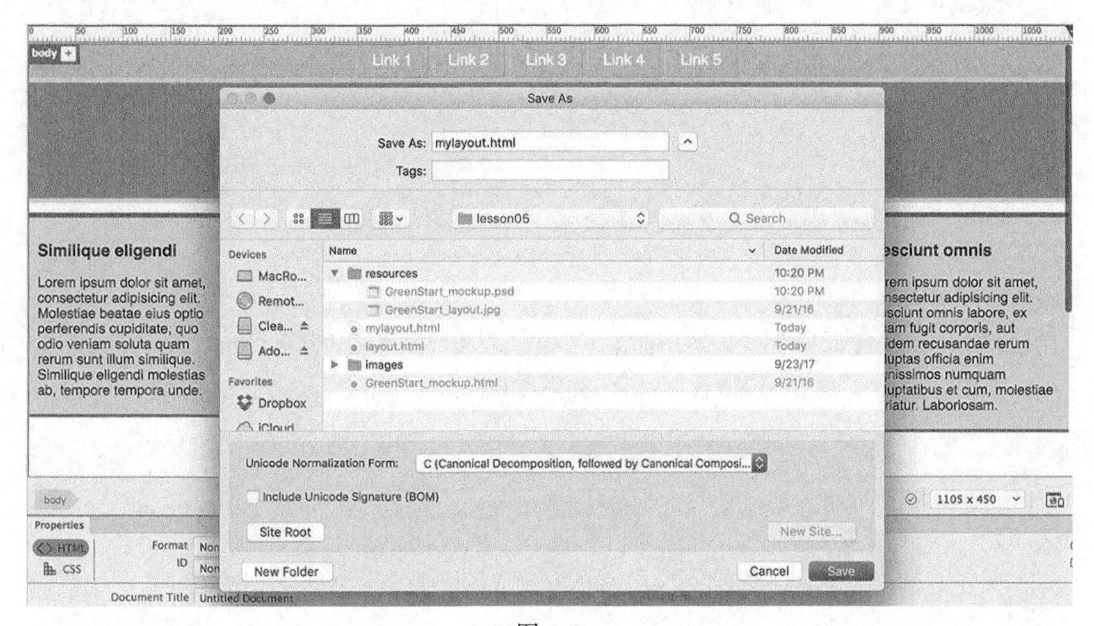

图 5-7

Dreamweaver 创建布局的一个新版本。注意两个版本仍然在文档窗口中打开。

3. 关闭 layout.html。

第一步是使这个通用布局具有的提议设计（proposed design）的某些个性。通常，你可以采用老式方法——手工编辑 CSS——来做到这一点。但是由于布局是在 Adobe Photoshop 创建的，Dreamweaver 有利用这种网站模型的招数：Extract。

Extract 是 Dreamweaver 最近加入的功能。这是一个托管到 Creative Cloud 的功能，可以通过程序中的一个面板访问。

注意： 在访问 Extract 面板之前，你必须运行 Creative Cloud 桌面应用，登录你的账户。

4. 选择 Window（窗口）> Extract，如图 5-8 所示。

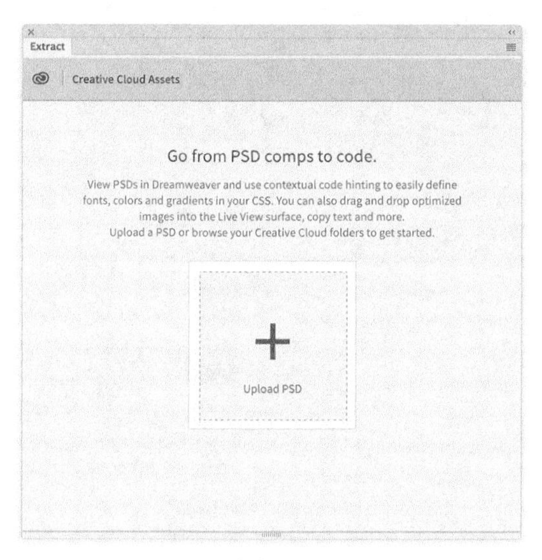

图 5-8

Extract 面板出现。该面板连接到你的 Creative Clound 账户，将显示你的资源中的所有 Photoshop 文件。要使用站点模型，你首先必须将其上传到 Creative Cloud 服务器。

5. 单击 Upload PSD（上传 PSD）选项，显示一个文件对话框。

6. 选择 lesson05/resources 文件夹中的 GreenStart_mockup.psd 并单击 Open（打开），如图 5-9 所示。

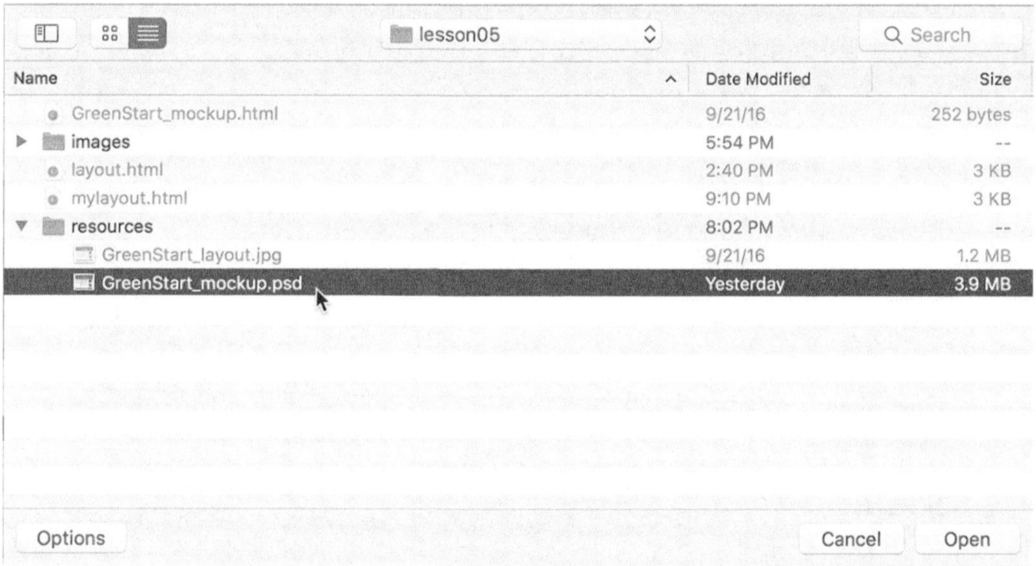

图 5-9

该文件被复制到你的计算机上的 Creative Cloud Files 文件夹中，然后同步到 Creative Cloud 远程存储。文件上传后，它将可以从 Extract 面板上看到。

7. 单击 Extract 面板中的 GreenStart_mockup.psd，如图 5-10 所示。

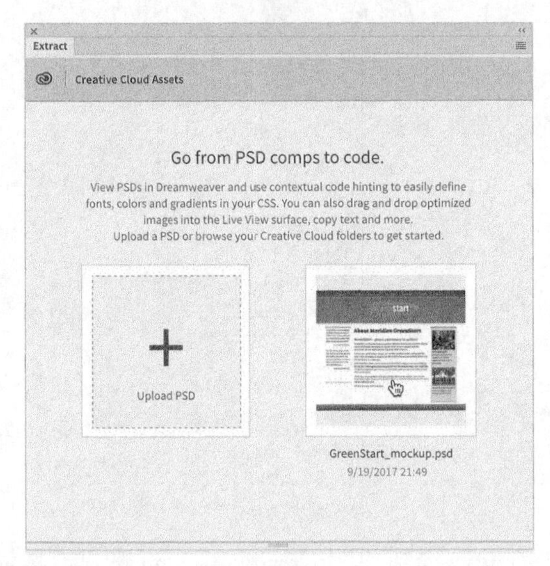

图 5-10

模型加载并填充整个面板。Extract 使你可以访问模型并获得其中的样式信息、图像资源甚至文本。

5.4 用 Extact 面板设置元素样式

在本练习中，我们感兴趣的是样式数据。让我们从页面的顶部开始向下设置。

1. 在 Extract 面板中，单击顶部导航菜单的背景，如图 5-11 所示。

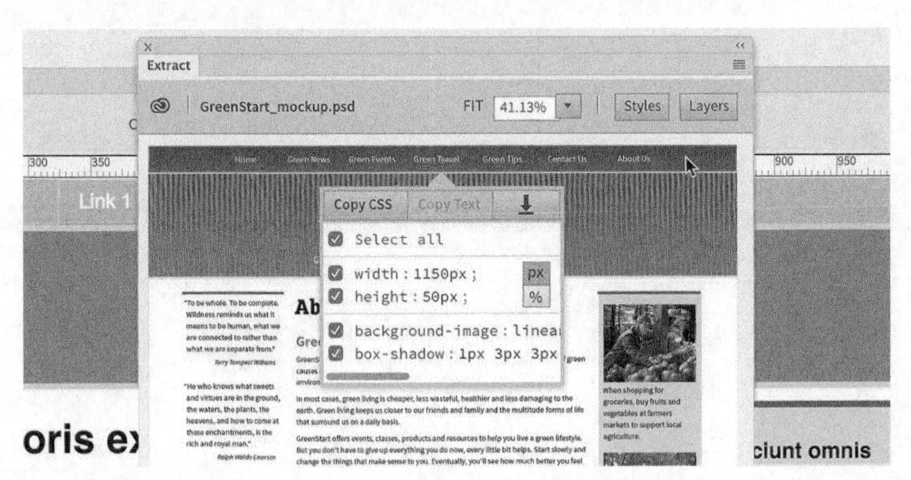

图 5-11

出现一个弹出窗口，允许你选择想要从模型中取得的数据。窗口顶部的按钮表示所选组件中可用的数据。Copy CSS（复制 CSS）和 Download（下载）箭头按钮可选，表示样式和图像资源可用。Copy Text（复制文本）选项变成灰色，表明无法下载任何文本内容。

窗口中CSS样式以带有复选框的列表形式显示。当你选中一个复选框，那些规格将被复制到程序内存中。显示的CSS样式包括宽度、高度、背景图像和边框阴影。你可以选择所有样式或者只使用你想要的样式。

2. 如果有必要，取消选中width（宽度）和height（高度）。选择background-image（背景图像）和box-shadow（边框阴影）。

3. 单击Copy CSS（复制CSS）按钮，如图5-12所示。

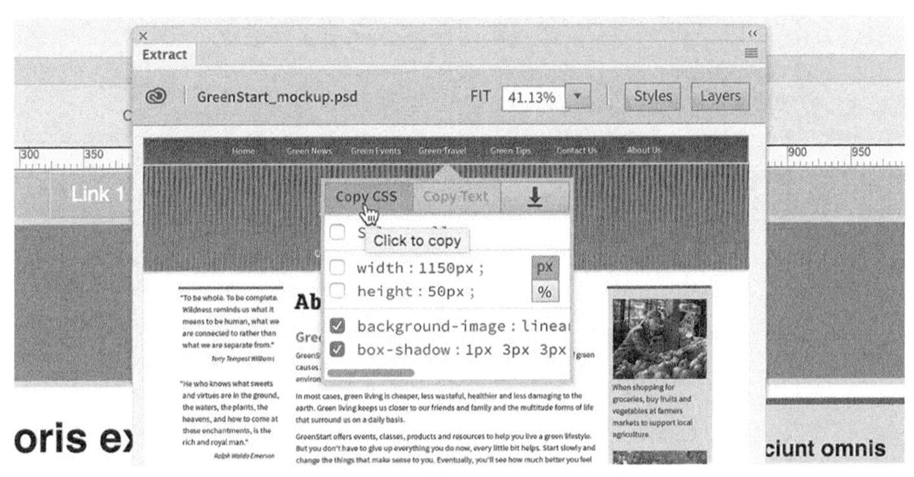

图 5-12

复制设置之后，你可以直接在Dreamweaver中将它们应用于布局。使用这一数据的最简单方法是通过CSS设计器。

4. 如果有必要，选择Window（窗口）> CSS Designer（CSS设计器）打开或者显示面板。

我们希望将规格应用到当前布局中顶部的导航菜单。你可以从Selectors（选择器）窗格中选择对应的规则，或者在实时视图中选择元素，针对这个菜单。

5. 在实时视图中，单击选中顶部的导航菜单，如图5-13所示。

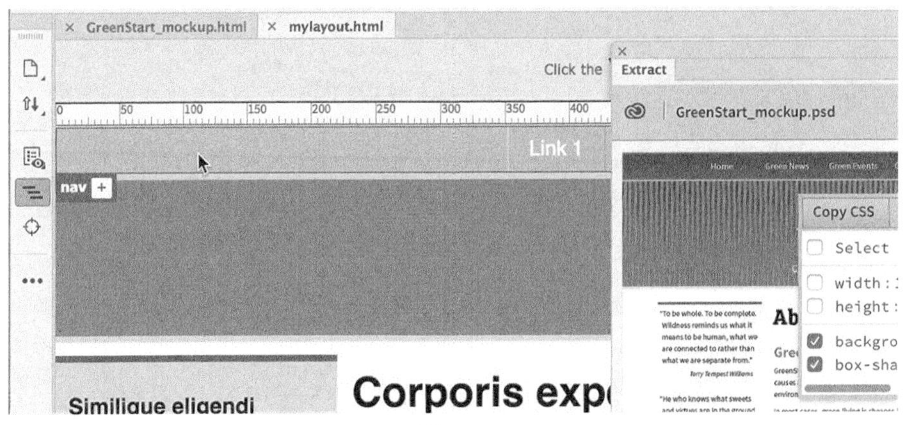

图 5-13

“元素显示”将出现，指向 <nav> 元素。

6. 在 CSS 设计器中，单击 Current（当前）按钮，如图 5-14 所示。

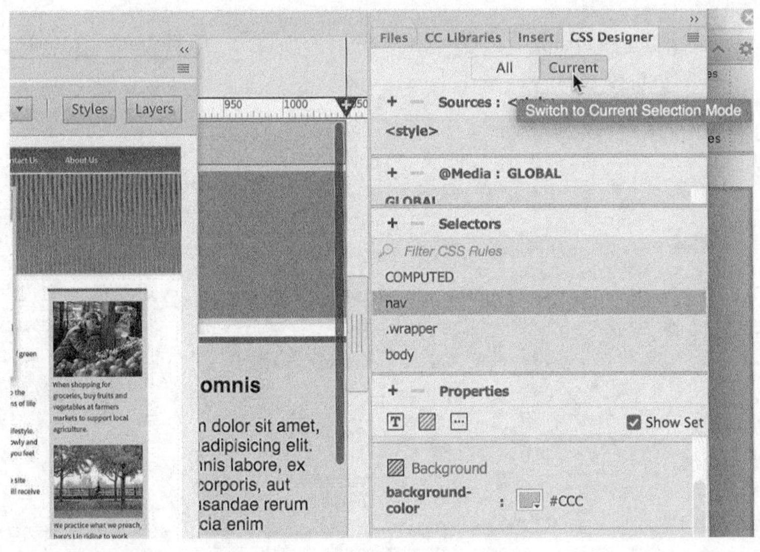

图 5-14

正如你在第 3 课中所学，Current（当前）按钮显示布局中选中的元素上设置的所有样式。CSS 设计器中的 Selectors（选择器）窗格显示应用到当前导航菜单上的规则。列出的 CSS 规则是 nav、.wrapper 和 body。在本例中，来自模型的样式将应用到 nav 规则。

7. 如果有必要，在 Selectors（选择器）窗格中选中 nav 规则。右键单击 nav 规则，如图 5-15 所示。

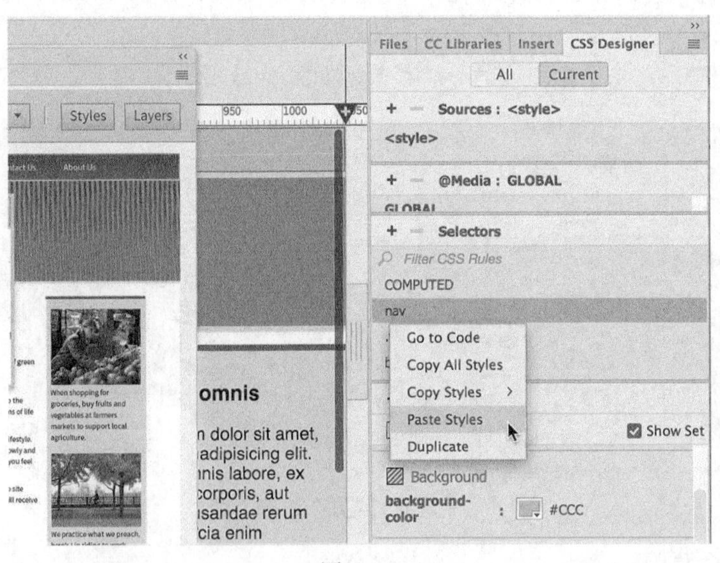

图 5-15

出现一个上下文菜单，提供通过编辑、复制或者粘贴 CSS 规格与规则交互的选项。在本例中，你将粘贴从 Extract 面板中得到的样式。

8. 从上下文菜单中选择 Paste Styles（粘贴样式）。

布局中的导航栏重新格式化，匹配模型中显示的样式。你可以在 CSS 设计器的“属性”窗格中看到 nav 规则的新规格，如图 5-16 所示。

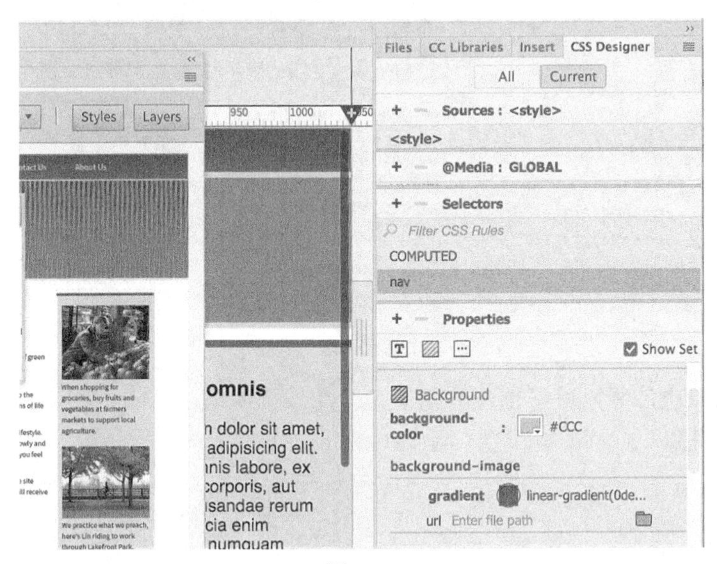

图 5-16

9. 保存 mylayout.html。

你可能已经注意到，导航菜单中也有文本。文本格式没有从模型中转来，因为它与背景样式分离。Extract 面板还允许你选择文本样式。

5.5 从 Photoshop 模型中提取文本

Extract 面板可以选择文本格式和文本本身。

在这个练习中，你将从模型中同时提取两者。

1. 如果有必要，打开 lesson05 文件夹中的 mylayout.html。

2. 如果有必要，选择 Window（窗口）> Extract 显示 Extract 窗格。

模型应该仍然显示在窗格中。如果没有，从资源列表中选择它。

3. 检查模型中的导航菜单。

导航栏有 7 个菜单项：Home、Green News、Green Events、Green Travel、Green Tips、Contact Us 和 About Us。当前布局中的导航栏只有 5 个项目。在这个练习的后面，你将学习如何为菜单添加两个项目。

文本和样式必须分别提取。

4. 选择第一个菜单项 Home，如图 5-17 所示。

图 5-17

出现弹出式窗口。注意，窗口顶部的全部 3 个按钮都激活。这表示你可以从选择内容中提取样式、文本和图像资源。

提示： Extract 面板可能遮盖部分你正在处理的页面。在任何时候都可以随意改变面板的位置或者停靠。

5. 单击 Copy Text（复制文本）按钮。

6. 在实时视图中，双击 mylayout.html 中的 Link 1。

文本周围应该出现一个橙色的方框，表示你处于文本编辑模式。

7. 选择 Link 1 文本。右键单击选中的文本，出现上下文菜单，你可以选择剪切、复制和粘贴文本。

8. 单击 Paste（粘贴），如图 5-18 所示。

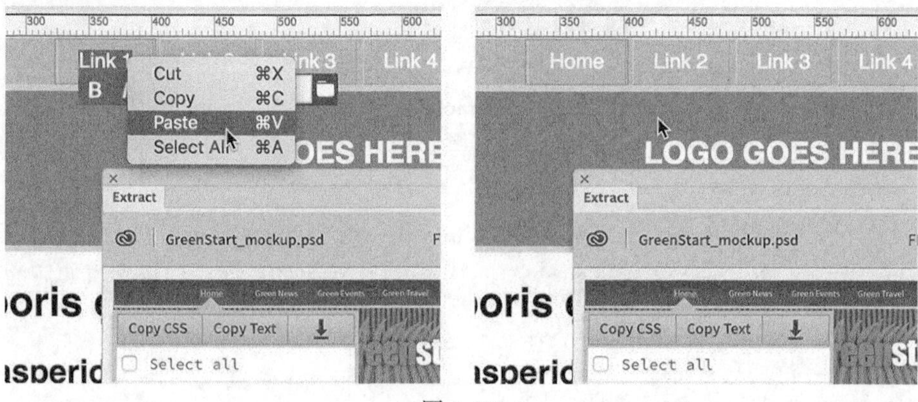

图 5-18

文本 Home 代替 Link 1。

> **提示：** 文本提取功能的真正意图是提取较长的文本段。如果你喜欢的话，可以手工输入菜单项。

9. 重复第 4~8 步，替换 Link 2~5，结果如图 5-19 所示。

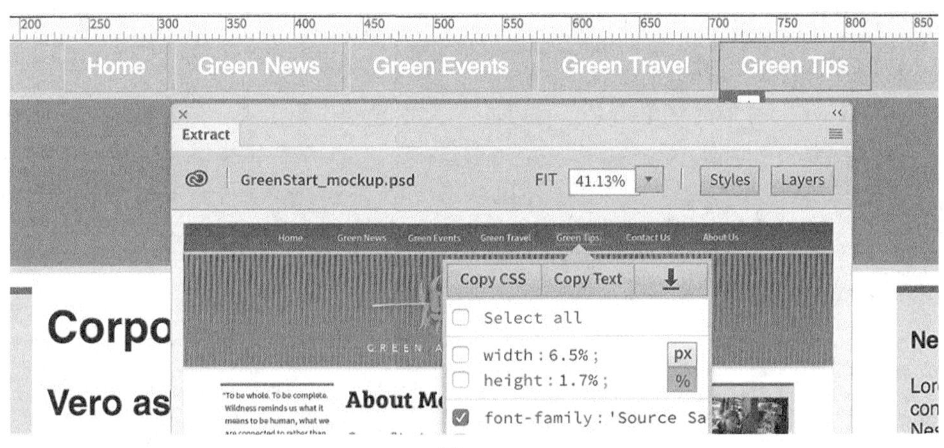

图 5-19

现在，你已经替换了 mylayout.html 中 Link 1~5 中的所有文本。模型中仍然有两个项目需要添加到你的布局中。首先，你应该获取下一个项目的文本。

10. 复制 Contact Us 项目的文本。

现在，你将学习如何为导航菜单添加一个新项目。

11. 双击 mylayout.html 中的文本 Green Tips。在文本末尾插入光标，按 Enter/Return 键。

按 Enter/Return 键通常创建一个新段落。在本例中，你将添加一个新的菜单项。

12. 选择 Edit（编辑）> Paste（粘贴），或者按 Ctrl+V/Cmd+V 组合键，粘贴第 10 步中复制的文本，如图 5-20 所示。

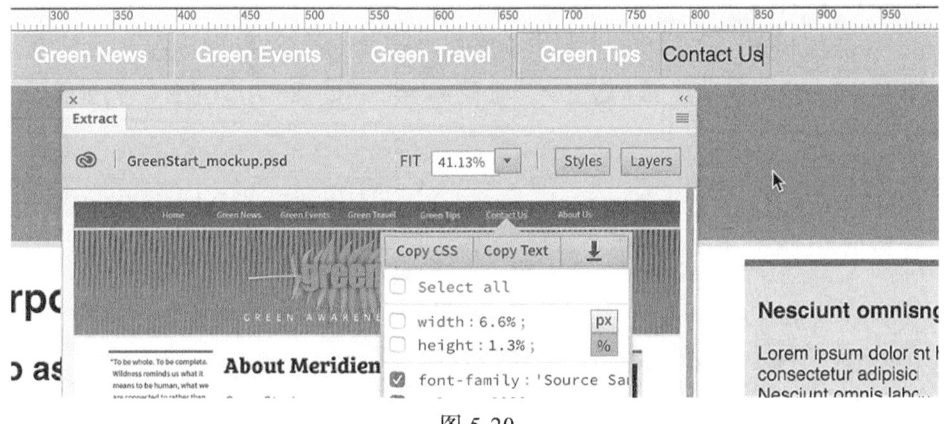

图 5-20

文本 Contact Us 出现在导航栏，但是没有像其他项目那样格式化。有时候，样式基于 HTML 元素的结构，这在表面上可能不那么明显。所以，我们将深入代码中，看看能否确知新项目外观与其他项目不同的原因。

5.6 CSS 样式查错

你添加到导航栏的新项目和其他项目外观不一致。在这个练习中，你将检查这个菜单项及其代码结构，了解可能出现的问题。

1. 选择 mylayout.html 中的菜单项 Contact Us。“元素显示”将出现，焦点在 `<li>` 元素上。

注意：Dreamweaver 在实时视图中偶然会忽略你的选择。如果元素在代码视图中没有选中，你可能需要在实时视图中重复选择。

2. 如果有必要，切换到拆分视图，如图 5-21 所示。

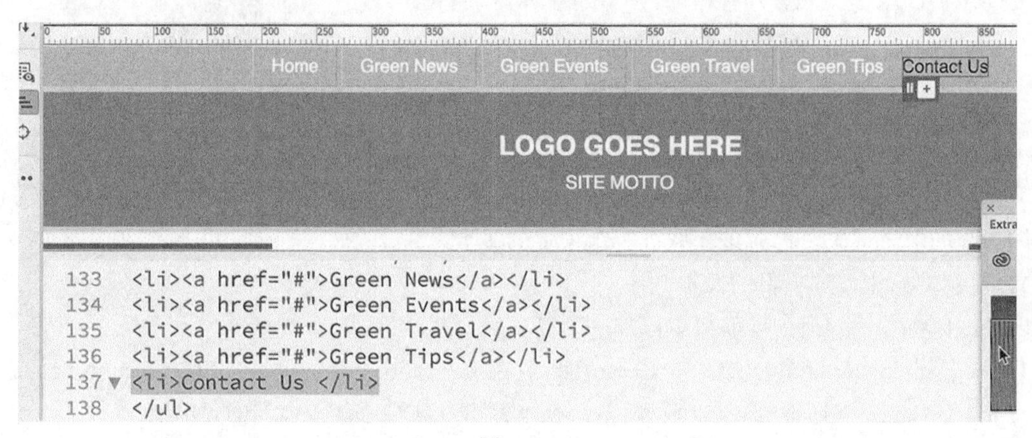

图 5-21

文档窗口分割为实时视图和代码视图。在代码视图窗口，你可以看到文本 Contact Us 和其他菜单项。Contact Us 应该在两个视图中都选中。

菜单由一个无序列表（`ul`）和 6 个列表项（`li`）组成。你能看出 Contact Us 和其他菜单项之间的区别吗？ Contact Us 没有一个超链接。让我们匹配其他菜单项的结构，看看能否修复样式问题。

注意：如果这是你第一次使用“属性”检查器，你可能需要像屏幕截图中那样，将其停靠在文档窗口的底部。

3. 如果有必要，选择 Window（窗口）> Properties（属性），显示 Property（属性）检查器。

4. 在 Property（属性）检查器中的 Link（链接）字段中输入 #，并按 Enter/Return 键，如图 5-22 所示。

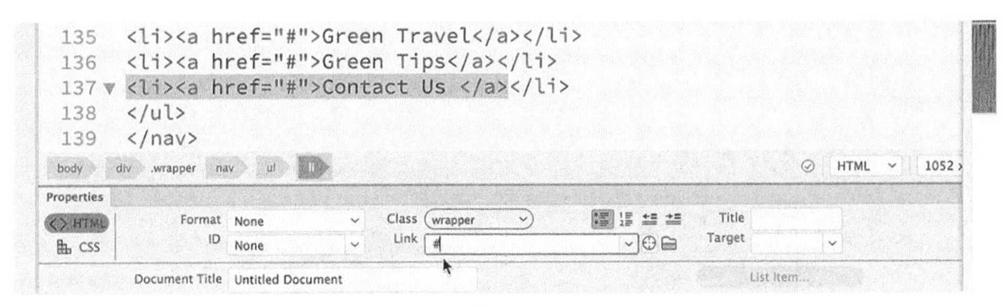

图 5-22

Contact Us 项目现在和其他链接的外观样式相同。很明显，这个样式基于应用到文本的超链接。现在，让我们来创建最后一个菜单项。

注意：当你需要创建一个链接，但是还没有目的 URL 时，哈希符号（#）作为一个占位符使用。

5. 双击 Contact Us 菜单项。在文本的最后插入光标，按 Enter/Return 键。

6. 输入 About Us，然后选择该文本。

7. 在“属性”检查器的 Link（链接）字段中输入 #，并按 Enter/Return 键，结果如图 5-23 所示。

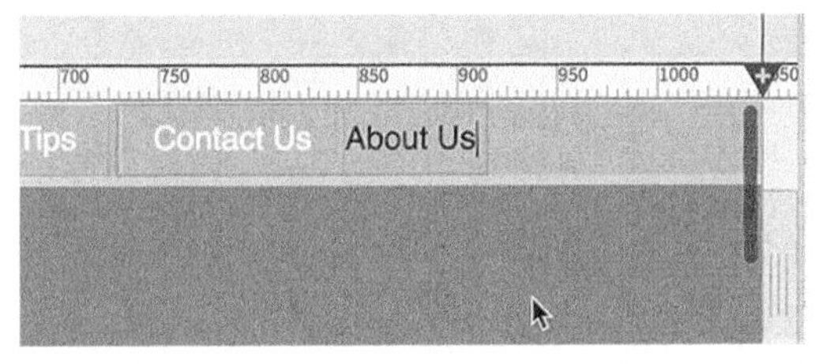

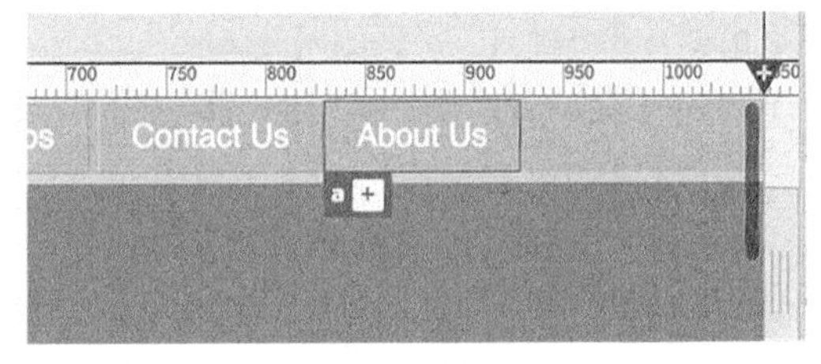

图 5-23

Dreamweaver 为菜单项添加一个超链接。最后一个链接项完成，样式也和其他相同。但是布局中的样式与模型不匹配。你也可以使用 Extract 从模型中提取文本样式。

5.7 从 Photoshop 模型提取文本样式

你已经学习了提取图形元素样式的方法。提取文本样式的方法也一样。

1. 在 Extract 面板中，选择导航菜单中的任何文本项。出现弹出菜单，显示提取选项。

2. 如果有必要，取消选中宽度和高度。选择所有文本样式规格。

注意不同的设置，大家很快将看到它的重要性。

3. 单击 Copy CSS（复制 CSS）按钮，如图 5-24 所示。

复制 CSS 后，你必须确定菜单项中格式化文本的规则。这可能很困难，因为文本样式可能非常复杂。往往可能有多条规则影响一段文本。这并不是说你不能成功地格式化一个项目，只意味着你在应用新样式时必须特别谨慎。

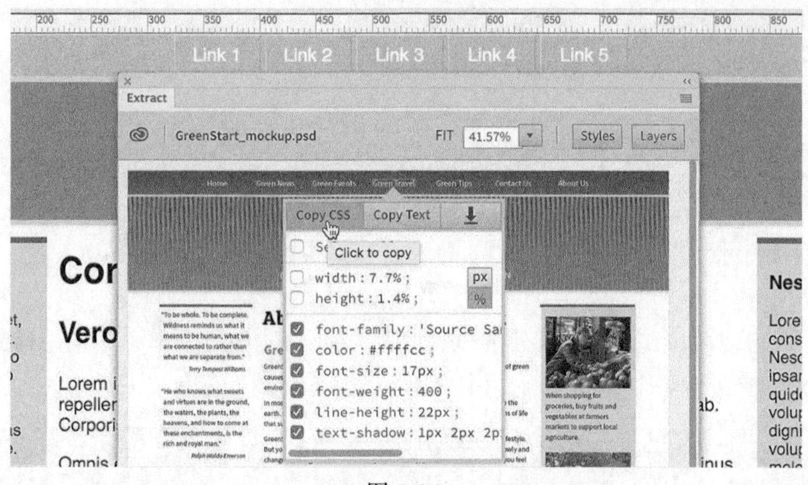

图 5-24

> **注意：** 在选择文本时，确保 Dreamweaver 的焦点在 <a> 元素上。将焦点放在正确的元素上常常需要两次甚至更多次单击。

4. 在 mylayout.html 中，选择导航菜单中的一个文本项。

菜单由 4 个 HTML 元素组成：nav、ul、li 和 a。文本样式可以应用到任何一个元素，甚至同时应用到全部 4 个元素。我们的目标是用来自模型的样式覆盖任何现有的设置。

5. 单击 CSS 设计器中的 Current（当前）按钮。

Selectors（选择器）窗格显示影响所选文本的 CSS 规则。记住，列表顶部的规则最强大，那是你通常要针对的规则。

6. 右键单击如下规则并选择 Paste Styles（粘贴样式），如图 5-25 所示。

```
nav ul li a:link, nav ul li a:visited
```

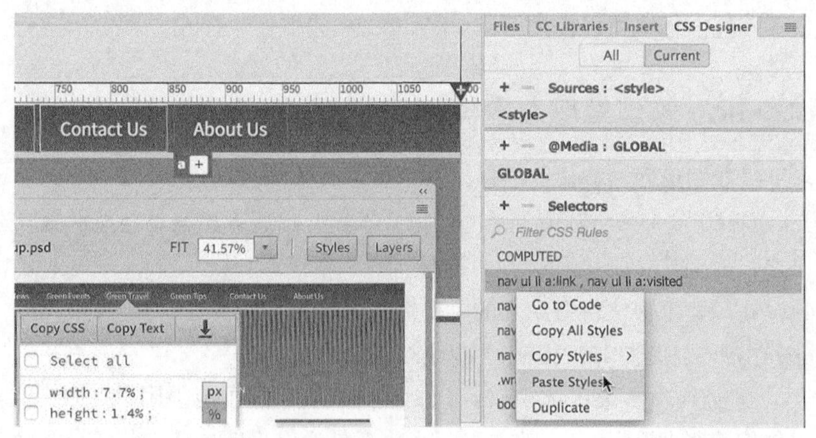

图 5-25

7 个菜单项中的文本现在与模型中的样式匹配。下一个要格式化的元素是页眉。

5.8 用 Extract 创建一个渐变背景

你可能没有从 Extract 面板预览中看出来，但 header 元素由两个不同的文本元素、两个不同的图像和一个颜色渐变组成。你可能需要在 Photoshop 中打开文件，才能确定页眉的构成，但 Extract 面板几乎可以为你提供重构这个布局的一切功能。

重构页眉时，你可以自底向上或者自顶向下构建。让我们从底部的基本 HTML 元素开始。

1. 在 Extract 面板中选择 header 元素，如图 5-26 所示。

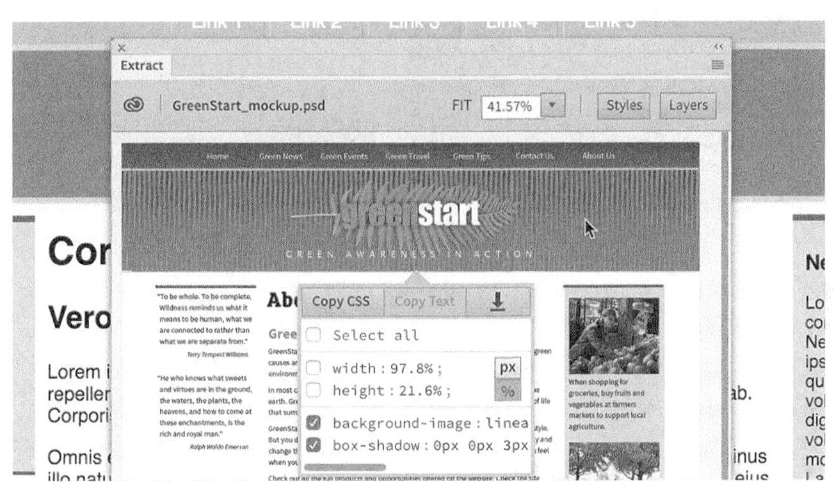

图 5-26

一定要以 header 元素的图形区域为目标，而不是文本。一旦选中这个元素，弹出菜单显示 header 的规格。你将看到 background-image（背景图像）和 box-shadow（边框阴影）的选项，但是没有 width（宽度）或者 height（高度）。你不需要为大部分元素设置尺寸，但是在本例中，你还是希望选择高度规格。

2. 在弹出式窗口中选择 height（高度）选项。

如果有必要，在弹出式窗口中选择 px 选项，如图 5-27 所示。

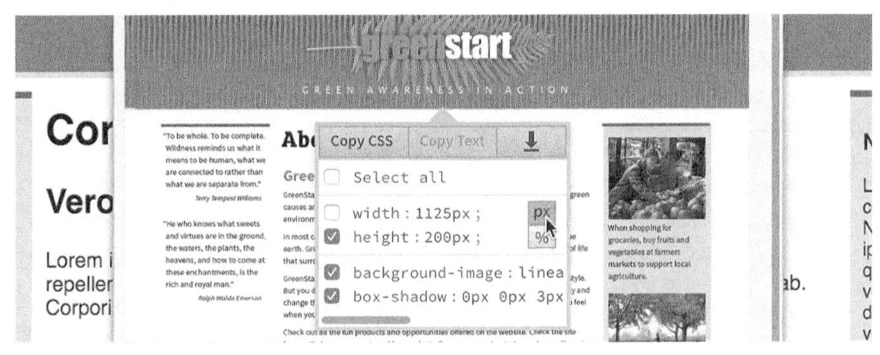

图 5-27

尺寸可以用像素（px）或者百分比（%）指定。在本例中，页眉应该设置为固定像素大小。

3. 单击 Copy CSS（复制 CSS）。

> **注意：**一定要选择 <header> 元素，而不是 <h2> 或者 <p> 元素。

4. 在 mylayout.html 中，选择 <header> 元素，如图 5-28 所示。

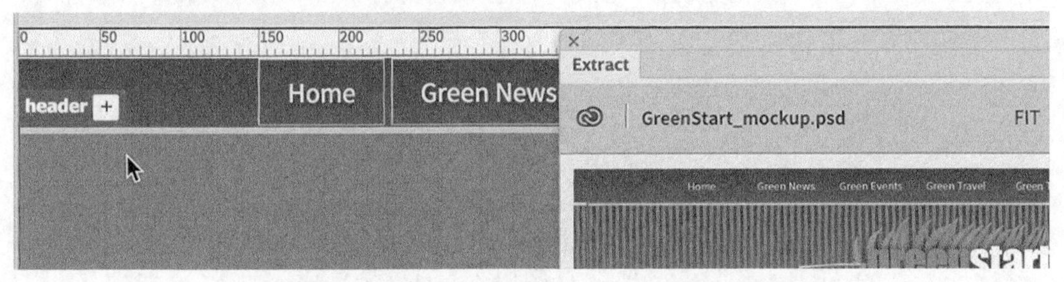

图 5-28

“元素显示”出现，焦点在 header 元素上。由于“当前”模式仍然选中，CSS 设计器自动更改，显示格式化标题元素的规则和规格。

5. 右键单击 Selectors（选择器）窗格中的 header 规则，在上下文菜单中选择 Paste Styles（粘贴样式），如图 5-29 所示。

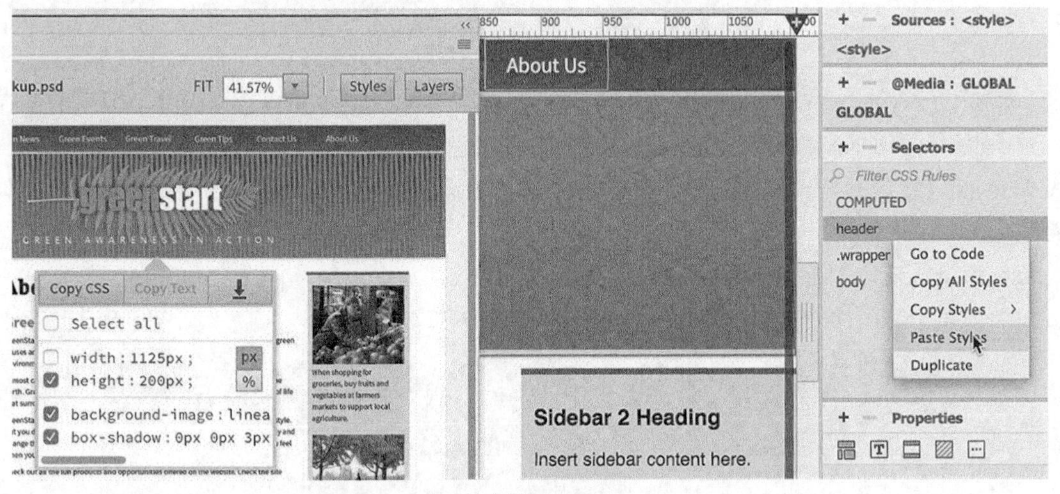

图 5-29

<header> 元素现在显示一个渐变的背景，与模型页眉的颜色相符，高度增大，但是没有垂直条纹图案。那是因为条纹是由一幅单独的图像创建的。当你复制 CSS 时，图像不会自动包含。Extract 面板也可用于下载图形资源。你将很快学习到这一点，但是我们必须先解决与渐变背景有关的一个问题。

Photoshop 创建的模型中的渐变背景顶部为深绿色，底部变为较浅的绿色。但是如果你仔细观察这个布局，渐变的方向颠倒了。在继续处理页眉的其他部分之前，让我们先改正这个错误。

渐变

CSS 是很活跃的，它总在改变。新属性和值正在创建，旧属性也在改变或者被弃用。渐变的规格也仍然在发展之中。不同的浏览器供应商仍然在以自己的方式对其提供支持，因此，当你添加渐变效果时，必须插入供应商的特定设置，与行业标准设置混合在一起。好消息是，Dreamweaver 将自动为你做这些事情。

这是使用 Dreamweaver 和 CSS 设计器的好处之一。每当你在 HTML 元素中添加渐变，就会注意到 Dreamweaver 在文档窗口顶部显示一条消息，如图 5-30 所示。

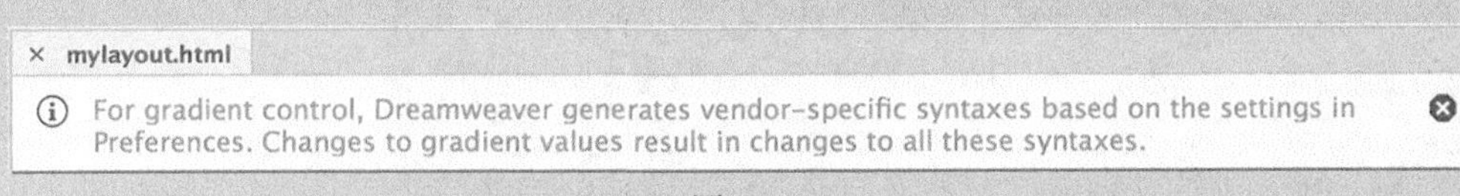

图 5-30

这条警告信息本质上告诉你，Dreamweaver 已经在你的样式表中添加了供应商的特定语法，以涵盖仍然需要它们的浏览器。你可以辨认出这种代码，因为它有一个供应商前缀，如 Firefox 对应的 `-moz` 或者 Chrome 及 Safari 对应的 `-webkit`。这一过程是自动的，Adobe 将在规范进一步变化和发展时更新。

如果你在文档顶部看到这条警告信息，可以单击消息右侧的 Close（关闭）图表忽略它。一旦这个特殊语法不再需要，你可以删除代码或者保留。代码采用了特殊的编写方法，如果浏览器不需要它，它也不会影响你的页面显示。

6. 如果有必要，在 CSS 设计器中，选择 Show Set（显示集）。

单击 Selectors（选择器）窗格中的 `header` 规则，如图 5-31 所示。

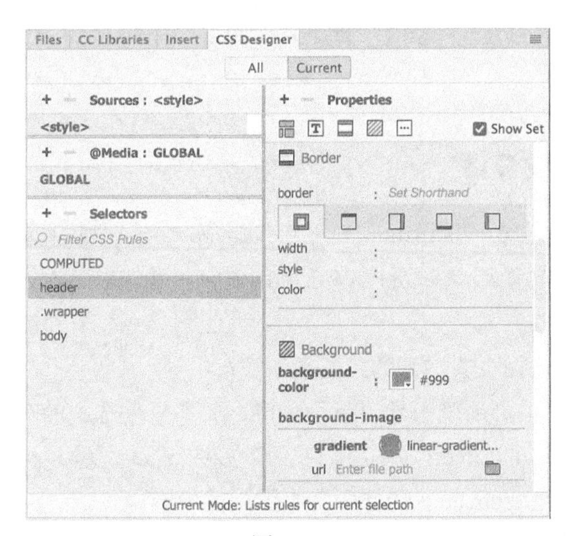

图 5-31

Properties（属性）窗格显示规则中设置的 CSS 规格。

7. 在 Properties（属性）窗格中，找到并单击 Gradient（渐变）颜色选择器。

在“渐变”颜色选择器左侧有两个起止色标，你可以选择初始颜色和结束颜色，或者添加中间颜色。在起止色标之上是一个指定渐变角度的输入框。当前渐变设置为 zero（0）度。

8. 在 Linear Gradient Angle（线性渐变角）输入框中输入 180，如图 5-32 所示。按 Enter/Return 键。

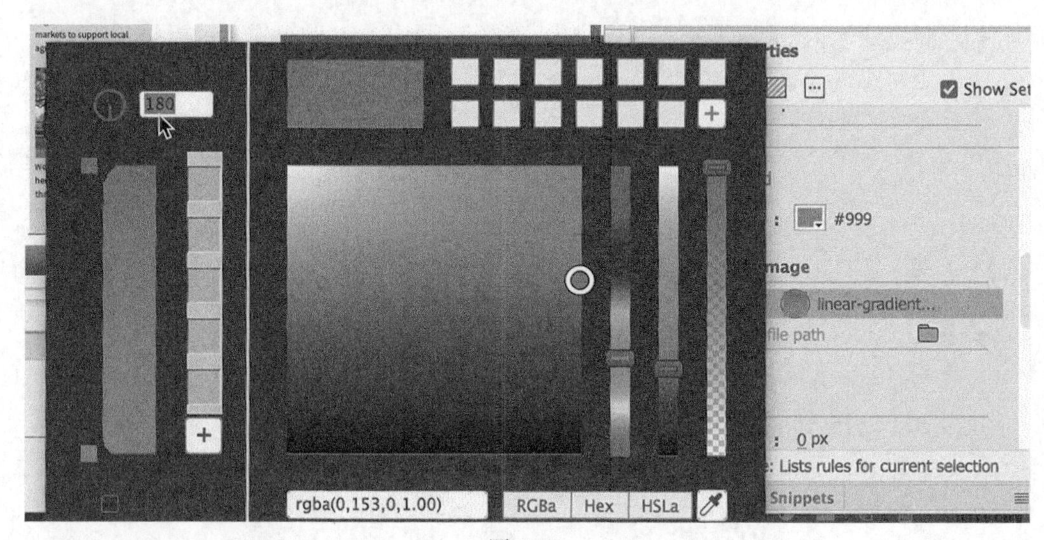

图 5-32

页眉中的渐变背景方向颠倒。

9. 保存 mylayout.html。

接下来，让我们设置条纹背景图案。模型通过在页眉范围内重复覆盖一幅包含带阴影矩形的狭窄图像创建条纹图案。在 Photoshop 中，每个矩形放在一个单独的图层中。你将获取图层内容，创建条纹背景。

5.9 从模型中提取图像资源

模型中的页眉背景由重复的 Photoshop 矢量形状组成。这个形状有渐变颜色填充和阴影特效。但是 Dreamweaver 不支持矢量形状，所以你必须首先将这个 Photoshop 对象转换为 Web 兼容的图像。

1. 在 Extract 面板中，选择页眉左侧的第一道条纹。

条纹由两个对象组成。你必须确保导出整个图层，而不只是选中的对象。

2. 单击 Extract 面板顶部的 Layers（图层）按钮，如图 5-33 所示。

Extract 可以读取和显示 Photoshop 文件中各个图层的内容。

注意面板中选择的图层。为了获得完整的条纹图像，你必须用文件夹图标选择图层。

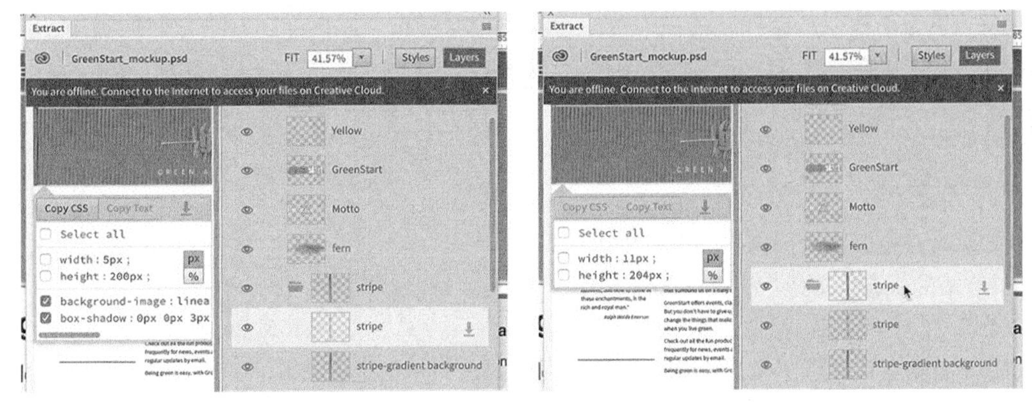

图 5-33

3. 如果有必要，在 Extract 图层显示中选择 Stripe 文件夹，如图 5-34 所示。

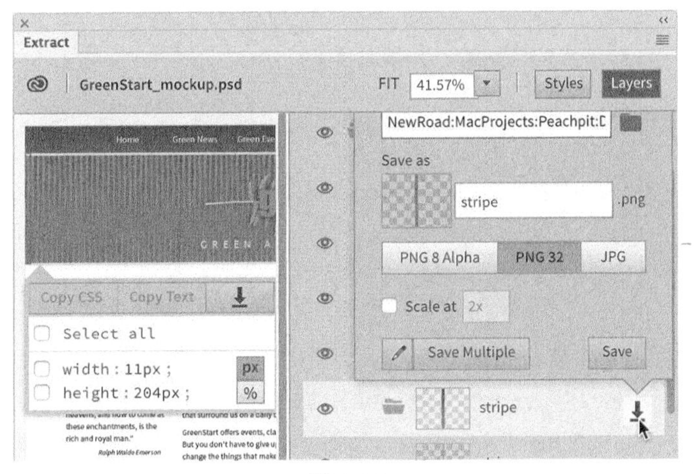

图 5-34

4. 单击选中图层中的 Extract Asset（提取资源）图标⬇，如图 5-35 所示。

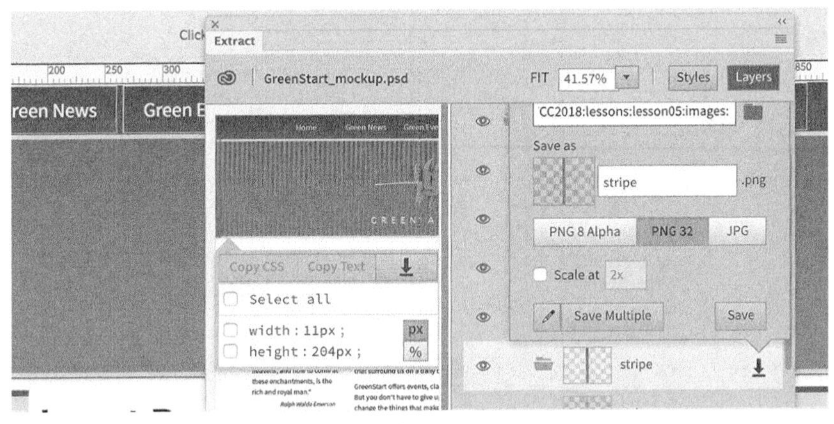

图 5-35

出现一个弹出窗口，你可以选择下载图像的目标文件夹。窗口中还有指定图像类型、大小和其他响应式设计规格的选项。对于这个图像，我们只需要基本的设置。

> **注意：** 如果你在站点定义对话框的高级设置中设置默认图像文件夹，站点图像文件夹就已经成为目标。

5. 如果有必要，选择图像类型 PNG32。

单击浏览图标■，确保选中默认站点图像文件夹为目标。

6. 单击 Save（保存）按钮。

图像导出到默认站点图像文件夹，或者你在弹出窗口中指定的文件夹。

7. 选择 Window（窗口）> Files（文件），使 Files（文件）面板置顶。

如果必要，显示 images 文件夹内容，如图 5-36 所示。

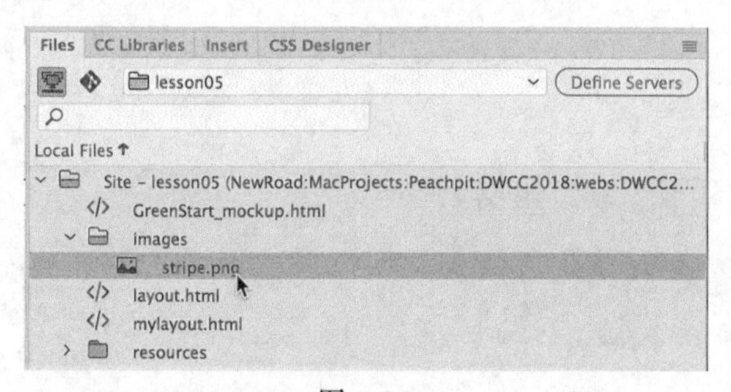

图 5-36

如果你正确地遵循上述步骤，stripe.png 将出现在图像文件夹中。

和其他 CSS 设置不同，在 `header` 元素背景添加一个图像必须手工完成。

8. 在 CSS 设计器中，选择 `header` 规则，如图 5-37 所示。

检查应用到该规则的 background（背景）属性。

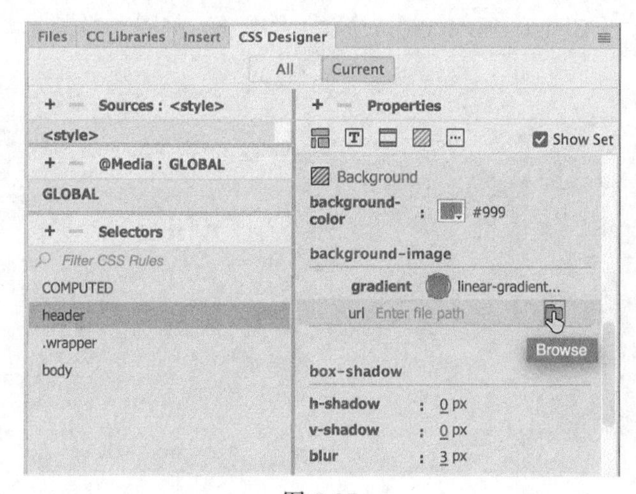

图 5-37

在 Properties（属性）窗格中，你可以看到 background-image 中的渐变设置。在设置的正下方是一个用于背景图像的 URL 字段。

9. 单击 Browse（浏览）图标。导航到站点图像文件夹，选择 stripe.png。单击 Open（打开），如图 5-38 所示。

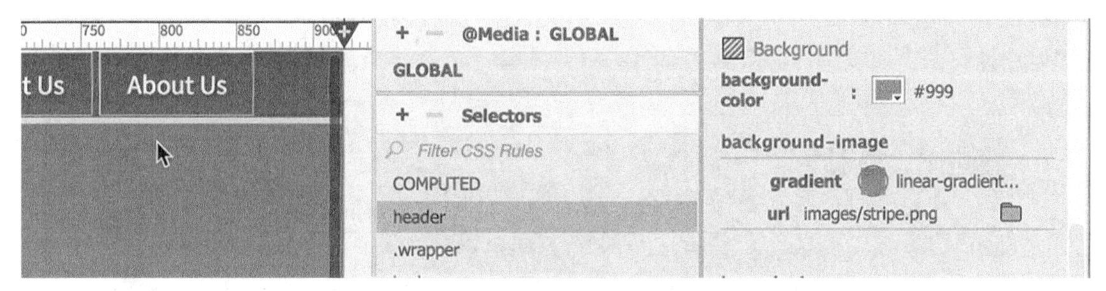

图 5-38

图像 stripe.png 出现在 URL 字段中，但是也没有在页眉中看到任何条纹。那是因为多种 CSS 设置可能相互干扰。在本例中，页眉设置了两个背景图像属性。渐变设置在 URL 设置之上。这就意味着渐变在图像上方，由于颜色是不透明的，你无法看到条纹。你不得不颠倒规格的顺序，才能看到条纹。

10. 将光标放在 URL 标签的左边缘上，Swap（切换）图标↓↑出现在光标上，如图 5-39 所示。

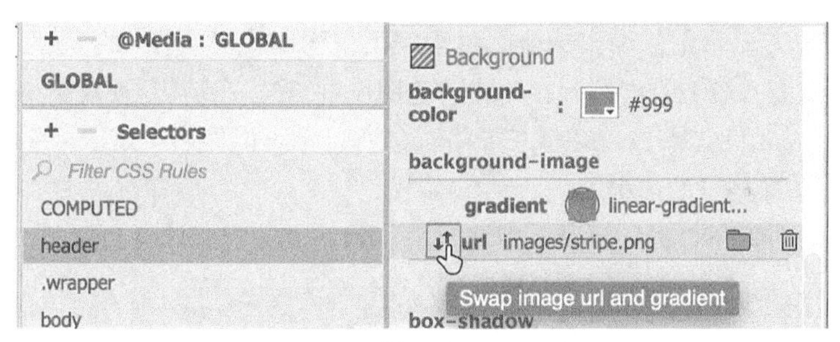

图 5-39

11. 单击↓↑图标，结果如图 5-40 所示。

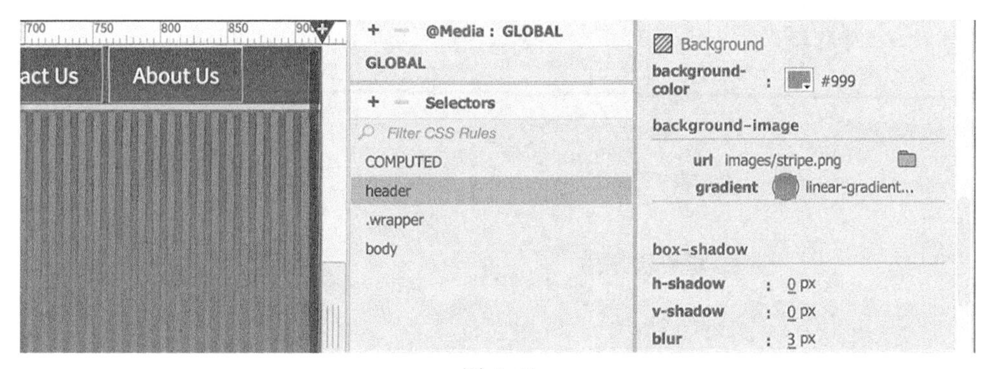

图 5-40

Properties（属性）窗格中两个设置的位置交换。一行条纹出现，充满了页眉。但是，这是如何实现的？图像只包含几个像素宽的一道条纹。那是因为，背景图像的默认设置是自动在水平和垂直方向重复。背景图像的意图是像墙纸一样填充整个元素，这就是我们想要的效果。

页眉现在有两个背景特效，但是你的工作还没有完。你仍然需要在背景上添加蕨类植物的图像。

12. 在 Extract 面板中，单击 Layers（图层）按钮关闭图层显示。

13. 选择模型中的蕨类植物图像，如图 5-41 所示。

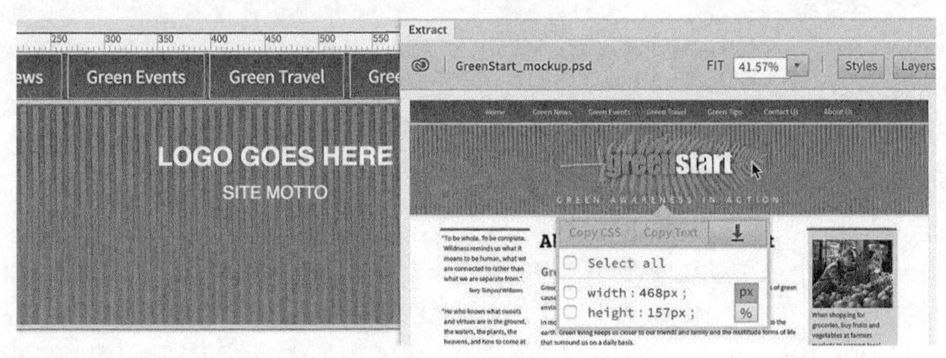

图 5-41

和条纹图像一样，你可以为网站创建蕨类图像的本地拷贝。

14. 单击 Extract Asset（提取资源）图标⬇。

打开弹出式窗口，显示图像导出选项。由于蕨类植物图像必须浮动于条纹之上，你应该看到图像在条纹之后。这意味着图像必须保存为支持透明度的格式。支持透明度的两种图像格式是 GIF 和 PNG。但是，Extract 只支持 PNG 和 JPEG 格式，所以你可以做出决定了。你将在第 8 课中学到更多关于 Web 兼容图像格式的知识。

15. 如果必要，选择 PNG 32，确认图像将被保存到站点图像文件夹，如图 5-42 所示。

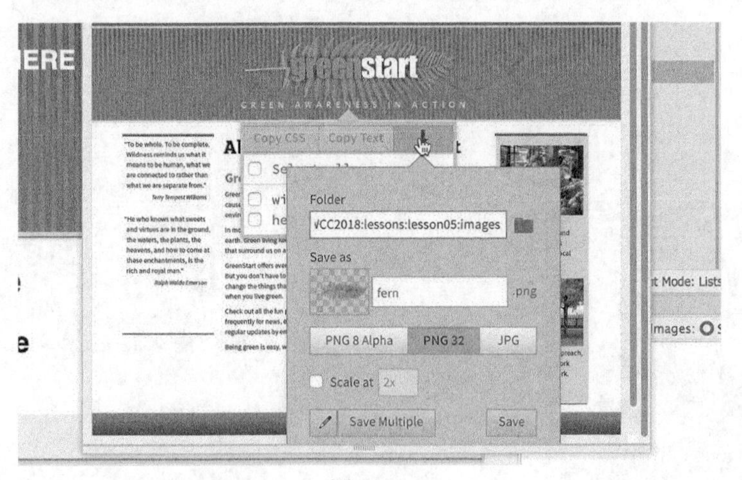

图 5-42

16. 单击弹出窗口中的 Save（保存）。

17. 选择 Window（窗口）> Files（文件）。

检查 images 文件夹，如图 5-43 所示。

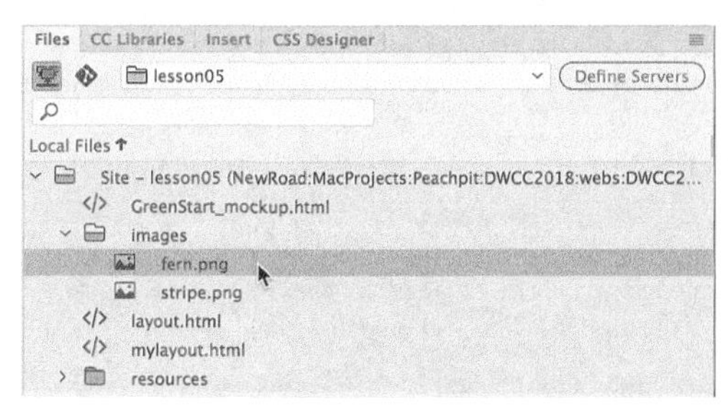

图 5-43

fern.png 图像出现在 Images 文件夹中。蕨类植物将被添加到 header 元素的背景，但是 Dreamweaver 中的 CSS 设计器只支持两个背景图像设置。为了增添第三种特效，你必须手工完成。

5.10 在代码中添加 CSS 背景特效

mylayout.html 中的 `header` 元素已经有了两种背景图像特效。模型要求在设计中添加第三个图像。正常情况下，你可以将蕨类植物图像插入元素本身。但是设计还要求文本放置在蕨类植物之上。默认情况下，图像和文本无法占据相同位置。

选项之一是用单个大图像组合所有元素，重现这种特效。但是正如你在前面学到的，你一般希望尽量避免使用大图像。而且，在最终布局中保留文本，可以改善你的搜索引擎排名。

在本练习中，你将学习如何添加在 Dreamweaver 界面中不可见的 CSS 设置。CSS 规格描述了许多特效和功能，远超过你在 CSS 设计器中看到的那些。虽然你在面板中可能看不到每种可能的 CSS 规格，但总能够手工输入这些设置。

1. 在 CSS 设计器中，右键单击 `header` 规则，从上下文菜单中选择 Go to Code（转至代码），如图 5-44 所示。

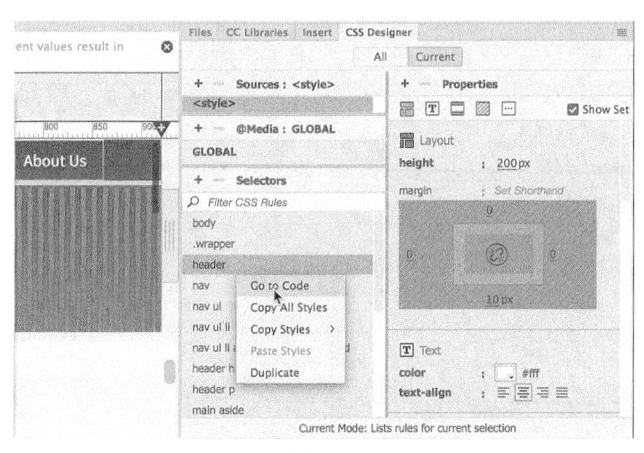

图 5-44

在文档窗口中，代码视图显示 mylayout.html 的 `<style>` 区段。Dreamweaver 通常将焦点放在所选规则的最后。

2. 检查 `header` 规则的规格，如图 5-45 所示。

```
23      margin-bottom: 10px;
24      background-image: url(images/stripe.png), -webkit-linear-
        gradient(270deg,rgba(0,153,0,1.00) 0%,rgba(0,204,0,1.00) 100%);
25      background-image: url(images/stripe.png), -moz-linear-
        gradient(270deg,rgba(0,153,0,1.00) 0%,rgba(0,204,0,1.00) 100%);
26      background-image: url(images/stripe.png), linear-
        gradient(180deg,rgba(0,153,0,1.00) 0%,rgba(0,204,0,1.00) 100%);
27      -webkit-box-shadow: 0px 0px 3px 0px rgba(0, 0, 0, 0.55);
28      box-shadow: 0px 0px 3px 0px rgba(0, 0, 0, 0.55);
```

图 5-45

这条规则包含 3 个 background-image 声明：一个标准设置和两个带供应商前缀的设置。background-image 规格仍然在开发之中，所以某些浏览器可能需要自己的声明才能实现这些设置。Chrome、Safari 和 Android 使用 `-webkit` 前缀，Firefox 使用 `-moz`。为了正确地添加蕨类植物图像，你必须在 Dreamweaver 添加的任何 background- image 声明中添加图像设置。

3. 将光标插入 `background-image:` 和 `url(images/stripe.png)` 属性之间。

4. 输入 `url(images/fern.png),`，如图 5-46 所示。

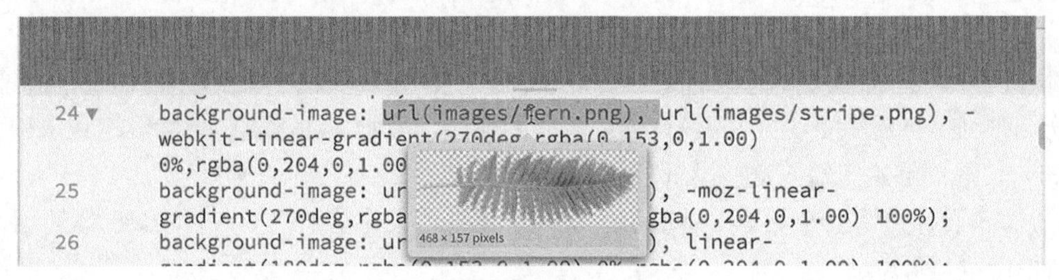

图 5-46

不要遗漏设置末尾的逗号（,）。这对于分隔 3 个背景图像是必不可少的。

5. 必要时，复制粘贴 URL 设置到 `-webkit`、`-moz` 和 `-o` 前缀下的 background-image linear-gradient 属性中。

6. 单击 Property（属性）检查器中的 Refresh（刷新）按钮，如图 5-47 所示。

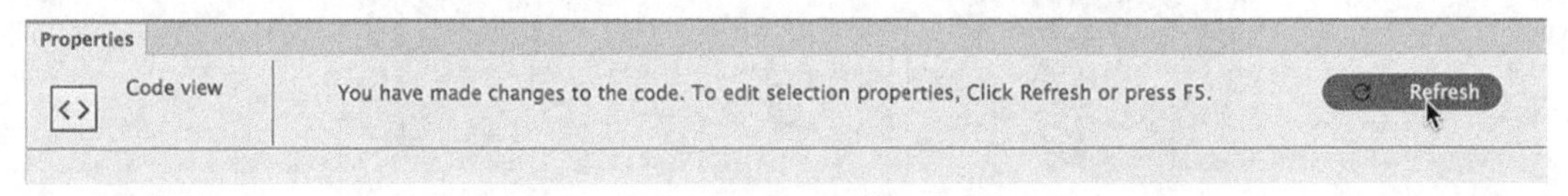

图 5-47

一旦蕨类植物图像的 URL 添加到全部 3 个属性中（见图 5-48），你应该看到该图像出现在页眉的背景中。

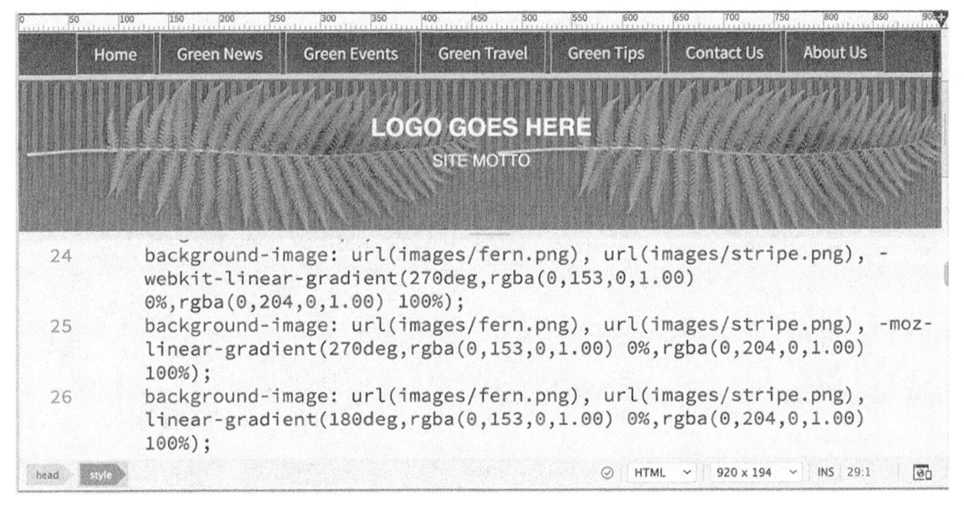

图 5-48

和条纹图像一样，蕨类背景图像在整个 header 元素上重复。但是在模型中，该图像只出现在元素中央。虽然重复行为是默认设置，你可以用另一个 CSS 设置修改这个行为。

7. 在 CSS 设计器中，检查 header 规则的属性。

虽然，你将蕨类和条纹图像都添加到属性中，在屏幕上都可以看到两个图像，但是面板上只显示 fern.png 和渐变。条纹图像没有出现在面板的任何地方。这意味着，你对这个属性进行的任何更改都必须手工完成。

8. 在代码视图中，将光标插入 header 规则中最后一个属性末尾、结束括号（}）之前。

9. 按 Enter/Return 创建一个新行。输入 background-repeat: no-repeat;。

10. 如果有必要，单击 Property（属性）检查器中的 Refresh（刷新），结果如图 5-49 所示。

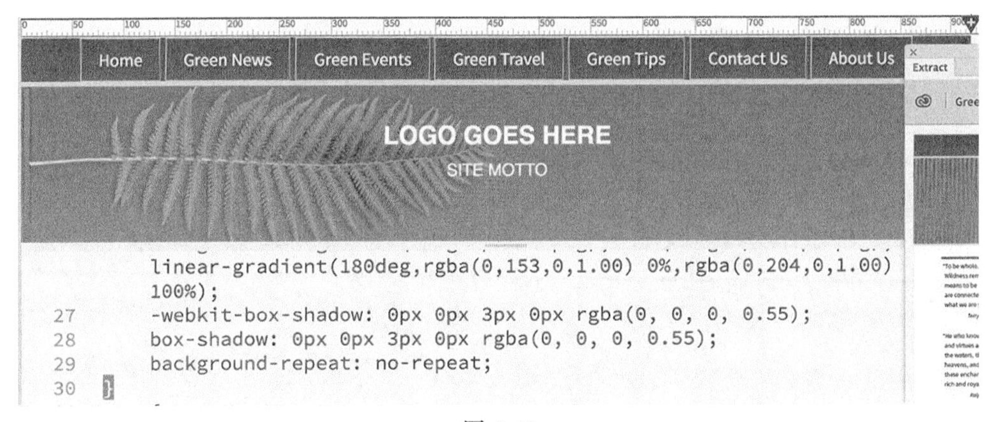

图 5-49

蕨类图像现在只在 header 元素中出现一次，但是条纹图像也是如此。由于你有 3 个背景特效，但是只有一条 background-repeat 命令，该命令将应用到所有背景图像上。为了恢复条纹图案，你必须添加第二条 background-repeat 命令。

11. 将光标插入 background-repeat 声明中的冒号之前。

12. 在声明中添加下面的代码，如图 5-50 所示。

```
background-repeat: no-repeat, repeat-x;
```

图 5-50

这个设置告诉浏览器，显示蕨类植物一次，但是水平重复条纹。

接下来，你必须将蕨类图像居中并改变其大小。

注意： 你会注意到，你只在 background-image 属性中添加了两个设置，而这里有 3 个特效。在这种情况下，设置只应用到前两个图像。没有单独设置的项目会取得最后声明的设置。

13. 在 background-repeat 声明中的冒号后插入光标，按 Enter/Return 键创建新行。

14. 在 header 规则中添加如下属性，如图 5-51 所示。

```
background-position: 45% center, 0 0;
background-size: auto 75%, auto auto;
```

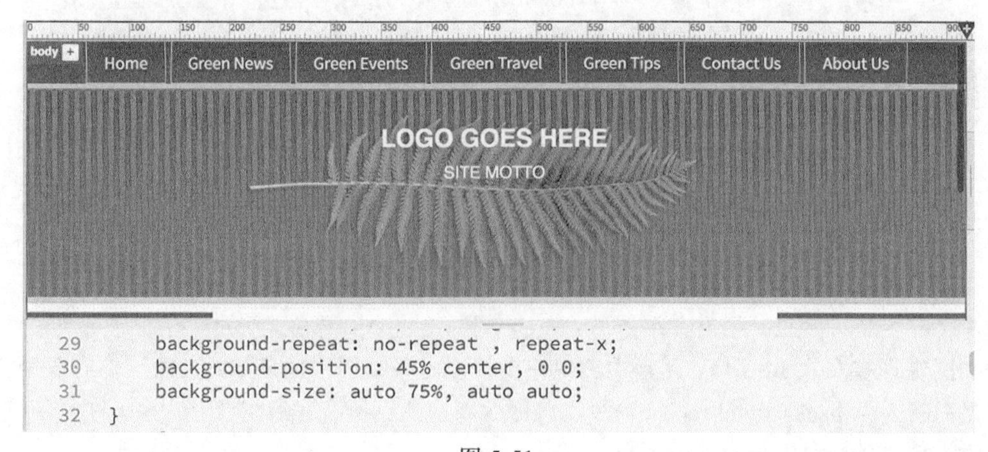

图 5-51

这些设置将把蕨类图像居中并改变其大小，但保持条纹和渐变正常显示。一定要小心，不要遗漏了任何标点符号，否则可能使规则甚至整个样式表失效。

15. 保存 mylayout.html。

5.11 完成布局

这个布局中仍然有几个元素需要设置样式。其余工作应该都能很快进行。首先，你将完成 header 元素的样式设置。

1. 如果有必要，打开 mylayout.html。选择 Window（窗口）> Extract。

你可能已经注意到，模型中的页眉的顶部和底部有黄色的边框。让我们选择该颜色，添加到布局中。

2. 在 Extract 面板中，选择 `header` 的上边框。检查应用到边框的颜色，如图 5-52 所示。

图 5-52

模型中的边框实际上是一个 Photoshop 矢量矩形。所以没有边框样式可以复制和应用到 CSS。作为替代，你将确认使用的颜色，然后人工输入对应的设置中。一旦在 Extract 面板中选择，就很容易看到应用到边框元素的 16 进制颜色编码。应用的颜色为 `#ffdd55`，可以缩写为 `#FD5`。

3. 在 CSS 设计器中，选择 `header` 规则。在 `border-top` 属性中，将颜色更改为 `#FD5`。将 `border-bottom` 颜色更改为 `#FD5`，结果如图 5-53 所示。

页眉有两个文本元素。上面的那个显示联盟的名称，底部是他们的口号。现在，你可能已经知道如何选择每个元素的样式和内容了。

4. 在 Extract 面板中选择文本 greenstart，单击 Copy CSS（复制 CSS）。

5. 选择 mylayout.html 中的文本 LOGO GOES HERE。

在 CSS 设计器中，将样式粘贴到规则 `header h2` 上，如图 5-54 所示。

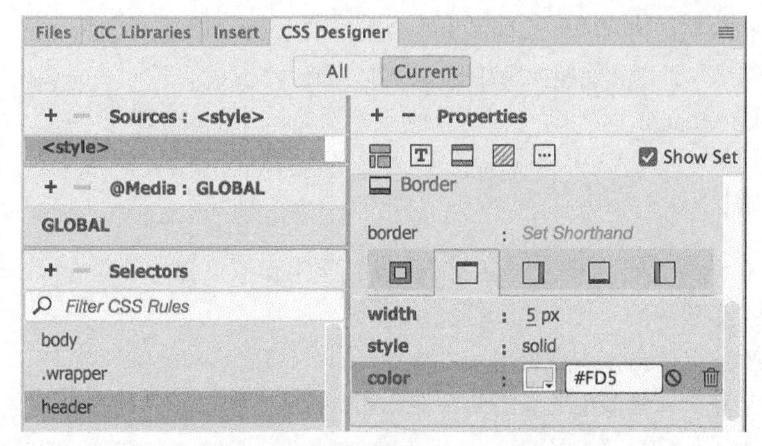

图 5-53

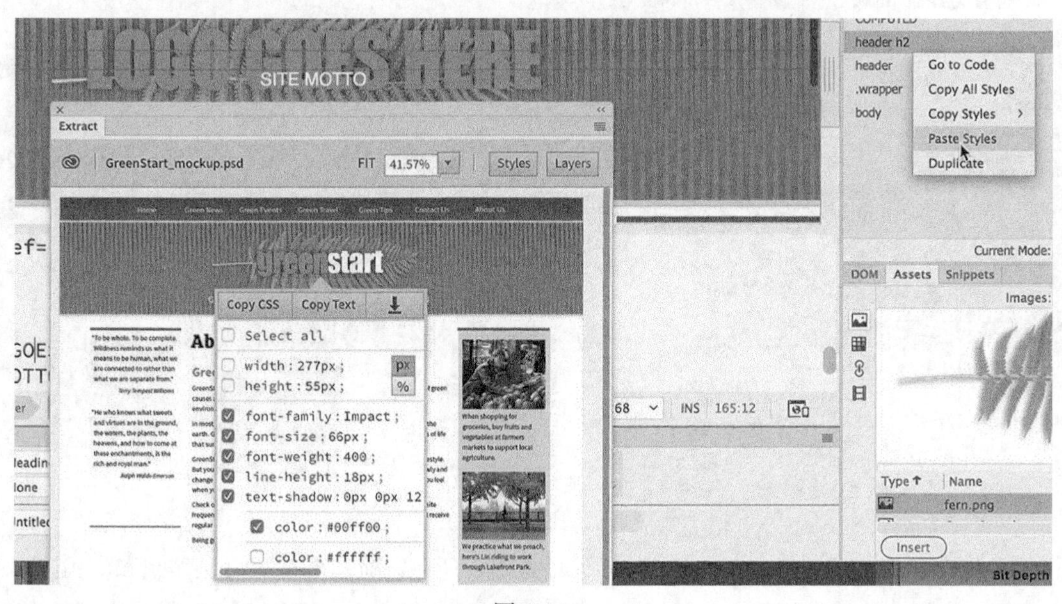

图 5-54

现在，让我们导入文本。

6. 在 Extract 面板中，单击 Copy Text（复制文本）。

7. 双击 mylayout.html 中的文本 LOGO GOES HERE。选择占位文本。

8. 选择 Edit（编辑）> Paste（粘贴）或者按 Ctrl+V/Cmd+V 键，结果如图 5-55 所示。

图 5-55

文本 greenstart 代替占位文本。在模型中，start 一词填充为白色。由于 greenstart 是一个单词，将某个颜色应用到它的一部分需要添加一个 <span> 标签。你在第 2 课中已经学到，span 标签用于在文本的一部分上应用样式或者其他特效。添加 span 标签或者其他标记的方法多种多样。在本书中，你将看到各种创建所需代码或者结构的方法。你可以随意选择喜欢的方法，在必要时使用。

9. 在实时视图中，双击编辑文本 greenstart。选择单词 start，如图 5-56 所示。

图 5-56

在实时视图中，添加、创建或者应用类的许多方法无法使用。为了创建或者应用类到选中的文本，你可以使用 Quick Tag Editor（快速标签编辑器）。

10. 按 Ctrl+T/Cmd+T 组合键。

快速标签编辑器以 Wrap（环绕）模式打开。窗口显示 Wrap Tag（环绕标签），这有点误导。这里没有选择任何标签，但是结果将是正确的。

提示：如果快速标签编辑器以不同模式打开，按 Ctrl+T/Cmd+T 组合键切换到环绕模式。

11. 输入 span class="logowhite" 并按 Enter/Return 键，如图 5-57 所示。

图 5-57

选中的文本现在被一个 span 标签所环绕，具有类 logowhite。现在，你可以在 CSS 设计器中创建一条规则，为这段文本设置样式。

12. 必要时，在 CSS 设计器中选择规则 header h2，单击 Add Selector（添加选择器）图标 **+**。

Dreamweaver 创建一个特定选择器，针对选中的元素。默认选择器有点太特殊了。类 .logowhite 可用于网站的多个位置，所以特异度较低一些的选择器是合适的。

13. 按下键盘上的上箭头键简化选择器，只显示类 .logowhite，如图 5-58 所示。

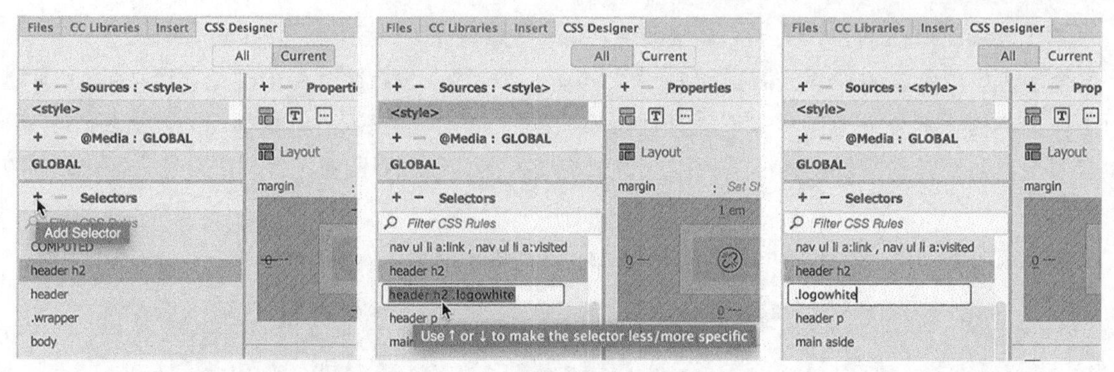

图 5-58

现在，这个选择器针对代码中任何位置可能出现的类 `.logowhite`。

14. 按 Enter/Return 创建新规则。

15. 在 `.logowhite` 规则中添加如下属性，如图 5-59 所示。

```
color: #FFF
```

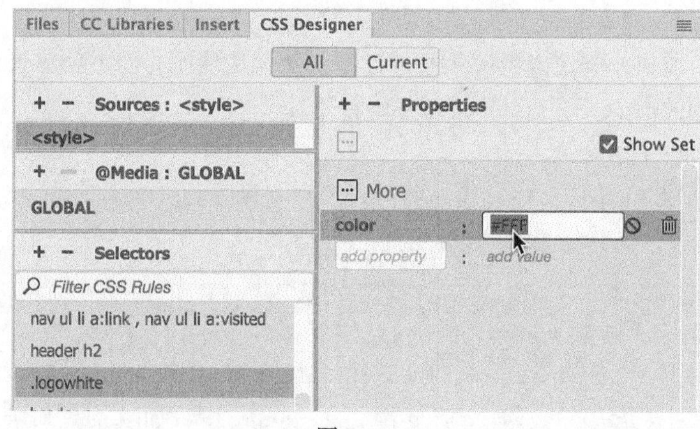

图 5-59

提示：要学习用 CSS 设计器添加 CSS 属性的方法，请参见第 3 课。

文本 start 现在填充为白色。

标志几乎已经完成，但是还需要一些小的调整。公司名称和口号重叠了。这类问题往往来自于 Photoshop 中对 HTML 不理想的设置。例如，行间距和字体大小常常需要略加留意。

16. 更新规则 `header h2` 中的如下属性：

```
line-height: 0.8em
```

让我们为口号文本设置样式，完成页眉。

17. 在 Extract 面板中，选择口号文本，单击 Copy CSS（复制 CSS）。

18. 在 mylayout.html 中，单击实时视图中的文本 SITE MOTTO。

“元素显示”将出现，焦点在 `<p>` 标签上。

19. 在 CSS 设计器中，将 CSS 粘贴到规则 `header p` 上，如图 5-60 所示。

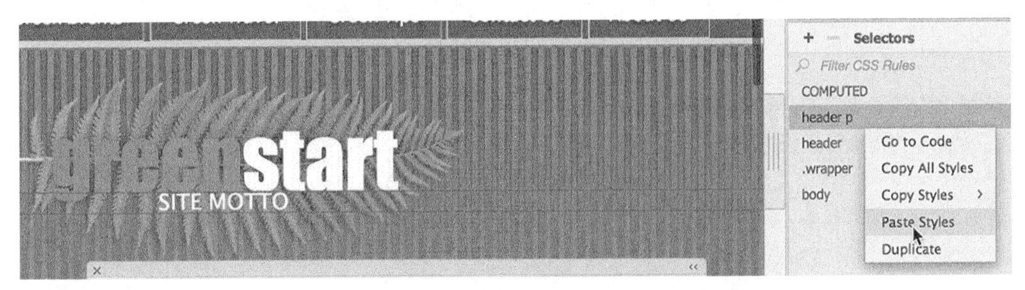

图 5-60

接下来，我们移动文本本身。

20. 在 Extract 面板中，单击 Copy Text（复制文本）。

21. 在 mylayout.html 中，双击文本 SITE MOTTO。

选择文本并按 Ctrl+V/Cmd+V 键，结果如图 5-61 所示。

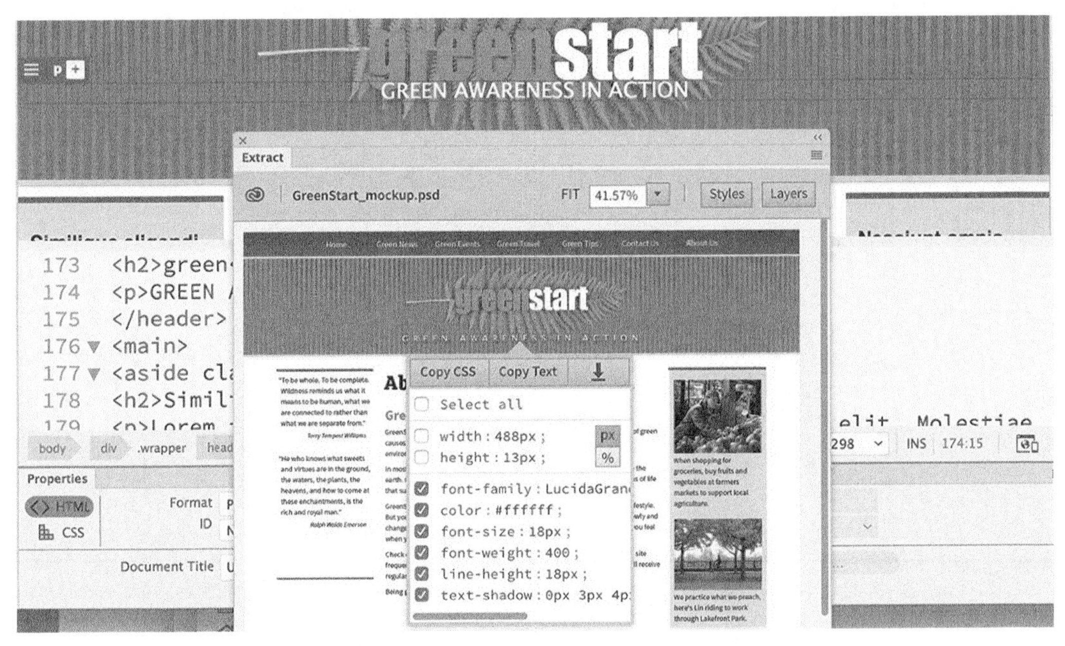

图 5-61

文本 GREEN AWARENESS IN ACTION 出现在页眉，但是文本样式与模型不完全匹配。

22. 更新规则 `header p` 中的如下属性：

```
line-height: 5em
```

23. 在 header p 中添加如下属性：

```
letter-spacing: .5em
```

header 元素现在完成了。我们转向侧栏，两个侧栏的边框颜色相同。

24. 在 Extract 面板中，选择左侧栏上边框，确定规则中的颜色，如图 5-62 所示。

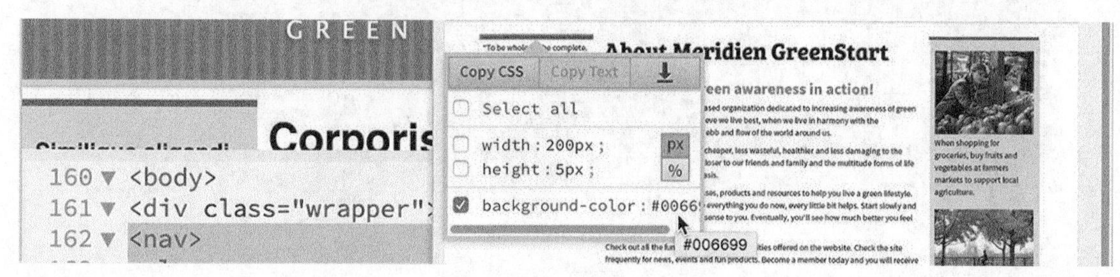

图 5-62

25. 在规则 main aside 中，将 border-top 和 border-bottom 的颜色改为 #069。

在模型中，左右侧栏没有标题。

26. 在 mylayout.html 中，选择并删除两个侧栏的标题。

左侧栏没有背景颜色，但是在布局中，两个侧栏的背景都相同。如果你检查 CSS，就会注意到一条规则将背景颜色应用到两个侧栏。第一步是删除共同的背景颜色。

27. 在 main aside 规则中，删除 ~~background-color~~ 属性，如图 5-63 所示。

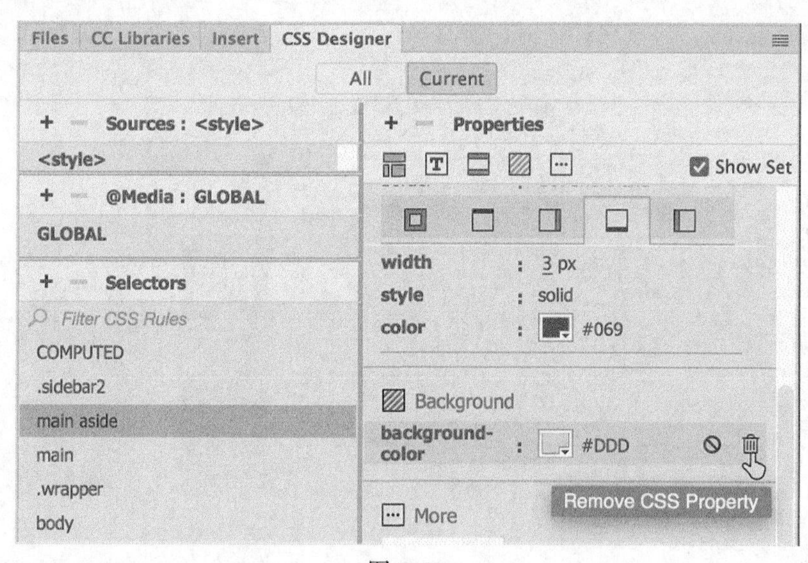

图 5-63

28. 在 Extract 面板中，选择右侧栏的背景。单击 Copy CSS（复制 CSS）。

一定要获取背景颜色，而不是文本。

29. 将样式粘贴到规则 .sidebar2 上，如图 5-64 所示。

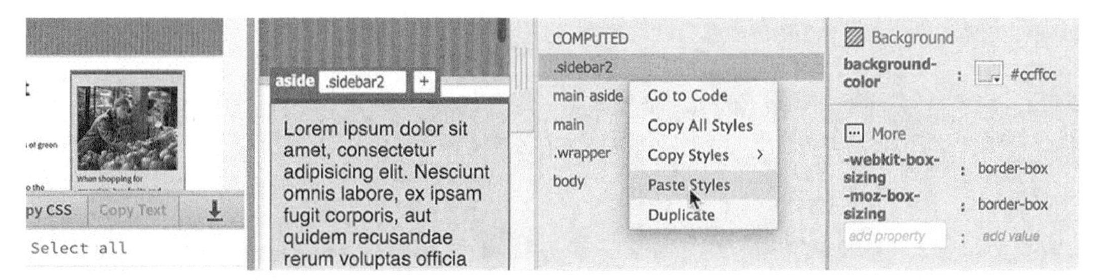

图 5-64

右侧栏背景颜色与模型相符。让我们抓取其余元素的样式，但不用理睬文本。你不需要这些文本，因为在下一课中你将添加自己的占位文本。

30. 复制左侧栏文本的 CSS，将样式粘贴到规则 `.sidebar1 p` 上。

31. 复制右侧栏文本的 CSS，将样式粘贴到规则 `.sidebar2 p` 上。

32. 复制主标题的 CSS，将样式粘贴到规则 `main section h1` 上，如图 5-65 所示。

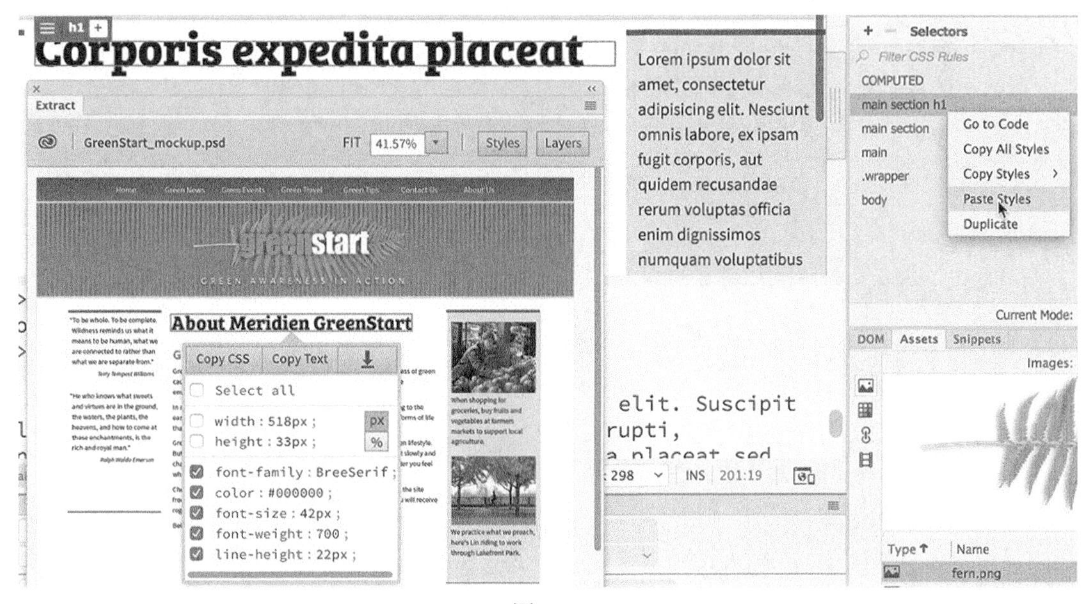

图 5-65

33. 复制辅助标题的 CSS，将样式粘贴到规则 `main section article h2` 上。

34. 复制主内容文本的 CSS，将样式粘贴到规则 `main section article p` 上。

35. 复制 `footer` 元素的 CSS，将样式粘贴到规则 `footer` 上。

在模型中已经没有需要提取样式的文本了。你可以继续匹配导航菜单中使用的文本颜色。

36. 在规则 `footer p` 中添加如下属性：

```
color: #FFC
```

37. 保存 mylayout.html，结果如图 5-66 所示。

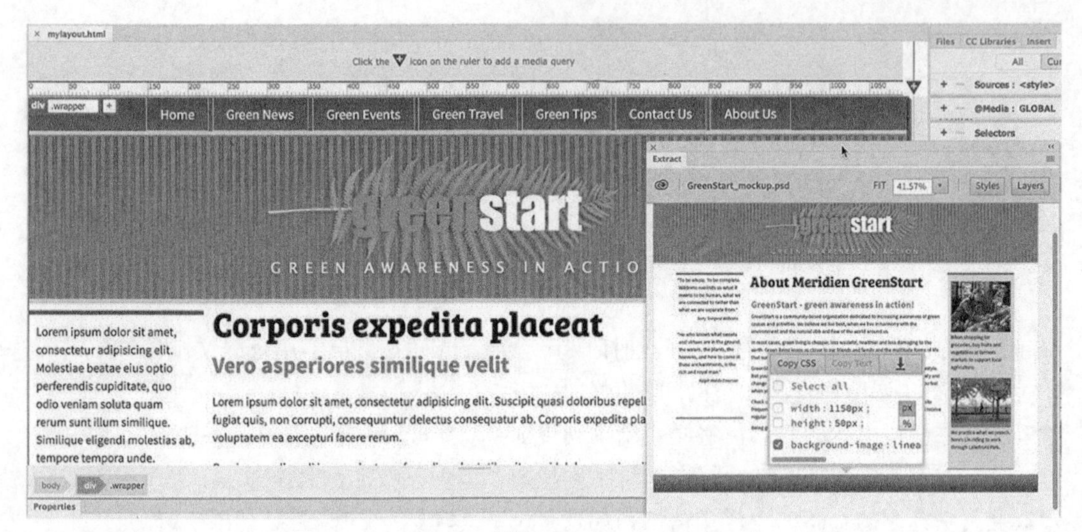

图 5-66

祝贺你！你已经学习了从 Photoshop 模型提取样式，将其移入该页面的方法。但是设计并没有完成。在下面的课程中，你将继续调整和格式化内容，学习各种 HTML 和 CSS 技巧。在下一课中，你将把这个基本 HTML 布局转化成 Dreamweaver 站点模板。

5.12 复习题

1. Dreamweaver 是否为初学者提供了设计辅助？
2. 你从使用响应式启动器布局得到了什么好处？
3. Extract 面板可以做什么？
4. Extract 能否下载 GIF 图像资源？
5. 判断真伪：Extract 面板生成的所有 CSS 都是准确的，你所需要的就是设置网页及其内容的样式。
6. Dreamweaver 支持多少个背景图像？

5.13 复习题答案

1. Dreamweaver CC（2018 版）提供 3 种基本布局、3 种响应式启动器布局和 6 种 Bootstrap 模板。
2. 响应式启动器布局提供包含预定义 CSS 和占位内容的完整布局，帮助你开始设计网站或者布局。
3. Extract 面板可以从 Adobe Photoshop 和 Adobe Illustrator 创建的页面模型中获取 CSS 样式、文本内容甚至图像资源。
4. 否。Extract 只支持 PNG 和 JPEG 图形格式。
5. 错。虽然许多 CSS 属性完全可用，但 Photoshop 和 Illustrator 中的样式针对的是打印输出，许多并不完全适合于 Web 应用。
6. Dreamweaver 的 CSS 设计器只能支持两个背景图像，但你可以在代码视图中手工添加任意个背景图像。

第6课　使用模板

课程概述

在本课中，读者将学习以下知识：

- 创建 Dreamweaver 模板；
- 插入可编辑区域；
- 制作子页面；
- 更新模板和子页面；
- 将嵌入的 CSS 样式移到外部样式表。

完成本课大约需要 90 分钟。请先到异步社区的相应页面下载本书的课程资源，并进行解压。然后以解压后的文件夹为基础定义一个新的 Dreamweaver 站点。

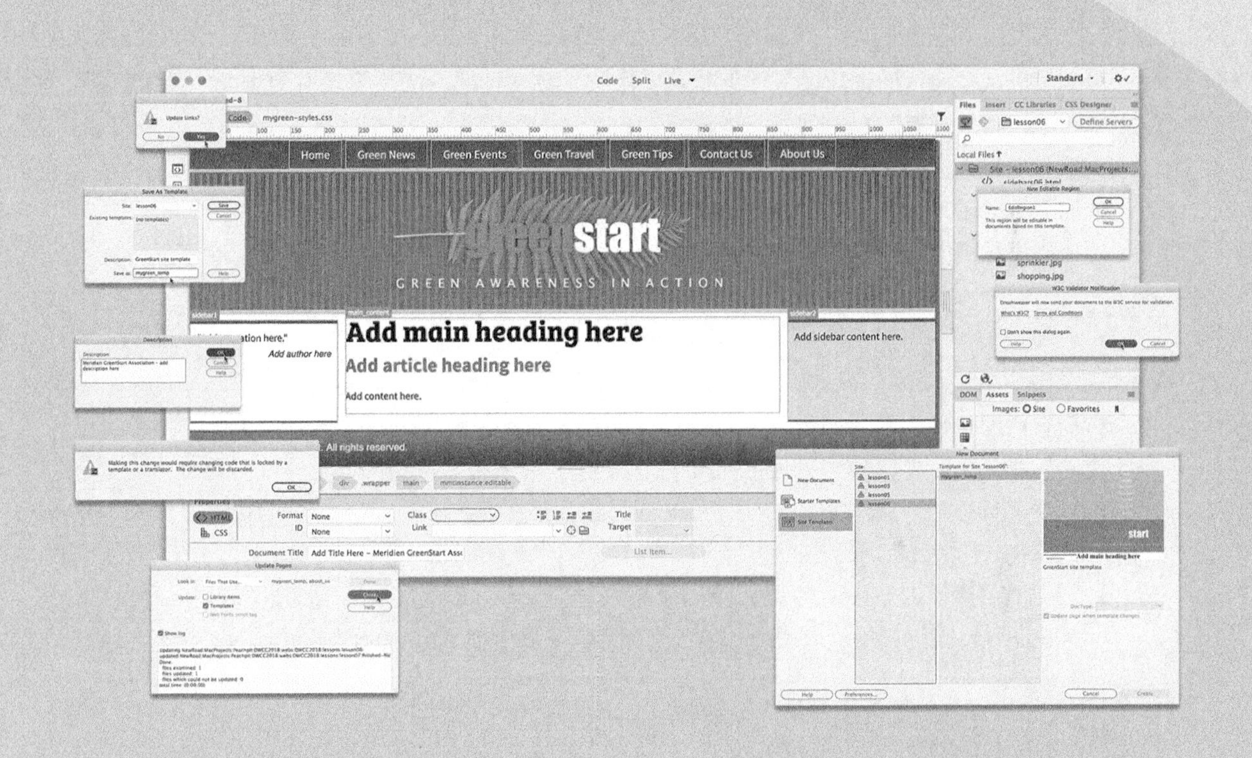

对于忙碌的设计师来说，Dreamweaver的生产力促进工具和站点管理能力是其最有用的特性之一。

6.1 从现有布局创建一个模板

Dreamweaver 模板是一种母版页面（Master Page），可以通过它创建子页面。模板用于设置和维护 Web 站点的总体外观和感觉，同时提供了快速、轻松地制作站点内容的方式。模板不同于 Dreamweaver 中的常规 HTML 页面。在常规网页中，Dreamweaver 可以编辑整个页面。在模板中，指定区域被锁定，无法编辑。在团队环境中工作时，模板使页面内容可以被团队中的多个人创建和更改，而 Web 设计师则能够控制必须保持不变的页面设计和特定的元素。

注意：在开始课程之前根据 lesson06 文件夹创建一个新站点。

尽管可以从空白页面创建模板，但是更实用并且更常见的方法是将现有的页面转换为模板。在这个练习中，将从现有的布局创建一个模板。

1. 启动 Dreamweaver CC 2018 或者更新版本。

2. 打开 lesson06 文件夹中的 mylayout.html。

切换到设计视图。

注意：如果页面的各个部分在设计视图中没有正确呈现，不要担心。该视图不支持新的高级 CSS 属性。

将现有页面转换为模板的第一步是将页面保存为模板。创建模板的大部分工作必须在“设计”或“代码”视图中完成。在“实时”视图中，“模板”选项将无法访问。

3. 选择 File（文件）> Save As Template（另存为模板），显示 Save As Template（另存为模板）对话框，如图 6-1 所示。

4. 如果有必要，从 Site（站点）弹出菜单中选择 lesson06。在 Description（描述）字段中输入 GreenStart site template。在 Save As（另存为）字段中输入 mygreen_temp。单击 Save（保存）。

提示：为文件名添加后缀“temp”有助于在网站文件夹显示时从视觉上将该文件与其他文件区分，但不是必需的。

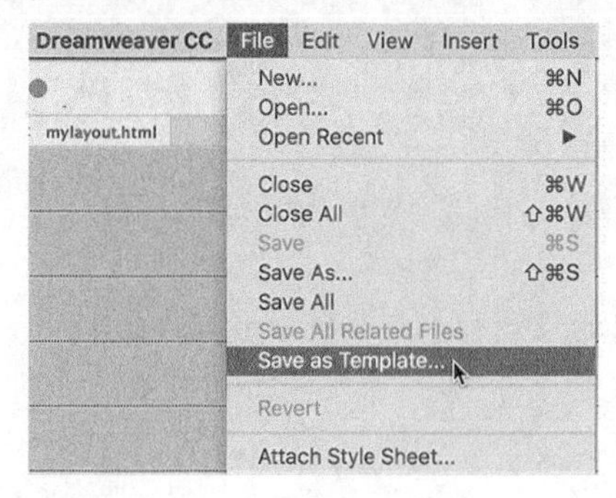

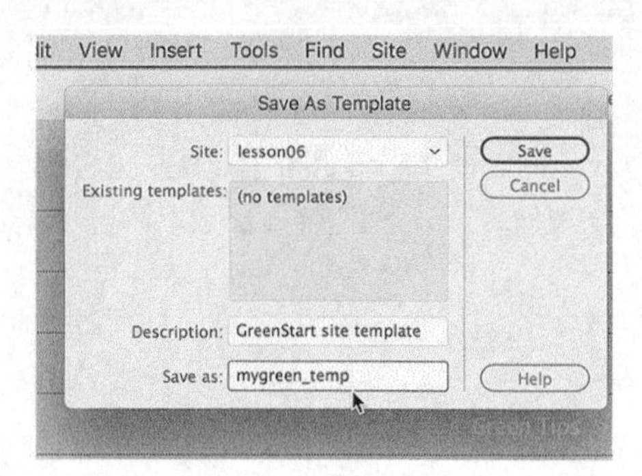

图 6-1

此时将出现一个无标题的对话框，询问你是否想更新链接。

模板存储在自己的文件夹 Templates 中，Dreamweaver 会在站点根目录下自动创建这个文件夹。

> **注意：**可能出现一个对话框，询问是否在未定义可编辑区域的情况下保存文件，只需单击“是”按钮保存文件即可。你将在下一个练习中创建可编辑区域。

5. 单击 Yes（确定）更新链接，如图 6-2 所示。

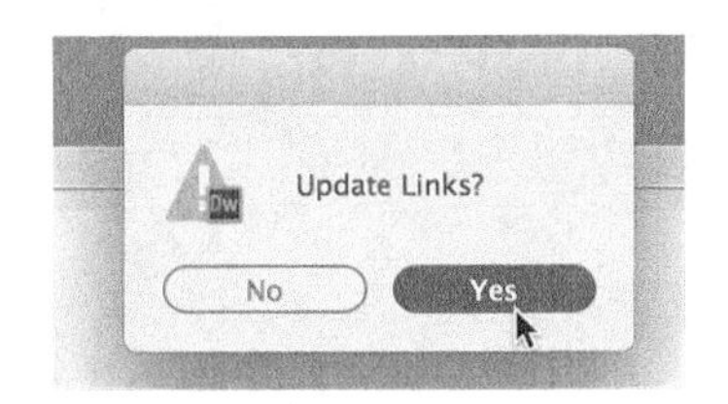

图 6-2

由于模板保存在子文件夹中，更新代码中的链接是必要的，这样在以后创建子页面时它们将继续正常工作。当你在网站上的任何地方保存文件时，Dreamweaver 会根据需要自动解析并重写链接。

尽管页面看起来仍然完全相同，但是可以通过文档选项卡中显示的文件扩展名“.dwt”确定它是一个模板，这个扩展名代表 Dreamweaver 模板。

Dreamweaver 模板是动态的，这意味着对于通过模板创建的站点内的所有页面，Dreamweaver 都会保持它们的联系。无论何时在页面的动态区域内添加或更改内容并保存，Dreamweaver 都会自动把这些更改传递给所有的子页面，从而使它们保持最新。但是模板不应该是完全动态的。页面中的一些区域必须是可编辑的，以便可以插入独特的内容。Dreamweaver 允许把页面的某些区域指定为可编辑区域（Editable region）。

6.2 插入可编辑区域

在第一次创建模板时，Dreamweaver 会把所有现存内容都视为总体设计的一部分。通过模板创建的子页面将完全相同，不过，内容将被锁定，不能编辑。这种设置对于页面的重复特性是极佳的，比如导航组件、标志、版权和联系人信息等，但缺点是会阻止你向每个子页面中添加独特的内容。可以通过在模板中定义可编辑区域来消除这种障碍。Dreamweaver 将自动在页面的 `<head>` 区域中为 `<title>` 元素创建一个可编辑区域，而其他可编辑区域则必须由你自己创建。

首先，要考虑一下页面的哪些区域应该是模板的一部分，哪些区域应该可以进行编辑。现在，当前布局中有 3 个区域必须是可编辑的：两个主要内容区域和 `<aside>` 元素。

1. 如果有必要，在“设计”视图中打开 lesson06\template 文件夹里的 mygreen_temp.dwt。最大化程序窗口使其充满整个屏幕。

创建每个可编辑区域的第一步是更新占位文本，使其更有帮助。

2. 选择 `<h1>` 元素中的文本 Corporis expedita placeat。

3. 输入 Insert main heading here 代替，如图 6-3 所示。

图 6-3

在设计视图中，你可以直接输入和编辑文本，无需首先双击它。

4. 选择 `<h2>` 元素中的文本 Vero asperiores similique velit。

5. 输入 Insert article heading here 代替上述文本。

6. 选择 `<article>` 元素中的 5 段占位文本。

7. 输入 Insert content here 代替这些文本，如图 6-4 所示。

图 6-4

主要内容现在已经做好了转换的准备。

8. 单击 `section` 标签选择器，Dreamweaver 选择整个 `<section>` 元素。

9. 选择 Insert（插入）> Template（模板）> Editable Region（可编辑区域），如图 6-5 所示。

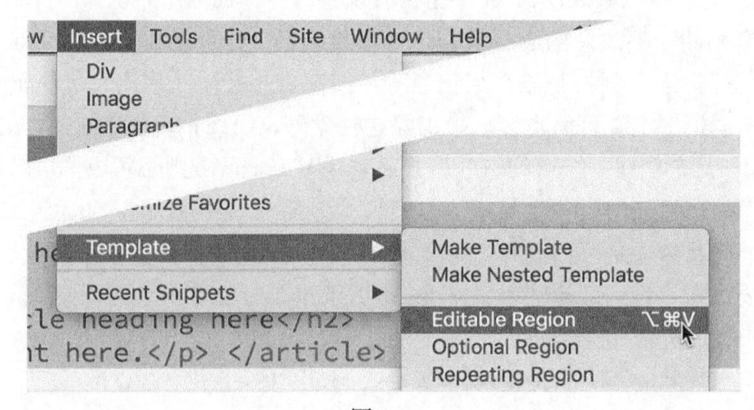

图 6-5

注意：模板工作流目前仅可用于设计和代码视图。你不能在实时视图中执行这些任务。

10. 在 New Editable Region（新建可编辑区域）对话框中的 Name（名称）字段中输入 main_content，如图 6-6 所示。

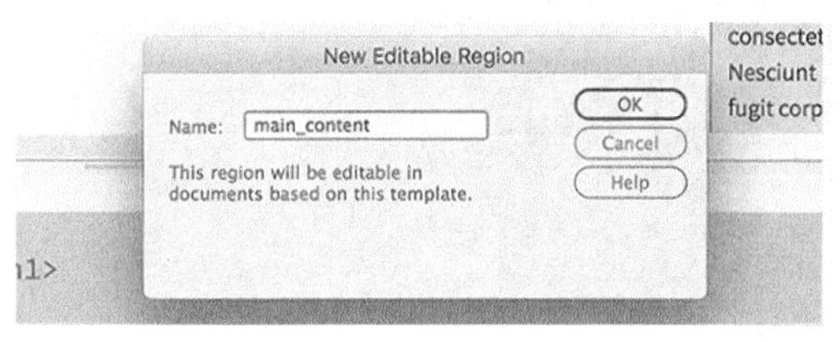

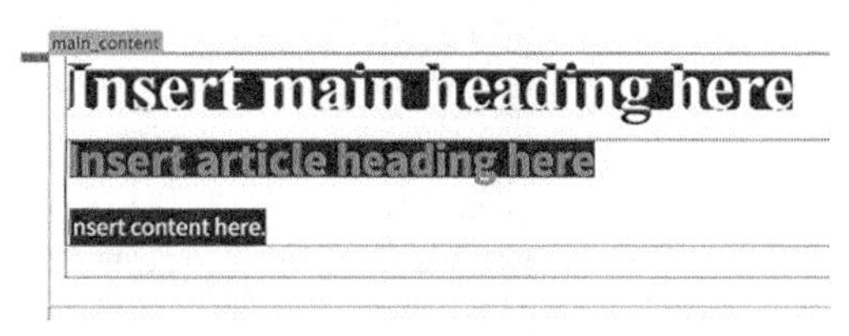

图 6-6

单击 OK（确定）。

每个可编辑区域都必须具有唯一的名称，但是没有其他特殊的约定。不过，使它们保持简短并且具有说明性是很好的做法。这些名称只在 Dreamweaver 内使用，不会对 HTML 代码产生其他的影响。在“设计”视图中，这些名称将出现在指定区域上方的蓝色选项卡中，表明它们是可编辑区域。在“实时”视图中，选项卡为橙色。

11. 保存 mygreen_temp.dwt.。

你还需要为两个 `<aside>` 元素（Sidebar 1 和 Sidebar 2）添加可编辑区域。每个侧栏区域都需要文本占位符，你此后将在每个子页面上更新它们。让我们先更新 Sidebar 1 的占位符。

构建语义内容

Sidebar 1 用于环境主题的引文。和常规段落文本不同，引文的价值通常基于作者或者来源的声誉。HTML 提供了多个专门用于标识此类内容的元素。

1. 如果有必要，在设计视图中打开 mygreen_temp.dwt。

2. 在 Sidebar 1 中插入光标，如图 6-7 所示。

检查显示该结构的标签选择器。

图6-7

当前结果基于 `<p>` 和 `<aside>` 元素。从语义上说，引文还应该包括 `<blockquote>` 元素。

3. 选择 p 标签选择器。按 Ctrl+T/Cmd+T 键编辑标签。

显示 Quick Tag Editor（快速标签编辑器），焦点在 `<p>` 标签上。编辑器有 3 个模式：Edit（编辑）、Wrap（环绕）和 Insert（插入）。默认情况下，窗口以编辑模式打开。使用这个模式，你可以将当前标签更改为 `blockquote`。但你将在结构中添加 `blockquote`。

4. 按 Ctrl+T/Cmd+T 键。

快速标签编辑器切换到 Wrap（环绕）模式。如果你希望的话，可以再次按 Ctrl+T/Cmd+T 键切换到插入模式。再次按上述快捷键将返回编辑模式。

5. 在空白的括号中输入 blockquote，如图 6-8 所示。

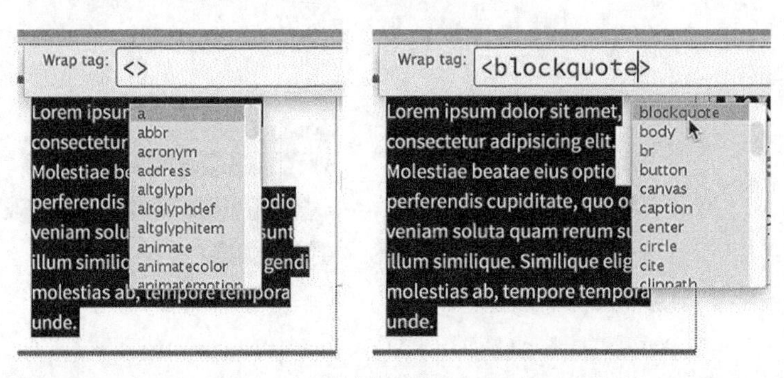

图 6-8

在输入时，Code Hinting（代码提示）菜单将出现，焦点在标签 <blockquote>。你可以随意使用这个菜单，按 Enter/Return 键选择并插入标签。新的 blockquote 元素已经创建，环绕现有的 <p> 元素。

6. 按 Enter/Return 键关闭快速标签编辑器，完成该元素。

当元素完成时，<blockquote> 的默认样式将在左右应用缩进。这种缩进是术语或者研究论文中引用材料的典型做法，在主内容区域中可能很合适，但是在狭窄的 <aside> 元素中没有必要。

你需要创建一条新的 CSS 规则，格式化这些元素。

7. 在 CSS 设计器中，选择 .sidebar1 选择器，单击添加选择器图标 **+**。

新选择器 main .sidebar1 blockquote 自动出现。

8. 按键盘上的上箭头键，将选择器简化为 .sidebar1 blockquote，如图 6-9 所示。按 Enter/Return 键完成新选择器。

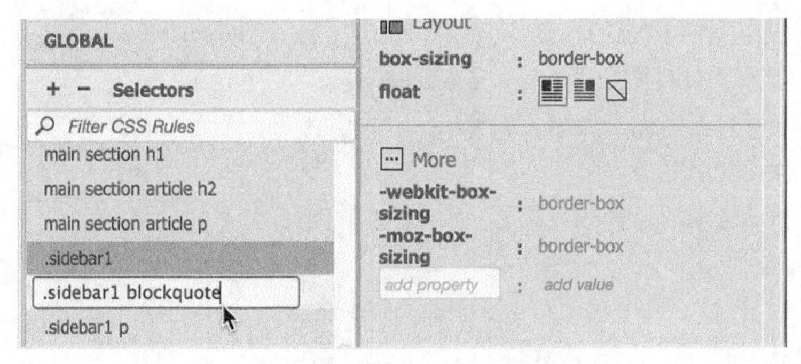

图 6-9

9. 在新规则中创建如下属性，如图 6-10 所示：

```
margin: 0 0 20px 0
padding: 0
```

> **提示：**当你需要输入的大小为 0 时，不需要引用计量单位。

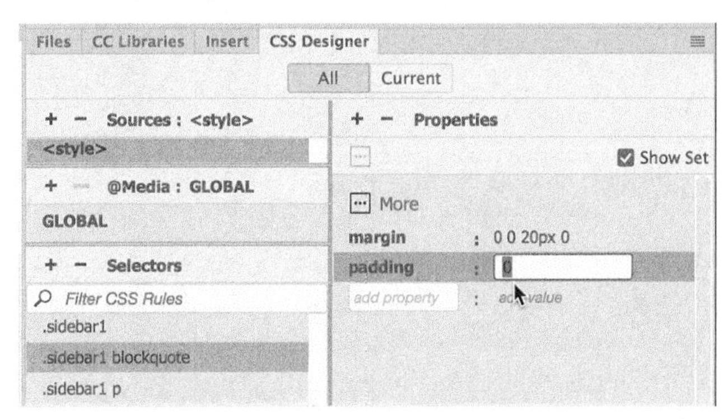

图 6-10

通常，blockquote 元素应该包含引用的文本（文本自身或者以一个或多个段落的形式出现）以及提供来源或者引文的一个元素。和 <blockquote> 一样，<cite> 元素是专门为这一目的设计的。

10. 选中 <p> 元素内的占位文本。输入“Insert quotation here.”代替这段文本。

11. 按 Press Enter/Return 键创建新行。输入“Insert author here”。

注意，引号会将文本的第一行稍微缩进，使其与第二行不对齐。专业设计人员喜欢对这些词语使用凸排（Outdent），产生“悬挂”的引号。

12. 在 CSS 设计器中选择 .sidebar1 blockquote，创建如下的新选择器：

```
.sidebar1 blockquote p
```

13. 创建如下属性，如图 6-11 所示。

```
margin: 0 0 5px 0
padding: 0 .5em
text-indent: -0.4em
```

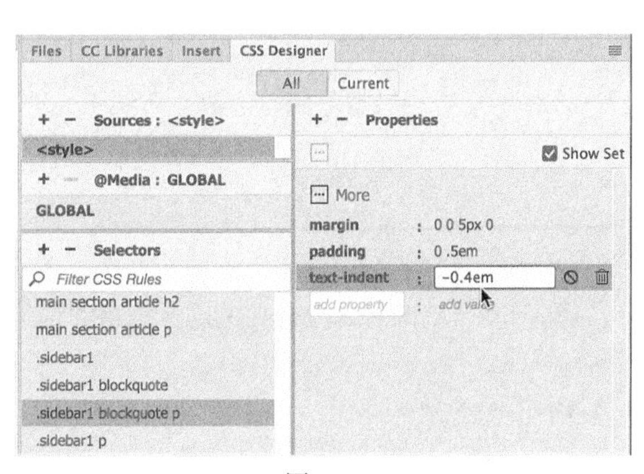

图 6-11

因为两行都是 <p> 元素，效果不可见。让我们转换第二个 <p> 元素，创建 <cite>。

14. 在文本 Insert author here 中插入光标。选择 p 标签选择器。

15. 按 Ctrl+T/Cmd+T 组合键打开快速标签编辑器。

将 p 标签改为 cite，如图 6-12 所示。按 Enter/Return 键完成更改。

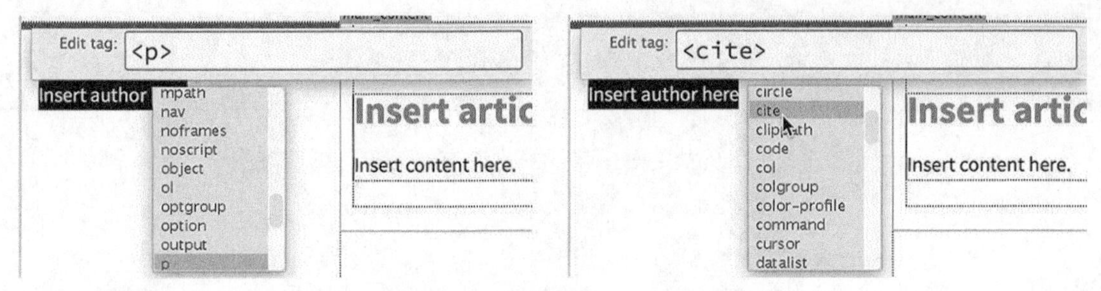

图 6-12

创建一条新规则设置作者名称样式。

16. 在 CSS 设计器中选择 `.sidebar1 blockquote p`，创建如下新选择器：

```
.sidebar1 blockquote cite
```

17. 在新规则中创建如下属性，如图 6-13 所示。

```
display: block
font-size: 90%
text-align: right
font-style: italic
```

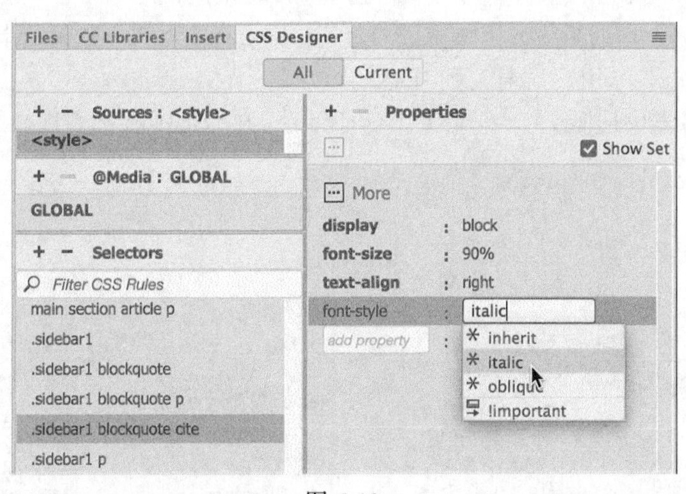

图 6-13

`<blockquote>` 结构完成，包含完整的语义结构。为了保证语义正确，每个新引文应该插入单独的 `<blockquote>` 元素中。

18. 保存文件

现在，你已经做好了准备，在 Sidebar 1 中添加一个可编辑区域。

19. 如果有必要，将光标插入 Sidebar 1 中。单击 `aside.sidebar1` 标签选择器。

20. 选择 Insert（插入）> Template（模板）> Editable Region（可编辑区域）。

21. 在 New Editable Region（新建可编辑区域）对话框的 Name（名称）字段中输入 sidebar1。单击 OK（确认），如图 6-14 所示。

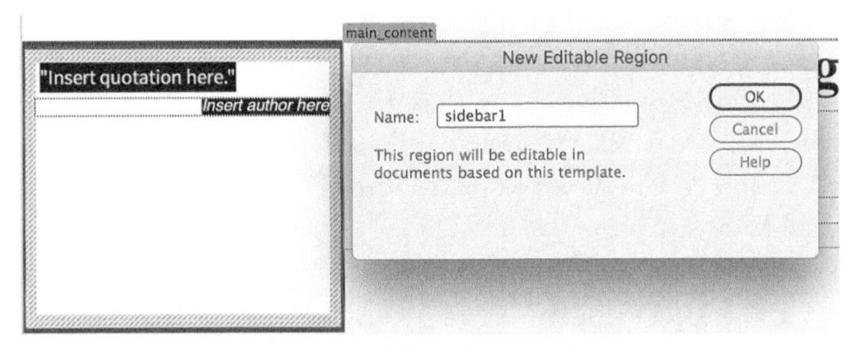

图 6-14

接下来，我们完成 Sidebar 2。

22. 选择 Sidebar 2 中的文本。输入“Insert sidebar content here.”代替。

23. 单击 `aside.sidebar2` 标签选择器。

24. 选择 Insert（插入）> Template（模板）> Editable Region（可编辑区域）。

25. 在 New Editable Region（新建可编辑区域）对话框的 Name（名称）字段中输入 sidebar2。单击 OK（确认），如图 6-15 所示。

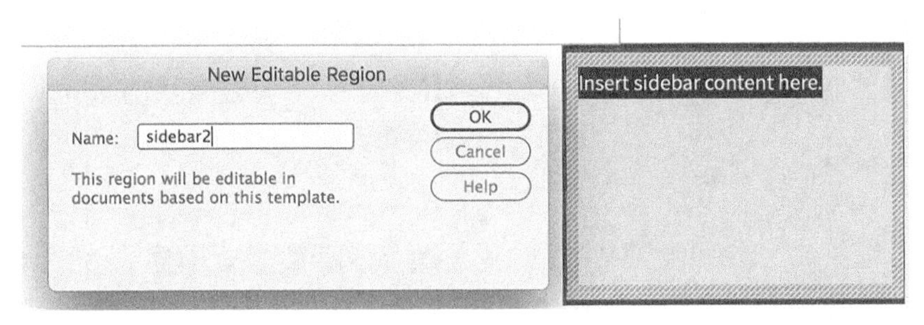

图 6-15

可编辑区域完成。

26. 保存文件。

你接下来要完成的是页脚（footer）。在大部分网页中，`footer` 元素通常是放置版权声明和其他网站或者公司信息的位置。大部分设计师喜欢在声明中使用真正的版权符号，以表现专业格调，但是在键盘上没有这样的符号。那么，如果不能键盘输入，该如何创建这样的字符呢？

6.3 插入 HTML 实体

在第 2 课讲到，每个字符、标点符号、数字和特殊符号都由一个实体表示，即使你无法从键盘输入也是如此。所有实体都可以在代码视图中人工添加，但是 Dreamweaver 直接支持最流行的实体。在本练习中，你将学到用实体在 `footer` 元素中插入一个版权符号的方法。

注意：Dreamweaver 常常对特殊符号使用命名实体。有些 Web 应用程序不支持命名实体，往往要用等价的编号实体代替。确保你使用的命名实体与工作流和网站访问者兼容。

1. 如果有必要，在设计视图中打开 mygreen_temp.dwt。

2. 在 `<footer>` 元素中插入光标，选择占位文本。

3. 选择 Insert（插入）> HTML > Character（字符）> Copyright（版权）。

版权符号 © 出现在页脚。Dreamweaver 在代码中用命名实体 `©` 插入版权符。

4. 按空格键插入一个空格。

输入 2018 Meridien GreenStart. All rights reserved，如图 6-16 所示。

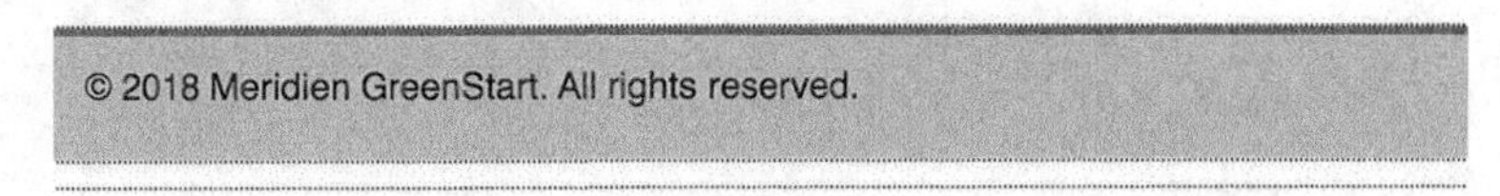

图 6-16

虽然在设计视图中你看不到渐变背景颜色，但黑色文本在深绿背景上不是很容易辨认。让我们将文本颜色与顶部的导航菜单匹配。

5. 如果有必要，选择规则 `footer p`。

6. 添加如下属性，如图 6-17 所示。

```
color: #FFC
```

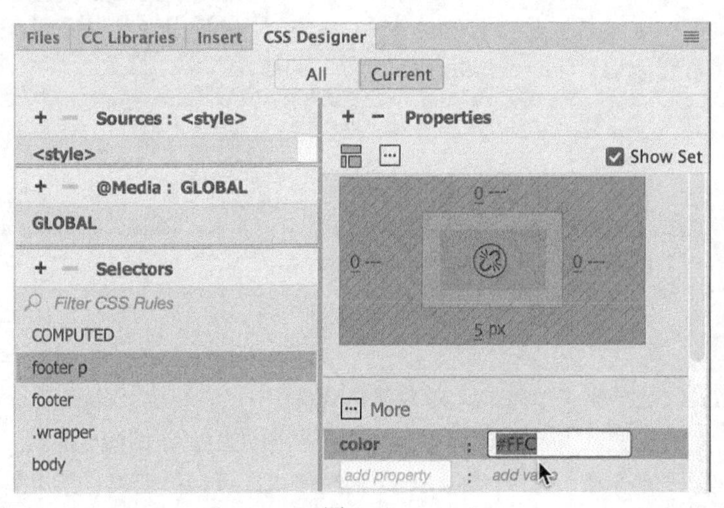

图 6-17

浅黄色在渐变背景上看起来清晰得多。

7. 保存文件。

为桌面媒体所设计的基本页面布局已经完成。一旦建立了模板的可见组件，你就应该将注意力转向大部分访问者不可见的部分。

6.4 插入元数据

精心设计的网页包含用户可能永远不会看到的几个重要组件。其中之一是经常添加到每个页面 <head> 部分的元数据。元数据是与你的网页或其包含的其他应用程序（如浏览器或搜索引擎）经常使用的内容相关的描述性信息。

添加元数据（例如标题等数据）不仅仅是很好的做法，而且对在各种搜索引擎的排名和形象至关重要。每个标题应该反映该页面的特定内容或目的。但许多设计师还附加了公司或组织的名称，以帮助提高企业或组织的认知度。在模板中添加公司名称的标题占位符，你就能节省在每个子页面中输入的时间。

1. 如有必要，在“设计”视图中打开 mygreen_temp.dwt。

> Dw | **提示：** 如果“属性”检查器不可见，选择 Window（窗口）>Properties（属性）显示它。

2. 在属性检查器的 Document Title（文档标题）字段中，选择占位符文本 Untitled Document。

许多搜索引擎在搜索结果的列表中使用页面标题。如果你不提供，搜索引擎将选择自己的标题。我们用一个适合这个网站的通用占位符来代替。

> Dw | **提示：** 属性检查器的文档标题字段在任何视图中都可用。

3. 输入 Add Title Here - Meridien GreenStart Association 代替上述文本，如图 6-18 所示。按 Enter/Return 键完成标题。

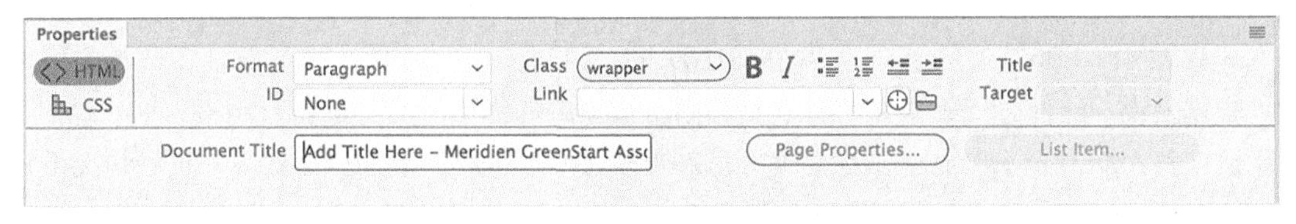

图 6-18

通常和标题一起出现在这些搜索结果中的另一种元数据是页面描述。描述是简洁说明页面内容的一种摘要，通常不多于 160 个字符。2017 年底，谷歌将可接受的元描述增加到 320 个字符。多年来，Web 开发人员试图通过写出误导性的标题和描述或彻底的谎言，为他们的网站带来更多的访问量。但是要事先警告你——大多数搜索引擎已经可以识破这种花招，实际上会将使用这些策略的网站降级甚至加入黑名单。

要使搜索引擎达到最高排名，请使页面的描述尽可能准确。尽量避免使用内容中没有出现的术语和词汇。在许多情况下，标题和描述元数据的内容将逐字显示在搜索结果页面中。

4. 选择 Insert（插入）> HTML > Description（描述），出现一个空的 Description（描述）对话框。

5. 输入 Meridien GreenStart Association - add description here。单击 OK（确定），如图 6-19 所示。

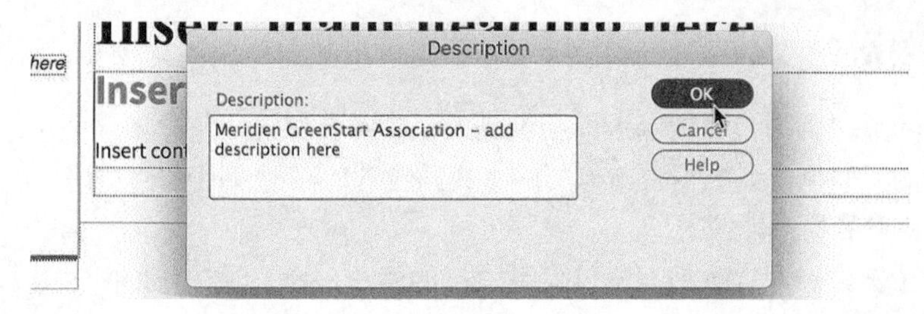

图 6-19

Dreamweaver 已经在页面上添加了两个元数据元素。遗憾的是，模板中只正确地实现了一个。

6. 切换到代码视图。找到并检查代码中的 <title> 标签和周围的标记，如图 6-20 所示。

```
3 ▼ <head>
4   <meta charset="UTF-8">
5   <!-- TemplateBeginEditable name="doctitle" -->
6   <title>Add Title Here - Meridien GreenStart Association</title>
7   <!-- TemplateEndEditable -->
8 ▼ <style type="text/css">
```

图 6-20

在大部分情况下，<title> 将出现在第 6 行附近。注意，标题出现在两条注释之间，这些注释描述了名为 "doctitle" 的模板中的可编辑（Editable）部分。这个项目已经正确添加。

7. 找到并检查包含 "description"（描述）的 <meta> 标签和周围的标记，如图 6-21 所示。

```
206  </style>
207  <!-- TemplateBeginEditable name="head" -->
208  <!-- TemplateEndEditable -->
209  <meta name="description" content="Meridien GreenStart Association - add
     description here">
210  </head>
```

图 6-21

你应该在 <head> 段的最后（大约在第 209 行）找到描述。这个元素不包含在模板的可编辑区域。也就是说，这部分元数据在所有子页面中将被锁定，你不能对其进行自定义。

幸运的是，Dreamweaver 通过为这样的元数据提供可编辑部分来进行补救。在这种情况下，它是最方便的——你将在 HTML 注释标记 <!-- TemplateBeginEditable name="head"--> 所描述的 description 之上找到。要使描述元数据可编辑，你只需将其移入到这条注释中。

8. 单击包含整个描述的行号，或者用光标选择整个 <meta> 元素，如图 6-22 所示。

```
206    </style>
207    <!-- TemplateBeginEditable name="head" -->
208    <!-- TemplateEndEditable -->
209 ▼  <meta name="description" content="Meridien GreenStart Association - add
       description here">
210    </head>
```

图 6-22

<meta> 标签及其内容应该占据标记的一行。

9. 按 Ctrl+X/Cmd+X 键剪切这段代码。

10. 在注释 <!--TemplateBeginEditable name="head"--> 的最后插入光标（大约在第

207 行）。

11. 按 Enter/Return 键插入新行。

12. 单击新的空白行行号。按 Ctrl+V/Cmd+V 键粘贴 `<meta>` 元素，如图 6-23 所示。

```
206  </style>
207  <!-- TemplateBeginEditable name="head" -->
208 ▼ <meta name="description" content="Meridien GreenStart Association - add
     description here">
209  <!-- TemplateEndEditable -->
210  </head>
```

图 6-23

现在，描述包含在名为 "head" 的可编辑模板区域中。

注意：创建新行仅仅是为了使标记更容易阅读，否则是不必要的。

13. 选择 File（文件）>Save（保存）。

现在，你有了 3 个可编辑区域——加上标题和描述的可编辑元数据——可以在用这个模板创建新的子页面时按照需要更改。

14. 选择 File（文件）> Close（关闭）。

在你使用模板创建新页面之前，应该验证你所创建代码的质量。

6.5 验证 HTML 代码

每当你创建一个网页，目标都是创建能够在所有现代浏览器中完美工作的代码。当你对样板布局进行重大修改时，总是有可能不小心破坏元素或者创建无效的标记。这些更改可能影响代码的质量，或者影响它在浏览器中的有效显示。在你将这个页面作为项目模板之前，应该确保代码结构正确，符合最新的 Web 标准。

1. 如果有必要，在 Dreamweaver 中打开 mygreen-temp.dwt。

2. 选择 File（文件）> Validation（验证）> Current Document (W3C)（当前文档（W3C））。

出现一个 W3C Validator Notification（W3C 验证器通知）对话框（见图 6-24），说明你的文件将上传到 W3C 提供的在线验证器服务。在单击 OK（确定）之前，确保有可用的互联网连接。

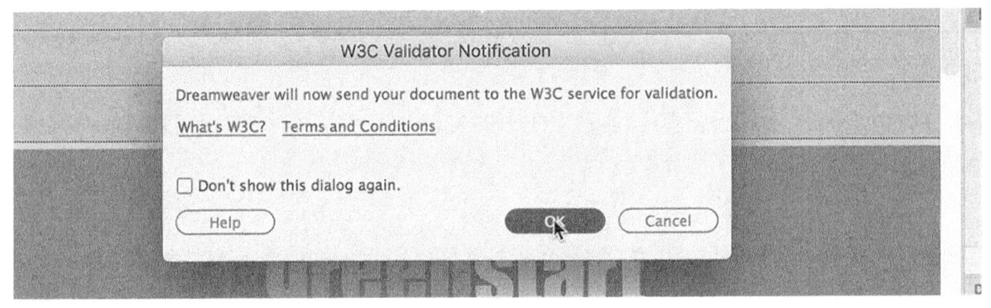

图 6-24

3. 单击 OK（确定）上传要验证的文件。

稍待片刻，你就会接收到一个报告，列出布局中的所有错误。如果正确地遵循本书中的指令，应该没有任何错误，如图 6-25 所示。

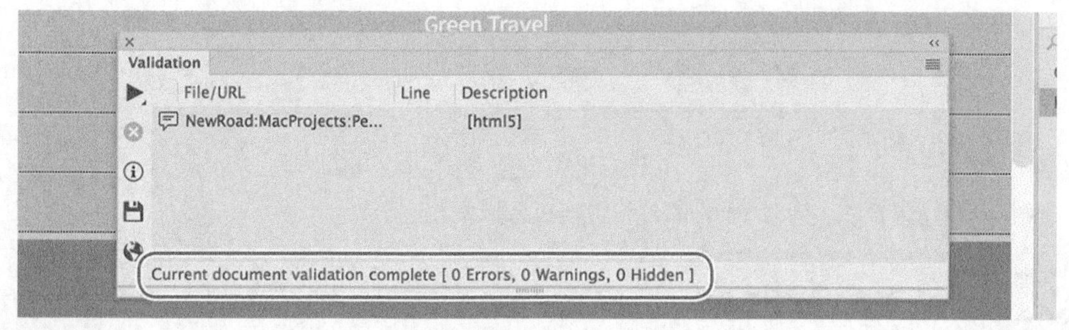

图 6-25

4. 保存和关闭文件。

恭喜！你为项目模板创建了一个可以正常使用的基本页面布局，并学到了如何插入附加组件、占位文本和标题；修改现有 CSS 格式和创建新规则；成功验证了 HTML 代码。现在，是学习如何使用 Dreamweaver 模板的时候了。

6.6 制作子页面

子页面是 Dreamweaver 模板存在的理由。从模板创建子页面后，只能在子页面中修改可编辑区域内的内容。页面的其余部分仍然在 Dreamweaver 中锁定。记住，只有 Dreamweaver 和其他一些 HTML 编辑器才支持此行为。请注意，如果你在文本编辑器（如记事本或 TextEdit）中打开页面，代码将完全可编辑。

6.6.1 创建一个新页面

使用 Dreamweaver 模板设计站点的决定应在设计过程开始时进行，以便站点中的所有页面都可以作为模板的子页面。事实上，这就是你为此建立布局的目的：创建网站模板的基本结构。

1. 如有必要，启动 Dreamweaver CC（2018 版）或更新版本。

模板工作流仅能在设计和代码视图中使用。你也可以从 New Document（新建文档）对话框中访问网站模板。

2. 选择 File（文件）> New（新建），或按 Ctrl+N/Cmd+N 键，显示 New Document（新建文档）对话框。

3. 在 New Document（新建文档）对话框中，选择 Site Templates（网站模板）选项。如有必要，在网站列表中选择 lesson06。在 Template For Site“lesson06”（站点“lesson06”的模板）列表中选择 mygreen_temp，如图 6-26 所示。

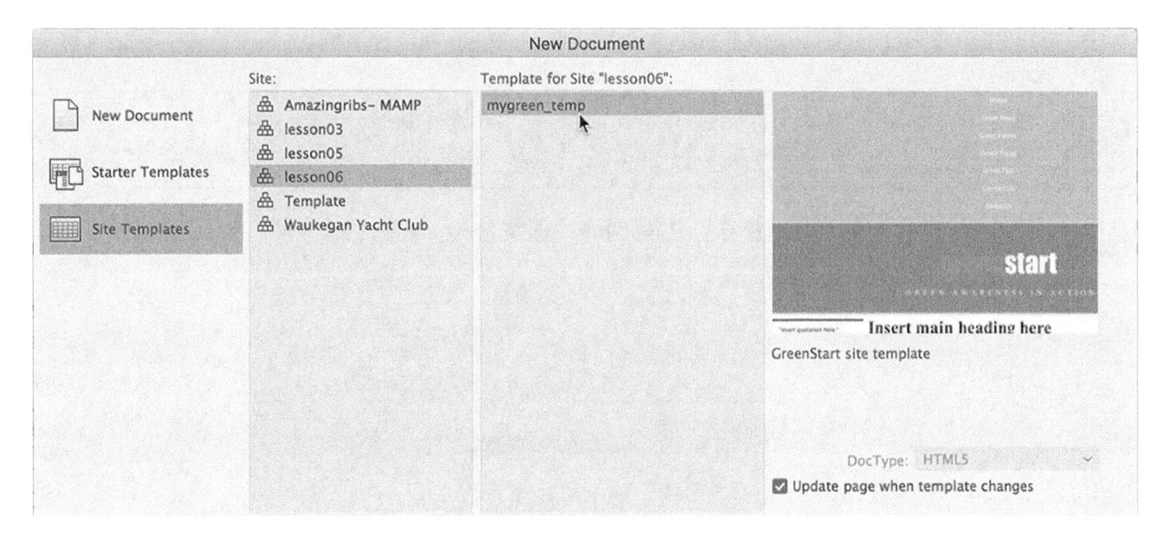

图 6-26

4. 如有必要，选中 Update Page When Template Changes（当模板改变时更新页面）选项，单击 Create（创建），Dreamweaver 根据模板创建一个新页面。

5. 如有必要，切换到设计视图，如图 6-27 所示。

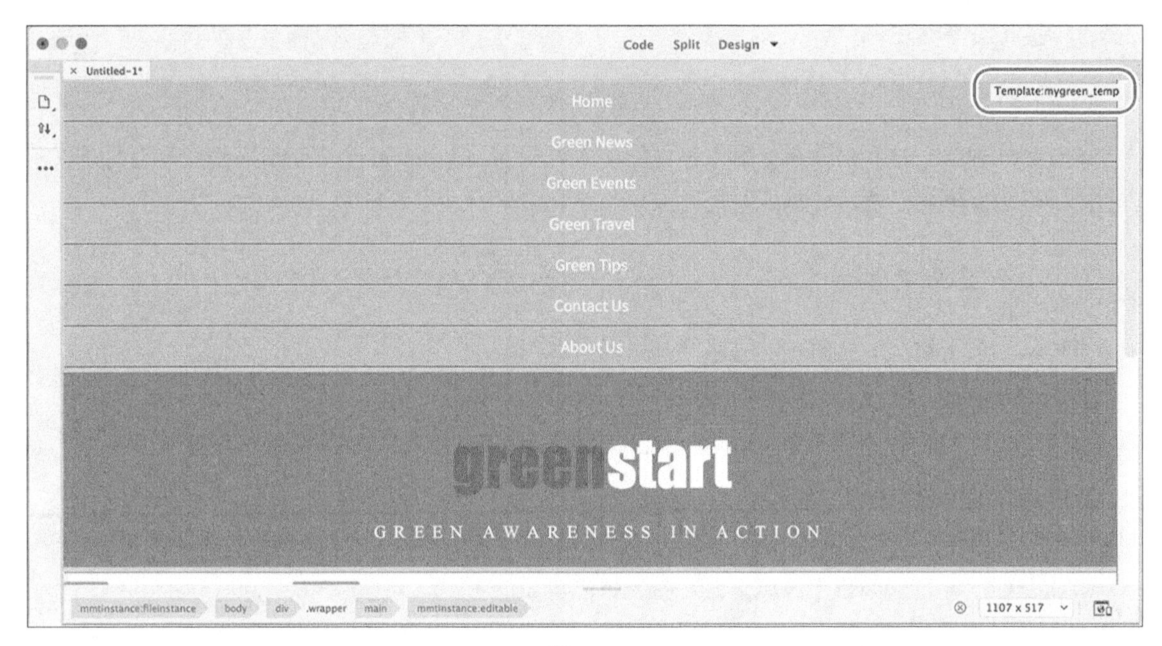

图 6-27

Dreamwever 通常默认将你最后一次使用的文档视图（代码、设计或者实时）用于新文档。在设计视图中，你将看到模板文件名显示在文档窗口右上角。在修改页面之前，你应该保存它。

6. 选择 File（文件）> Save（保存），出现 Save As（另存为）对话框。

> **提示：**“另存为”对话框提供了方便的按钮，点击一次就可以将你带到网站根目录。在任何练习中，必要时都可以使用。

7. 在 Save As（另存为）对话框中，浏览到网站根文件夹。将文件命名为 about-us.html 并单击 Save（保存），如图 6-28 所示。

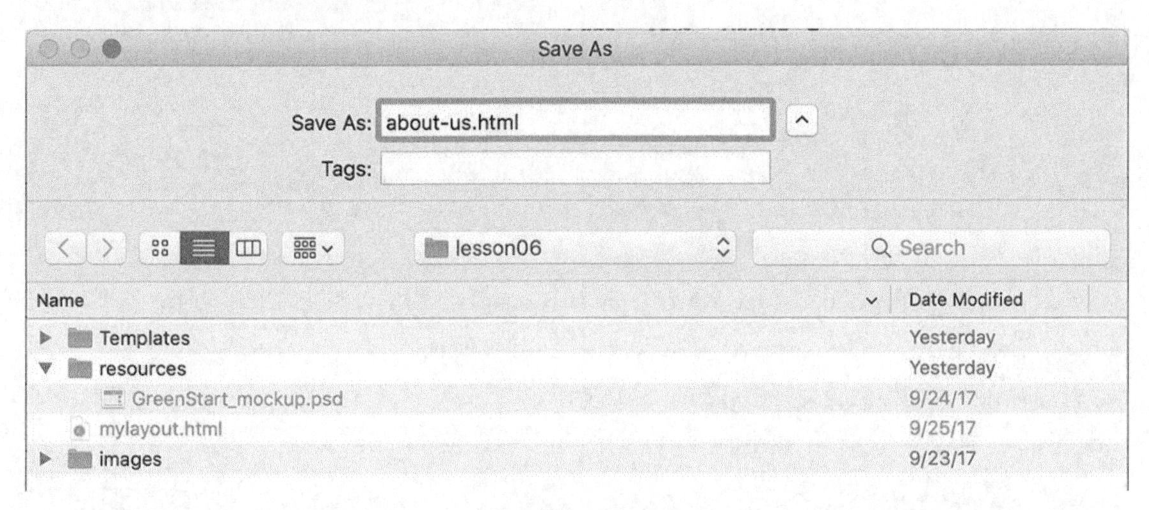

图 6-28

子页面已创建。将文档保存在站点根文件夹中时，Dreamweaver 会更新所有链接和对外部文件的引用。使用该模板，可以轻松地添加新内容。

6.6.2 在子页面中添加内容

当你从模板创建一个页面时，只能修改可编辑区域。

1. 如果有必要，在设计视图中打开 about-us.html。

你将发现，模板的许多功能只能在“设计”视图中正常运行，但是你应该能够从“实时”视图添加或编辑可编辑区域中的内容。

警告：如果你在文本编辑器中打开模板，则所有代码均可编辑，包括页面不可编辑区域的代码。

2. 将光标放在页面的每个区域上，观察光标图标。

当光标在页面某些区域（如水平菜单、页眉和页首）移动时，锁定图标⃠出现，如图 6-29 所示。这些区域是不可编辑区域，它们在 Dreamweaver 内的子页面中被锁定、无法修改。其他区域（如 `sidebar1` 和主内容区段）可以更改。

图 6-29

3. 如果有必要，打开 Property（属性）检查器。

在 Title（标题）字段中，选择占位文本 Add Title Here，输入 About Meridien GreenStart 并按 Enter/Return 键，如图 6-30 所示。

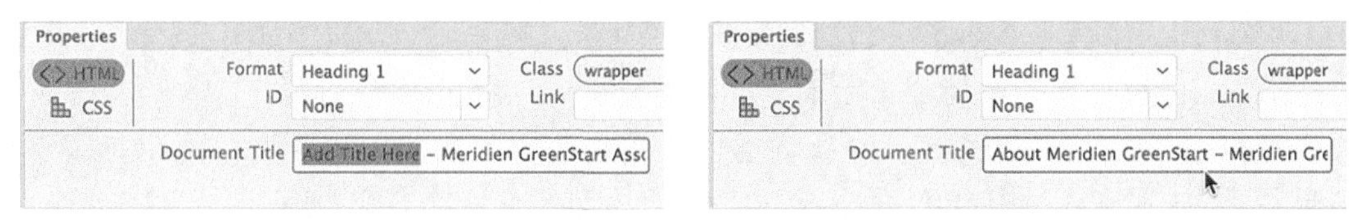

图 6-30

4. 选择占位文本 Insert main heading here，输入 About Meridien GreenStart 代替文本。

5. 选择占位文本 Insert article heading here，输入 GreenStart - green awareness in action! 代替文本，如图 6-31 所示。

图 6-31

提示：介绍一个小的编辑技巧，使用 Insert（插入）> HTML > Character（字符）> Em Dash（破折线），用一个长破折号代替标题中的连字号。

6. 在 Files（文件）面板，双击 lesson06\resources 文件夹中的 aboutus-text.rtf，打开该文件，如图 6-32 所示。

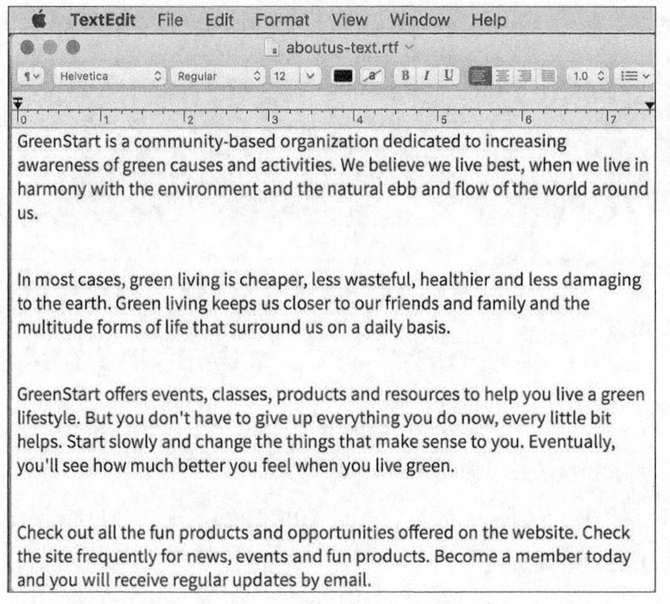

GreenStart is a community-based organization dedicated to increasing awareness of green causes and activities. We believe we live best, when we live in harmony with the environment and the natural ebb and flow of the world around us.

In most cases, green living is cheaper, less wasteful, healthier and less damaging to the earth. Green living keeps us closer to our friends and family and the multitude forms of life that surround us on a daily basis.

GreenStart offers events, classes, products and resources to help you live a green lifestyle. But you don't have to give up everything you do now, every little bit helps. Start slowly and change the things that make sense to you. Eventually, you'll see how much better you feel when you live green.

Check out all the fun products and opportunities offered on the website. Check the site frequently for news, events and fun products. Become a member today and you will receive regular updates by email.

图 6-32

Dreamweaver 仅打开简单的基于文本文件格式的文件，例如 .html、.css、.txt、.xml、.xslt 等。当 Dreamweaver 无法打开文件时，它会将文件传递给兼容的程序，如 Word、Excel、写字板、TextEdit 等。该文件包含主内容区段的内容。

7. 按 Ctrl+A/Cmd+A 键选择全部文本，按 Ctrl+C/Cmd+C 键复制文本。

8. 返回 Dreamweaver。

9. 在占位文本 Insert content here 中插入光标。选择 p 标签选择器。

10. 按 Ctrl+V/Cmd+V 键粘贴文本，如图 6-33 所示。

GreenStart - green awareness in action!

GreenStart is a community-based organization dedicated to increasing awareness of green causes and activities. We believe we live best, when we live in harmony with the environment and the natural ebb and flow of the world around us.

In most cases, green living is cheaper, less wasteful, healthier and less damaging to the earth. Green living keeps us closer to our friends and family and the multitude forms of life that surround us on a daily basis.

GreenStart offers events, classes, products and resources to help you live a green lifestyle. But you don't have to give up everything you do now, every little bit helps. Start slowly and change the things that make sense to you. Eventually, you'll see how much better you feel when you live green.

Check out all the fun products and opportunities offered on the website. Check the site frequently for news, events and fun products. Become a member today and you will receive regular updates by email.

Being green is easy, with GreenStart!

图 6-33

占位文本被新内容替代。你还可以为侧栏元素添加内容。

11. 在设计视图中打开站点根文件夹中的 sidebars06.html。

该文件包含每个侧栏的内容。上半部分由 3 条环境主题引文组成，下半部分由环境提示和新闻组成。

无法粘贴

如果 Dreamweaver 将 about_us.rtf 文件传递给 Word 或者类似的字处理软件，你可能发现粘贴命令 Ctrl+V/Cmd+V 不起作用。如果按下这个快捷键或者菜单选项之后什么也没有发生，你就不得不使用 Paste Special（选择性粘贴）命令。

一旦激活这个命令，会出现一个对话框，询问你想要如何粘贴文本，如图 6-34 所示。

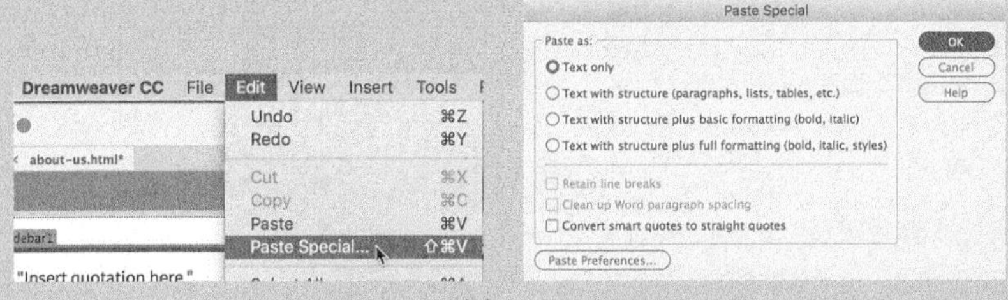

图 6-34

在大部分情况下，你将使用 Text Only（仅文本）选项粘贴，然后在 Dreamweaver 中应用格式。根据源程序的不同，以及你使用的是 Windows 还是 macOS，文本格式有可能出现在剪贴簿中，也有可能不出现。

12. 在第一段中插入光标，检查标签选择器。

标签选择器指示的结构与你在第 5 课中为引文侧栏创建的结构完全相同，但是没有由 CSS 进行格式化。让我们用这些内容代替现有的侧栏占位符。

13. 单击 `aside.sidebar1` 标签选择器，如图 6-35 所示。

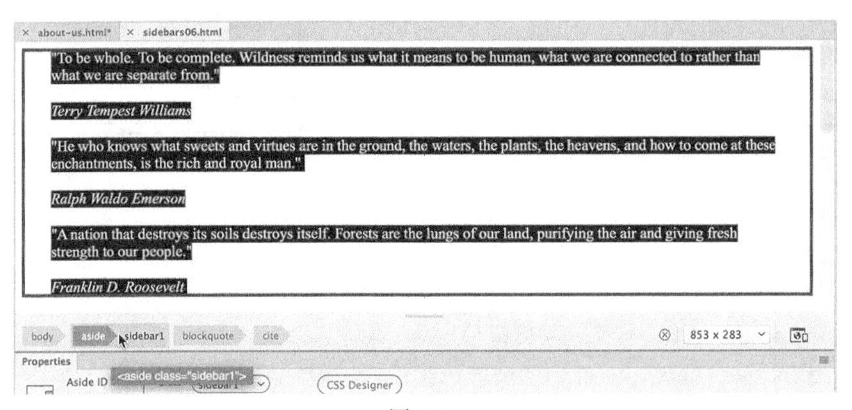

图 6-35

标签选择器显示模板中使用的同一个 HTML 结构。

14. 按 Ctrl+X/Cmd+X 键剪切元素。

15. 选择 about-us.html 文档选项卡，子页面再次出现在文档窗口。

16. 将光标插入 Sidebar 1，选择 `aside.sidebar1` 标签选择器。

17. 按 Ctrl+V/Cmd+V 键代替侧栏占位，如图 6-36 所示。

图 6-36

替代内容出现，由外部 CSS 文件格式化。

18. 选择 sidebars06.html 文档选项卡。

19. 重复第 13 ～ 17 步，替换 Sidebar 2 占位文本，结果如图 6-37 所示。

图 6-37

全部 3 个可编辑区域现在已经填充了内容。

20. 保存 about-us.html。

21. 关闭 sidebars06.html。不要保存更改。

不保存更改，你就可以保存文件中的内容，供以后重复练习。

22. 切换到实时视图，以预览页面，如图 6-38 所示。

图 6-38

CSS 样式再次起作用，页面设计和大部分页面现在正常呈现。虽然你再也不能看到右上角的模板名称，可编辑区域的名称现在显示于对应元素之上的橙色选项卡。

注意，Sidebar 2 中的文本和图像格式不佳。

23. 选择 Sidebar 2 中第一个图像之下的文本元素，检查标签选择器。

Sidebar 2 中的内容基于元素 <figure> 和 <figcaption>。原始样式基于 p 元素。这个新结构对具有相关标题的图像很合适。figure 元素的默认格式需要稍作调整才能正常工作。在大部分格式化任务中，你通常应该首先设置父元素的样式。

24. 选择 figure 标签选择器。如果有必要，在 CSS 设计器中选择 Current（当前）按钮。

选择器窗格显示没有针对当前结构或者元素的规则。

25. 单击 Add Selector（添加选择器）图标 **+**，出现一个新的选择器字段，该选择器针对选中的元素。

26. 如果有必要，按向上箭头键创建选择器 .sidebar2 figure，如图 6-39 所示。

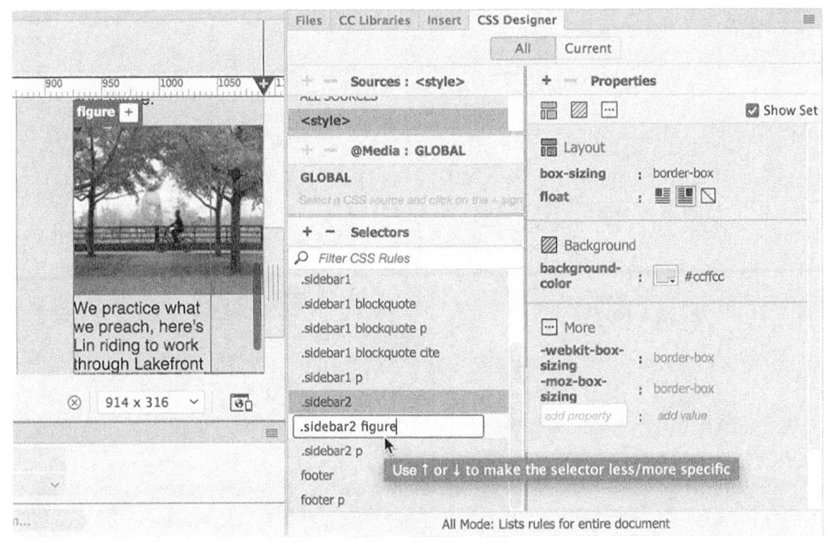

图 6-39

27. 按 Enter/Return 键创建选择器，如图 6-40 所示。

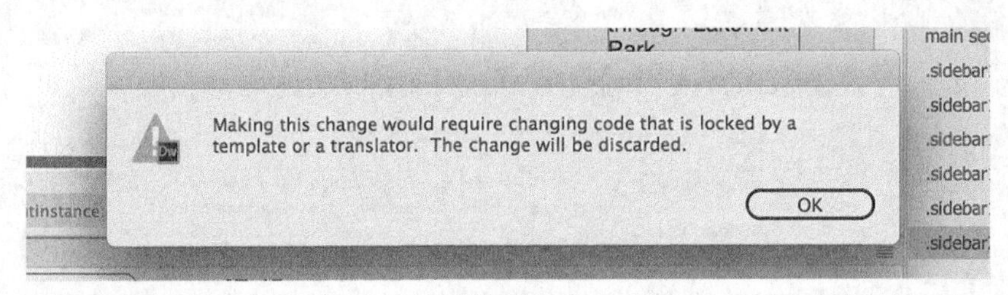

图 6-40

显示一条信息，表明创建新选择器需要更改模板中锁定的代码。那是因为这个文件使用 Dreamweaver 模板控制的嵌入样式表。如果样式表是模板的一部分，你就不能编辑任何 CSS。

28. 单击 OK（确定）关闭警告。

你可以将嵌入式样式表移到模板的可编辑区域，但那样站点的每个页面都有不同的样式表，一个页面中的更改不会反映到网站的其他页面。大部分网站上使用的最佳选择是将样式表移到每个页面链接的单独文件。为了进行这项更改，你必须再次打开模板。

6.7 将 CSS 样式移到一个链接文件

开发初始网页设计和站点模板时，使用嵌入样式表很方便。但是嵌入样式表较难更新，而且无法利用外部链接样式表的效率优势。在本练习中，你将把嵌入样式表从站点模板移到单独的 CSS 文件中。

1. 在 Files（文件）面板中，双击 mygreen_temp.dwt 将其打开。如果有必要，切换到设计视图。

2. 如果有必要，选择 Window（窗口）> CSS Designer（CSS 设计器）显示面板。

3. 在 Selectors（选择器）面板中，右键单击列表中的第一条规则，选择上下文菜单中的 Go To Code（转到代码），如图 6-41 所示。

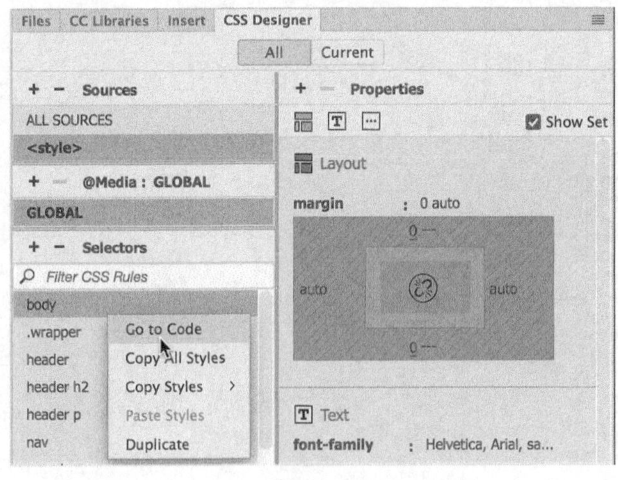

图 6-41

代码视图窗口打开，焦点放在目标规则上。你希望移动所有的 CSS 规则，但是不移动 <style> 和 </style> 标签本身。

4. 选择页面 <head> 区段中 <style> 与 </style> 标签之间的所有 CSS 规则，但是不要选择这两个标签，如图 6-42 所示。

```
7    <!-- TemplateEndEditable -->
8 ▼ <style type="text/css">
9 ▼ body {
10       margin: 0 auto;
11       font-family: Helvetica, Arial, sans
12   }
13
14 ▼ .wrapper {
15       overflow: auto;
16       width: 1100px;
17   }
18 ▼ header {
```

```
197      border-top: solid 3px #666;
198      background-image: -webkit-linear-gradien
         0%,rgba(3,185,36,1.00) 100%);
199      background-image: -moz-linear-gradient(9
         0%,rgba(3,185,36,1.00) 100%);
200      background-image: linear-gradient(0deg,
201  }
202 ▼ footer p {
203      margin: 0 0 5px 0;
204      color: #FFC;
205  }
206  </style>
```

图 6-42

5. 按 Ctrl+X/Cmd+X 键剪切代码，如图 6-43 所示。

图 6-43

模板中的原始格式消失。

6. 选择 File（文件）> New（新建）。在 New Document（新建文档）对话框的 Document Type（文档类型）栏中选择 CSS，单击 Create（创建），如图 6-44 所示。

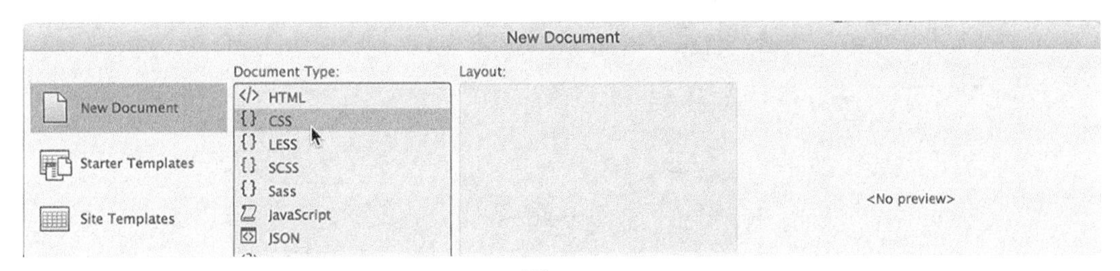

图 6-44

出现一个新的 CSS 文件。该文件包含标记 `@charset "UTF-8";` 和 `/* CSS Document */`，其余都是空白。

7. 在第 3 行插入光标，按 Ctrl+V/Cmd+V 键，模板中的样式出现在样式表里，如图 6-45 所示。

```
× about-us.html*  × mygreen_temp.dwt*  × Untitled-3*
 1   @charset "UTF-8";
 2   /* CSS Document */
 3 ▼ body {
 4       margin: 0 auto;
 5       font-family: Helvetica, Arial, sans-serif;
 6   }
 7
 8 ▼ .wrapper {
 9       overflow: auto;
10       width: 1100px;
11   }
12 ▼ header {
13       text-align: center;
14       height: 200px;
                                   CSS  INS 199:2
```

图 6-45

8. 选择 File（文件）> Save（保存）。将文件命名为 mygreen-styles.css。浏览到站点根文件夹，单击 Save（保存），如图 6-46 所示。

关闭 CSS 文件。

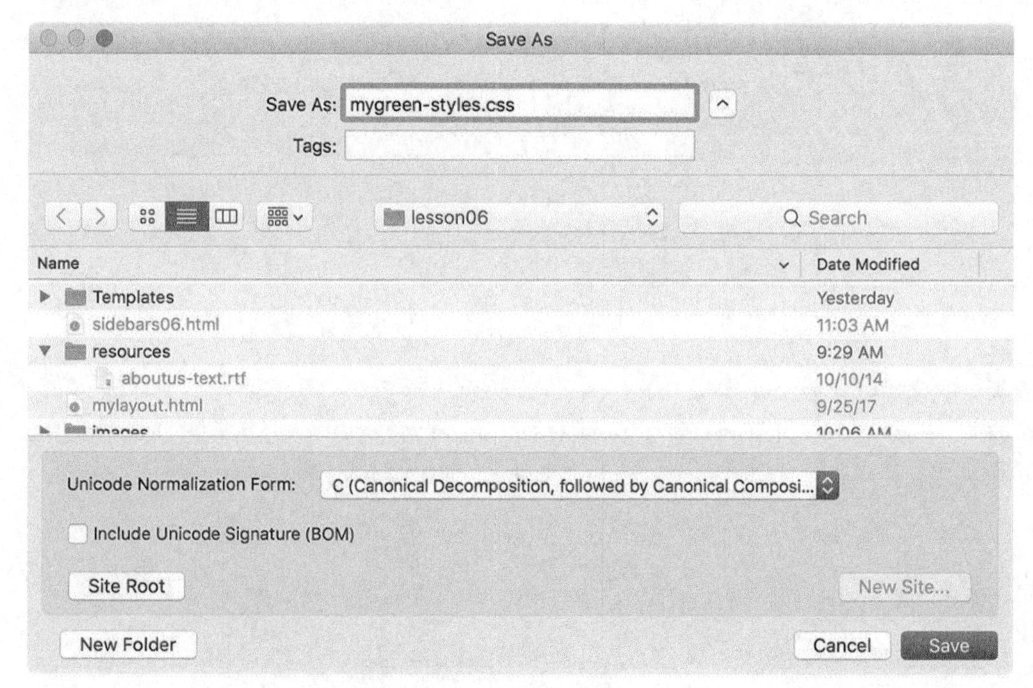

图 6-46

现在，样式已经移到一个外部 CSS 文件中。最后一步是将样式表链接到模板。

9. 在 mygreen_temp.dwt 中，单击 CSS 设计器中的 Add CSS Source（添加 CSS 源）图标。在下拉式菜单中选择 Attach Existing CSS File（附加现有的 CSS 文件），如图 6-47 所示。

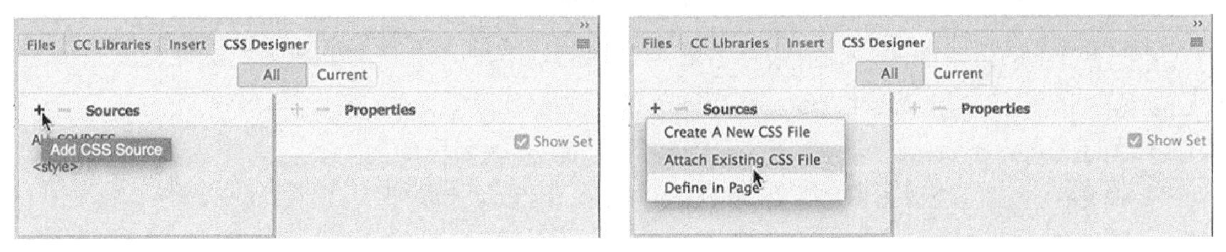

图 6-47

出现 Attach Existing CSS File（使用现有的 CSS 文件）对话框。

10. 单击 Browse（浏览）按钮。选择站点根文件夹中的 mygreen-styles.css，如图 6-48 所示。单击 Open（打开）。

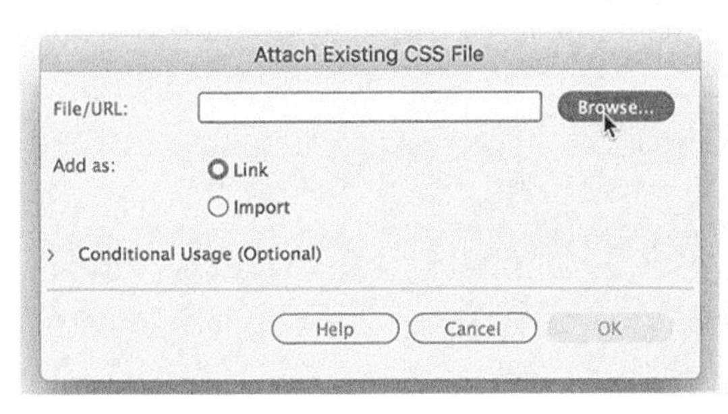

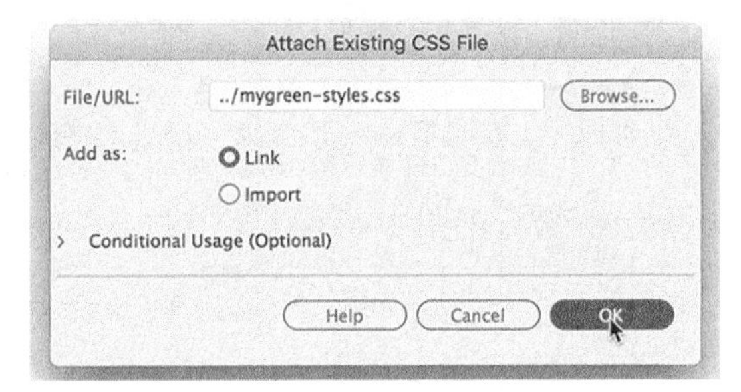

图 6-48

11. 单击 OK（确定），结果如图 6-49 所示。

图 6-49

CSS 文件现在链接到模板。模板再次样式化，但有一些错误，条纹和蕨类图像消失了。

12. 在 CSS 设计器中，右键单击 `header` 规则，选择上下文菜单中的 Go To Code（转到代码）。

代码视图窗口的焦点在新外部 CSS 文件的内容上。注意 stripe.png 和 fern.png 的引用。你将会看到 Dreamweaver 在路径名前加了两个点（..）。模板位于 templates 子文件夹。从这个位置创建路径名时，你将添加两个点，告诉浏览器在父文件夹（当前位置的上一级）查找图像。如果我们的样式表也保存在模板文件夹，这个路径名就是正确的。但是样式表位于站点根文件夹。正确的路径名应该是 /images/stripe.png 和 /images/fern.png。

13. 删除 mygreen-styles.css 中 stripe.png 和 fern.png 路径名中的两个点。

14. 将光标放在代码视图窗口，选择 File（文件）> Save（保存），保存 mygreen-styles.css，如图 6-50 所示。

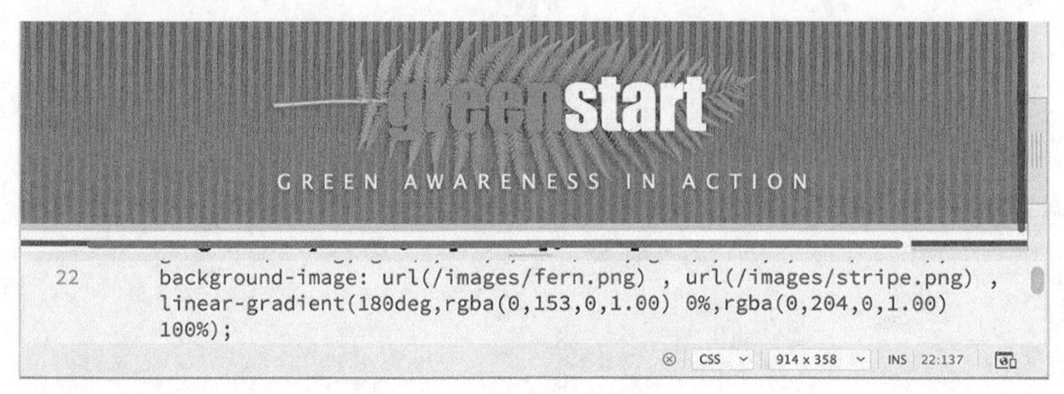

图 6-50

两个图像重新出现在模板中。一旦 CSS 文件与模板链接，你必须更新子页面 about-us.html。

6.8 更新模板

模板可以自动更新由其制作的任何子页面。

但是只有可编辑区域之外的区域才会被更新。让我们在模板中进行一些其他更改，以了解模板的工作原理。

1. 切换到设计视图。

在导航菜单中，选择文本 Home。输入 Green Home 替代该文本。

2. 在水平菜单中，选择文本 Green News，输入 Headlines 代替上述文本，如图 6-51 所示。

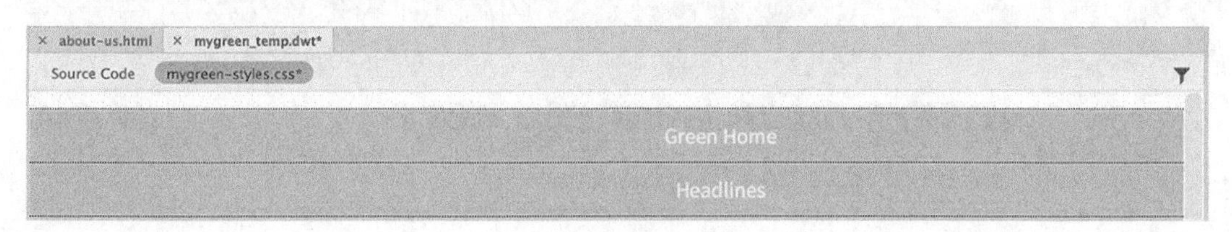

图 6-51

3. 选择出现在 `main_content`、`sidebar1` 和 `sidebar2` 可编辑区域中的文本 Insert，用 Add 代替，如图 6-52 所示。

图 6-52

4. 切换到实时视图，如图 6-53 所示。

图 6-53

现在，你可以明显地看到菜单和内容区域的变化。在模板中，整个页面都是可以编辑的。

5. 保存文件。

Update Template Files（更新模板文件）对话框出现，如图 6-54 所示。文件 about-us.html 出现在更新列表中。这个对话框将列出所有基于模板的文件。

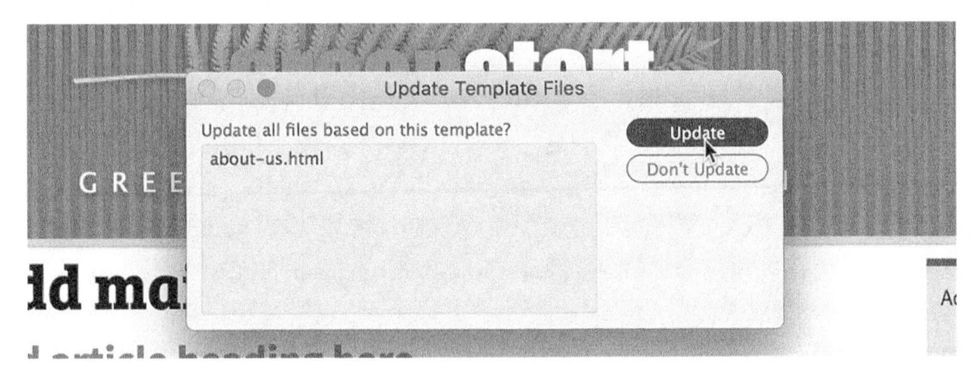

图 6-54

6. 单击 Update（更新）。出现 Update Pages（更新页面）对话框。

7. 如果有必要，选择 Show Log（显示记录）选项，如图 6-55 所示。

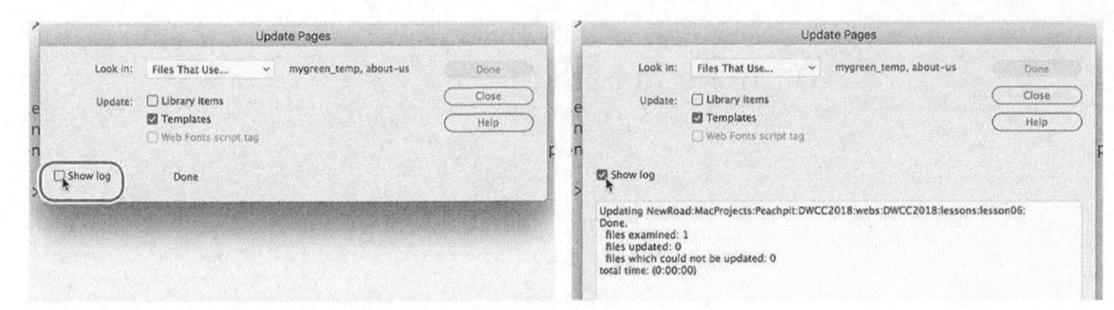

图 6-55

出现一个显示报告的窗口，列出成功和不成功更新的页面。

注意：“更新页面”功能有时需要很长时间才能完成。如果你的更新运行过于缓慢，你可以用对话框中提供的 Stop（停止）按钮退出处理。

8. 关闭 Update Pages（更新页面）对话框。

9. 单击文档选项卡切换到 about-us.html，如图 6-56 所示。

观察页面，注意任何变化。

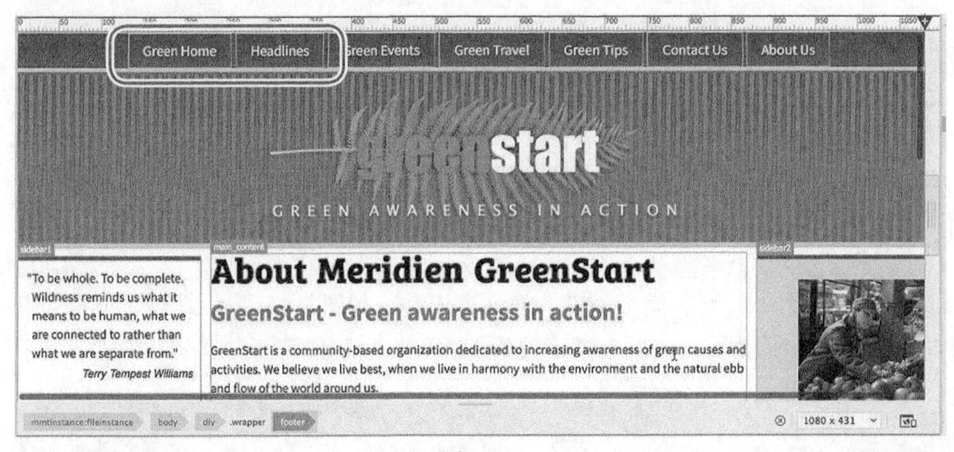

图 6-56

对模板水平菜单所进行的更改反映到这个文件中，但是对侧栏和主内容区域的更改被忽略，你之前添加到这两个区域的内容保持不变。

10. 如果有必要，在 CSS 设计器中，选择 All（全部）按钮，检查 Sources（源）窗格。

Sources（源）窗格列出两个 CSS 源：`<style>` 和 mygreen-styles.css。`<style>` 指的是页面 `<head>` 部分的嵌入式样式表。

11. 选择 Sources（源）窗格中的 `<style>`。观察 Selectors（选择器）窗格。

Selectors（选择器）窗格为空，表示内嵌样式表中没有定义任何规则。

12. 在 Sources（源）窗格中选择 mygreen-styles.css，如图 6-57 所示。观察 Selectors（选择器）窗格。

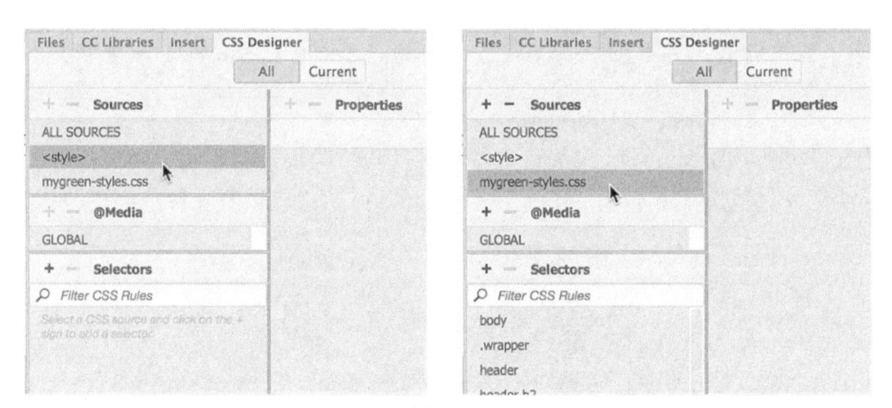

图 6-57

Selectors（选择器）窗格显示之前包含在嵌入样式表中的全部 CSS 规则。模板中进行的更改传递到了 about-us.html。

如你所见，你可以安全地进行更改，添加内容到可编辑区域，不用担心模板会删除你辛勤工作的成果。与此同时，页眉、页首和水平菜单等模板元素都根据模板的状态，保持相同的最新格式。

13. 单击 mygreen_temp.dwt 的文档选项卡，切换到模板文件。

14. 切换到设计视图。

15. 删除导航菜单中 Green Home 链接里的单词 Green，将单词 Headlines 改回 Green News，如图 6-58 所示。

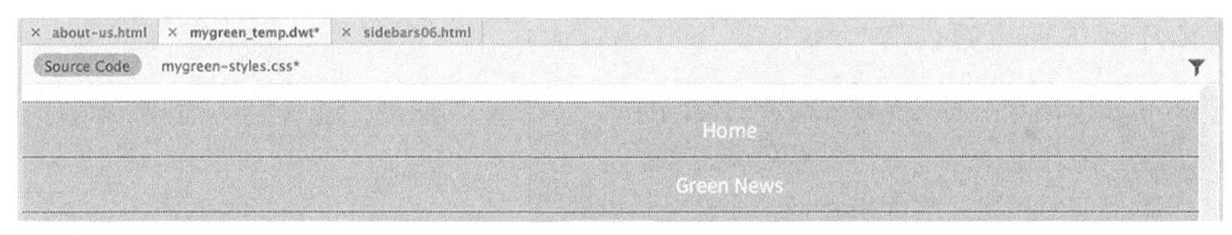

图 6-58

16. 保存模板，更新相关文件。

17. 单击 about-us.html 文档选项卡。

观察页面，注意任何变化，结果如图 6-59 所示。

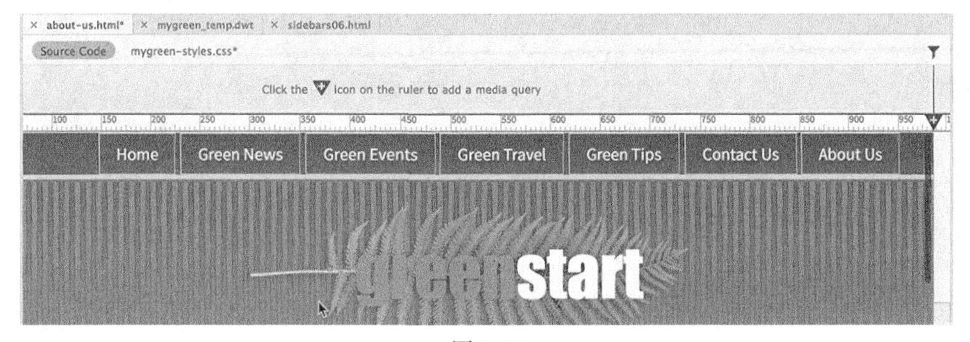

图 6-59

提示：如果打开的页面在更新期间已经改变，它将被 Dreamweaver 更新，在文档选项卡中的名称上显示一个星号。

水平菜单已经更新。Dreamweaver 甚至更新此时打开的链接文档。唯一需要担心的是某些更改还没有保存。注意，文档选项卡显示一个星号（见图 6-60），这意味着文件已经更改但是没有保存。

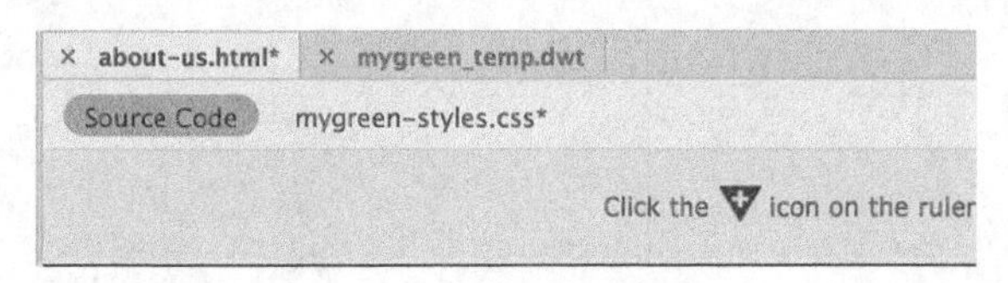

图 6-60

如果 Dreamweaver 或者你的计算机在此时崩溃，你所做的一切更改将丢失；你不得不人工更新页面，或者等到下一次修改模板时利用自动更新功能。

提示：每当你打开多个可能已经被模板更新的文件时，始终使用 Save All（保存全部）命令。在大部分情况下，在你的文件全部关闭时更新更好，这样它们将被自动保存。

18. 选择 File（文件）> Save All（保存全部）。

19. 关闭 mygreen_temp.dwt。

你已经将样式移到连接文件中，应该可以创建规则、设置 Sidebar 2 中 figure 元素的样式了。

格式化可编辑区域的内容

插入可编辑区域中的内容往往需要自定义样式，以帮助这些内容适应布局。在本练习中，你将创建规则，格式化 Sidebar 2 中的图像和文本。

1. 切换到实时视图。选择 Sidebar 2 中的第一个说明文本。

2. 选择 figure 标签选择器。如果有必要，在 CSS 设计器中选择 Current（当前）按钮。

3. 单击 Add Selector（添加选择器）图标 **+**。

4. 如果有必要，按向上箭头键将选择器名称简化为 .sidebar2 figure，如图 6-61 所示。

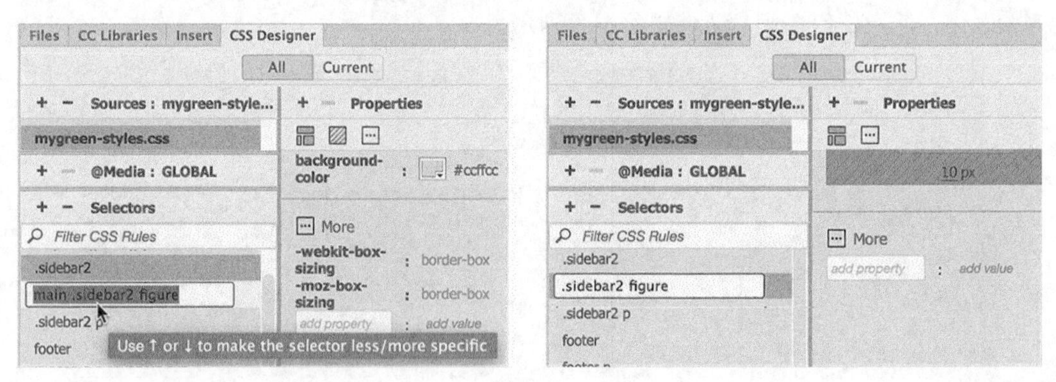

图 6-61

5. 按 Enter/Return 创建选择器。这一次，选择器成功创建。

侧栏中的文本和图像出现在元素右侧。没有格式化这个内容的规则，所以它的样式是 figure 元素的默认样式。当元素默认样式破坏页面常规流程或者外观时，通常必须重置样式。

6. 在 .sidebar2 figure 中添加如下属性：

```
margin: 0 0 10px 0
```

figure 元素现在扩展到侧栏的左右两侧，但是仍然应用 10 个像素的填充。让我们将图像在 figure 元素中居中。

7. 选择 figure 元素中的第一个图像。在 CSS 设计器中，单击 Current（当前）按钮。

8. 单击 Add Selector（添加选择器）图标 **+**。创建如下选择器：

```
.sidebar2 figure img
```

9. 在新规则中创建如下属性，如图 6-62 所示。

```
display: block
margin: 0 auto
```

Sidebar 2 中的图像对齐栏目的中央。在左侧和右侧设置 auto 边距强制元素居中。但是仅用这个设置不能实现预想的结果。图像被视为内联元素，会忽略边距设置。设置 display: block 使图像遵守上述规格，结果如图 6-63 所示。

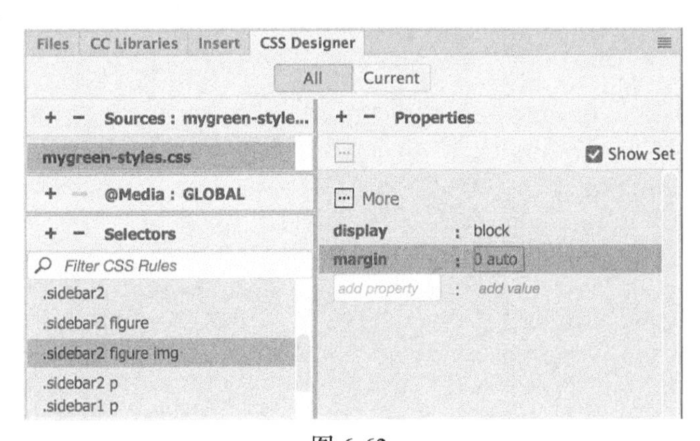

图 6-62

图 6-63

10. 选择 Sidebar 2 的第一个文字说明。“元素显示”出现，焦点在 figcaption 元素上。

11. 创建如下规则：

```
.sidebar2 figure figcaption
```

12. 在规则中添加如下属性，如图 6-64 所示。

```
margin: 5px 10px 15px 10px
font-size: 90%
```

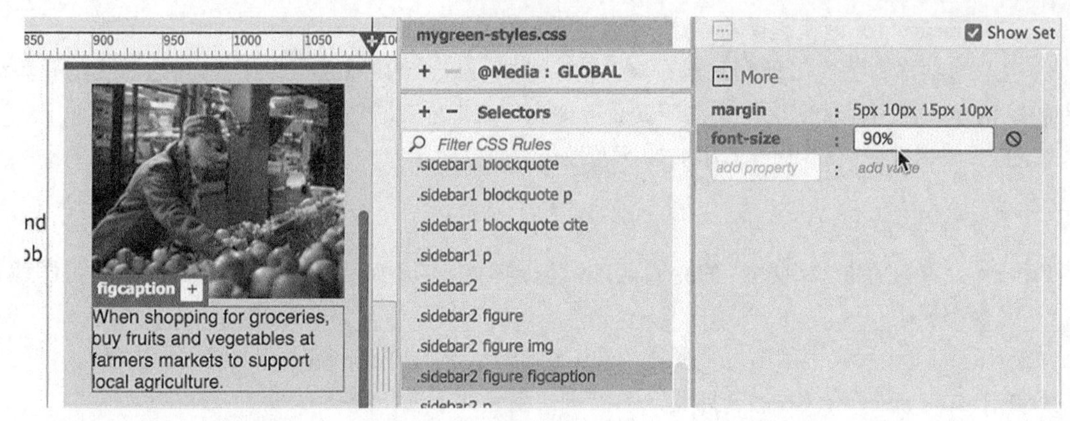

图 6-64

图片文字说明现在左右缩进，在顶部和底部有更多的空白。随着创建更多的页面，可能需要其他自定义样式，但是，现在你的工作已经完成了。

13. 保存所有文件。

14. 选择 File（文件）> Close All（关闭全部）。

Dreamweaver 的模板帮助你快速而轻松地构建和自动更新页面。在接下来的课程中，你将使用新完成的模板为项目站点创建文件。虽然选择使用模板是你在创建新站点时应该做出的决策，但是用它们加速你的工作、使站点维护更快捷永远都不会晚。

6.9 复习题

1. 如何从现有页面创建一个模板？

2. 为什么模板是“动态”的？

3. 你必须添加什么到模板中，使其用于某个工作流？

4. 如何从模板创建一个子页面？

5. 模板能否更新打开的页面？

6.10 复习题答案

1. 选择 File（文件）> Save As Template（另存为模板），在对话框中输入模板名称，就可以创建一个 .dwt 文件。

2. 模板是动态的，这是因为 Dreamweaver 维护模板与站点内由其创建的所有页面之间有联系。当模板更新时，将把锁定区域上的任何变化传递给子页面，可编辑区域保持不变。

3. 你必须在模板中添加可编辑区域，否则无法在子页面中添加独特的内容。

4. 选择 File（文件）> New（新建），在 New Document（新建文档）对话框中，选择 Site Templates（网站模板）。找到想要的模板，单击 Create（创建）。或者在 Assets（资源）>Template（模板）类别中右键单击模板名称，选择 New From Template（从模板新建）。

5. 是。打开的基于模板页面将随着文件关闭而更新。唯一的差别是，打开的文件在更新后不会自动保存。

第7课　处理文本、列表和表格

课程概述

在本课中，读者将学习以下内容：

- 输入标题和段落文本；
- 插入来自另一个源的文本；
- 创建项目列表；
- 创建缩进的文本；
- 插入和修改表格；
- 在网站中检查拼写；
- 查找和替换文本。

完成本课大约需要 3 小时。请先到异步社区的相应页面下载本书的课程资源，并进行解压。根据 lesson07 文件夹定义站点。

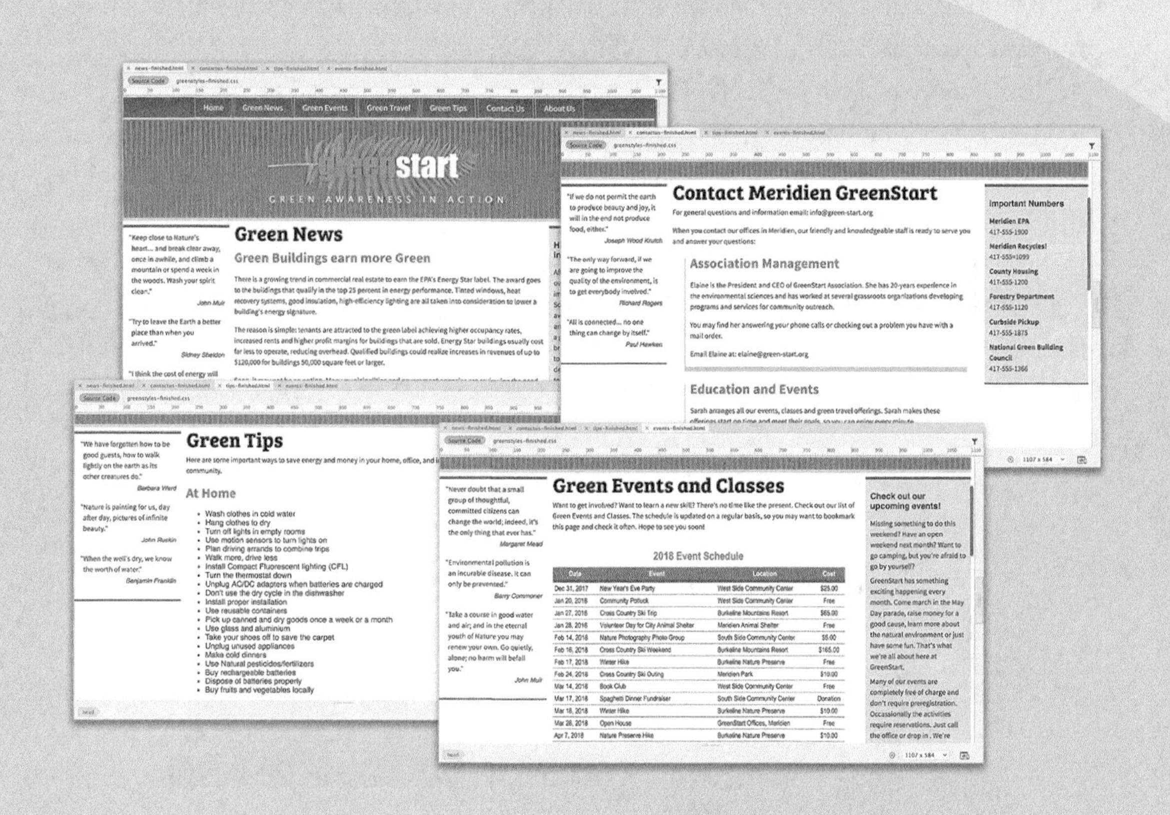

Dreamweaver 提供了众多工具用于创建、编辑和格式化 Web 内容，不管这些内容是在软件内创建的，还是从其他应用程序导入的。

7.1 预览完成的文件

为了解你将在本课程的第一部分中处理的文件，让我们先在浏览器中预览已完成的页面。

1. 如果有必要，启动 Adobe Dreamweaver CC（2018 版）或更新版本。如果 Dreamweaver 正在运行，关闭当前打开的任何文件。

2. 按照本书“前言”中的描述，为 lesson07 文件夹定义一个新站点，将新网站命名为 lesson07。

3. 如果有必要，按下 F8 键打开 Files（文件）面板。从站点列表中选择 lesson07。

Dreamweaver 允许同时打开一个或多个文件。

4. 打开 lesson07/finished-files 文件夹。

5. 选择 contactus-finished.html。

按住 Ctrl/Cmd 键，然后选择 events-finished.html、news-finished.html 和 tips-finished.html

单击前按住 Ctrl/Cmd 键，可以选择多个不连续的文件。

> Dw **注意：**要打开连续的文件，请在选择之前按住 Shift 键。

6. 右键单击选择的任何文件，从上下文菜单中选择 Open（打开），如图 7-1 所示。

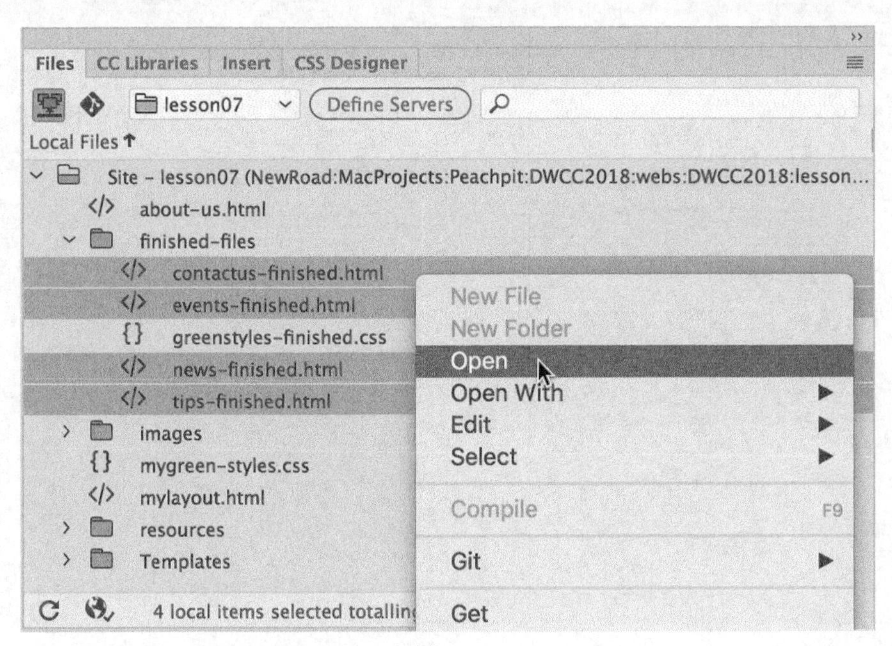

图 7-1

全部 4 个文件都会打开。文档窗口顶部的选项卡标识了每个文件。

7. 单击 news-finished.html 选项卡，将该文件置顶，如有必要，切换到实时视图，如图 7-2 所示。

注意：一定要使用实时视图来预览每个页面。

图 7-2

注意使用的标题和文本元素。

8. 单击 events-finished.html 文档选项卡将该文件置顶，如图 7-3 所示。

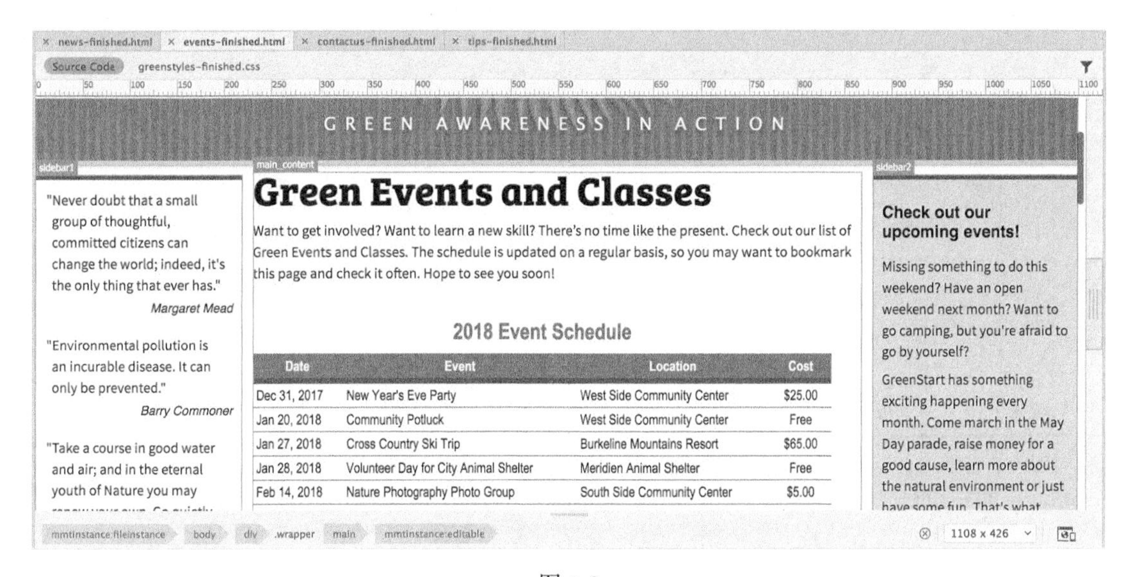

图 7-3

注意使用的两个基于 HTML 的表格。

9. 单击 contactus-finished.html 选项卡将该文件置顶，如图 7-4 所示。

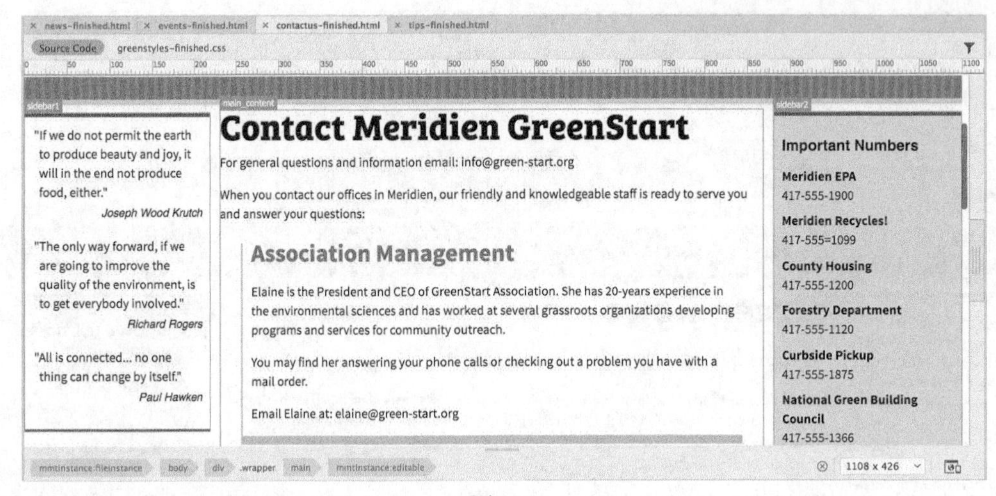

图 7-4

注意文本元素的缩进和格式。

10. 单击 tips-finished.html 选项卡将该文件置顶，如图 7-5 所示。

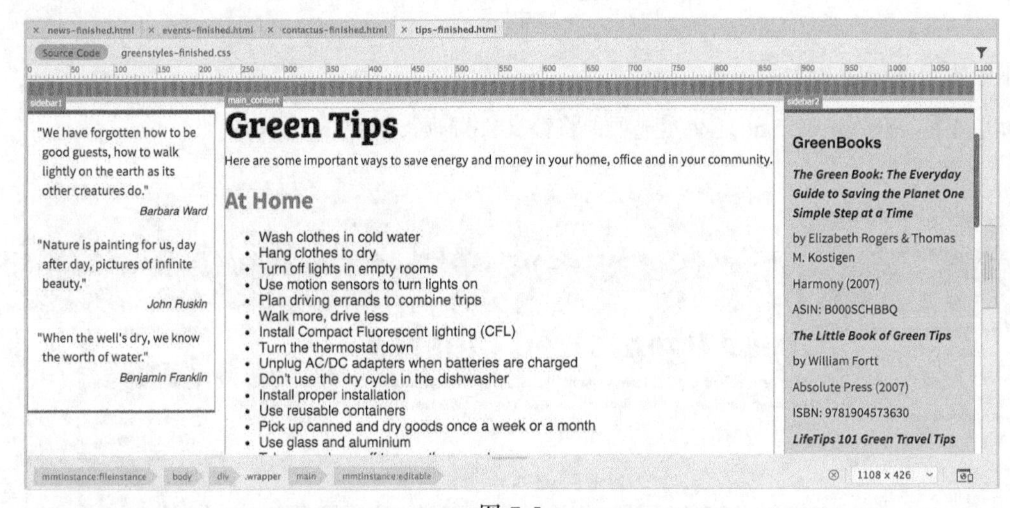

图 7-5

注意使用的项目符号列表元素。

11. 选择 File（文件）> Close All（全部关闭）。

每个页面中都使用了各种元素，包括标题、段落、列表、项目符号、缩进文本和表格。在以下练习中，你将创建这些页面，并学习格式化这些元素的方法。

7.2 创建文本和设置样式

大多数网站都由大块的文本组成，并且点缀少数几幅带来视觉趣味的图像。Dreamweaver 提供了多种创建、导入文本和设置样式的手段，以满足各种需要。

7.2.1　导入文本

在这个练习中，将通过站点模板创建一个新页面，然后插入来自文本文档的标题和段落文本。

> **提示：**“资源”面板可能会作为单独的浮动面板打开。要节省屏幕空间，请将面板移至屏幕右侧，如第 1 课所述。

> **注意：**仅当文档打开时，“资源”面板的“模板”选项卡才会显示在“设计”和“代码”视图中。你也可以在没有文档打开时看到它，并选择一个模板。

1. 选择 Window（窗口）> Assets（资源）显示 Assets（资源）面板。选择 Templates（模板）类别图表。右键单击 mygreen_temp 并选择上下文菜单中的 New From Template（从模板新建），如图 7-6 所示。

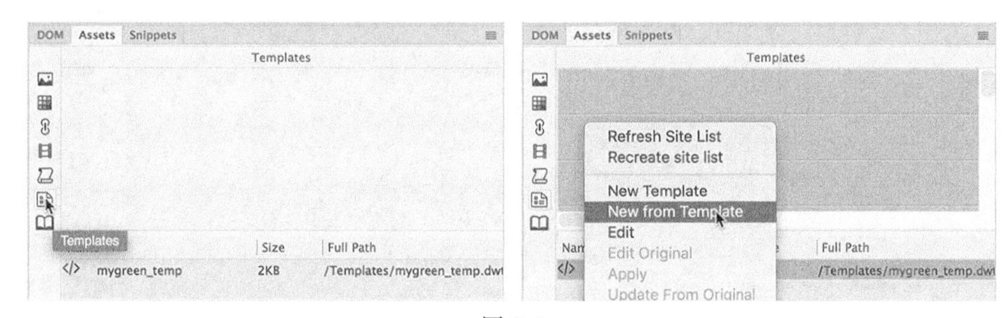

图 7-6

一个新页面将按照网站模板创建。

2. 将文件保存在站点根文件夹，取名 news.html。

当你首次创建文件时，立即更新或替换新页面中的各种元数据和占位符文本元素是一个好主意。在人们忙于为主内容创建文本和图像时，这些项目往往被忽视或者遗忘。首先，你将更新页面标题。

3. 如果必要，选择 Window（窗口）> Properties（属性）显示 Property（属性）检查器。

> **提示：**“属性”检查器可能在默认工作区中不可见。你可以在“窗口”菜单中访问它，并将其停靠在屏幕底部。

4. 在 Document Title（文档标题）字段中，选择占位文本 Add Title Here，输入 Green News 并按 Enter/Return 键完成标题，如图 7-7 所示。

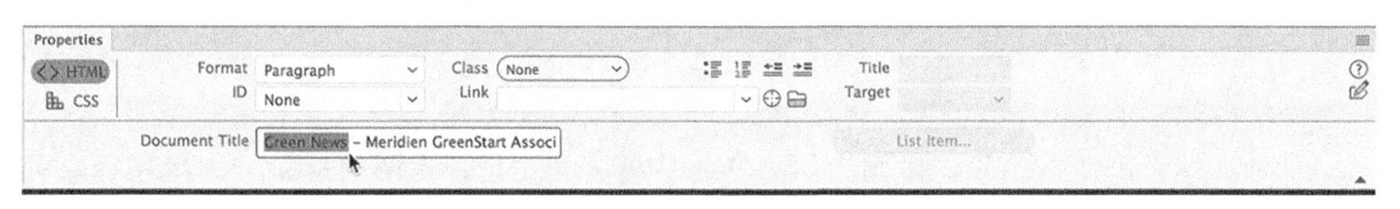

图 7-7

每个页面还有一个“元描述”（Meta description）元素，它会向搜索引擎提供关于页面内容的有价值信息。你必须在“代码”视图中进行编辑。

5. 切换到代码视图。元描述应大约在第 13 行。

6. 滚动到 <head> 区段（大约在第 13 行）中的可编辑区域。

7. 选择文本 add description here，输入如下内容，如图 7-8 所示。

Read the latest eco-news and commentary for and about Meridien

```
   /mygreen-styles.css" rel="stylesheet" type="text/css">
12 <!-- InstanceBeginEditable name="head" -->
13 <meta name="description" content="Meridien GreenStart Association - Read the
   latest eco-news and commentary for and about Meridien">
14 <!-- InstanceEndEditable -->
15 </head>
```

图 7-8

一旦更新了元数据，你就可以开始处理主内容。

8. 在 Files（文件）面板中，双击 lesson07/resources 文件夹中的 green_news.rtf，结果如图 7-9 所示。

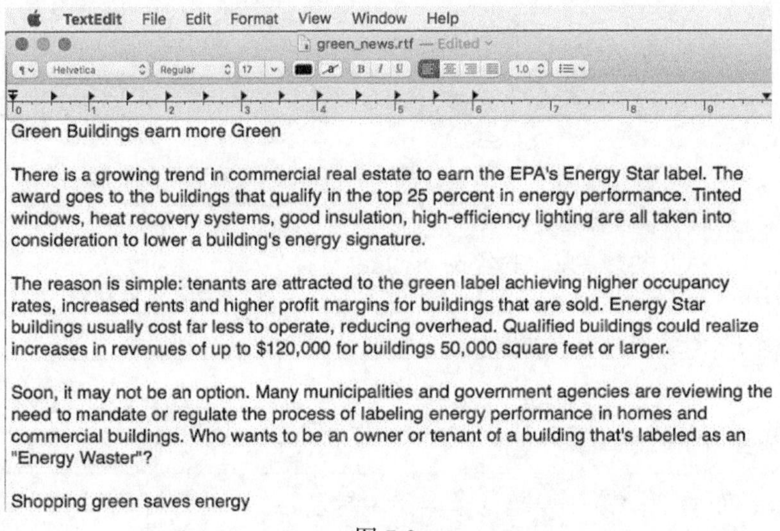
TextEdit File Edit Format View Window Help
green_news.rtf — Edited
Helvetica
Regular
Green Buildings earn more Green
There is a growing trend in commercial real estate to earn the EPA's Energy Star label. The award goes to the buildings that qualify in the top 25 percent in energy performance. Tinted windows, heat recovery systems, good insulation, high-efficiency lighting are all taken into consideration to lower a building's energy signature.
The reason is simple: tenants are attracted to the green label achieving higher occupancy rates, increased rents and higher profit margins for buildings that are sold. Energy Star buildings usually cost far less to operate, reducing overhead. Qualified buildings could realize increases in revenues of up to $120,000 for buildings 50,000 square feet or larger.
Soon, it may not be an option. Many municipalities and government agencies are reviewing the need to mandate or regulate the process of labeling energy performance in homes and commercial buildings. Who wants to be an owner or tenant of a building that's labeled as an "Energy Waster"?
Shopping green saves energy

图 7-9

Dreamweaver 自动启动与所选文件类型兼容的程序。文本未被格式化，并且在每个段落之间有额外的线条。这些额外的线条是有意增加的。因为某种原因，当你从另一个程序复制并粘贴时，Dreamweaver 会替换
 标签的单个回车符。添加第二个回车符会强制 Dreamweaver 使用段落标签代替换行标签。

这个文件包含了 4 篇新闻报道。将报道移到网页中后，你将创建语义结构，就像引文占位符那样。如前所述，语义 Web 设计试图为你的 Web 内容提供语境，以便用户和 Web 应用程序更容易找到信息并在必要时重新使用。

9. 在文本编辑器或字处理程序中，将光标插入到文本 Green Buildings earn more Green 前。

10. 向下拖动鼠标，选择接下来的 4 个段落，以文本“Energy Waster”？结束。

你已经选择了新内容中的第一篇“文章”。

提示：当你在 Dreamweaver 中使用剪贴板从其他程序中导入文本时，如果希望遵守段落换行，可以使用实时或者设计视图。

11. 按 Ctrl+X/Cmd+X 组合键剪切文本。

12. 切回 Dreamweaver。

13. 如果有必要，切换到实时视图。示例页面有一个页面标题和一个 <article> 元素占位符。你从 green_news.rtf 剪切的内容将插入现有的占位符中。

14. 双击编辑文本。选择 Add main heading here，输入 Green News 代替，如图 7-10 所示。

图 7-10

提示：记住，你必须在实时视图中双击元素以进入编辑模式

15. 选择并删除标题元素 Add article heading here。

16. 选择 <p> 元素 Add content here。“元素显示”将出现，焦点在 <p> 元素上。

17. 按 Ctrl+V/Cmd+V 键粘贴剪贴板中的文本，如图 7-11 所示。

图 7-11

来自 green_news.rtf 的文本出现在占位符文本下的布局中，保留各种段落元素。注意，占位元素没有被替换。你不再需要占位文本了。

> **提示：**当你想要在实时视图中粘贴多个段落时，记住这种技术。

18. 选择并删除文本 Add content here。

19. 保存文件。

虽然网页的访问者能够区分一篇报道在哪里结束，另一篇报道在哪里开始，但是在代码中，他们之间目前没有什么不同之处。只要有可能，添加语义结构就应该是你的目标。这不仅有助于支持可访问性标准，还可以同时提高你的搜索引擎优化排名。

7.2.2 创建语义文本结构

在本练习中，你将插入其余内容，并创建 HTML5 的 `<section>` 元素来帮助定义各个新闻报道。

1. 如有必要，在实时视图中打开 news.html，并在文本编辑器中打开 green_news.rtf。

当前文档有一个 `<article>` 元素，包含一篇新闻报道。

在创建语义结构之前添加内容往往更简单。

2. 在 green_news.rtf 中按 Ctrl+A/Cmd+A 组合键选择其余文本，文档中的所有文本都被选中。

3. 按 Ctrl+X/Cmd+X 键剪切文本。

4. 关闭 green_news.rtf。不保存任何更改。

5. 在 Dreamweaver 中，选择文本元素 Green Buildings earn more Green。

"元素显示"将出现，焦点在 `<p>` 元素上。如果你检查标签选择器，就会看到 `article` 是所选元素的父元素。新的文本应该粘贴在这个元素之后。要更改"元素显示"的焦点，可以按键盘上的上下箭头键。

6. 按键盘上的上箭头键。

"元素显示"的焦点现在位于 `article` 元素上，结果如图 7-12 所示。

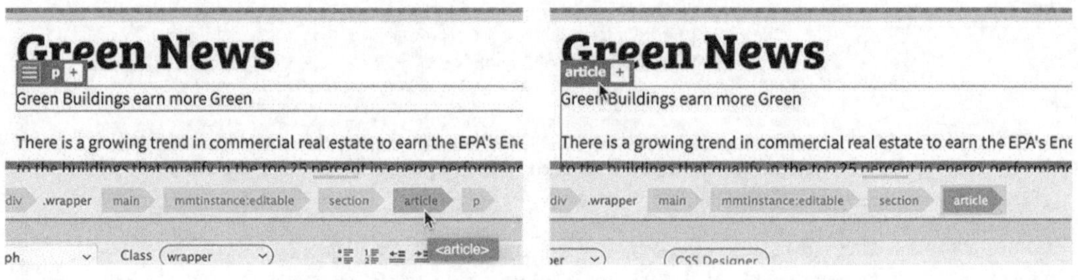

图 7-12

7. 按 Ctrl+V/Cmd+V 键粘贴其余的新闻报道，如图 7-13 所示。

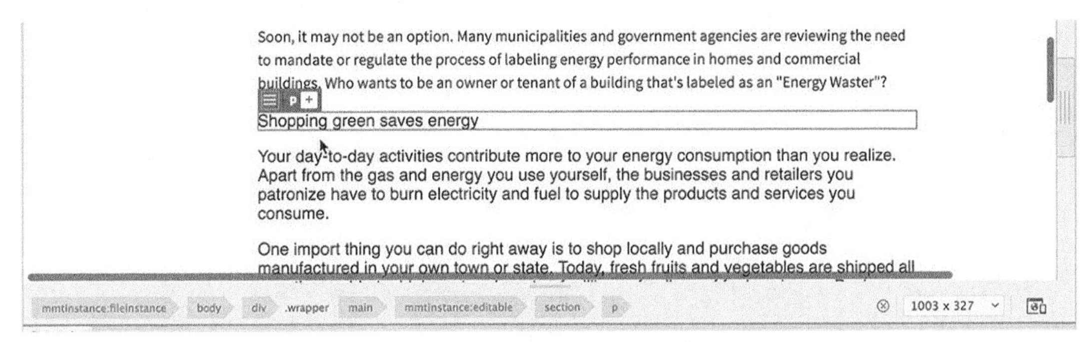

图 7-13

新闻报道出现在 article 元素的下方和外面。你可以从样式的差异中看出，CSS 没有正确地应用到这些新段落上。这将在你添加正确的 HTML 结构后立刻得到改正。

8. 从文本 Shopping green saves energy 开始，向下拖动鼠标选择接下来的 4 个段落，以 in your own community 结束。

第二篇新闻报道被选中，以蓝色高亮显示。

9. 按 Ctrl+T/Cmd+T 键打开快速标签编辑器。

快速标签编辑器以环绕模式出现。现在你可以输入任何标签名称，环绕选中的文本。

注意：在撰写本书时，只有快速标签编辑器允许你环绕实时视图选中的内容。

10. 输入 article，按 Enter/Return 键两次，创建新元素，如图 7-14 所示。

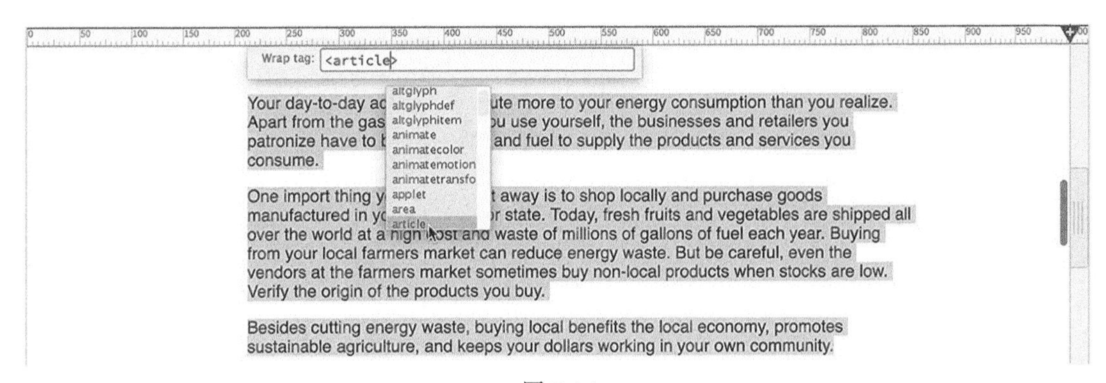

图 7-14

新元素出现在环绕第一篇新闻报道的标签选择器界面中，你也可以使用 DOM 面板创建语义结构。

11. 如果必要，选择 Window（窗口）> DOM 显示 DOM 面板。

12. 在实时视图中，单击文本 Recycling isn't always green。"元素显示"出现在实时视图中，焦点在 p 元素上。在 DOM 面板中，p 元素也高亮显示。

13. 按住 Shift 键，选择 DOM 面板中的下 3 个 p 元素，选中全部 4 个段落。

14. 右键单击选择的内容并选择 Wrap Tag（环绕标签）。在元素字段中输入 `article`。如果有必要，按 Enter/Return 键完成新元素，如图 7-15 所示。

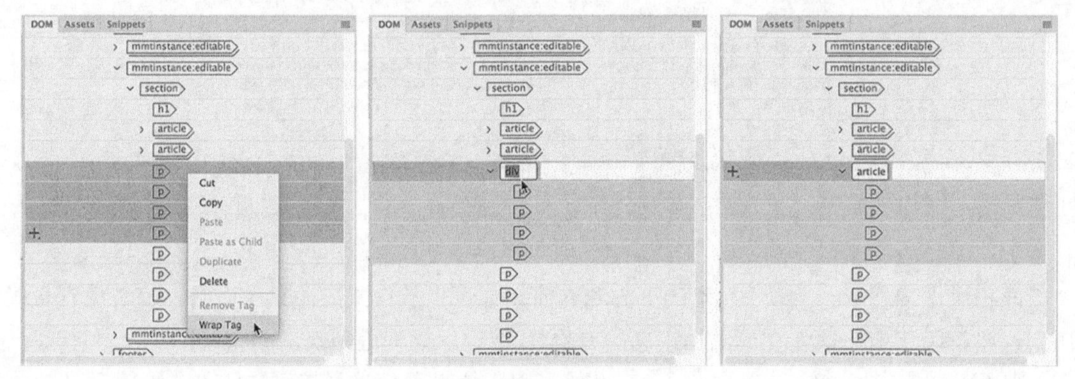

图 7-15

15. 重复第 12 ～ 14 步环绕新 <article> 元素中的其余 4 个段落，结果如图 7-16 所示。

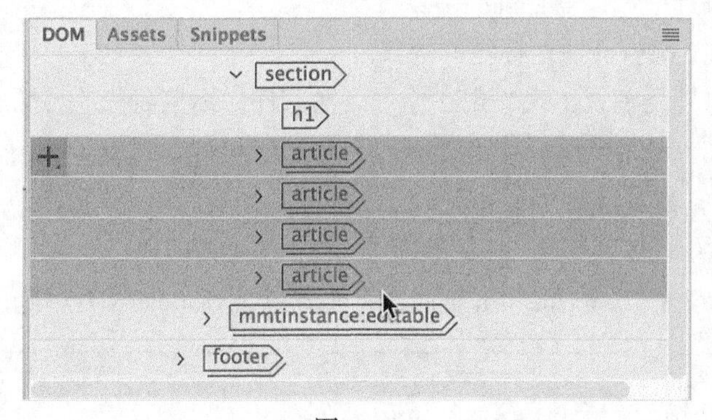

图 7-16

结束时，你应该有 4 个 <article> 元素，每篇新闻报道一个。

16. 保存 news.html。

每篇新闻报道都有标题，但它们目前被格式化为段落元素。在下一个练习中，你将为它们应用适当的标签。

7.2.3 创建标题

在 HTML 中，使用标签 <h1>、<h2>、<h3>、<h4>、<h5> 和 <h6> 创建标题。任何浏览设备，无论它是计算机、盲文阅读器还是手机，都可以解释利用这些标签格式化为标题的文本。在 Web 上，标题把 HTML 页面组织为有意义的区域，提供有用的页面标题，就像在图书、杂志文章和学期论文中所做的那样。

你正在每页使用一个 <h1> 元素作为主页标题。页面上使用的任何其他标题应从 <h1> 按顺序递减。由于每篇新报道都具有同等的重要性，它们全都可以二级标题或 <h2> 开始。此刻，所有粘贴的文本都被格式化为 <p> 元素。让我们把新闻标题格式化为 <h2> 元素。

提示：如果“格式”菜单不可见，就需要选择“属性”检查器的 HTML 模式。

1. 在“实时”视图中，选择文本 Green Buildings earn more Green，从 Property（属性）检查器中的 Format（格式）菜单中选择 Heading 2，如图 7-17 所示。

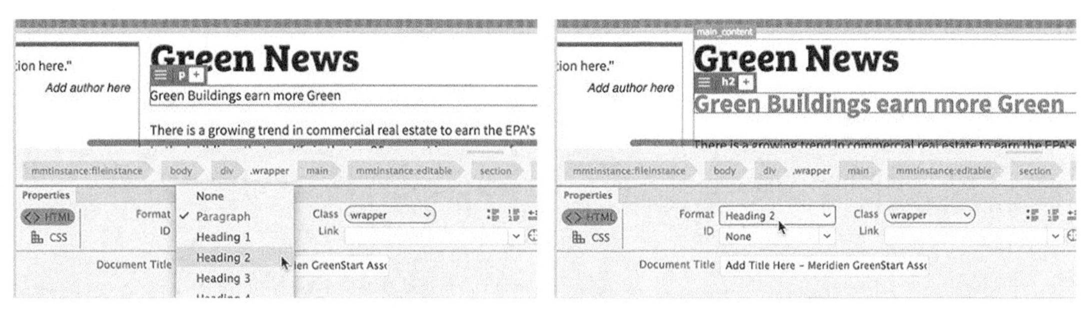

图 7-17

文本被格式化为 <h2> 元素。Dreamweaver 还为这一操作提供了快捷键。

2. 单击文本 Shopping green saves energy。

“元素显示”将出现，以 p 元素为焦点。

3. 按 Ctrl+2/Cmd+2 键，结果如图 7-18 所示。

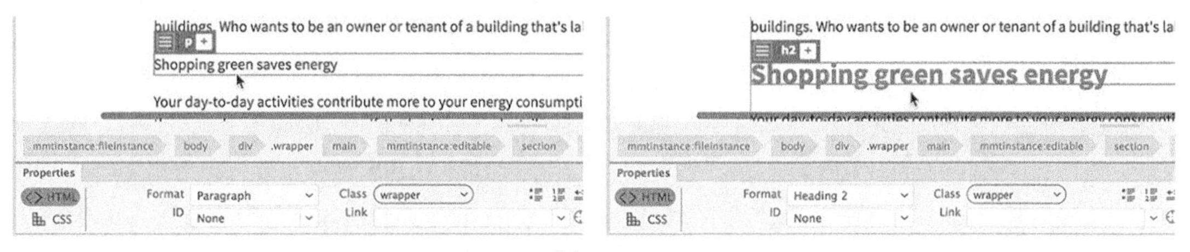

图 7-18

文本现在格式化为一个 <h2> 元素。

4. 将段落 Recycling isn’t always Green and Fireplace: Fun or Folly? 格式化为 h2 标题。

所有新闻报道都正确地构造和格式化。

5. 保存所有文件。

7.2.4 添加其他 HTML 结构

后代选择器通常足以为网页中的大多数元素和结构设计样式。但并不是所有的结构元素都可以从 Insert（插入）菜单或面板中获得。在本练习中，你将学习如何使用“快速标签编辑器”构建引文和属性的自定义 HTML 结构。

1. 如果有必要，在实时视图中打开 news.html。

2. 在 Files（文件）面板中，打开 lesson07\resources 文件夹中的 quotes07.txt，结果如图 7-19 所示。

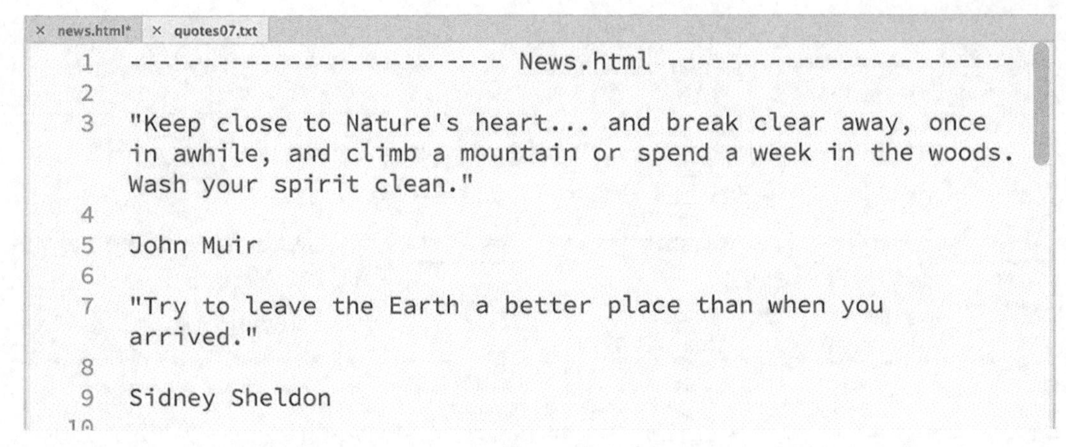

图 7-19

由于这是一个纯文本文件，Dreamweaver 可以打开它。该文件包含你将要插入本课程创建的各个页面中的引文。

3. 选择第一个引文的文本，作者名称除外。

按 Ctrl+X/Cmd+X 键剪切文本。

4. 切换到 news.html。选择第一个引文占位符，如图 7-20 所示。按 Ctrl+V/Cmd+V 组合键。

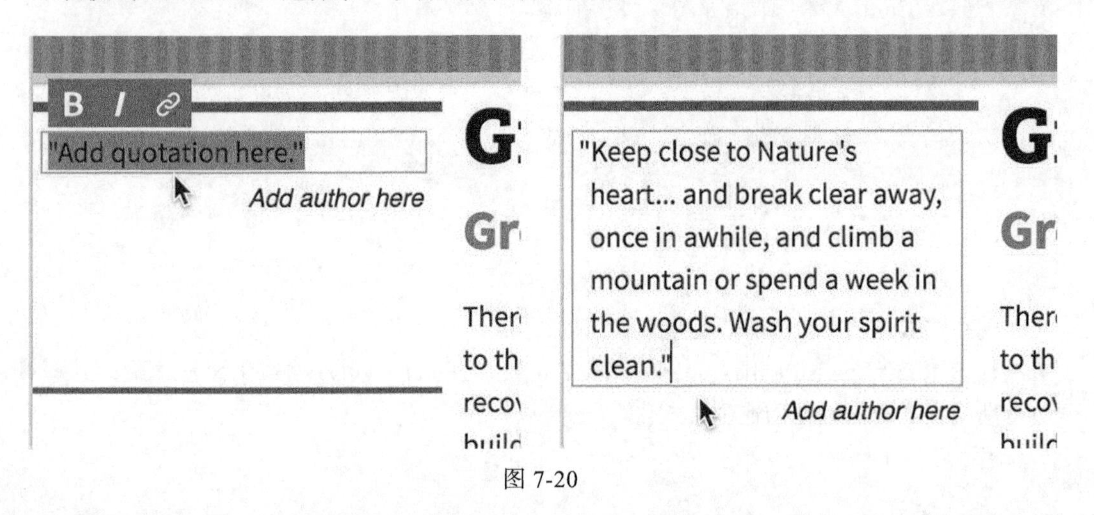

图 7-20

> **注意：** 记得双击占位符，打开橙色的编辑框。

引文替换占位符。

5. 切换到 quotes07.txt。选择并剪切作者名称 John Muir。

6. 切换到 news.html，选择 Add author here 占位文本并粘贴文本，如图 7-21 所示。

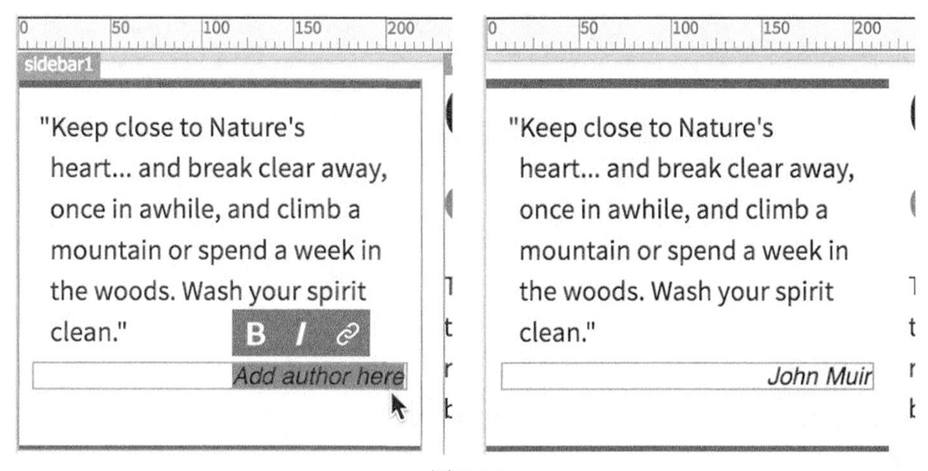

图 7-21

John Muir 替换作者姓名占位符。

由于模板中只有一个引文占位符，你必须从头开始创建其他引文结构。

7. 切换到 quotes07.txt，选择下两段引文和作者。

8. 在 news.html 中，单击选中第一段引文，单击 `blockquote` 标签选择器。

在实时视图中选择一个元素时，Dreamweaver 将新内容直接粘贴到选中内容之后。

9. 按 Ctrl+V/Cmd+V 键粘贴到新引文和作者。文本插入 `<aside>` 元素中，但是在 `blockquote` 后面，结果如图 7-22 所示。

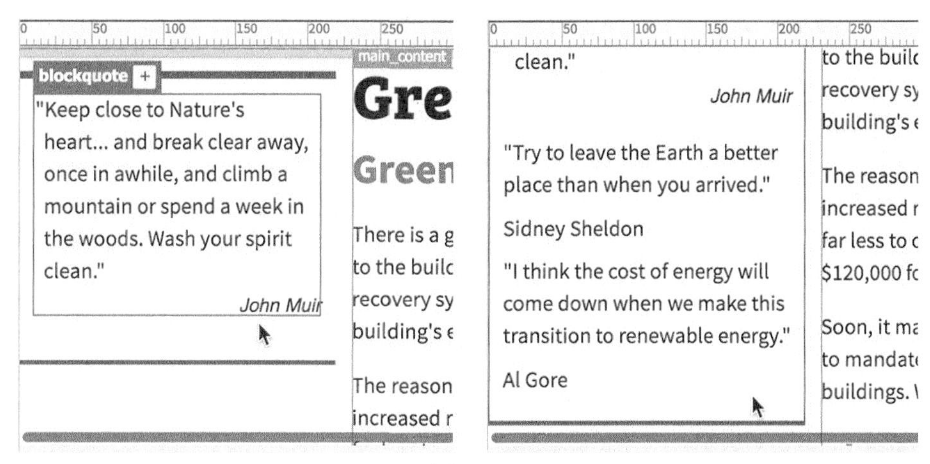

图 7-22

新文本没有正确设置样式。

10. 使用光标和标签选择器界面，比较 3 段引文结构，注意它们的差别。

新引文和作者姓名出现在两个单独的 `p` 元素中。

部分样式问题是因为缺失 `blockquote` 元素引起的。Dreamweaver 没有添加此特定标签的菜单选项，但你可以使用“快速标签编辑器”来构建所有类型的自定义结构。

11. 拖动光标选择第二段引文，包括作者姓名 Sidney Sheldon，按 Ctrl+T/Cmd+T 键，出现“快速标签编辑器”。由于你选择了多于一个元素，它应该默认处于环绕模式。

提示：如果有必要，按 Ctrl+T/Cmd+T 切换快速标签编辑器模式。

12. 输入 `blockquote` 并按 Enter/Return 键两次，添加该元素作为两个段落的父元素，如图 7-23 所示。

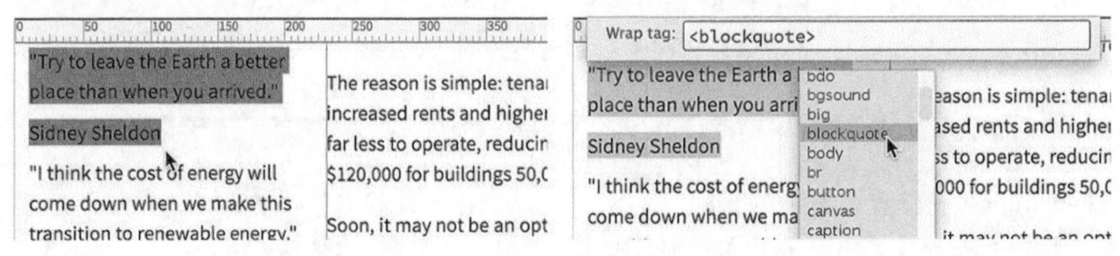

图 7-23

引文现在有了正确的格式，但是作者名称还需要一些调整：你必须更改应用到它的标签。和 `blockquote` 一样，没有用于 `<cite>` 标签的菜单选项。

13. 在作者名称 Sidney Sheldon 中插入光标，选择 <p> 元素的标签选择器。按 Ctrl+T/Cmd+T 键。快速标签编辑器出现。由于你只选中了一个元素，它应该默认为 Edit（编辑）模式。如果显示的模式不正确，按 Ctrl+T/Cmd+T 切换直到正确为止。

提示：在 HTML5 中，`<cite>` 元素用于标识引用的属性。

14. 按退格键删除所选标签中的 p，输入 `cite` 并按 Enter/Return 键两次完成更改，如图 7-24 所示。

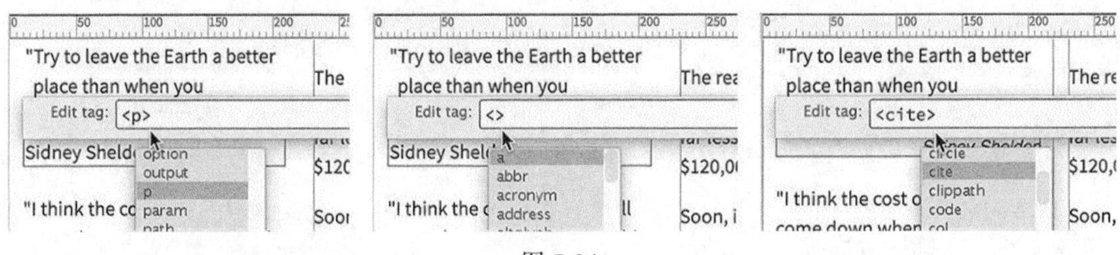

图 7-24

作者名称现在出现在 `<cite>` 元素中，设置为与其他作者完全相同的样式。

15. 重复第 11 ～ 14 步，为 news.html 中的第三段引文创建 `blockquote` 和 `cite` 结构，结果如图 7-25 所示。

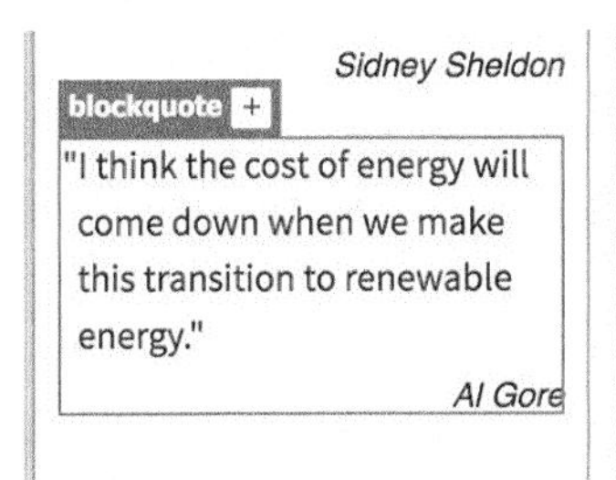
Sidney Sheldon
blockquote +
"I think the cost of energy will come down when we make this transition to renewable energy."
Al Gore
far less to operate, reducing overhead. Qualified buildings could
$120,000 for buildings 50,000 square feet or larger.
Soon, it may not be an option. Many municipalities and governn
to mandate or regulate the process of labeling energy performa
buildings. Who wants to be an owner or tenant of a building tha
Shopping green saves energy

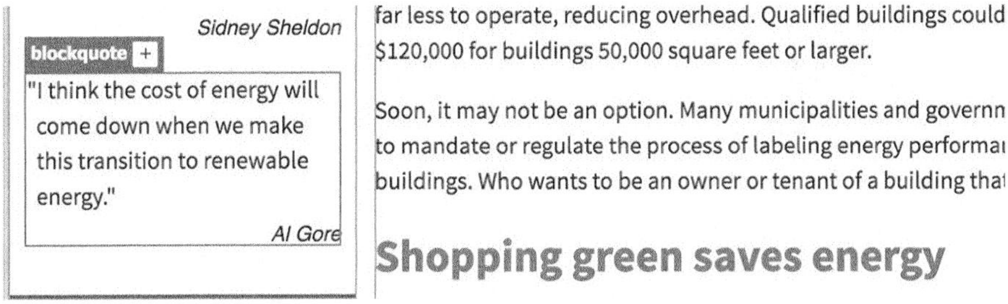

图 7-25

第一栏中的 3 段引文现在都有合适的结构。

16. 保存并关闭 news.html。

17. 关闭 quotes07.txt。不要保存更改。

关闭文本文件，不保存原始更改，这将保留原始内容，以便过后重复本练习。

7.3 创建列表

格式应该为内容增添意义、组织并使之更清晰易读。完成该任务的一种方法是使用 HTML 列表元素。列表是 Web 的主力，因为它们比大块文本更容易阅读，还可以帮助用户快速查找信息。

在下面这个练习中，你将学习如何创建一个 HTML 列表。

1. 选择 Window（窗口）> Assets（资源），将 Assets（资源）面板调到前面。

在 Template（模板）类别中，右键单击 mygreen_temp，从上下文菜单中选择 New From Template（从模板新建）。新页面将根据模板创建。

注意： 模板类别在实时视图中不可见。要创建、编辑或者使用 Dreamweaver 模板，你必须切换到设计或者代码视图，或者关闭所有打开的 HTML 文档。

2. 将文件保存为站点根文件夹中的 tips.html。如果有必要，切换到实时视图。

3. 在“属性”检查器中，选择 Document Title（文档标题）字段中的占位文本 Add Title Here。输入 Green Tips 代替文本并按 Enter/Return 键。

4. 切换到代码视图，定位到元描述元素，选择文本 add description here。

5. 输入 Learn the best eco-tips for your home, office, and your community 并保存文件，如图 7-26 所示。

```
12  <!-- InstanceBeginEditable name="head" -->
13  <meta name="description" content="Meridien GreenStart
    Association - Learn the best eco-tips for your home, office,
    and your community">
14  <!-- InstanceEndEditable -->
```

图 7-26

新描述代替占位符。

6. 在 Files（文件）面板中，双击 lesson07 \resources 文件夹中的 green_tips.rtf。

该文件将在 Dreamweaver 之外打开。其内容由 3 个单独的提示列表组成，它们分别是关于怎样在家中、工作中以及社区中节省能源和金钱的。与新闻页面一样，你将把每个列表插入到它自己的 <section> 元素中。

7. 在 green_tips.rtf 中按 Ctrl+A/Cmd+A 键，按 Ctrl+X/Cmd+X 键剪切文本。关闭但不保存 green_tips.rtf 的更改。

你已经选择并剪切了所有文本。

8. 切回 Dreamweaver。切换到实时视图。

9. 选择 Add main heading here，输入 Green Tips 替换上述文本。

> **注意：**删除占位文本时，一定要删除 HTML 标签。选择和删除整个元素的最佳方法是使用标签选择器。

10. 选择并删除整个 <h2> 元素 Add article heading here。

11. 双击编辑文本 Add content here，输入 Here are some important ways to save energy and money in your home, office, and in your community，如图 7-27 所示。

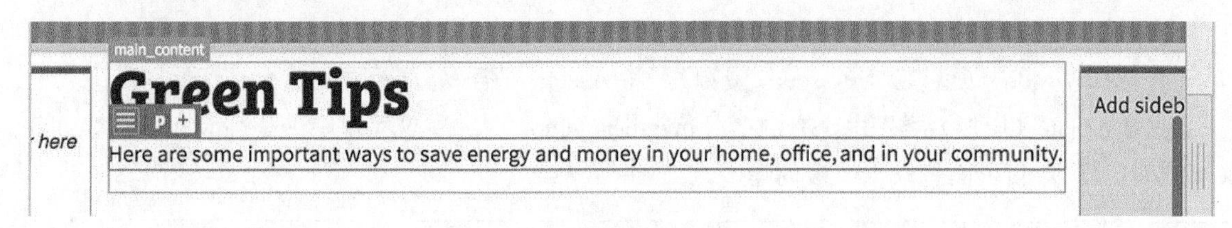

图 7-27

新文本替代占位符。

12. 单击橙色编辑框之外的区域，橙色框消失。

13. 单击选择新段落，按 Ctrl+V/Cmd+V 键，出现全部 3 个列表的文本，如图 7-28 所示。

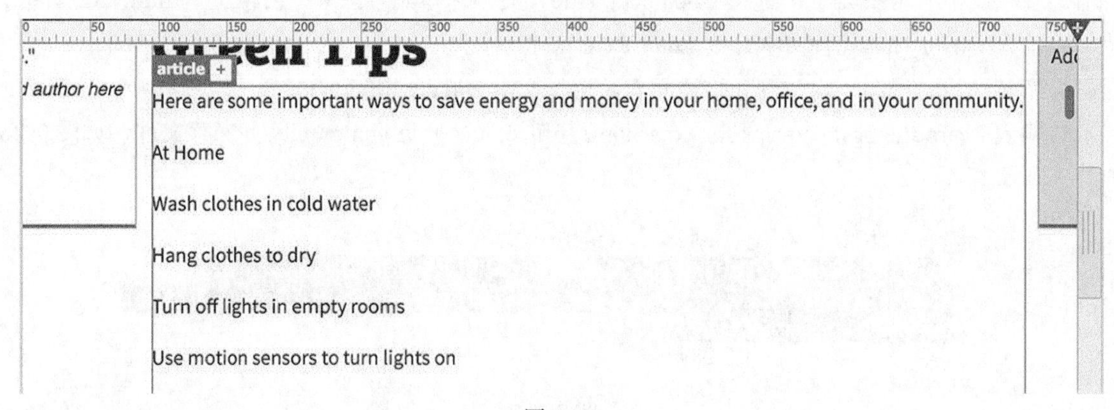

图 7-28

14. 拖动鼠标选择从 At Home and ending with Buy fruits and vegetables locally 开始的文本。

15. 按 Ctrl+T/Cmd+T 键，输入 `section` 并按 Enter/Return 键两次，如图 7-29 所示。

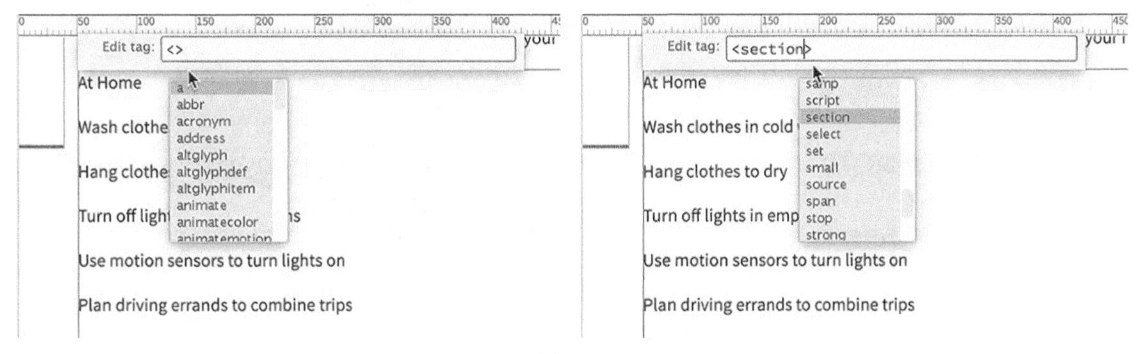

图 7-29

<section> 元素出现，环绕第一个列表。

16. 选择从 At Work and ending with Buy natural cleaning products 开始的文本。

17. 和第 15 步中一样，用 `section` 元素环绕选中的内容。

18. 在 Dreamweaver 中，重复第 14 和 15 步，用其余文本创建第三个列表和 section 结构。全部 3 个列表现在出现在自己的 <section> 元素中。

正如你对新报道标题的处理，应用 HTML 标题以引入列表类别。

19. 对文本 At Home、At Work 和 In the Community 应用 <h2> 格式，如图 7-30 所示。

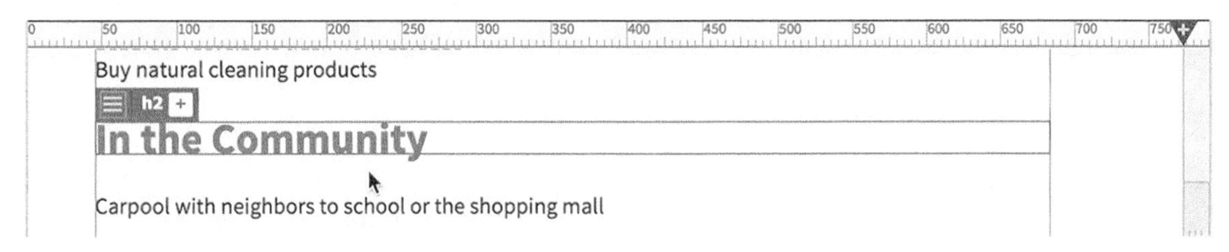

图 7-30

其余文本当前被完全格式化为 HTML 段落。Dreamwaver 很容易将这种文本转换为一个 HTML 列表。列表有两种风格：有序列表（编号列表）和无序列表（项目列表）。

20. 选择标题 At Home 下的全部 <p> 元素。

在属性检查器中，单击编号列表图标，如图 7-31 所示。

编号列表会自动为选中的全部内容添加数字。在语义上，编号列表区分每个项目的优先级，给予它们相对于彼此的内在价值。但是，这个列表似乎没有任何特定的顺序。每个项目或多或少等价于下一个项目，因此它是项目列表的良好候选者，项目列表在项目没有特定的顺序时使用。在更改格式之前，让我们来观察标记。

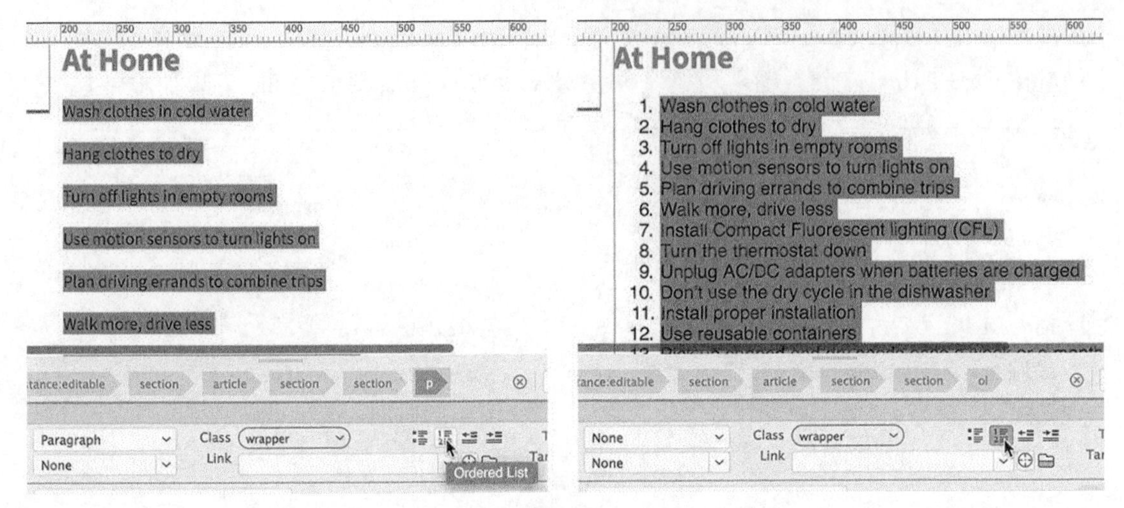

图 7-31

21. 切换到拆分视图。观察文档窗口中代码部分的列表标记，如图 7-32 所示。

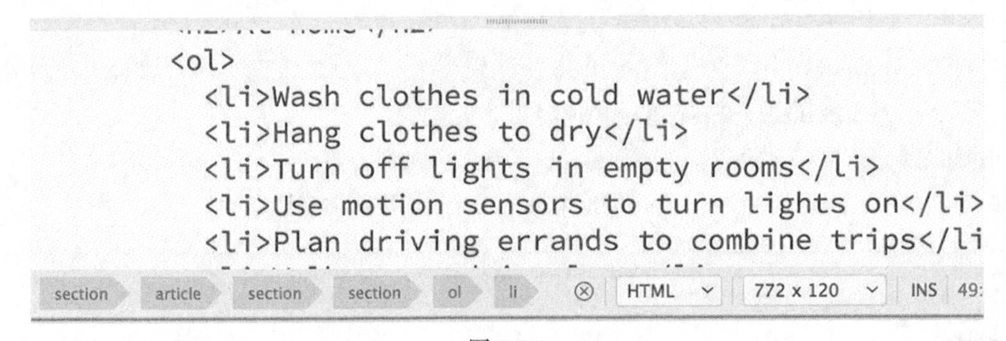

图 7-32

标记由两个元素组成：<ol> 和 <li>。请注意，每一行都被格式化为 <li>（列表项目）。<ol> 父元素开始并结束列表，并将其指定为编号列表。将数字格式更改为项目符号很简单，可以在“代码”或“设计”视图中完成。

提示：选择整个列表的最简单方法是使用 <ol> 标签选择器。

更改格式之前，确保格式化的列表仍然完全被选中。如果需要，你可以使用 <ol> 标签选择器。

22. 在属性检查器中，单击 Unordered List（项目列表）图标，如图 7-33 所示。

提示：你还可以通过在代码视图窗口中手动编辑标记来更改格式。但不要忘记改变开始和结束的父元素。

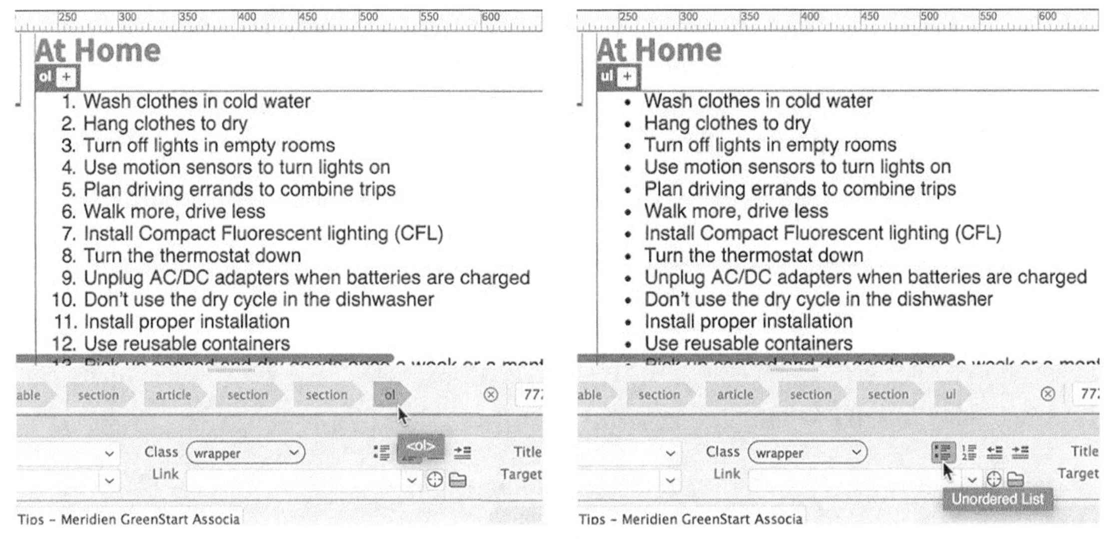

图 7-33

所有的项目现在格式化为项目符号。

如果你观察列表标记，你会注意到，唯一改变的是父元素。现在是指项目列表 <ul>。

23. 在标题 At Work 下选择所有格式化为 <p> 元素的文本。在“属性”检查器中，单击项目列表图标。

24. 对标题“In the Community.”后面的所有文本重复步骤 23。全部 3 个列表现在都格式化为项目符号列表。

25. 在 Dreamweaver 中保存并关闭 tips.html。

创建缩进文本

你正在以语义正确的方式使用<blockquote>元素，以标识不同来源的引用文本，如“Sidebar 1”，但是一些设计人员仍然使用该元素作为缩进标题和段落文本的简单方法。从表面上看，这样格式化的文本看上去将是缩进的，并且与常规的段落文本和标题区分开。但是，如果你想兼容 Web 标准，就应该坚持将这个元素用于预期的目的，在想缩进文本时，使用自定义的 CSS 类代替，就像下面这个练习中那样。

1. 从站点模板创建一个新页面。将文件保存为站点根文件夹中的 contact-us.html。

2. 如果有必要，切换到设计视图。

在属性检查器中，输入 Contact Meridien GreenStart 替换占位文本 Add Title Here。

3. 在代码视图中，选择 meta description 占位文本 text add description here，输入 Meet the amazing staff of Meridien GreenStart 替换它。

4. 在 Files（文件）面板中，打开 lesson07/resources 文件夹中的 contact_us.rtf，如图 7-34 所示。

For general questions and information email:
info@green-start.org

When you contact our offices in Meridien, our friendly and knowledgeable staff is ready to serve you and answer your questions:

Association Management

Elaine is the President and CEO of GreenStart Asociation. She has 20-years experience in the environmental sciences and has worked at several grassroots organizations developing programs and services for community outreach.

图 7-34

该文本由 5 个部分组成，包括标题、描述以及“GreenStart”管理人员的电子邮件地址。你将把每个部门都插入到它自己的 <section> 元素中。

5. 在 contact_us.rtf 中，选择所有文本并剪切。关闭文件，不保存更改。

6. 在 Dreamweaver 中，切换到“实时”视图。选择并键入 Contact Meridien GreenStart 替换标题占位符 Add main heading here。

7. 选择并删除整个标题 Add subheading here。

8. 删除元素 Add content here。按 Ctrl+V/Cmd+V 键粘贴内容。

从 contact_us.rtf 剪切的所有内容直接出现在占位文本之后。在粘贴之前选择占位符可以将文本插入到现有的 article 元素中。

9. 选择并删除文本 Add content here。我们不再需要这段占位文本了。

10. 将文本 Association Management 格式化为 Heading 2。和处理列表时一样，你必须将每组内容放在自己的 <section> 元素中。

11. 拖动选择标题和这部分的其余文本，包括 Elaine 的电子邮件地址。

12. 按 Ctrl+T/Cmd+T 键。输入 section 并按 Enter/Return 键两次，如图 7-35 所示。

13. 重复第 10 ～ 12 步，构造和格式化 Education and Events、Transportation Analysis、Research and Development 和 Information Systems 部分的内容。

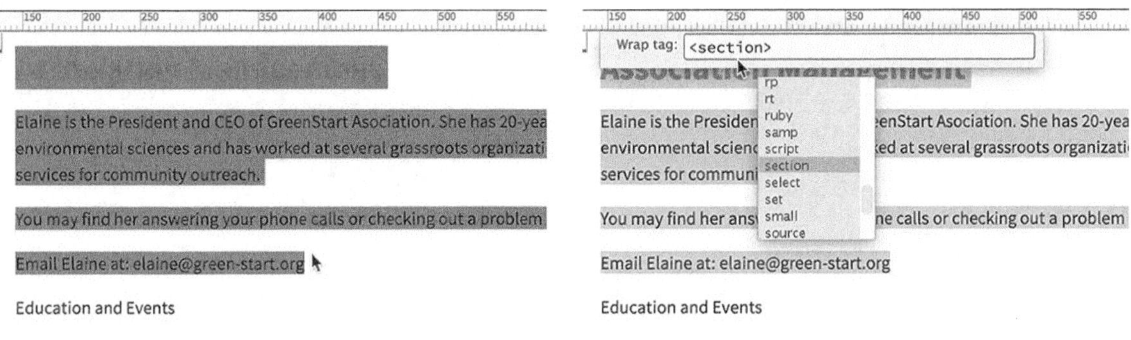

图 7-35

当所有的文本都处于合适位置时，你就为创建缩进样式做好了准备。如果希望缩进单个段落，可以创建一个自定义的类，并将其应用于单个 <p> 元素。在这个实例中，将使用现有的 <section> 元素，产生想要的视觉效果。

为了确保样式仅适用于这些员工档案，你需要创建一个可以分配给它们并独立设置样式的自定义类。首先，我们创建一个类并将其添加到样式表。

14. 单击 Association Management 中的任何元素。单击 <section> 标签选择器。“元素显示”将出现，焦点在 <section> 标签上。

15. 单击 Add Class/ID（添加类 /ID）图标⊞。

16. 输入新类名 .profile，如图 7-36 所示。

> Dw **注意：**不要忘记输入类名开始的句点。

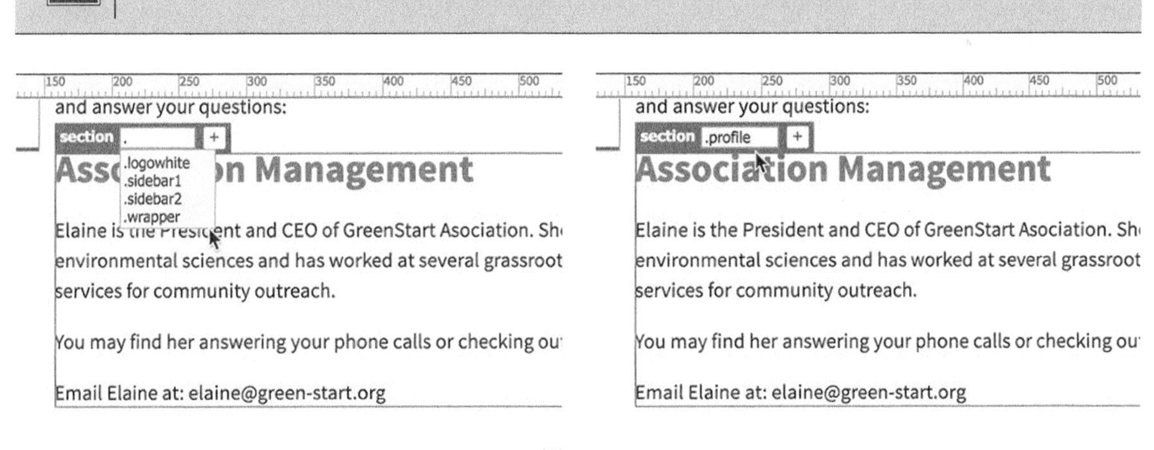

图 7-36

在你输入时，出现一个提示列表，显示现有规则名称，过滤列表匹配你输入的文本。使用这个功能时，可以随意使用鼠标或者键盘从列表中选择任何名称。.profile 类还不存在，但是“元素显示”使你可以即时创建它。

17. 按 Enter/Return 键一次，结果如图 7-37 所示。

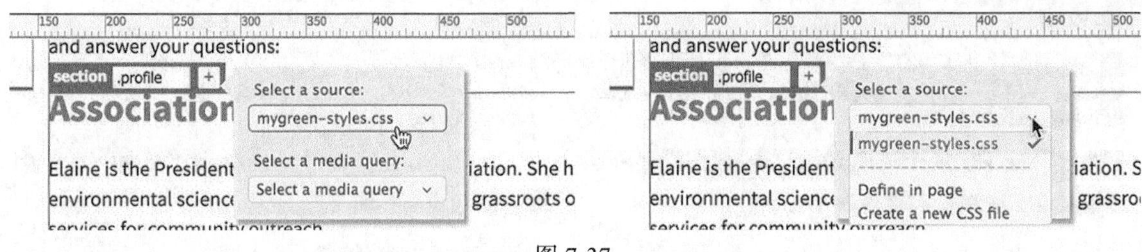

图 7-37

CSS Source（CSS 源）弹出窗口出现。

每当你在“元素显示”中输入一个链接或嵌入样式表中不存在的新类或者 id 时，“CSS 源”弹出窗口将出现。这个弹出框使你可以在嵌入或者链接到文件的样式表中创建一个新的匹配选择器。如果有必要，你甚至可以用它启动新样式表。由于站点模板已经连接到一个外部样式表，mygreen-styles.css 出现在 Select A Source（选择源）下拉菜单中。

18. 第二次按 Enter/Return 键。

因为你再次按 Enter/Return 键，选择器 `.profile` 创建于默认样式表中。如果你希望为输入的类或者 id 创建一个选择器，按 Esc 键代替。一旦创建了选择器，你就可以用它设置内容的样式。

19. 显示 CSS 设计器，单击 Current（当前）按钮。

`.profile` 类出现在选择器列表顶部。如果你观察 Properties（属性）窗格，就可以看到没有设置任何样式。

20. 如果必要，启用 Show Set（显示集）选项，输入如下属性，如图 7-38 所示。

```
margin: 0 25px 15px 25px
padding-left: 10px
```

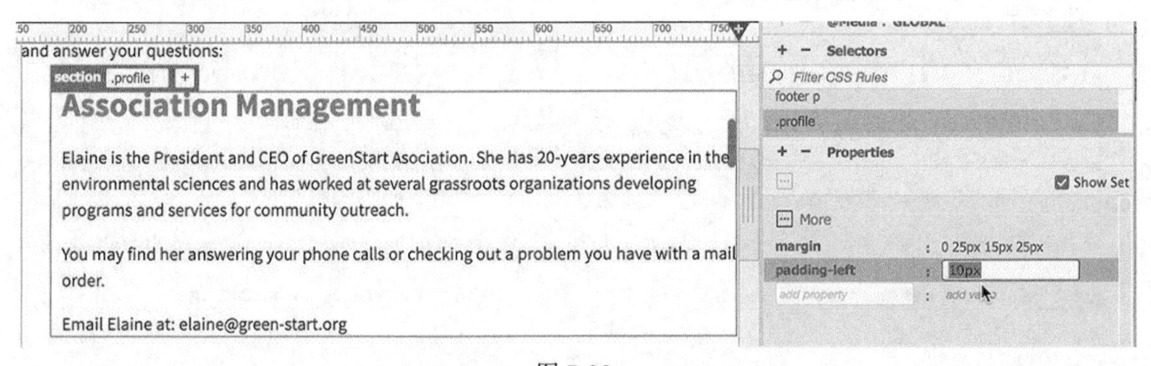

图 7-38

> **提示：** 手动创建规格时，在字段中输入属性名称，然后按 Tab 键。值字段将显示在右侧。启用显示集时，提示可能不会出现在值字段中。

和边距一样，边框规格可以用简写方式输入。

21. 输入如下左边框和下边框规格，如图 7-39 所示。

```
border-left: solid 2px #BDA
border-bottom: solid 10px #BDA
```

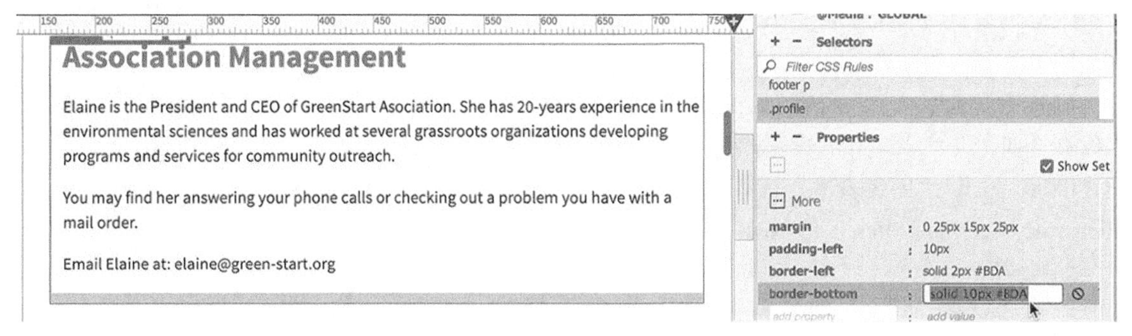

图 7-39

section 元素左侧和底部出现边框。边框有助于从视觉上将缩进文本组合到标题之下。组织中的每个部分现在使用相同的样式。

22. 在 Education and Events 部分的任何位置插入光标。

单击 <section> 标签选择器。

“元素显示”将出现，焦点在 section 元素上。

23. 在“元素显示”中，单击添加类 /ID 图标并在文本字段中输入 .profile，如图 7-40 所示。

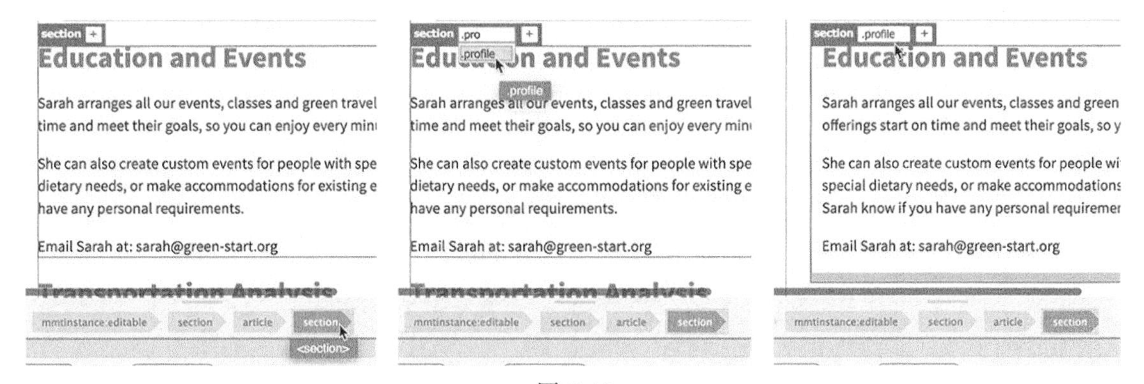

图 7-40

在你输入时，提示菜单将显示匹配的类名。可以随意从列表中选择。在元素中添加类之后，格式立刻应用，以匹配第一个 section 元素。

24. 重复第 22 和 23 步，将 profile 类应用到其余 <section> 元素。每个部分都缩进且显示自定义边框。

25. 保存并关闭所有文件。

每当你向网站添加新的组件或样式时，必须确保元素和样式在所有屏幕尺寸和设备上都能正常工作。

7.4 创建表格及设置表格样式

在 CSS 出现之前，HTML 表格经常用于创建页面布局。那时，这是创建多列布局并保持对内容元素某些控制的唯一方法。但实践证明，表格不够灵活，难以适应不断变化的互联网，只是一个不太好的设计选择。CSS 样式提供了更多的选项，用于设计和布局网页，因此表格很快就从设计师的工具包中删除掉了。

这并不意味着网络上完全不使用表格。虽然表格不利于页面布局，但它们在用于显示许多类型的数据（如产品列表、人员目录和时间表等）时是一个很好的选择，也是很必要的。Dreamweaver 使你能够从头开始创建表格，从其他应用程序复制和粘贴表格，并用数据库和电子表格程序（如 Microsoft Access 或 Microsoft Excel）等其他来源提供的数据直接创建表格。

7.4.1 从头开始创建表格

在本练习中，你将学习如何创建一个 HTML 表格。

1. 从 mygreen_temp 创建一个新页面。将文件另存为站点根文件夹下的 events.html。

2. 输入 Green Events and Classes 替换属性检查器中的占位文本 Title。

3. 选择元描述占位符，输入 Meridien GreenStart hosts and sponsors a variety of eco events and classes for anyone interested in learning more about the environment or their community 替换之，如图 7-41 所示。

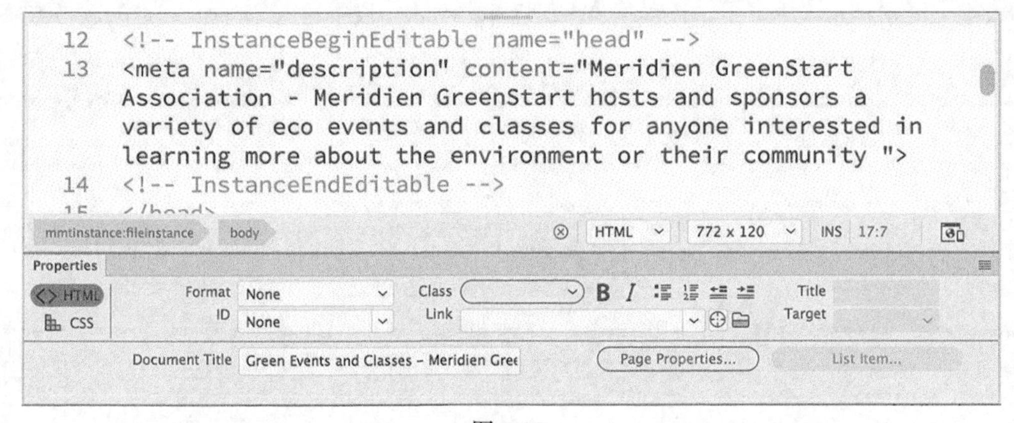

图 7-41

4. 切换到实时视图。选择标题占位符 Add main heading here，输入 Green Events and Classes 替换之。

5. 删除占位符 Add article heading here。

6. 选择文本 Add content here。

7. 输入如下文本：Want to get involved? Want to learn a new skill? There’s no time like the present. Check out our list of Green Events and Classes. The schedule is updated on a regular basis, so you may want to bookmark this page and check it often. Hope to see you soon!

8. 单击橙色编辑框以外区域。橙色框关闭，完成该段落。

9. 单击编辑后的段落，将其选中。选择 Insert（插入）> Table，如图 7-42 所示。

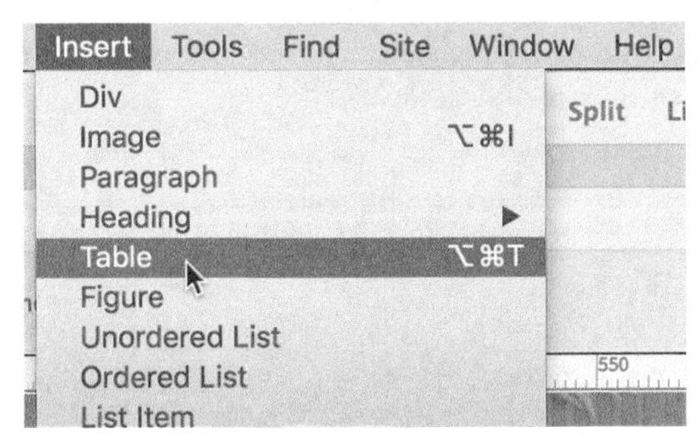

图 7-42

Position Assist（定位辅助）对话框出现。

10. 选择 After（之后），Table 对话框出现。

虽然 CSS 接管了之前由 HTML 属性完成的大部分设计任务，但是表格的一些特征仍然由那些属性控制和格式化。HTML 的唯一优势是，它的属性继续得到所有新旧流行浏览器的良好支持。当你在这个对话框中输入值时，Dreamweaver 仍然通过 HTML 属性应用它们。但当你可以选择时，避免使用 HTML 格式化表格。

11. 输入表格的如下规格，如图 7-43 所示

Rows（行数）：2。

Columns（列数）：4。

Table Width（表格宽度）：95%。

Border Thickness（单元格边框）：0。

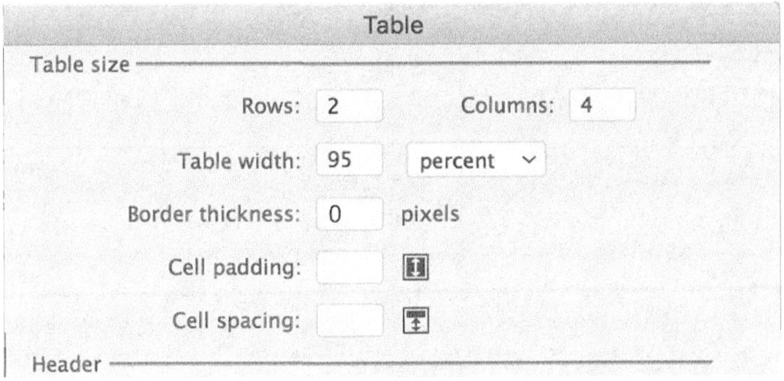

Table
Table size
Rows: 2 Columns: 4
Table width: 95 percent
Border thickness: 0 pixels
Cell padding:
Cell spacing:
Header

图 7-43

12. 单击 OK（确定）创建表格，结果如图 7-44 所示。

> Dw **注意：**当单元格边框被设置为 0 时，表格在实时视图中可能不可见。在进行这些练习时，尽可以将边框暂时设置为 1。

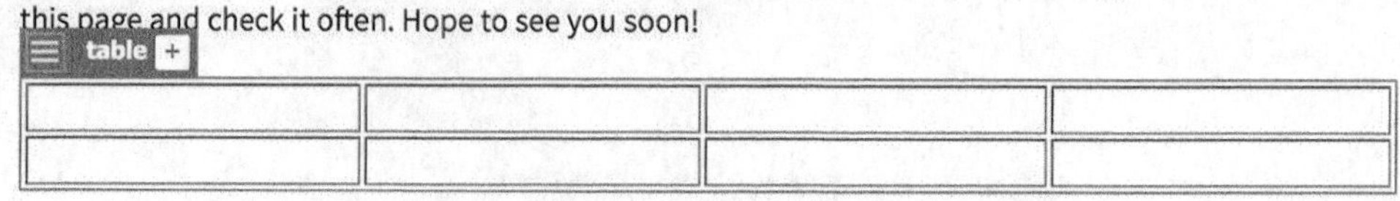

图 7-44

主标题下出现一个 4 列 2 行的表格。注意，它从左向右填充列。让我们将其包装在一个 <section> 元素中。

13. 选择 table 标签选择器。选择 Insert（插入）> Section，出现定位辅助对话框。

14. 选择 Wrap（换行）。上述两步的操作如图 7-45 所示。

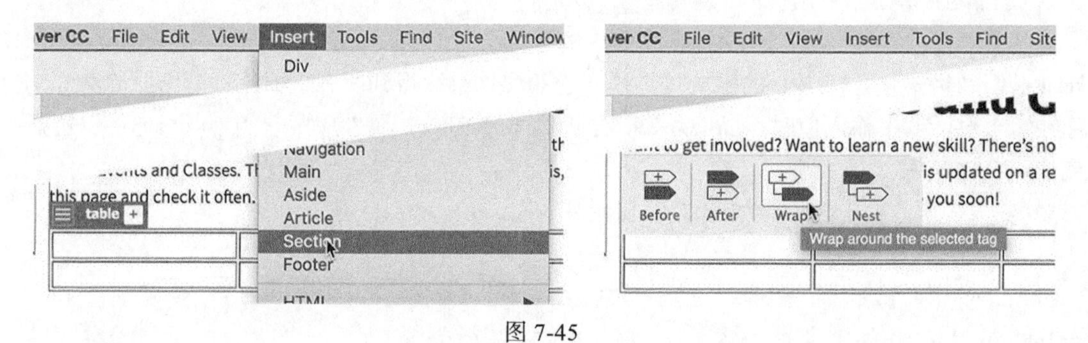

图 7-45

表格包装在一个 <section> 元素中。这个表格已经为接受输入做好了准备，但是实时视图没有为数据输入进行优化。如果你有大量数据需要输入，最好使用设计视图。

15. 切换到设计视图。

16. 在第一个表格单元格里插入光标，输入 Date 并按 Tab 键，光标移到同一行的下一个单元格。

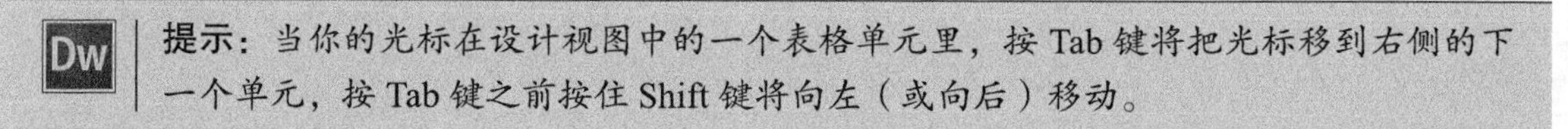

Dw **提示：**当你的光标在设计视图中的一个表格单元里，按 Tab 键将把光标移到右侧的下一个单元，按 Tab 键之前按住 Shift 键将向左（或向后）移动。

17. 在第二个单元格中，输入 Event 并按 Tab 键，如图 7-46 所示。

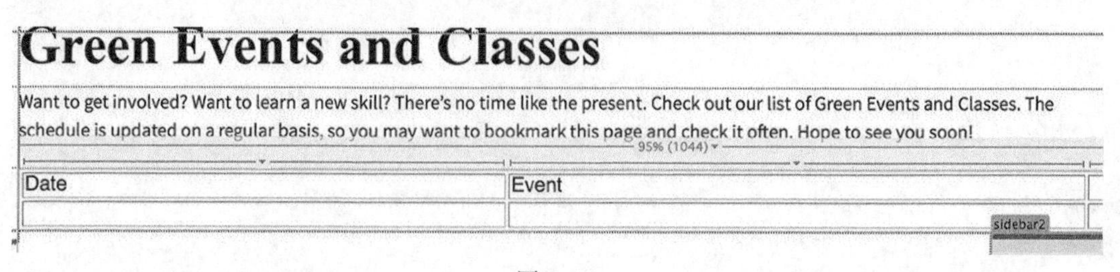

图 7-46

> **注意：** 设计视图不能正确显示复杂的 CSS 样式。侧边栏可能与表格重叠。如果预览太难以使用，请尝试调整文档窗口的宽度。

文本出现，光标移动到下一个单元格，但你可能会发现很难看到它。在某些情况下，你可以通过更改文档窗口的大小来修复显示。

18. 输入 Location 并按 Tab 键，输入 Cost 并按 Tab 键，如图 7-47 所示。

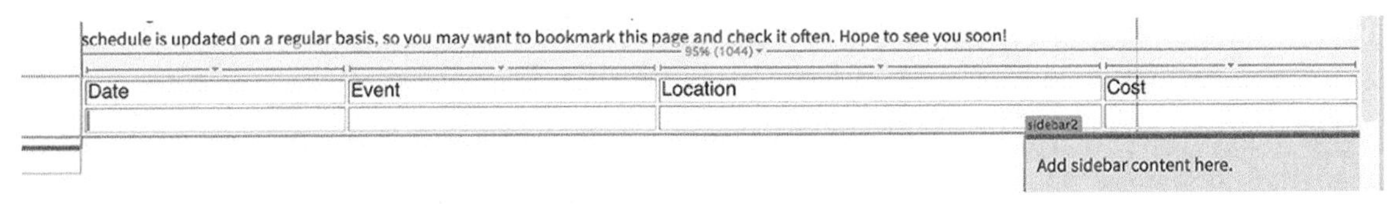

图 7-47

光标移到第二行的第一个单元格里。

19. 在第二行中，输入 May 1（第一格）、May Day Parade（第二格）、City Hall（第三格）和 Free（第四格）。

当光标在最后一格时，为表格插入更多的行很简单。

20. 按 Tab 键，结果如图 7-48 所示。

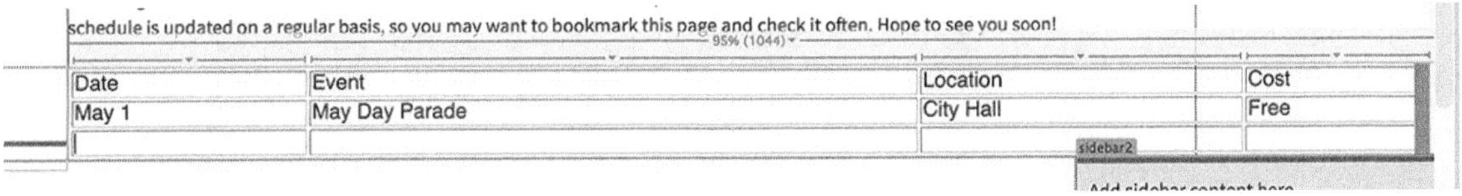

图 7-48

表格底部出现一个新的空白行。Dreamweaver 也可以一次插入多个新行。

21. 选择文档窗口底部的 <table> 标签选择器，如图 7-49 所示。

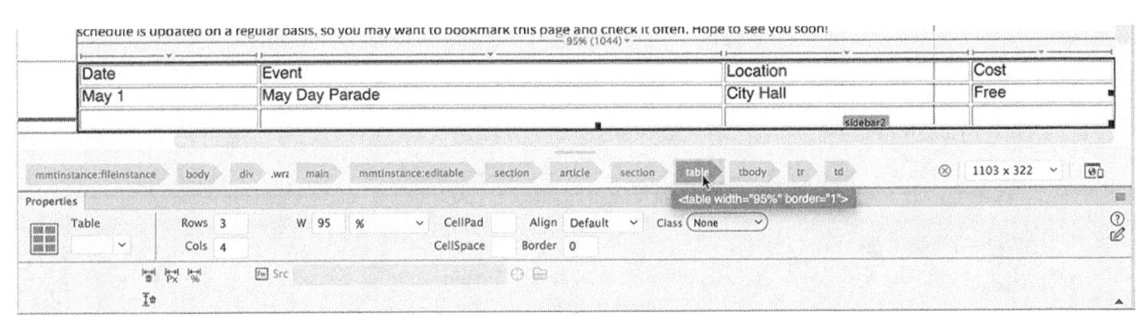

图 7-49

> **提示：** 如果属性检查器不可见，请选择 Window（窗口）> Properties（属性）。将面板停靠在文档窗口的底部。

属性检查器字段创建 HTML 属性以控制表格的各个方面，包括表格宽度、单元格宽度和高度、文本对齐等。它还显示当前行数和列数，甚至允许你更改编号。

22. 选择 Rows（行数）字段中的数字 3，输入 5 并按 Enter/Return 键，如图 7-50 所示。

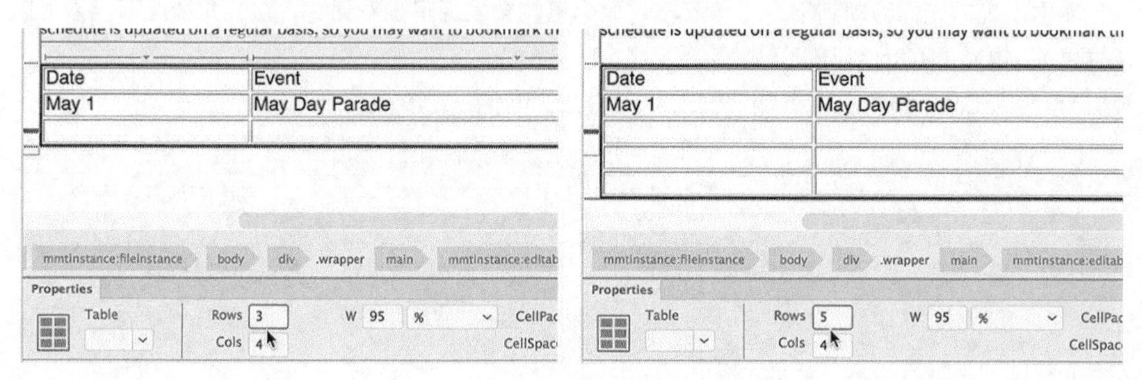

图 7-50

Dreamweaver 为表格添加了两行。你还可以使用鼠标以交互的方式向表格中添加行和列。

23. 右键单击表格的最后一行，从上下文菜单中选择 Table（表格）> Insert Row（插入行），如图 7-51 所示。

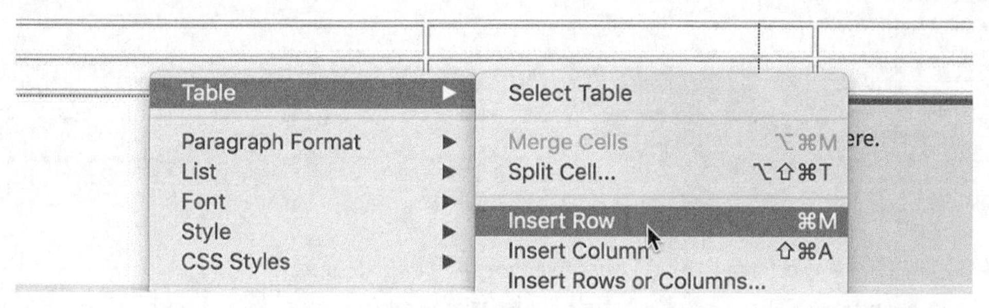

图 7-51

表格又增加了一行。上下文菜单还可以一次插入多行和多列。

24. 右键单击表格的最后一行，从上下文菜单中选择 Table（表格）> Insert Rows or Columns，（插入行或列），Insert Rows Or Columns（插入行或列）对话框出现，如图 7-52 所示。

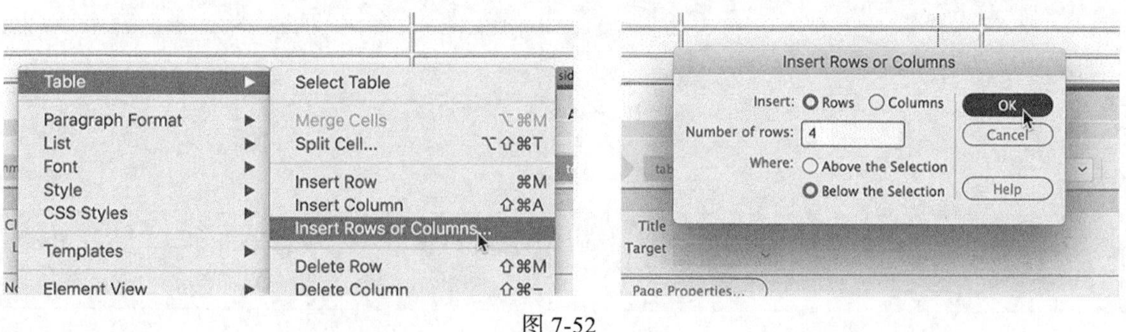

图 7-52

25. 在选择内容之下插入 4 行并单击 OK。表格中增加了 4 行，总共有 10 行。

26. 保存所有文件。

从头开始创建表格是 Dreamweaver 的一个方便功能，但在许多情况下你需要的数据已经以数字化形式存在——比如在电子表格甚至另一个网页上。幸运的是，Dreamweaver 提供了将这些数据从一个页面移到另一个页面，甚至直接从中创建表格的支持。

7.4.2 复制和粘贴表格

虽然 Dreamweaver 允许你在程序内手动创建表格，你也可以使用复制和粘贴功能从其他 HTML 文件甚至其他程序中移动表格。

> Dw **注意：** Dreamweaver 允许你从某些其他程序（如 Microsoft Word）复制和粘贴表格。不幸的是，复制和粘贴功能并不适用于每个程序。

1. 打开 Files（文件）面板，双击 lesson07/resources 文件夹中的 calendar.html 将其打开。

此 HTML 文件在 Dreamweaver 中打开，拥有一个独立的选项卡。注意表格结构，它有 4 列和多行。

将内容从一个文件移动到另一个文件时，重要的是在两个文档中使用相同的视图。由于你在 events.html 中使用设计视图工作，所以在本文件中也应该使用设计视图。

2. 如果有必要，切换到设计视图。

3. 在表格中插入光标，单击 <table> 标签选择器，按 Ctrl+C/Cmd+C 键复制表格，如图 7-53 所示。

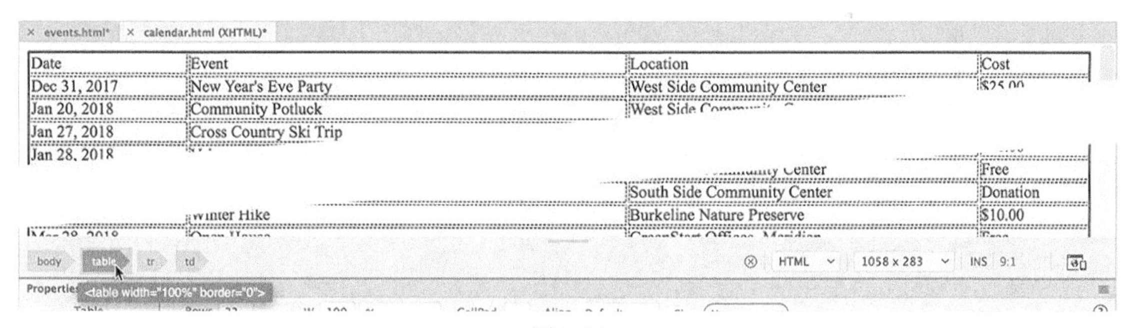

图 7-53

4. 关闭 calendar.html。

5. 在 events.html 中，将光标插入表格中，选择 <table> 标签选择器，按 Ctrl+V/Cmd+V 键粘贴表格，结果如图 7-54 所示。

新表格元素完全替代现有的表。这个工作流在代码视图和设计视图中有效。但是，在复制和粘贴之前，你必须在两个文档中匹配视图。

6. 保存文件。

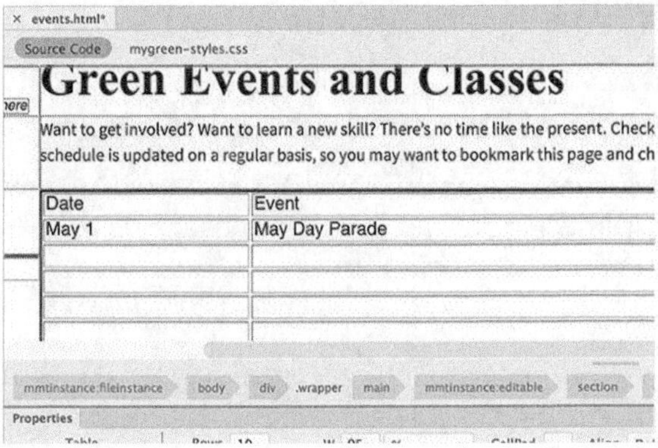

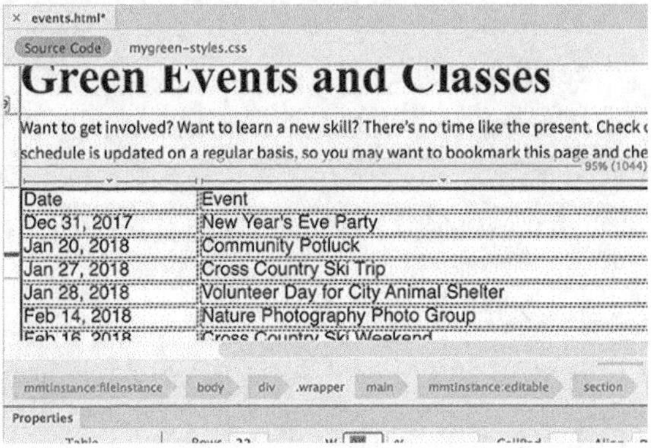

图 7-54

7.4.3 用 CSS 设置表格样式

很明显，我们的表格格式仅由 HTML 设置提供。应用到页面其余部分的 CSS 样式似乎没有影响表格内的文本。你必须为表格文本创建自定义规则。

1. 切换到实时视图，单击表格，选择 `table` 标签选择器。

2. 在 CSS 设计器中选择 mygreen-styles.css。创建一个新的选择器：

```
section table
```

表格中的文本比页面上的其他文本更大，看上去很拥挤。在这种情况下，你应该选择某种更节约空间的字体和字型。

字体和字型的差别

人们总是随意使用字体（typeface）和字型（font）这两个词语，仿佛它们可以互换使用。实际并非如此。你知道两者的差别吗？字体指的是整个字型家族的设计。字型指的是某个特定的设计。换言之，字体通常由多个字型组成。一般来说，字体有 4 种基本设计：常规（也称为 Roman 设计）、斜体、粗体和粗斜体。当你在 CSS 规格中选择一个字型时，通常默认选择常规格式。当 CSS 规格要求斜体或者粗体时，浏览器通常自动加载字体的斜体或者粗体版本。不过，你应该知道许多浏览器实际上可以在斜体或者粗体字型不存在或不可用时生成这两种效果。纯粹主义者厌恶这种能力，不厌其烦地专门调用他们想要使用的斜体和粗体版本、定义协议和粗体变种规则。但最终，如果字体没有安装，浏览器无法显示。

3. 如果有必要，在 CSS 设计器的 Properties（属性）窗口中，反选 Show Set（显示集）选项。

4. 在 Text（文本）类别中，单击打开 `font-family` 属性，如图 7-55 所示。

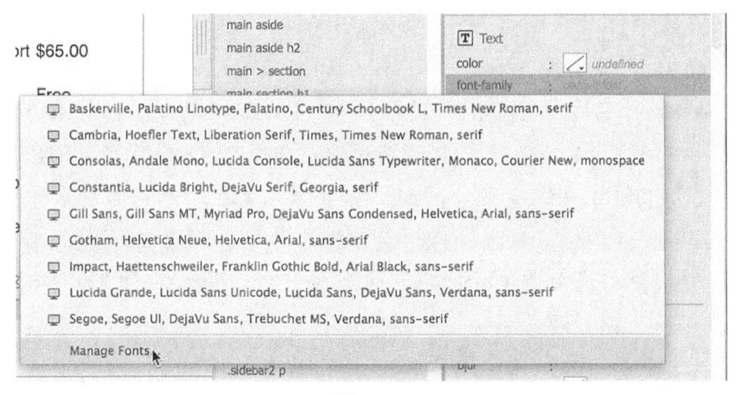

图 7-55

出现一个弹出窗口，显示 Dreamweaver 的 9 个预定义字体组（或称字体堆栈）。你可以选择其中一个或者创建自己的字体。你是否觉得奇怪，为什么没有看到计算机上安装的全部字体？答案很简单，但是巧妙地解决了一开始困扰着 Web 设计师的一个问题。直到最近，你在浏览器中看到的字体实际上并不是网页或者服务器的一部分，它们由浏览网站的计算机提供。

虽然大部分计算机都有许多共同的字体，但是它们并不总是拥有相同的字体，用户可以根据自己的意愿增删字体。所以，如果你选择特定字体，而它并没有安装在访问者的计算机上，你精心设计或者格式化的网页立刻会悲剧性地以 Courier 或者其他同样不愿意看到的字体显示。

对于大部分人来说，解决方案是以组（或者栈）的形式指定字体，为浏览器提供自行选择之前（天啊！）的第二、第三可能还有第四（甚至更多）个默认选择。有些人将这种技术称为优雅降级（degrading gracefully）。Dremweaver CC（2018 版）提供了 9 种预定义字体堆栈。

如你所见，预定义字型栈相当有限。如果你没有看到喜欢的组合，可以单击 Set Font Family（设置字体系列）弹出菜单底部的 Manage Fonts（管理字体）选项，创建自己的字体。

5. 单击 Manage Fonts（管理字体），出现如图 7-56 所示的界面。

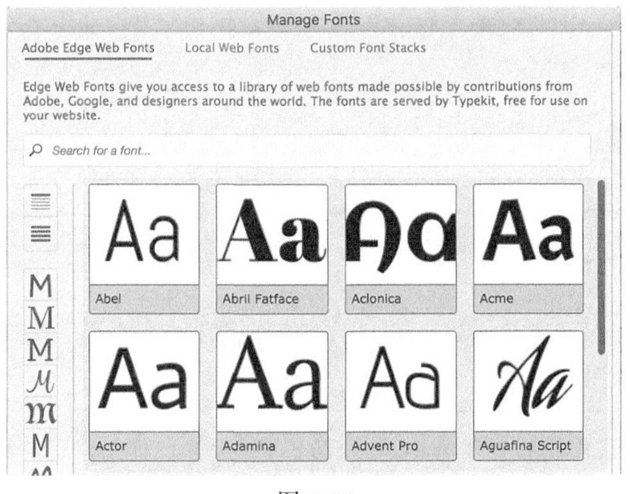

图 7-56

Manage Fonts（管理字体）对话框为你提供使用 Web 字体的 3 个选项（选项卡）：Adobe Edge Web Fonts、Local Web Fonts（本地 Web 字体）和 Custom Font Stacks（自定义字体堆栈）。前两个选项卡可以访问在 Web 使用自定义字体的一种新技术。Adobe Edge Web Fonts 选项支持 Edge Web Fonts 服务，通过这个服务可以从软件中直接访问数百种分为多个设计类别的字体。Local Web Fonts（本地 Web 字体）选项允许你定义自行购买的字体、互联网上的免费字体和你在自己网站上托管的字体的使用。Custom Font Stacks（自定义字体堆栈）选项使你可以用新的 Web 托管字体、Web 安全字体（安装在大部分计算机上的通用字体）或者两者的组合构建字体系列。

注意：每当手工输入一种字体名称，必须正确拼写。任何打字错误都将导致字体无法加载。

6. 在 Manage Fonts（管理字体）对话框中，单击 Custom Font Stacks（自定义字体堆栈）选项卡。Arial Narrow 是一种紧凑的字体，被认为是 Web 安全字体。

7. 在 Available Fonts（可用列表）中找到 Arial Narrow，如图 7-57 所示。

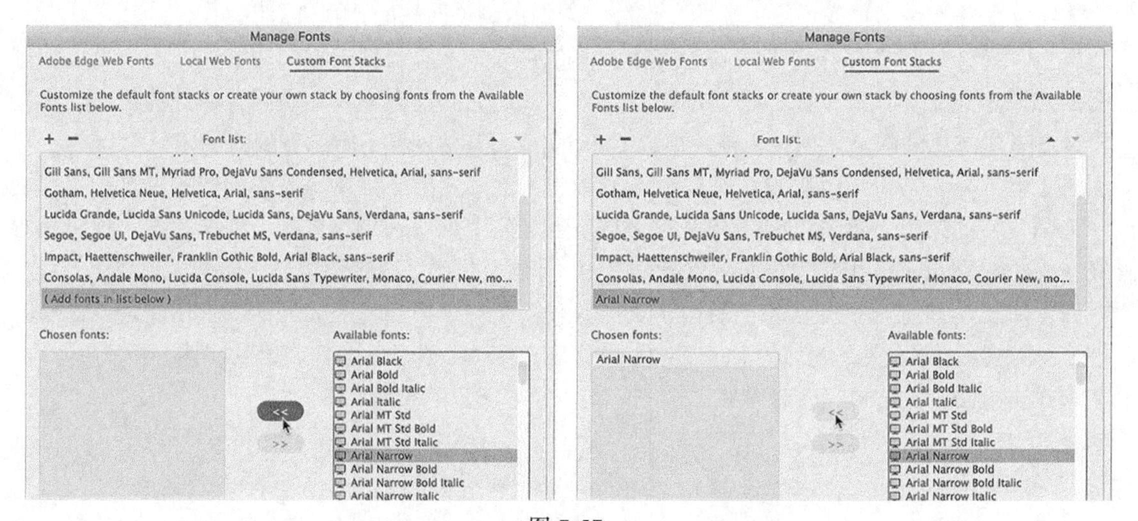

图 7-57

单击 << 按钮将该字体移到 Chosen Fonts（选择的字体）列表中。

如果你无法在列表中找到某种字体，可以在对话框底部的文本框中输入名称，并按 << 按钮。

8. 重复第 7 步，将 Arial、Verdana 和 sans-serif 添加到 Chosen Fonts（选择的字体）列表中，如图 7-58 所示。

注意：并不是所有字体格式都得到所有计算机及设备的支持。确保你选择的字体在预想的受众群体中得到支持。

根据你的意愿在列表中添加更多 Web 或者 Web 安全字体。如果你想要使用的字体没有在计算机上安装，可以在文本字段中输入名称，然后用 << 按钮将其添加到堆栈中。

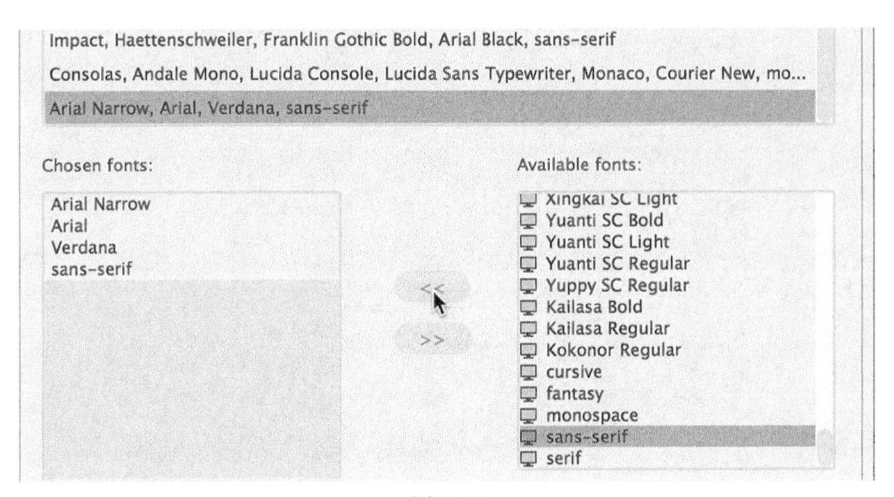

图 7-58

9. 单击 Done（完成），Manage Fonts（管理字体）对话框关闭。字体堆栈创建但是没有应用。

10. 在 `font-family` 属性中，选择新的自定义字体堆栈，如图 7-59 所示。

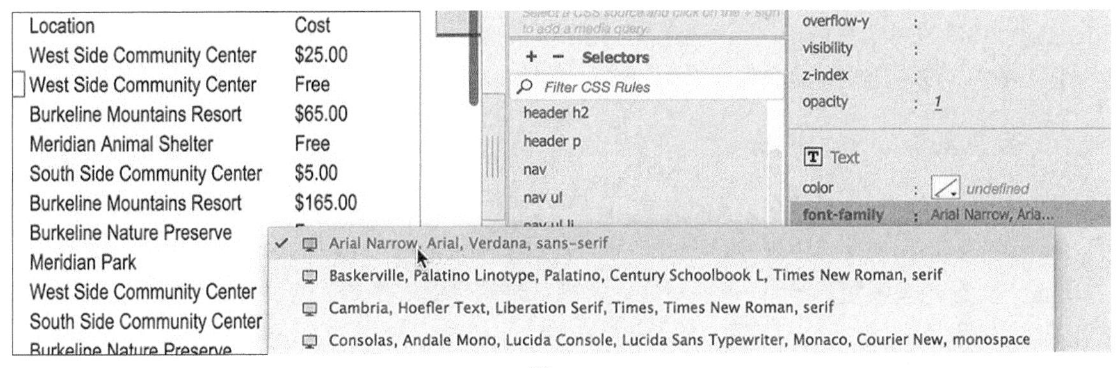

图 7-59

表格中的文本现在使用 Arial Narrow 字体，外观远远好于原来，但是表格样式仍然可以进行一些调整。

11. 为 `section table` 创建如下规格，如图 7-60 所示。

```
width: 95%
margin-bottom: 2em
font-size: 90%
border-bottom: solid 3px #060
border-collapse: collapse
```

注意：创建这些规格时，可以随意启用 Show Set（显示集）选项，如图 7-60 所示。

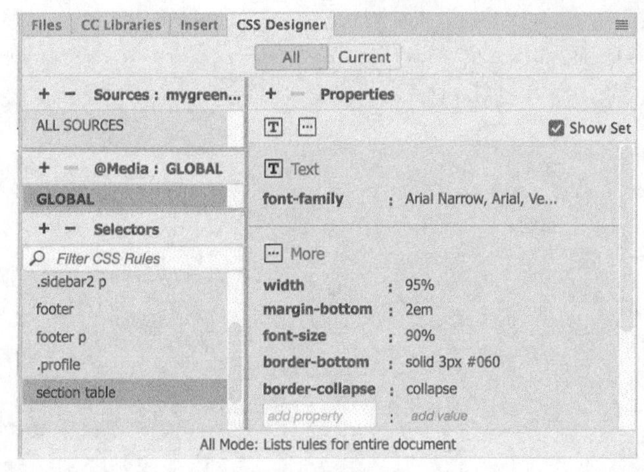

图 7-60

表格底部显示深绿色边框，内容的尺寸也已经减小。

你已经对表格属性的一个方面应用了样式，但是仍然需要对这个元素进行很多的工作。

12. 保存所有文件。

你刚刚创建的规则只格式化了表格的整体结构，但是无法控制或者格式化单独的行和列。在下一个练习中，你将把注意力转到表格的内部工作方式上来。

7.4.4 设置表格单元格样式

就像表格一样，列的样式可以通过 HTML 属性或 CSS 规则来应用。可以通过创建单个单元格的两个元素来应用列的格式：表标题为 `<th>`；表数据为 `<td>`。

创建一个通用规则重置 `<th>` 和 `<td>` 元素默认格式是个好主意。稍后，你将创建自定义规则应用更具体的设置。

> **注意：** 请记住，规则的顺序可能影响样式的层叠以及继承的样式。

1. 在 mygreen-styles.css 中创建一个新的选择器：

```
section td, section th
```

这个简化的选择器工作得很好。由于 `td` 和 `th` 和元素无论如何都在表格中，真的没有必要在选择器名称中加入 `table`。

2. 在 Properties（属性）窗口中选择 Show Set（显示集）选项。

3. 为新规则创建如下属性，如图 7-61 所示。

```
padding: 4px
text-align: left
border-top: solid 1px #090
```

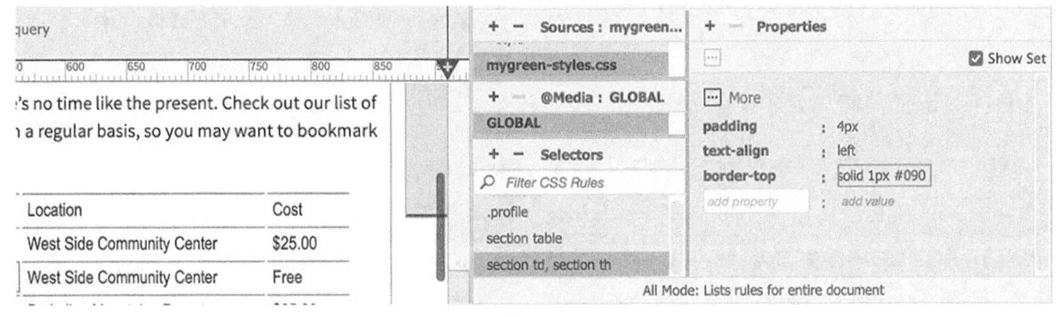

图 7-61

表格的每一行上出现一个绿色的细边框，使数据更容易辨认。除非使用实时视图，否则你可能无法正常看到边框。

冗长的列和毫无差别的数据行阅读起来十分乏味，并且难以理解。标题往往用于帮助读者识别数据。默认情况下，标题单元格中的文本格式化为粗体和居中，使其和常规的单元格有所不同，但某些浏览器不支持这种默认方式。所以不要依靠这种样式，你可以为标题设置单独的颜色，使其与众不同。

4. 创建新规则：`section th`

> **注意：** 用于 `<th>` 元素的独立 `<th>` 规则必须出现在 CSS 中设置 `th` 和 `td` 元素的规则之后，否则某些格式将被重置。

5. 在 `section th` 中创建如下属性，如图 7-62 所示。

```
color: #FFC
text-align: center
border-bottom: solid 6px #060
background-color: #090
```

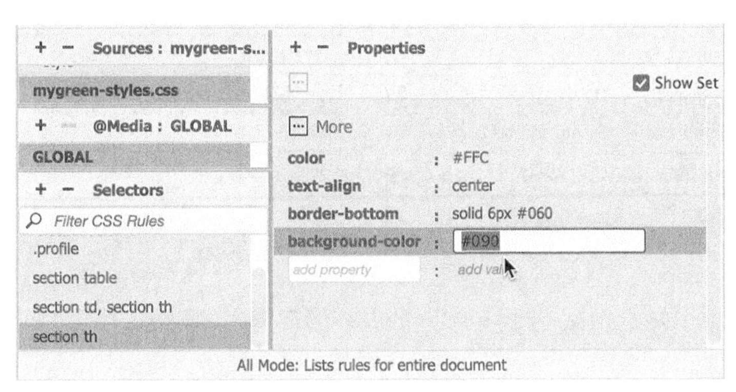

图 7-62

规则创建好了，但仍未应用。表格中还没有任何标题，Dreamweaver 使现有 `<td>` 元素很容易转化成 `<th>` 元素。

6. 单击表格第一行的第一个单元格。在 Property（属性）检查器中，选择 Header（标题）选项，如图 7-63 所示。

注意标签选择器和“元素显示”。

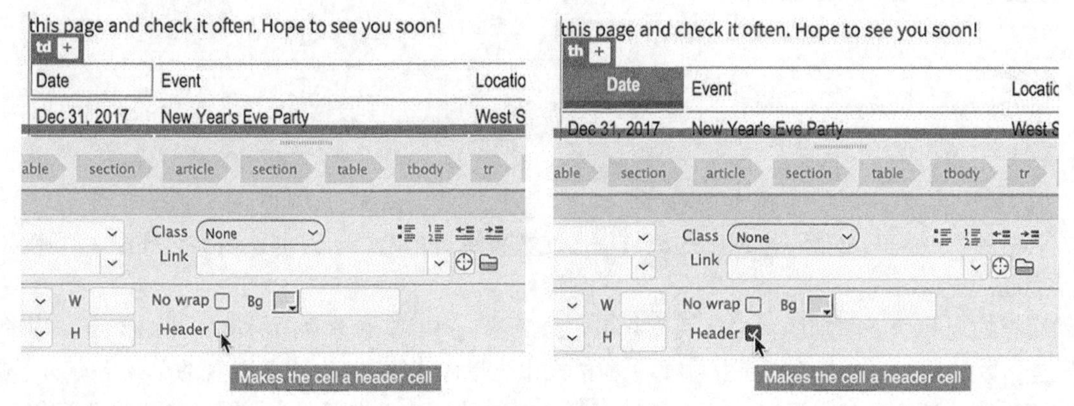

图 7-63

单元格背景填充为绿色。“元素显示”从 td 元素变成 th。

当你单击 Header（标题）复选框时，Dreamweaver 自动改写标记，将现有的 <td> 标签转换为 <th>，从而应用 CSS 格式。这种功能比人工编辑代码节约很多时间。在实时视图中，要选择多于一个单元格，必须使用增强表格编辑功能。

7. 选择 table 标签选择器。“元素显示”将出现，焦点在 table 元素上。要启用表格特殊编辑模式，必须首先单击“元素显示”上的三明治图标。

8. 单击三明治图标，如图 7-64 所示。

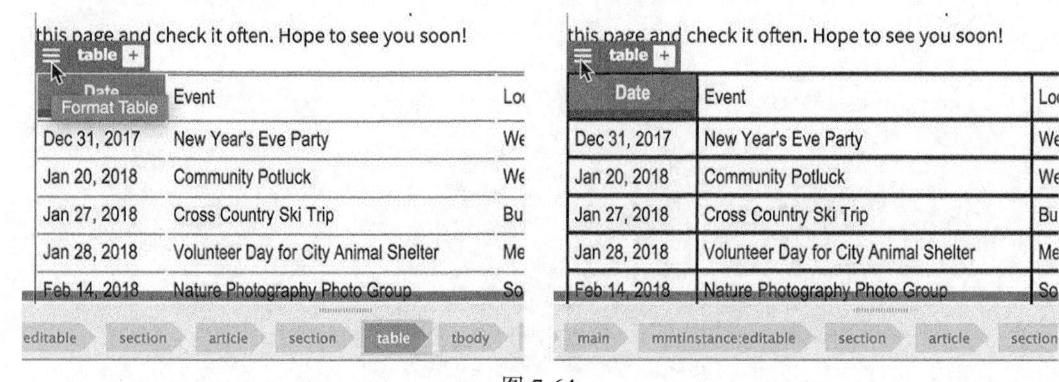

图 7-64

当你单击图标时，Dreamweaver 启用增强的表格编辑模式。现在，你可以选择两个或多个单元格、整行或整列。

9. 单击第一行的第二个单元格，然后拖动鼠标选择第一行中剩余的单元格。你也可以通过将光标定位在表格行的左边缘，看到行左侧出现的黑色选择箭头时单击，一次性选择整行。

10. 在 Property（属性）检查器中，选择 Header（标题）选项将表格单元格转换成标题单元格。

当表格单元格转换为表头单元格时，整个第一行填充为绿色，如图 7-65 所示。

Date	Event	Location	Cost
Dec 31, 2017	New Year's Eve Party	West Side Community Center	$25.00

Date	Event	Location	Cost
Dec 31, 2017	New Year's Eve Party	West Side Community Center	$25.00

图 7-65

11. 保存所有文件。

7.4.5 控制表格显示

除非另有指定，否则空白表格列将平均分割可用空间。但是，一旦你开始向单元格添加内容，表格看上去像是有了自己的想法，以不同的方式分配空间。在大多数情况下，它们将为包含更多数据的列提供更多的空间，但并不能保证发生这样的情况。

为了提供最高级别的控制，你将为每列的单元格指定唯一的类。先创建这些类，可以在以后更好地分配给不同的元素。

1. 选择 mygreen_styles.css >GLOBAL（全局）。

创建如下的新选择器，如图 7-66 所示。

```
section .date
section .event
section .location
section .cost
```

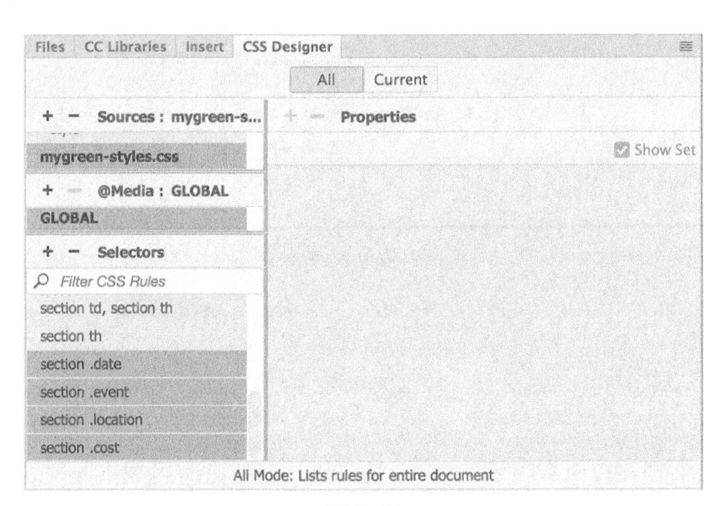

图 7-66

4 条新规则出现在选择器窗口，但是没有包含任何样式信息。即使没有样式，类也可以分配给每列。Dreamweaver 可以很轻松地将类应用到整列。

2. 使用增强表格编辑模式，将光标放在表格第一列顶部。单击选择整列，结果如图 7-67 所示。

注意：如果你在实时视图中处理表格有困难，可以在设计视图中执行所有操作。

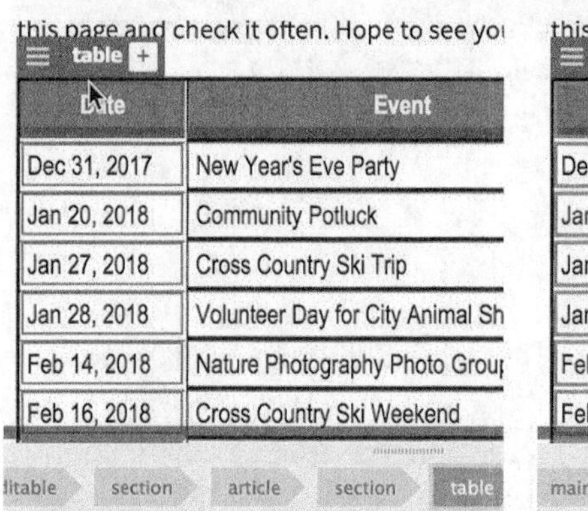

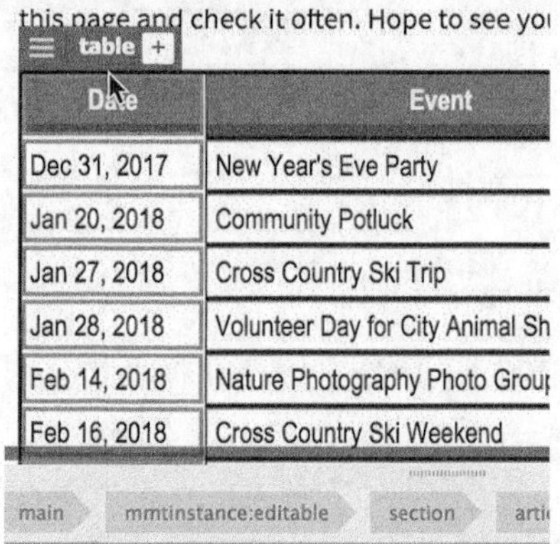

图 7-67

列表框变成蓝色，表示该列被选中。

3. 单击打开 Property（属性）检查器的 Class（类）菜单。出现一个类列表，按照字母顺序排列，如图 7-68 所示。

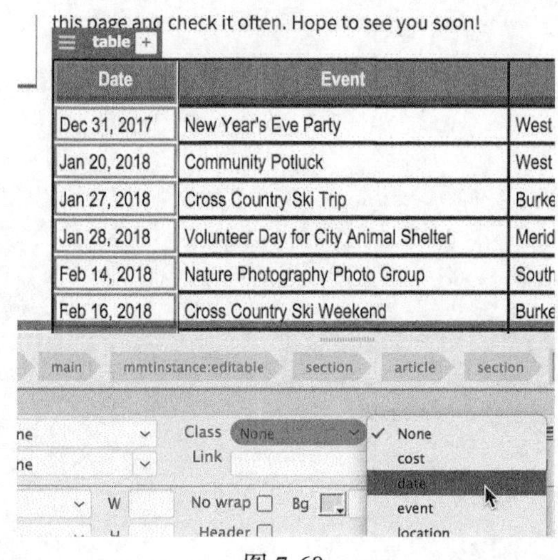

图 7-68

4. 从列表中选择 date。

第一列中的单元格现在应该应用了 `.date` 类。但是在将类应用到第一列之后，你可能注意到 Dreamweaver 已经再次将表格返回到正常模式。

5. 再次单击三明治图标，将 `event` 类应用到第二列。

6. 重复第 5 步，将对应的类应用到其余列。

控制列宽度相当简单。由于整列的宽度必须相同，你可以仅对一个单元格应用宽度规格。如果列中的单元格规格有冲突，通常最大宽度胜出。由于你只对每列应用一个类，任何添加到该类的设置都将影响列中的每个单元格。

7. 为 `section.date` 规则添加属性 `width: 6em`。

> Dw **注意：** 即使你应用的宽度对现有内容来说太窄，默认情况下单元格不能小于其中包含的最大单词或者图形元素的尺寸。

Date 列的大小改变。其余列自动分摊剩下的空间。列样式还可以指定文本对齐和宽度。让我们对 Cost 列的内容应用样式。

8. 在规则 `section.cost` 中添加如下属性，如图 7-69 所示。

```
width: 4em
text-align: center
```

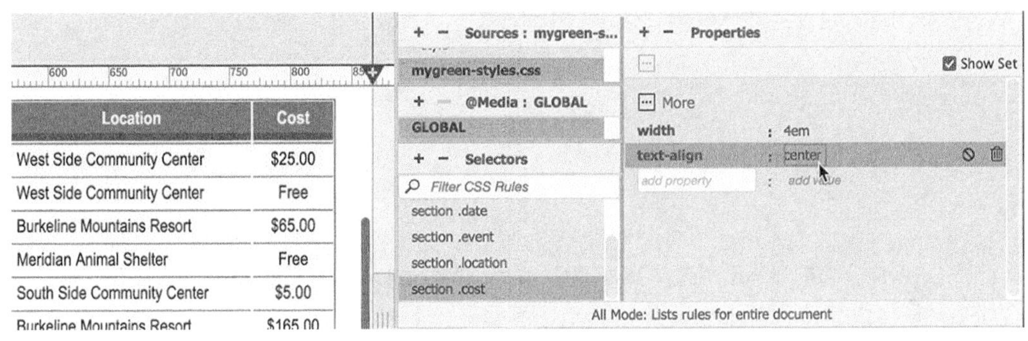

图 7-69

Cost 列的宽度变成 4em，文本居中对齐。

9. 保存所有文件，结果如图 7-70 所示。

图 7-70

现在，如果你想单独控制列的样式，已经有这种能力了。注意，标签选择器和“元素显示”显示每个单元格的类名，如 `th.cost` 或者 `td.cost`。

7.4.6 从其他来源插入表格

除了手动创建表格之外，你还可以用由数据库和电子表格导出的数据来创建表格。在本练习中，你将用由 microsoft excel 导出的数据创建的逗号分隔值（CSV）文件来创建表格。在编写本书时，此功能在“实时”视图中不可用。

1. 切换到实时视图，将光标插入现有的 Events 表中。选择 <section> 标签选择器。一定要选择包含 Events 表格的 section 元素。

2. 按向右箭头键。在设计视图中，这一技巧将光标移到代码中的 </section> 结束标签之后。

3. 选择 File（文件）> Import（导入）> Tabular Data（表格式数据）。

出现 Import Tabular Data（导入表格式数据）对话框，如图 7-71 所示。

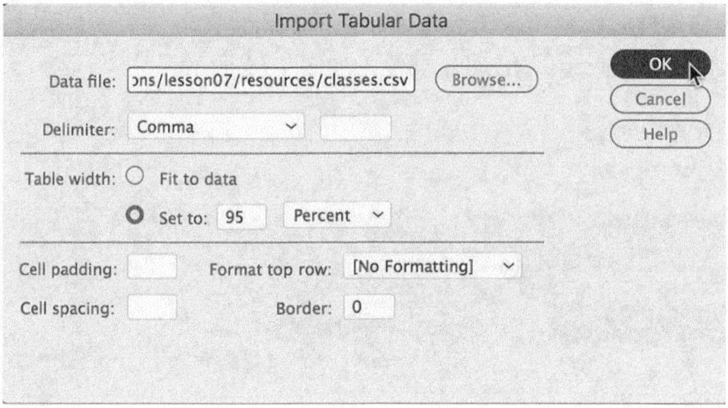

Import Tabular Data

Data file: ɔns/lesson07/resources/classes.csv Browse...

Delimiter: Comma

Table width: Fit to data

Set to: 95 Percent

Cell padding: Format top row: [No Formatting]

Cell spacing: Border: 0

OK

Cancel

Help

图 7-71

4. 单击 Browse（浏览）按钮，选择 lesson07/resources 文件夹中的 classes.csv。单击 Open（打开）。Delimiter（定界符）菜单中将应该自动选择 Comma（逗号）。

5. 在 Import Tabular Data（导入表格式数据）对话框中选择如下选项。

Table Width（表格宽度）：95%。

Border（边框）：0。

尽管在对话框中设置了宽度（就像你对 Events 表格所做的那样），但请记住，表格的宽度实际上将由前面创建的表格规则控制。HTML 属性将在不支持 CSS 的浏览器或设备中得到支持。因为这种情况，请确保使用的 HTML 属性不会破坏布局。

6. 单击 OK（确定）。

一个包含课程表的新表格出现在第一个表格的下面。若要符合为第一个表格创建的结构，应将新的内容插入到它自己的 <section> 元素中。

7. 选择新表格的 table 标签选择器。

8. 选择 Insert（插入）> Section，从 Insert（插入）菜单中选择 Wrap Around Selection（在选定范围旁换行）。

单击 OK（确定）插入 <section> 元素，如图 7-72 所示。

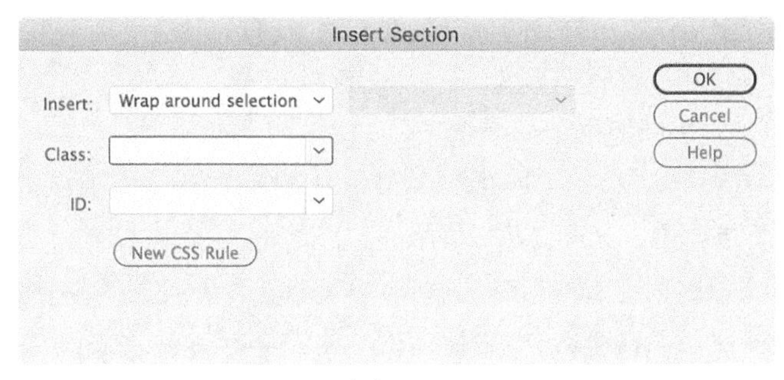

图 7-72

新表格插入 <section> 元素。行间出现绿色的线条，但是标题单元格没有设置和第一个表格相同的样式。

9. 选择“Class schedule”的第一行，在 Property（属性）检查器中，选择 Header（标题）选项。

标题单元格现在显示为绿色和反向文本。

新表格比第一个表格多一列，最后 3 列文本的换行可能显得很笨拙。你将使用前面创建的 .cost 类并创建额外的自定义类，改正这种显示。

10. 单击 Cost 列顶部，选中整个列。在 Property（属性）检查器中，从 Class（类）菜单选择 cost。两个表格的 Cost 列现在有相同的宽度。

11. 在 CSS 设计器中，右键单击规则 section.cost，从上下文菜单中选择 Copy All Styles（复制所有样式），如图 7-73 所示。

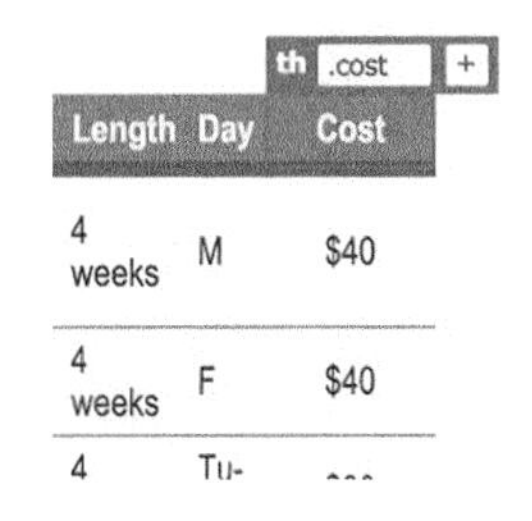

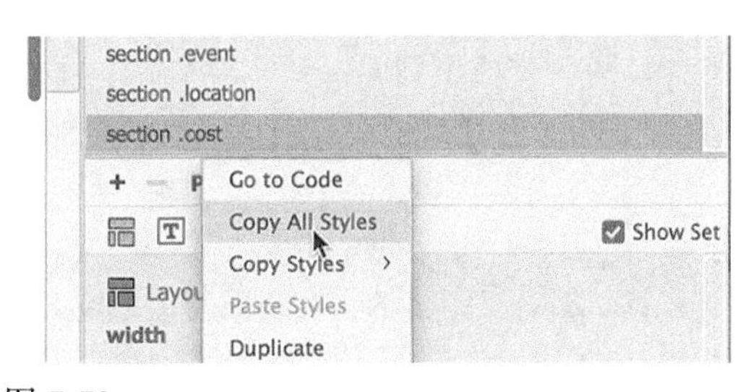

图 7-73

12. 创建新选择器：section.day。

右键单击新选择器，从上下文菜单中选择 Paste Styles（复制样式），如图 7-74 所示。

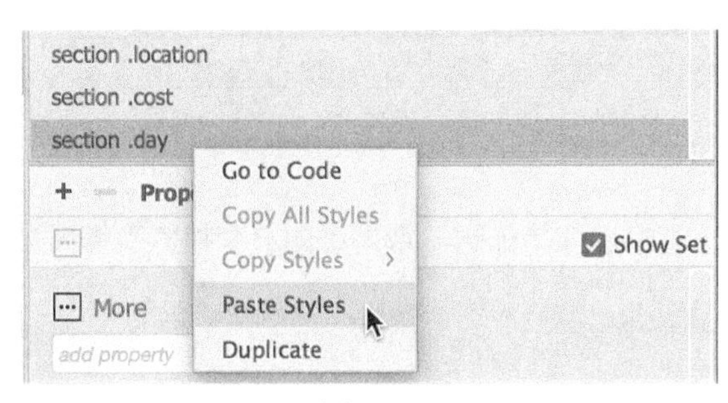

图 7-74

新规则的样式和 section.cost 规则相同。

13. 重复第 10 步，将 day 类应用到 Classes 表格的 Day 列。

Dreamweaver 还为复制规则提供了一个选项。

14. 右键单击规则 section.cost，从上下文菜单中选择 Duplicate（直接复制），输入 section.length 作为新选择器，如图 7-75 所示。

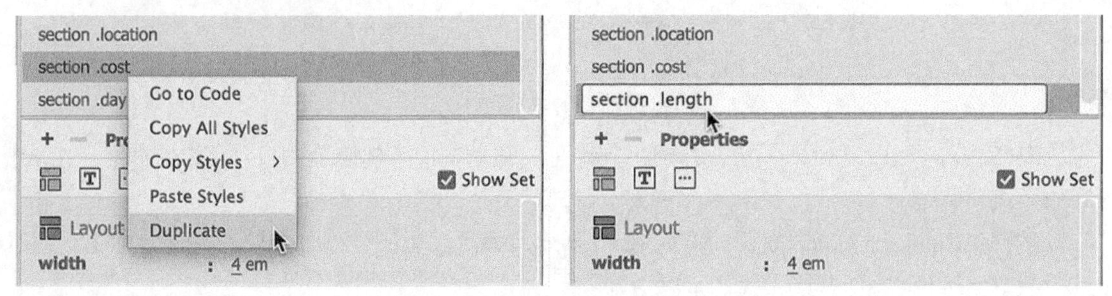

图 7-75

15. 和第 10 步一样，将 .length 类应用到 Classes 表格的 Length 列。

通过为每个列创建和应用自定义类，你可以单独修改每个列。你需要再编写两条规则 : 一条用于设置 Class 列的格式，另一个用于设置 Description 列的格式。

16. 复制规则 section.date，输入 section.class 为新规则名称。

将宽度改为 10em。

17. 复制规则 section.event，输入 section.description 为新名称。

18. 将 .class 类应用到 Class 列，将 description 类应用到 Description 列。

两个表格中的所有列都指定了自定义 CSS 类，如图 7-76 所示。

th .description +

Class	Description	Length	Day	Cost
Choices for Sustainable Living	This course explores the meaning of sustainable living and how our choices have an impact on ecological systems.	4 weeks	M	$40
Exploring Deep Ecology	An eight-session course examining our core values and how they affect the way we view and treat the earth.	4 weeks	F	$40
Future Food	Explores food systems and their impacts on culture, society and ecological systems.	4 weeks	Tu-Th	$80

图 7-76

19. 保存所有文件。

和文章一样，表格应该有描述性的标题，帮助访问者和搜索引擎区分它们。

7.4.7 添加和格式化标题元素

你在页面上插入的两个表包含不同的信息，但没有任何标签或标题。让我们来为它们添加一个标题。<caption> 元素旨在标识 HTML 表格的内容。此元素作为 <table> 元素本身的子元素插入。

1. 如果有必要，在实时视图中打开 events.html。

2. 在第一个表格中插入光标，选择 `table` 标签选择器。

切换到代码视图，如图 7-77 所示。

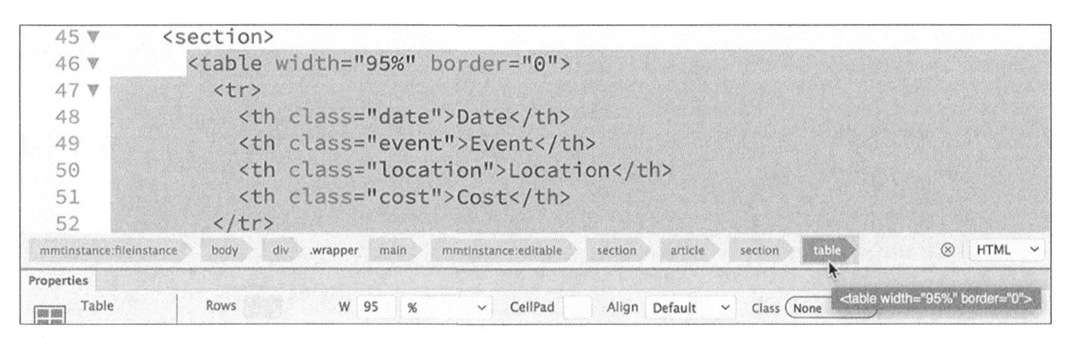

图 7-77

通过在实时视图中选中表格，Dreamweaver 自动地在代码视图中高亮显示代码，使其更容易找到。

3. 定位并打开 <table> 标签，在标签后插入光标，按 Return/Enter 键插入新行。

4. 输入 <caption> 或者当其出现在代码提示菜单时选择。

5. 输入 `2018 Event Schedule`，如果有必要，输入 </ 结束该元素，如图 7-78 所示。

```
45 ▼      <section>
46 ▼        <table width="95%" border="0">
47              <caption>2018 Event Schedule</caption>
48 ▼          <tr>
49              <th class="date">Date</th>
50              <th class="event">Event</th>
```

图 7-78

6. 切换到实时视图。标题完成，并作为表格子元素插入。

7. 对 Classes 表格重复第 2 ～ 4 步。

输入 `2018 Class Schedule`，如果有必要，输入 </ 结束该元素，如图 7-79 所示。

```
247        </section>
248 ▼      <table width="95%" border="0">
249            <caption>2018 Class Schedule</caption>
250 ▼        <tr>
251            <th class="class">Class</th>
252            <th class="description">Description</th>
```

图 7-79

8. 切换到实时视图。

默认标题样式相对小，也很朴素。在表格的颜色和格式下，无法找到标题。让我们用它们自己的自定义 CSS 规则加强其显示效果。

9. 创建一个新选择器：`table caption`。

10. 为 table caption 规则创建如下属性，如图 7-80 所示。

```
margin-top:20px
padding-bottom:10px
color:#090
font-size:160%
font-weight:bold
line-height:1.2em
text-align:center
```

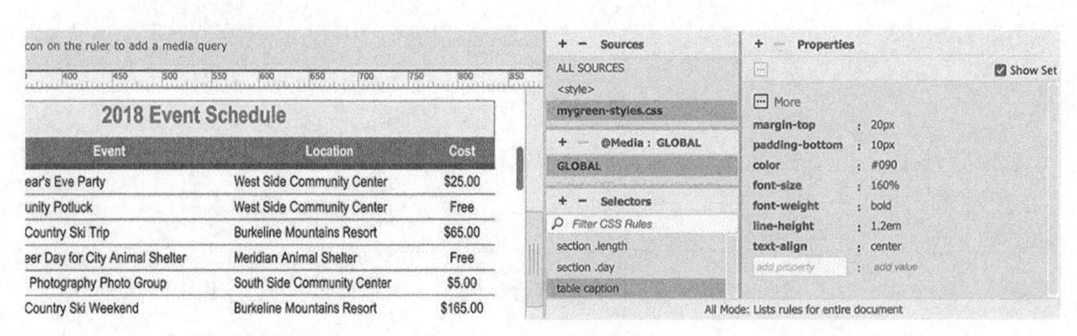

图 7-80

标题现在的显示足够大，在每个表格上方显得引人注目。

11. 保存所有文件。

使用 CSS 格式化表和标题使它们更容易阅读和理解。你可以随意试验标题的大小和位置，以及其他影响表格的规格。

7.5　网页拼写检查

发布到 Web 上的内容必须准确无误，这一点很重要。Dreamweaver 中带有一个功能强大的拼写检查器，它不仅能够识别经常拼写错误的单词，而且能够为你经常使用的非标准词语创建自定义字典。

1. 如果有必要，打开 contact-us.html。

2. 切换到设计视图。在标题 Contact Meridien GreenStart 开始处插入光标。选择 Tools（工具）> Spell Check（拼写检查），如图 7-81 所示。

注意：拼写检查器仅在“设计”视图中运行。如果你在“代码”视图中，Dreamweaver 将自动切换到“设计”视图。如果你处于“实时”视图，则该命令不可用。

图 7-81

拼写检查器从光标所在位置开始。如果光标位于页面中较下方的位置，你将不得不至少重新开始执行一次拼写检查，以检查整个页面。它不会检查在不可编辑的模板区域中锁定的内容。

Check Spelling（检查拼写）对话框将高亮显示单词“Meridien”，它是 GreenStart 协会所在的虚拟城市的名称。你可以单击 Add To Personal（添加到私人）按钮把该单词插入到自定义字典中，但是目前你将跳过这次检查期间在其他位置出现的这个名称。

3. 单击 Ignore All（忽略全部），如图 7-82 所示。

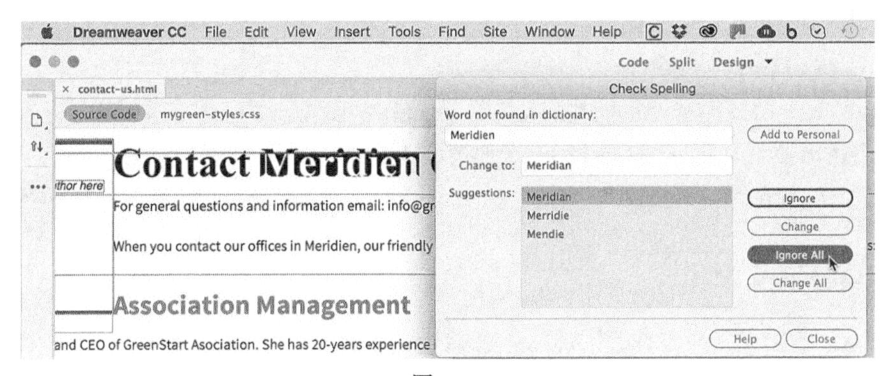

图 7-82

Dreamweaver 的拼写检查器高亮显示单词 GreenStart，这是协会的名称。如果 GreenStrart 是你自己公司的名称，应该将其添加到自定义字典。但是，你不希望添加一个虚拟的公司名称。

4. 再次单击 Ignore All（忽略全部），如图 7-83 所示。

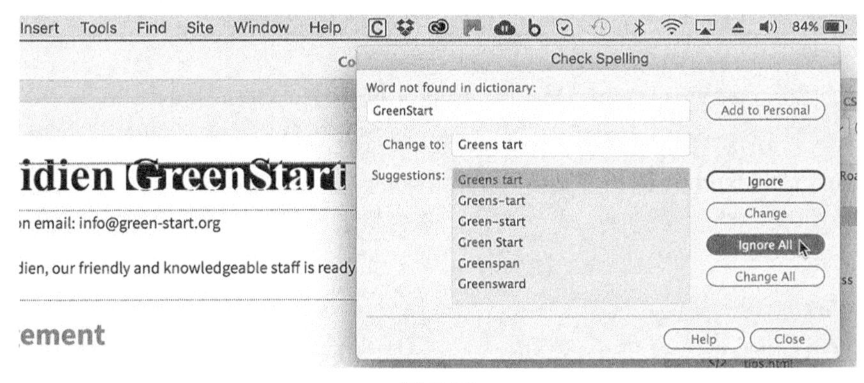

图 7-83

Dreamweaver 高亮显示电子邮件地址 info@greenstart.org 中的域名。

5. 单击 Ignore All（忽略全部），如图 7-84 所示。

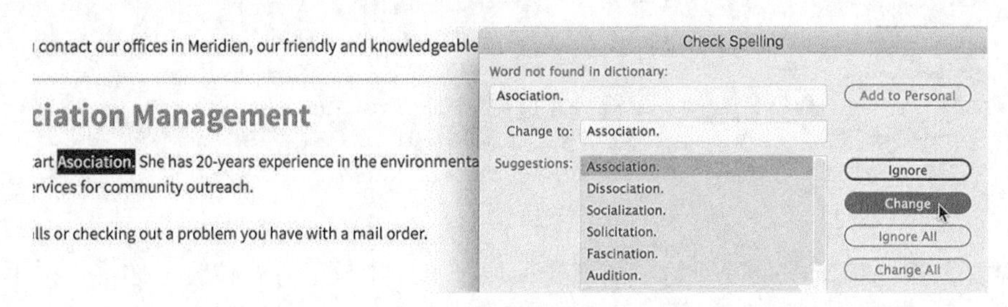

图 7-84

6. 要更正拼写错误，在 Suggestions（建议）列表中找到正确拼写的单词（Association）并双击。

7. 继续拼写检查到网页结束。

如有必要，更正所有错误拼写的单词，忽略正确的名称。如果对话框提示你从网页开始处检查，单击 Yes（是）。Dreamweaver 将从文件开始进行拼写检查，找出任何可能遗漏的词。

8. 当拼写检查结束时单击 OK（确认），如图 7-85 所示。

保存文件。

必须指出的是，拼写检查器只能找出拼写不正确的单词，而无法找出使用不正确的单词。在这种情况下，什么也代替不了对内容的认真阅读。

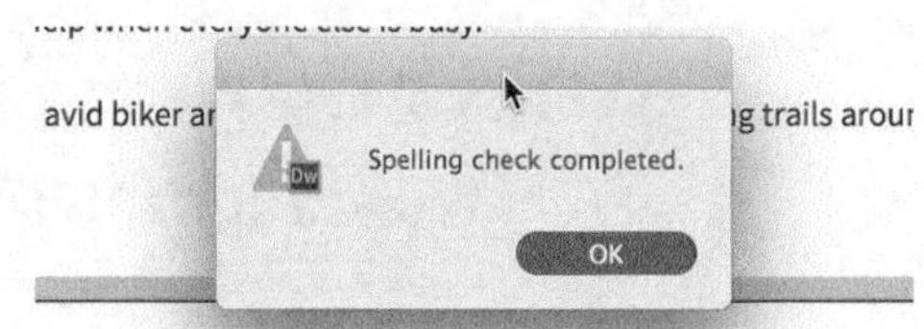

图 7-85

7.6 查找和替换文本

查找和替换文本的能力是 Dreamweaver 最强大的特性之一。与其他软件不同，Dreamweaver 可以在站点中的任意位置查找几乎任何内容，包括文本、代码以及可以在软件中创建的任何类型的空白。你可以限制只搜索“设计”视图中呈现的文本、底层标签，或者整个标记。高级用户可以利用称为“正则表达式”的强大模式匹配算法来执行最先进的查找和替换操作，而且，Dreamweaver 更进一步，允许你利用类似数量的文本、代码和空白替换目标文本或代码。如果你是老版本 Dreamweaver 的用户，就会看到查找和替换功能中有一些显著的变化。

在下面这个练习中，你将学习一些使用“查找和替换”特性的重要技术。

1. 如果有必要，选择 events.html 选项卡，或者从站点的根文件夹中打开该文件。

有多种方式可以确定你想查找的文本或代码，一种方式是简单地在文本框中手动输入它。在 Events 表格中，名称 Meridien 被错误地拼写为 Meridian。由于 Meridian 是一个真实的单词，拼写检查器将不会把它标记为一个错误，为你提供改正的机会。因此，你将代之以使用查找和替换来执行更改。

2. 如果有必要，切换到代码视图。

单击标题 Green Events and Classes，选择 Find（查找）> Replace in Current Document（在当前文件中替换），如图 7-86 所示。

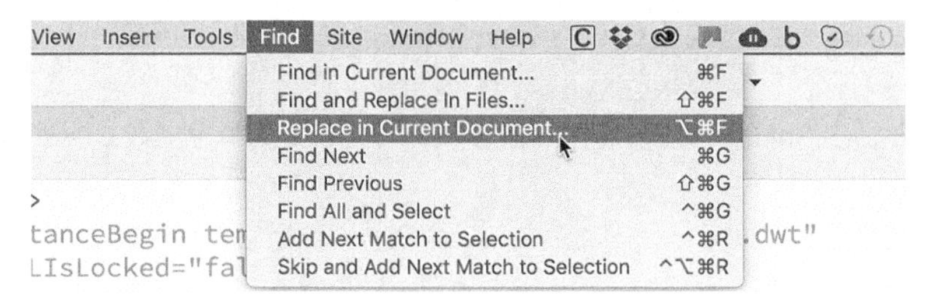

图 7-86

Find And Replace（查找和替换）面板出现在文档窗口底部。如果你之前没有使用过这一功能，Find（查找）字段应该为空。

3. 在 Find（查找）字段中输入 Meridian 并按 Enter/Return 键，如图 7-87 所示。

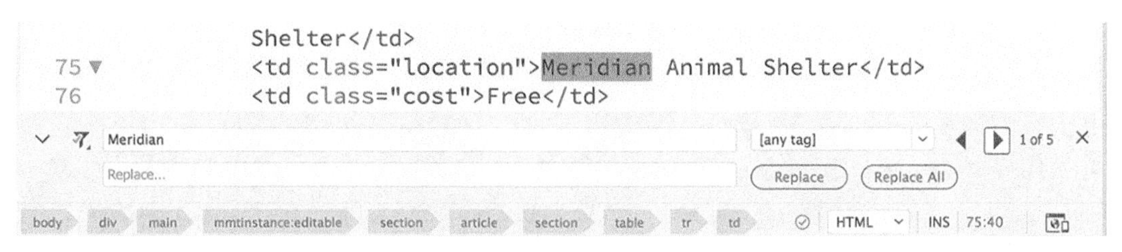

图 7-87

Dreamweaver 找到第一次出现的 Meridian，并说明在文档中找到了多少个匹配的词。

4. 在 Replace（替换）字段输入 Meridien，如图 7-88 所示。

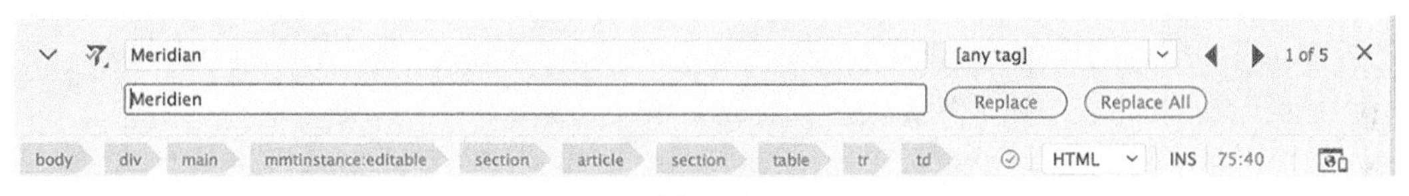

图 7-88

5. 单击 Replace（替换）。Dreamweaver 将替换 Meridian 的第一个实例，并且立即搜索下一个实例。你可以逐个继续替换单词，或者选择替换全部实例。

6. 单击 Replace All（替换全部），如图 7-89 所示。

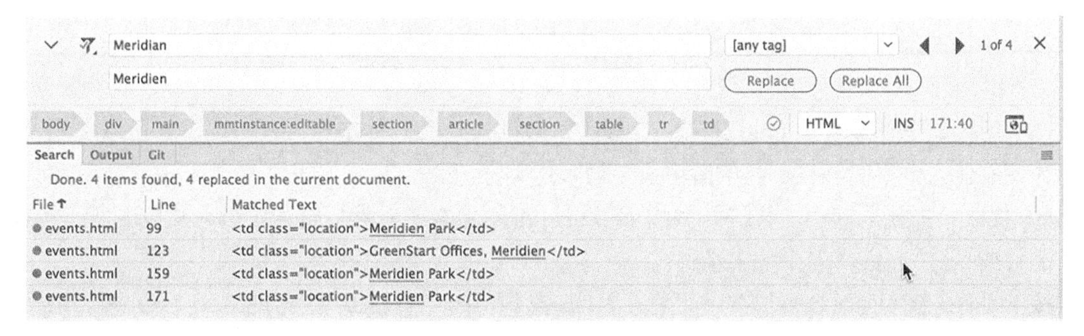

图 7-89

当你单击 Replace All（替换全部），Search Report（搜索报告）面板展开，列出所做的所有更改。

7. 右键单击 Search Report（搜索报告）选项卡，从上下文菜单中选择 Close Tab Group（关闭标签组）。

把文本和代码作为目标的另一种方法是在激活命令前就选择它。可以在“设计”视图或“代码”视图中使用这种方法。

8. 在代码视图中，在 Events 表格的 Location 列中定位并选取第一次出现的文本 Burkeline Nature Preserve（见图 7-90），然后选择 Find（查找）> Find In Current Document（在当前文档中查找）。

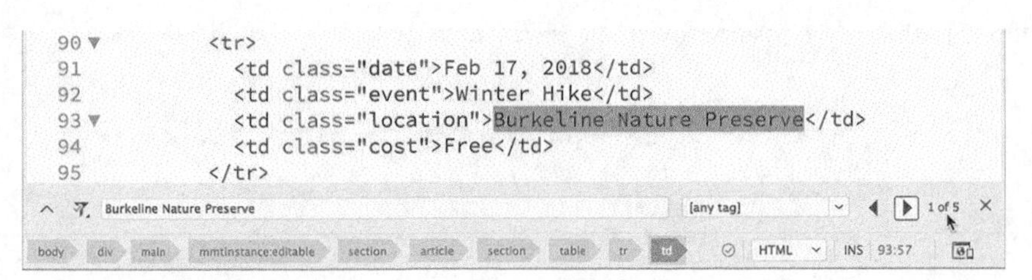

图 7-90

出现 Find And Replace（查找和替换）面板，所选的文本被 Dreamweaver 自动输入到 Find（查找）字段中。这种技术适用于小的文本或者代码片段。对于较大的选择内容，你需要使用复制和粘贴。

9. 将光标仍然停留在 Burkeline Nature Preserve 文本中，单击文档窗口底部的 <tr> 标签选择器。

10. 按 Ctrl+C/Cmd+C 组合键复制选中的文本。

11. 如果有必要，选择 Find（查找）> Find In Current Document（在当前文档中查找）。

在 Find（查找）字段中插入光标，按 Ctrl+V/Cmd+V 键，如图 7-91 所示。

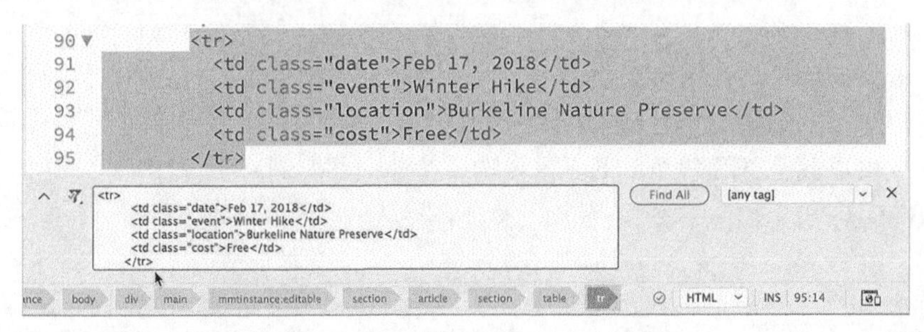

图 7-91

选中的代码全部输入到 Find（查找）字段中，包括换行和其他空白。这一现象之所以引人注目，是因为没有任何方法能够在查找字段中人工输入这类标记。

12. 选取“查找”框中的代码，并按下 Delete 键删除它们。然后输入 <tr> 并按下回车键插入换行符，观察所发生的事情。

按下 Enter 键不会插入换行符，而是激活“查找”命令，查找第一次出现的 <tr> 元素。事实上，在该字段内不能手动插入任何类型的换行符。

你可能不认为这是一个很大的问题，因为你已经知道在选取了文本或代码时 Dreamweaver 如何插入它们。不幸的是，第 8 步和第 10 步中使用的方法不适用于大量的文本或代码。

13. 在代码视图中，单击 `table` 标签选择器，复制选择的内容。

14. 在 Find（查找）字段中插入光标，并按 Ctrl+V/Cmd+V 键。

15. 在 Replace（替换）字段中插入光标，按 Ctrl+A/Cmd+A 键选择字段内容，按 Ctrl+V/Cmd+V 键替换任何内容，结果如图 7-92 所示。

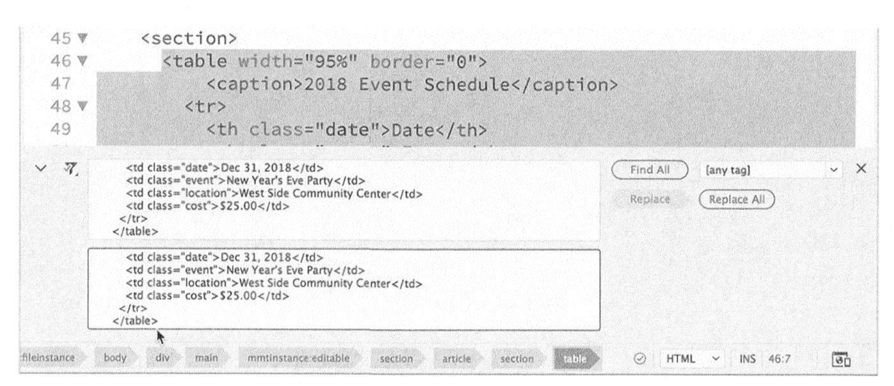

图 7-92

> **提示：** 如果替换字段没有出现，单击 Show More（显示更多）图标 ^。

超强查找（见图 7-93）!

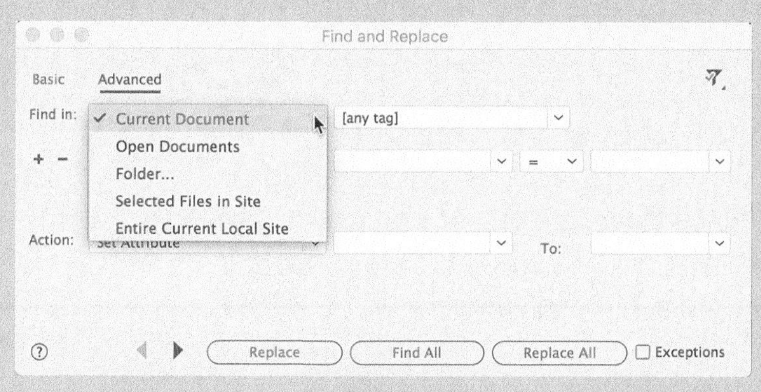

图 7-93

注意面板中的 Find（查找）和 Filter（过滤）选项。Dreamweaver 的强大能力和灵活性在这里体现得淋漓尽致。用 Find and Replace in Files（在文件中查找和替换）可以在选中文本、当前文档和所有打开的文档、特定文件夹、网站选中文件或者整个当前本地站点中查找，如图 7-94 所示。

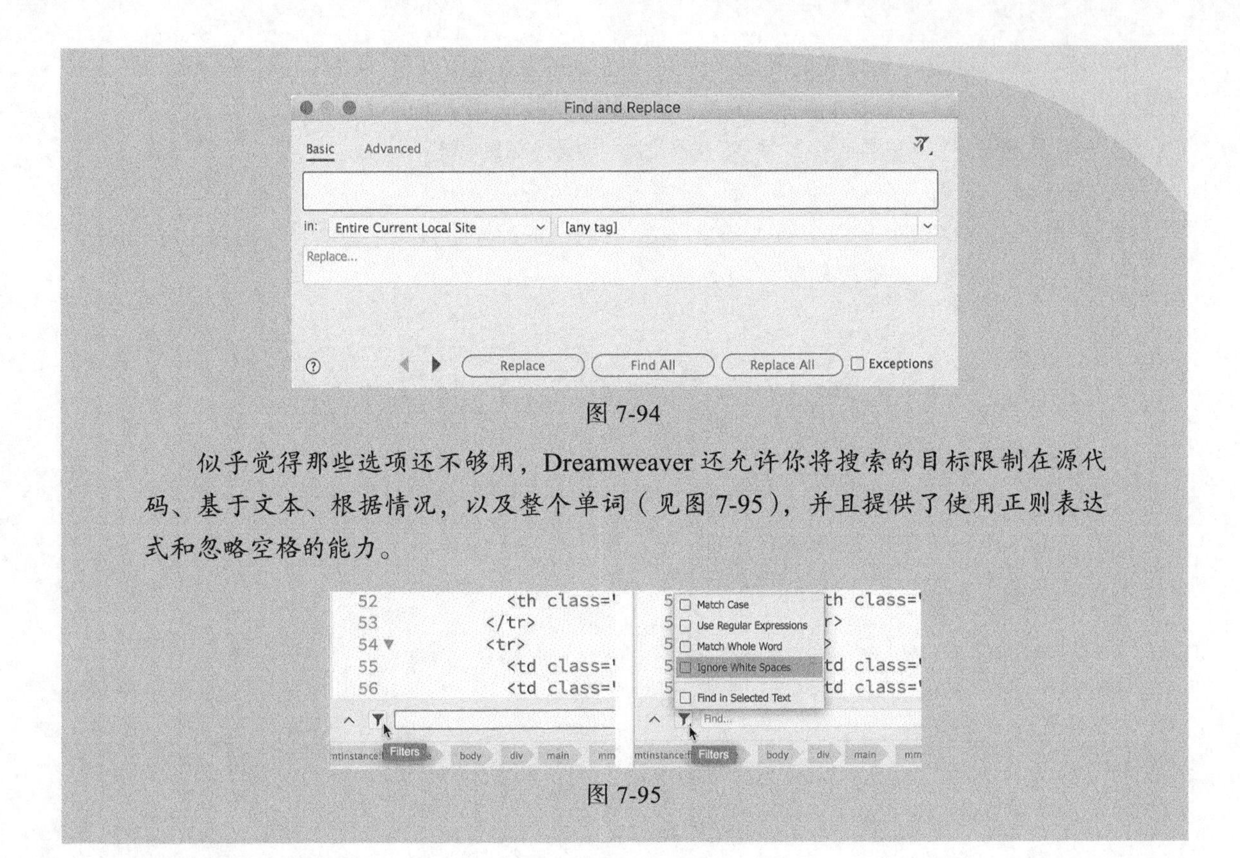

图 7-94

似乎觉得那些选项还不够用，Dreamweaver 还允许你将搜索的目标限制在源代码、基于文本、根据情况，以及整个单词（见图 7-95），并且提供了使用正则表达式和忽略空格的能力。

图 7-95

整个表格都被粘贴到 Find（查找）和 Replace（替换）字段中。很显然，这两个字段当前包含相同的标记，但是这说明了在必要时更改或者替换大段代码有多么容易。

16. 关闭 Find And Replace（查找和替换）面板。保存所有文件，结果如图 7-96 所示。

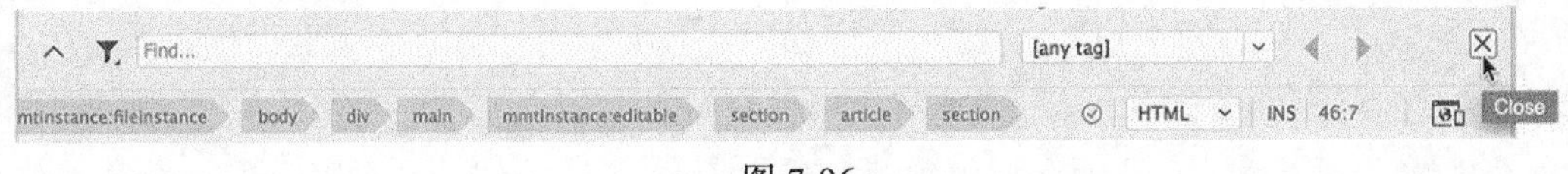

图 7-96

在这一课中，你创建了 4 个新页面，并学习了如何从其他来源中导入文本。你把文本格式化为标题和列表，然后使用 CSS 设置它的样式。你插入和格式化了表格，并给每个表格添加标题。而且，你还使用 Dreamweaver 的“拼写检查”工具以及“查找和替换”工具审查和校正了文本。

7.7 可选的自定进度练习

在本课结束时，创建的 4 个页面仅完成了一部分。在进入下一课之前，请使用位于资源文件夹中的 quotes07.txt 和 sidebar2_07.txt 文件中的资源，逐一查看每个页面。如果你对如何创建或格式化内容有任何疑问，请查看 lesson07\finished_ files 文件夹中的同名文件。确保在完成所有更改后保存。

7.8 复习题

1. 怎样把文本格式化为 HTML 标题 2 ？
2. 解释怎样把段落文本转换成编号列表或者项目列表。
3. 描述两种将 HTML 表格插入到网页中的方法。
4. 哪个元素控制表格列的宽度？
5. Dreamweaver 的拼写检查命令不会找到哪些项目？
6. 描述 3 种在“查找”框中插入内容的方式。

7.9 复习题答案

1. 使用“属性”检查器中的“格式”框的菜单应用 HTML 标题格式化效果，或者按 Ctrl+1/Cmd+1、Ctrl+2/Cmd+2、Ctrl+3/Cmd+3 等组合键。
2. 利用鼠标高亮显示文本，并且在“属性”检查器中单击“编号列表”按钮。然后单击“项目列表”按钮，把编号的格式化效果更改成项目符号。
3. 可以复制并粘贴另一个 HTML 文件或者兼容软件中的表格。也可以通过导入定界符分隔文件中的数据来插入表格。
4. 表格列的宽度是由列内最宽的 `<th>` 或 `<td>` 元素控制的。
5. 拼写检查器命令仅显示拼写错误的单词，而不是使用错误的单词。
6. 可以在框中输入文本，在打开对话框之前选取文本并且允许 Dreamweaver 插入所选的文本，或者可以复制文本或代码并把它们粘贴到框中。

第8课　处理图像

课程概述

在本课中，读者将学习以下内容：

- 将图像插入网页；
- 使用 Photoshop 智能对象；
- 从 Photoshop 复制并粘贴图像；
- 使图像适应不同的设备和屏幕尺寸；
- 使用 Dreamweaver 中的工具来调整大小，裁剪和重新采样 Web 兼容图像。

完成本课大约需要 1 个小时。请先到异步社区的相应页面下载本书的课程资源，并进行解压。根据 lesson08 文件夹定义站点。

Dreamweaver 提供了许多插入和调整图形的手段，可以在 Dreamweaver 自身中处理这些图形，也可以与其他 Creative Suite 工具（如 Adobe Fireworks 和 Adobe Photoshop）协同处理它们。

8.1 Web 图像基础知识

Web 带给人们更多的是一种体验。对这种体验必不可少的是大多数网站上充斥的图像和图形（包括静态图像和动画）。在计算机世界中，图形可分为两大类：矢量图形和光栅图形（见图 8-1）。

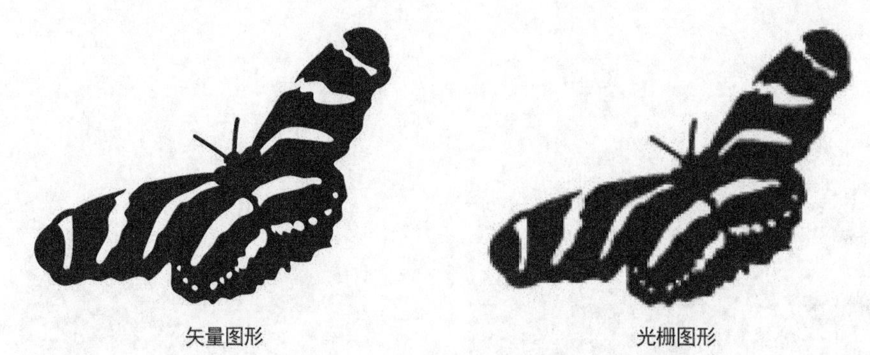

图 8-1　矢量图形（左）擅长表现线条艺术、图纸和标志。光栅技术（右）更适合于保存照片图像

8.1.1　矢量图形

矢量图形是通过数学创建的。它们的表现就像离散的对象一样，可以根据需要任意次地重新定位和调整它们的大小，而不会影响或降低它们的输出品质。矢量艺术品的最佳应用是在任何需要的地方使用几何形状和文本创建艺术效果。例如，大多数公司的标志都是通过矢量形状创建的。

矢量图形通常以 AI、EPS、PICT 或 WMF 文件格式存储。不幸的是，大多数 Web 浏览器都不支持这些格式。它们所支持的格式是 SVG（可伸缩矢量图形）。初识 SVG 的最简单方式是在你最喜爱的矢量绘图软件（如 Adobe Illustrator 或 CorelDRAW）中创建一幅图形，然后把它导出为这种格式。如果你擅长编程，可能希望尝试使用 XML（可扩展标记语言）自己创建 SVG。可以在 https://www.w3schools.com/html/html5_svg.asp 上了解关于自己创建 SVG 图形的更多知识。

8.1.2　光栅图形

尽管 SVG 具有明确的优点，Web 设计师还是在他们的 Web 设计中主要使用基于光栅的图像。光栅图像是通过像素创建的，像素代表图片元素，它具有 3 个基本的特征：

- 形状是精确的正方形；
- 都具有相同的大小；
- 一次只显示一种颜色。

基于光栅的图像通常由数千种甚至数百万种不同的像素组成，它们以行和列编排，形成图案，产生真实照片、绘画或者图纸的幻觉，效果如图 8-2 所示。它是一种幻觉，因为屏幕上没有真实的照片，而只是一串像素，当你在观看时就像看到图像一样。并且，随着图像品质的提高，幻觉将变得更逼真。光栅图像的品质基于 3 个因素：分辨率、大小和颜色。

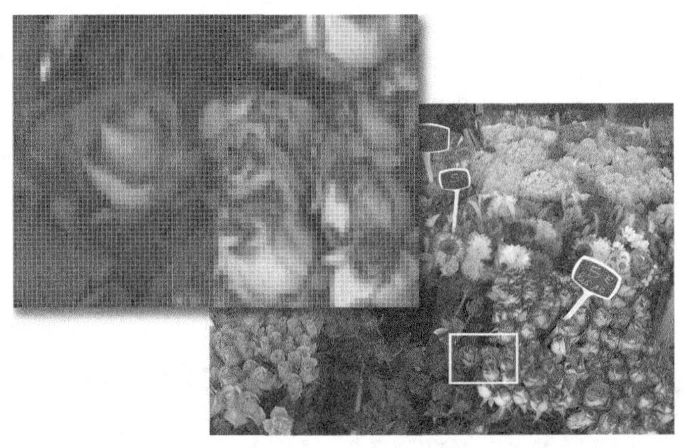

图 8-2　嵌入的图像展示了花朵放大的效果，揭示了组成图像本身的像素

1. 分辨率

分辨率是影响光栅图像品质的最主要的因素。它表示以每英寸中的像素数量（ppi）度量的图像品质。每英寸中放入的像素越多，图像中就可以描绘越多的细节（见图 8-3）。但是更好的品质要付出相应的代价，更高分辨率的副作用就是更大的文件尺寸。这是因为每个像素都必须以图像文件内字节信息的形式存储，用计算机的术语讲，就是具有真实开销的信息。更多的像素意味着更多的信息，这意味着更大的文件。

> **注意：** 打印机和印刷机使用“点”创建照片图像。打印机上的品质是以每英寸中的点数（DPI）度量的。把计算机中使用的正方形像素转换成打印机上使用的圆点的过程称为网屏。

72 ppi

300 ppi

图 8-3　分辨率对图像输出有显著的影响。左侧的 Web 图像在浏览器中看起来不错，但是打印时没有足够好的质量

幸运的是，Web 图像只需要在计算机屏幕上显示出最佳效果，这些设备主要基于 72ppi 的分辨率，比其他应用（如印刷）要低一些，在其他应用中，300ppi 被认为是可接受的最低品质。计算机屏幕的较低分辨率是使大多数 Web 图像文件保持合理大小，以便于从互联网上下载的重要因素。

2. 尺寸

尺寸是指图像的垂直和水平维度。当图像增大时，创建它就需要更多的像素，因此文件也会变得更大（见图 8-4）。由于图形比 HTML 代码需要更长的下载时间，近年来许多设计师利用 CSS 格式化效果代替了图形成分，以便访问者得到更快速的 Web 体验。但是如果需要或者希望使用图像，确保快速下载的一种方法是保持较小的图像尺寸。即使在高速互联网服务大量涌现的今天，许多网站仍然避免使用全页面图形，不过这一切也正在改变。

图 8-4　虽然这两个图像的分辨率和色深相同，但是你可以看到图像尺寸对文件大小的影响

3. 颜色

颜色是指描述每幅图像的颜色空间或调色板。大多数计算机屏幕只可以显示人眼看到的一小部分颜色。并且，不同的计算机和应用程序将显示不同级别的颜色，通过术语“色深”（bit depth）表达。单色或 1 位的颜色是最小的空间，只显示黑色和白色，并且没有灰度。单色图像主要用于线稿插图、蓝图以及书法或者签字的重现。

4 位颜色空间描述最多总共 16 种颜色。可以通过称为抖动（Dithering）的过程模拟额外的颜色，在这种过程中，可用颜色散置和并置，以产生更多颜色的错觉。这种颜色空间是为最早的彩色计算机系统和游戏控制台创建的。由于其局限性，今天这种调色板已经很少使用了。

8 位调色板提供了最多总共 256 种颜色或者 256 种灰度。这是所有计算机、移动电话、游戏系统和手持式设备的基本颜色系统。这种颜色空间还包括所谓的 Web 安全调色板。Web 安全是指在 Windows 和 Mac 计算机上同时被支持的 8 位颜色的子集。大多数计算机、游戏控制台和手持式设备现在都支持更高级的调色板，但是 8 位调色板对于所有 Web 兼容的设备都是可靠的。

今天，只有少数较老的智能电话和手持式游戏支持 16 位的颜色空间。这种调色板称为高色彩，共包含 65 000 种颜色。尽管这听起来好像很多，但是人们认为 16 位颜色空间并不足以支持大多数图形设计目的或者专业印刷。

最高的颜色空间是 24 位颜色，它被称为真彩色。这种系统可以生成最多 1670 万种颜色，是图形设计和专业印刷的金标准。上面提到的 4 位、8 位、24 位颜色的对比如图 8-5 所示。几年前，又加入了一种新的颜色空间：32 位颜色。它没有提供任何额外的颜色，但是它为一个称为 Alpha

透明度的属性提供了额外的 8 位。

Alpha 透明度使你可以将图形的某些部分指定为完全或部分透明，这种技巧可以创建似乎具有圆角或曲线的图形，甚至可以消除光栅图形特有的白色边界框。

24位颜色

8位颜色

4位颜色

图 8-5　在这里你可以看到 3 种颜色空间的显著对比，以及总可用颜色数对图像质量的意义

与大小和分辨率一样，颜色深度可以显著影响图像文件的大小。在所有其他方面都相同的情况下，8 位图像比单色图像大 7 倍，24 位的版本比 8 位图像大 3 倍。在网站上有效使用图像的关键是在分辨率、大小和颜色之间找到一种平衡，以实现想要的最佳品质。对图像进行优化是必不可少的，尽管越来越多的人们拥有智能手机和平板电脑，但在美国和全世界仍有数以百万计的人无法高速访问互联网。2016 年，FCC 报告，仍有多达 3/4 的美国家庭没有使用有线宽带服务。在网站上使用大图像越来越流行，但仍然可能在你的目标受众中造成问题，这取决于他们所生活的地方。

8.1.3　光栅图像文件格式

光栅图像可以存储在多种文件格式中，但是 Web 设计师只关注其中的 3 种：GIF、JPEG 和 PNG。这 3 种格式都为互联网使用进行了优化，并且与大多数浏览器兼容。不过，它们具有不同的能力。

1. GIF

GIF（图形交换格式）是最早的 Web 专用光栅图像文件格式之一。它在最近 30 年只做了少许改变。GIF 支持最多 256 种颜色（8 位调色板）和 72ppi 分辨率，因此它主要用于 Web 界面（比如，按钮和图形边框等）。但是它确实具有两个有趣的特性，使之仍然适合于今天的 Web 设计师：索引透明度和对简单动画的支持。

2. JPEG

JPEG 也写成 JPG，因联合图像专家组（Joint Photographic Experts Group）而得名，该小组于 1992 年创建了这个图像标准，作为对 GIF 文件格式局限性的直接反应。JPEG 是一种功能强大的格式，支持无限的分辨率、图像尺寸和颜色深度。因此，数码相机使用 JPEG 作为图像存储的默认文件类型。这也是大多数设计师在网站上对必须以高品质显示的图像都使用 JPEG 格式的原因。

对你来说，这听起来可能有些奇怪，如前所述，高品质通常意味着较大的文件大小。较大的文件需要较长的时间才能下载到你的浏览器上。那么，为什么这种格式在 Web 上如此流行呢？JPEG 的主要成就在于其受专利保护的用户可选择图像压缩算法，这种算法可以把文件大小减小

95% 之多。JPEG 图像在每次保存时都会进行压缩，然后在打开并显示它们之前进行解压缩。不同压缩率的对比如图 8-6 所示。

低质量、高压缩率
130KB

中等质量、中等压缩率
150KB

高质量、低压缩率
260KB

图 8-6　不同压缩率对文件大小和图像质量的影响

不幸的是，所有这些压缩都有缺点。过大的压缩有损图像品质。这种类型的压缩称为有损（Lossy）压缩，因为每次压缩都会使图像品质受损。事实上，图像质量的损失可能很大，以至于图像可能完全无法使用。每当设计师保存 JPEG 图像时，他们都将面临图像品质与文件大小的妥协。

3. PNG

由于 GIF 格式专利权纠纷迫在眉睫，1995 年开发了 PNG（便携式网络图形）格式。当时，看起来好像设计师和开发人员将不得不为使用 .gif 文件扩展名支付专利权使用费。尽管这个问题逐渐被淡忘了，PNG 还是由于其能力而找到了许多追随者，并且在互联网上占有了一席之地。

PNG 结合了 GIF 和 JPEG 的许多特性，并添加了几种自有特性。例如，它提供了对无限分辨率、32 位颜色以及全面的 Alpha 和索引透明度的支持。PNG 还提供了无损压缩，这意味着可以 PNG 格式保存图像，而不必担心每次打开和保存文件时会损失任何品质。

PNG 的唯一缺点是：它的最重要的特性——Alpha 透明度——在较老的浏览器中仍然没有得到完全支持。幸运的是，随着这些浏览器逐年被淘汰，这个问题已经不是大多数 Web 设计师关注的焦点了。

但是，与 Web 上的一切事物一样，你自己的需求可能不同于总体趋势。在使用任何特定的技术之前，检查你的站点，分析并确认你的访问者实际上正在使用哪些浏览器总是一个好主意。

8.2 预览完成的文件

为了解你将在这一课中处理的文件，让我们先在浏览器中预览已完成的页面。

注意：如果你还没有把用于本课的文件复制到计算机上，那么现在一定要这样做。参见本书开头的“前言”中的相关内容。

1. 启动 Adobe Dreamweaver CC（2018 版）或更新版本。

2. 如果有必要，从 Files（文件）面板的 Site（站点）下拉菜单中选择 lesson08。

3. 打开 lesson08/finished-files 文件夹中的 contactus-finished.html，如图 8-7 所示。

图 8-7

该页面包含多个图像，以及一个 Photoshop 智能对象。

4. 打开 lesson08/finished-files 文件夹中的 news-finished.html，如图 8-8 所示。

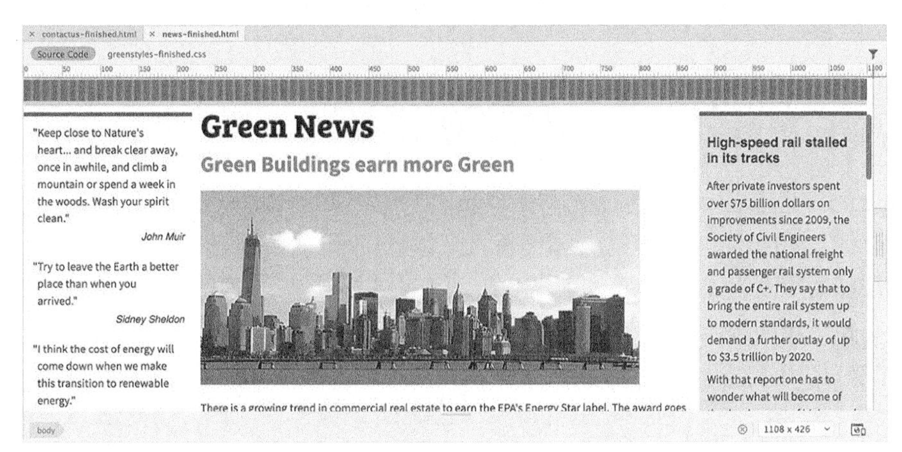

图 8-8

新闻页面包含不同大小和构成的图像。

5. 关闭所有示例文件。

在下面的练习中，你将用各种技巧将这些图像插入页面，并格式化它们，使之能在任何屏幕上正常显示。

8.3 插入图像

无论是为了引起视觉兴趣还是讲述故事，图像都是任何网页上的关键成分。Dreamweaver 提供了多种方式来填充图像：使用内置命令，以及使用其他 Adobe 应用程序的复制和粘贴功能。让我们从 Dreamweaver 本身内置的一些工具开始，比如 Assets（资源）面板。

注意：在 Dreamweaver 中使用图像时，应确保你的网站的默认图像文件夹是根据本书开头的“前言”部分中的说明进行设置的。

1. 在 Files（文件）面板中，打开 contact-us.html，选择实时视图。
2. 单击标题为 Association Management 的第一段。“元素显示”出现，焦点在 p 元素上。
3. 如果有必要，选择 Window（窗口）> Assets（资源）打开 Assets（资源）面板。单击 Images（图像）类别图标显示保存在站点内的所有图像列表。
4. 在列表中找到并选择 elaine.jpg，如图 8-9 所示。

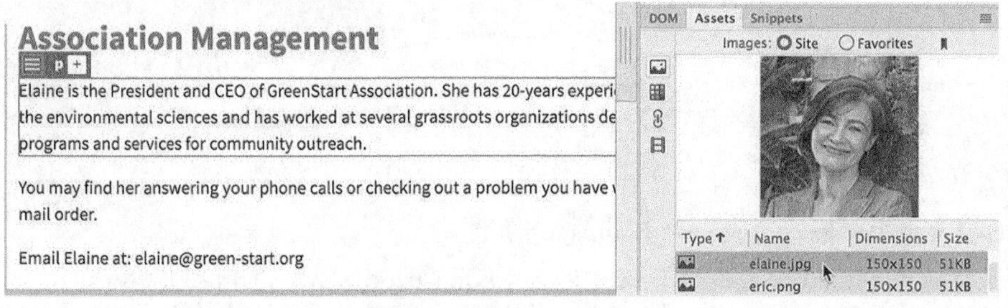

图 8-9

提示：一旦定义了一个站点，且 Dreamweaver 创建了缓存，“资源”面板就应该立刻被填充。如果面板为空，请单击“刷新站点列表”图标。

elaine.jpg 的预览将显示在资源面板中。面板上列出图像的名称、尺寸（以像素为单位）、大小（以 KB 或者 MB 为单位）、文件类型以及完整目录路径。

5. 注意图像的尺寸为 150 × 150 像素。

注意：你可能需要拖动面板的边缘才能展宽它，以查看所有资源信息。

6. 在面板底部，单击 Insert（插入）按钮，如图 8-10 所示。

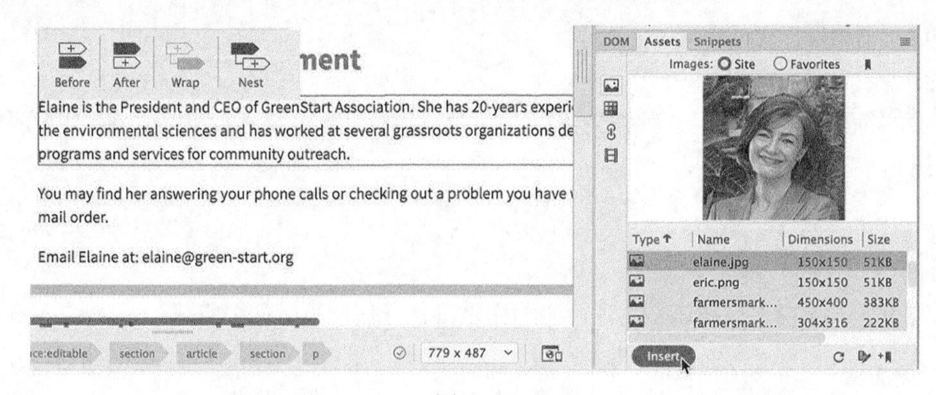

图 8-10

> **注意：**“图像”窗口显示存储在定义的站点中任何位置的所有图像（即使是站点默认的 images 文件夹外的所有图像），因此你可能会看到存储在课程子文件夹中的图像列表。

出现“定位辅助”对话框。

7. 单击 Nest（嵌套），结果如图 8-11 所示。

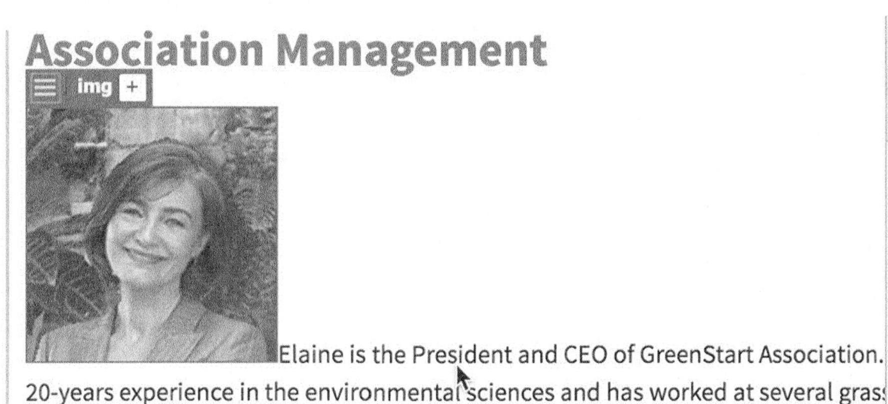

图 8-11

图像显示在段落的开头。“元素显示”现在的焦点在 `img` 元素上。你可以使用 Quick Property（快速属性）检查器向图像添加替代文本。

8. 单击 Edit HTML Attribute（编辑 HTML 属性）图标，Quick Property（快速属性）对话框出现。

9. 在“元素显示”的 Alt 字段中输入替换文本 Elaine, Meridien GreenStart President and CEO，如图 8-12 所示。

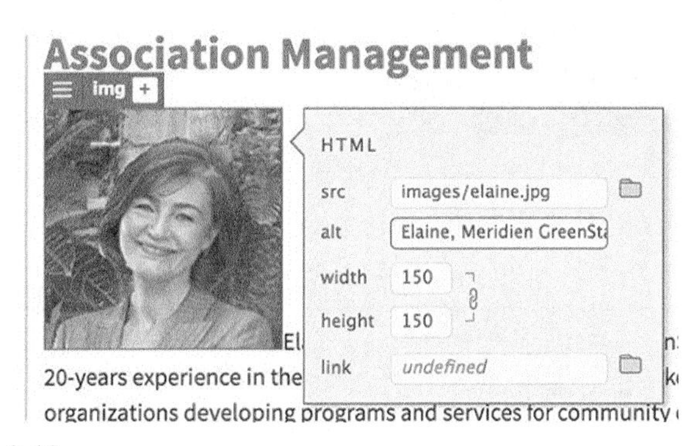

图 8-12

10. 选择 File（文件）> Save（保存）。

> **注意：**Alt（替换）文本提供有关图像的描述性元数据，如果图像无法在浏览器中正确加载，或者视觉障碍者访问时，可以看到替换文本。

你在文本中插入了 Elaine 的照片，但它目前的位置不是很好。在下一个练习中，你将使用 CSS 类调整图像位置。

8.4 用 CSS 类控制图像位置

默认情况下，<img> 元素是内联元素。这就是你为什么能够把图像插入到段落或其他元素中的原因。当图像的高度高于字体高度时，图像将增加它所在行的垂直空间。在过去，可以使用 HTML 属性或 CSS 调整它的位置，但是在 HTML 语言和 Dreamweaver CC 中都不建议使用基于 HTML 的属性。现在，你应该完全依赖基于 CSS 的技术。

在这个实例中，你希望雇员照片从右到左、从上到下交替出现，文本将围绕图像，以更有效地使用该空间。为此，你将创建一个自定义的 CSS 类来提供左右对齐的选项。你可以使用“元素显示”一次性地创建和应用新类。

1. 如果有必要，在实时视图中打开 contact-us.html。

2. 单击 Association Management 区域中第一个段落的 Elaine 照片。

“元素显示”将出现，焦点在 img 元素上。

3. 单击 Add Class/ID（添加类 /ID）图标⊞。

4. 在文本框中输入 .flt-rgt。这个新类名是 floart right（向右浮动）的缩写，提示你将用于设置图像样式的 CSS 命令。

5. 按 Enter/Return 键，CSS Source（CSS 源）对话框出现，结果如图 8-13 所示。

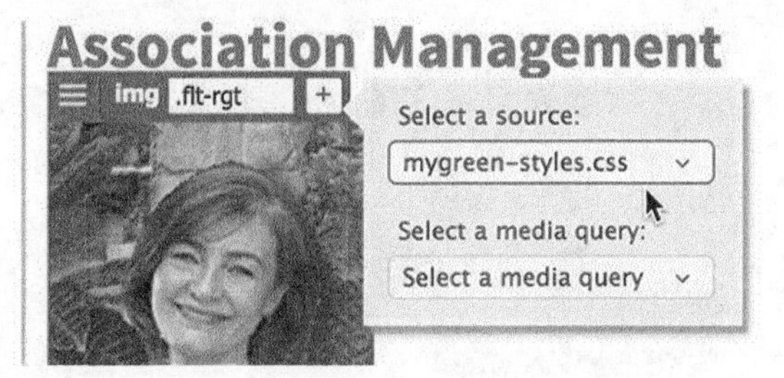

图 8-13

6. 如果有必要，从 Select A Source（选择源）下拉菜单中选择 mygreen-styles.css。

7. 按 Enter/Return 键完成类。CSS Source（CSS 源）对话框消失，样式表中创建了一个新类。

让我们来看一看。

8. 如果有必要，选择 Elane 的照片。

在 CSS 设计器中，单击 Current（当前）按钮，新选择器出现在 Properties（属性）窗格顶部。

9. 创建如下属性，如图 8-14 所示。

```
float: right
margin-left: 10px
```

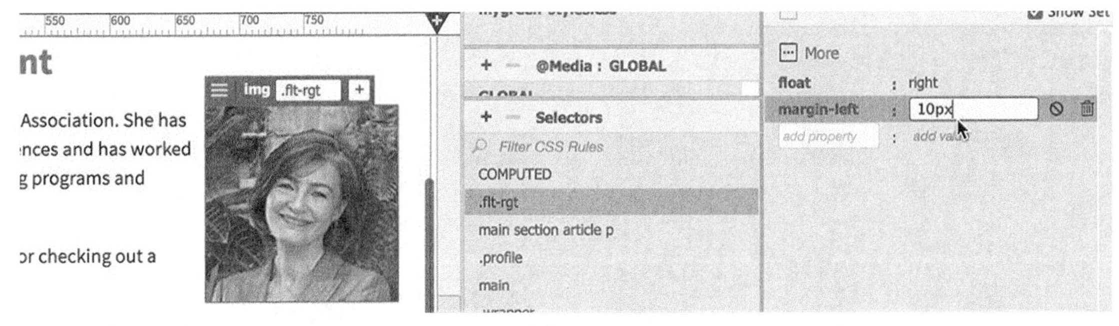

图 8-14

图像移动到段落元素的右侧，文本在左侧环绕。正如你在第 3 课中所学到的那样，应用一个浮动（float）属性，将从 HTML 结构的正常流程中删除一个元素，但它仍然保持其宽度和高度。边距设置使文本不会与图像边缘接触。在下一个练习中你将创建类似的规则，使图像向左对齐。

8.5 使用插入面板

Insert（插入）面板复制了关键的菜单命令，并且具有许多选项，可以快速、轻松地插入图像和其他代码元素。你甚至可以将其停靠在文档窗口顶部，使其一直可用。在本练习中，你将使用插入面板在布局中添加图像。

1. 在实时视图中，单击标题 Education and Events 下的第一段。

“元素显示”将出现，焦点在 p 标签上。

2. 如果有必要，选择 Window（窗口）> Insert（插入）显示插入面板。

3. 在插入面板中，选择 HTML 类别。

4. 单击 Image，“定位辅助”对话框出现，如图 8-15 所示。

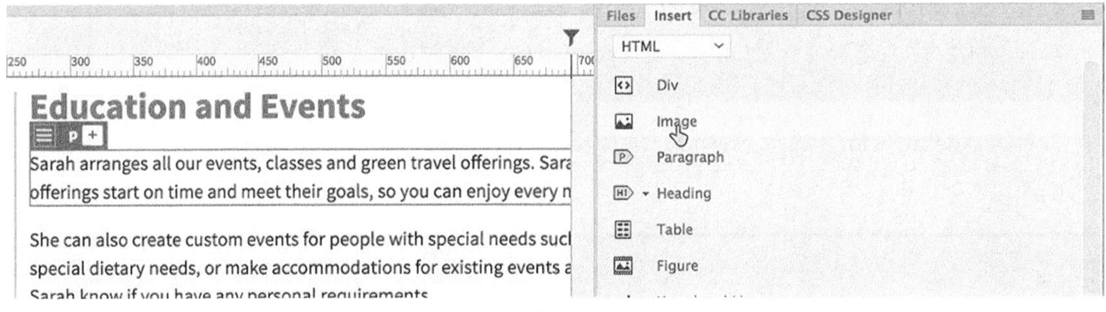

图 8-15

5. 单击 Nest（嵌套），Select Image Source（选择图像源文件）对话框出现。

6. 从站点的 images 文件夹选择 sarah.jpg，单击 OK/Open（确认 / 打开），如图 8-16 所示。

7. 在 Property（属性）检查器的 Alt（替换）字段中输入 Sarah, GreenStart Events Coordinator，如图 8-17 所示。

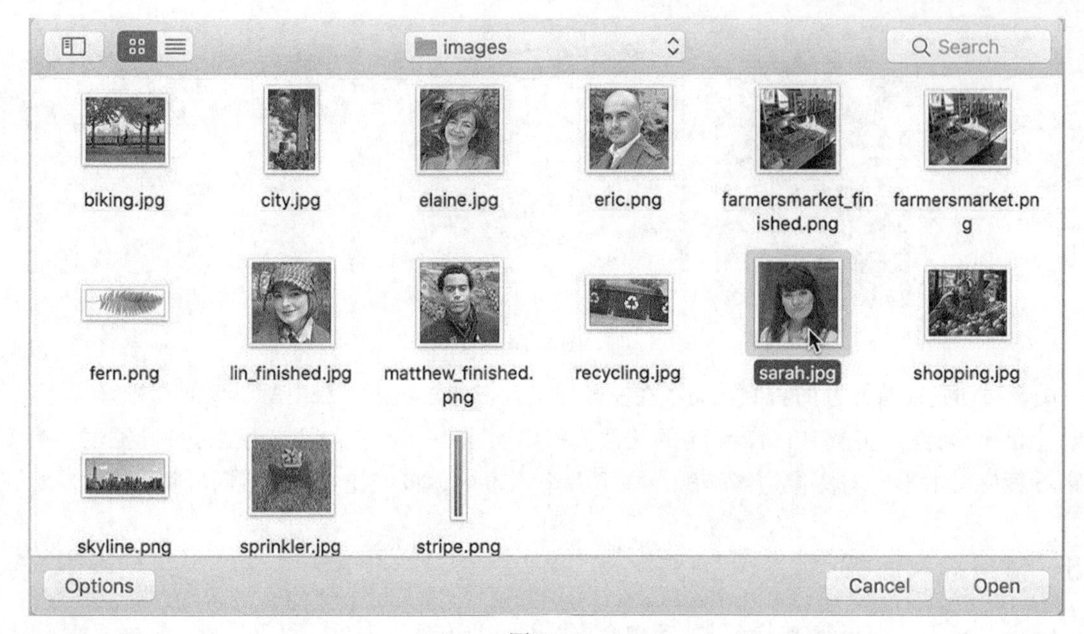

图 8-16

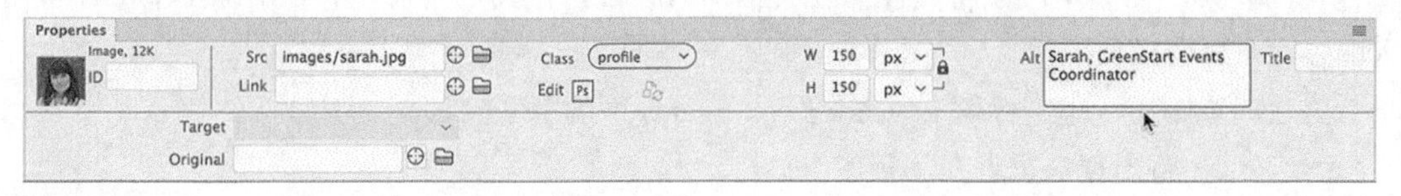

图 8-17

现在，你将创建一条新规则，使图像向左对齐。在上一个练习中，你首先在“元素显示”中创建了类。你也可以在 CSS 设计器中创建类。

8. 在 CSS 设计器中，选择 `.flt-rgt` 类。

如果你在创建新选择器之前选择类，Dremweaver 直接在样式表中选择的规则之后插入新选择器。

9. 单击 Add Selector（添加选择器）图标✚，输入 `.flt-lft` 并按 Enter/Return 键，如图 8-18 所示。

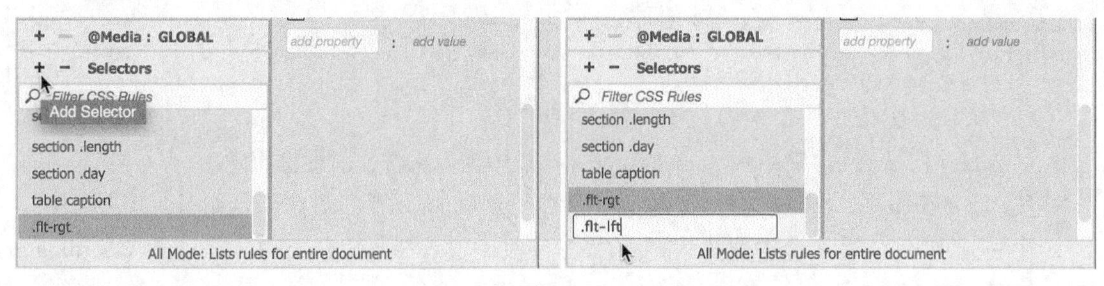

图 8-18

这个名称是 float left（向左浮动）的简写。

10. 在新规则中创建如下属性：

```
float: left
margin-right: 10px
```

11. 单击 Sarah 照片上的 Add Class/ID（添加类 /ID）图标⊞，在输入框中输入 `.flt-lft` 并按 Enter/Return 键，如图 8-19 所示。

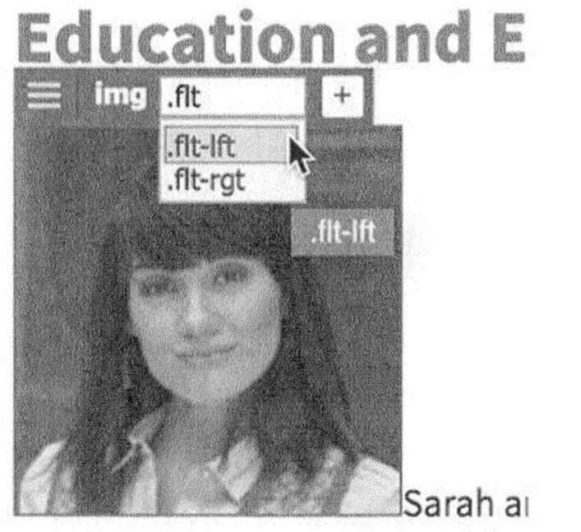

图 8-19

在你输入时，新的类名将出现在提示菜单中。当你在列表中看到它时，可以随时选择该名称。应用类之后，图像落在左侧的段落中，文本在其右侧环绕。

12. 保存文件。

在网页中插入图像的另一种方法是使用 Insert（插入）菜单。

8.6 使用插入菜单

Insert（插入）菜单复制你在“插入”面板中可以看到的所有命令。有些用户觉得这个菜单使用起来更加快捷。而另一些用户喜欢“插入”面板随时可用的特性，这使你可以聚焦于某个元素，一次性地快速插入多个副本。你可以随意更换两种方法，甚至使用快捷键。在本练习中，你将使用“插入”菜单添加图像。

1. 单击标题 Transportation Analysis 之下的第一个段落。

2. 选择 Insert（插入）> Image 或者按 Ctrl+Alt+I/Cmd+Option+I 键，出现“定位辅助”对话框。

3. 单击 Nest（嵌套），出现 Select Image Source（选择图像源文件）对话框。

4. 浏览到 lesson08\images 文件夹，选择 eric.png 文件并单击 Open（打开），结果如图 8-20 所示。

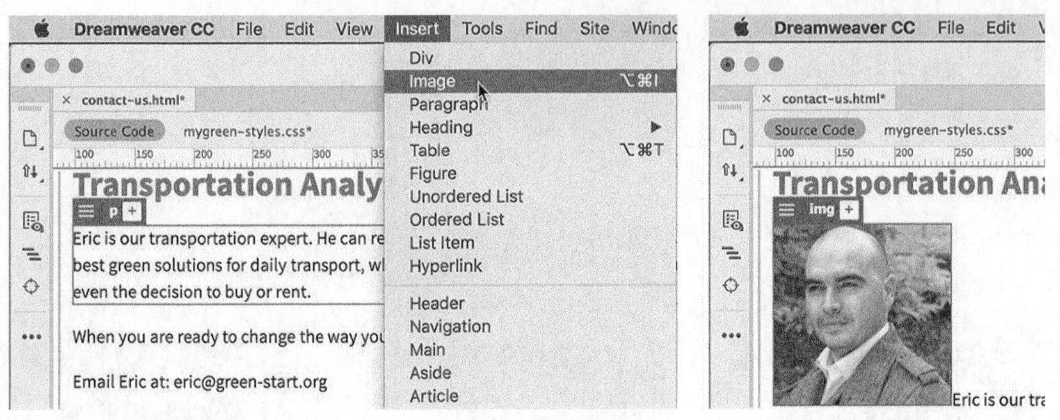

图 8-20

eric.png 图像出现在 Dreamweaver 布局中。一旦创建和定义了类，你只需要用“元素显示”添加对应的类。

5. 单击 Add Class/ID（添加类 /ID）图标并输入 flt-rgt。

在你输入时，该类将出现在提示菜单中。你可以单击名称或者使用箭头键将其高亮显示，按 Enter/Return 键选择。选中类之后，图像立刻浮动到段落右侧。

6. 在“属性”检查器的 Alt 字段中输入 Eric, Transportation Research Coordinator，如图 8-21 所示。

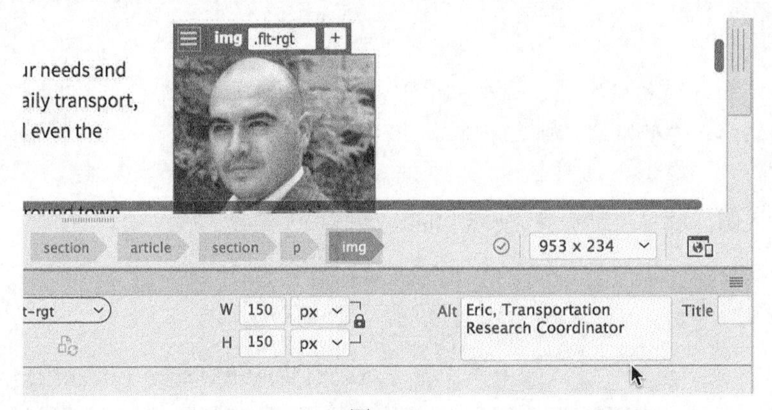

图 8-21

7. 保存所有文件。

迄今为止，你插入的只是 Web 兼容的图像格式。但是 Dreamweaver 并不限于 GIF、JPEG 和 PNG 这几种文件类型，它也可以处理其他文件类型。在下一个练习中，你将学习如何在网页中插入 Photoshop 文档（PSD）。

8.7 插入非 Web 文件类型

尽管大多数浏览器只能显示前述的 Web 兼容图像格式，但是 Dreamweaver 还允许使用其他格式。然后，软件将即时把文件自动转换成兼容的格式。

1. 单击标题 Research and Development 之下的第一个段落。
2. 选择 Insert（插入）> Image（图像）。在第一段嵌入图像。导航到 lesson08/resources 文件夹。选择 lin.psd。
3. 单击 OK/Open（确定 / 打开）插入图像。

图像出现在布局中，打开 Image Optimization（图像优化）对话框。它作为一个中介，允许你指定转换图像的方式和格式。

4. 观察 Preset（预置）和 Format（格式）菜单中的选项。

Preset（预置）菜单可以选择经过考验的 Web 图像预定选项。Format（格式）菜单允许你从 5 个选项中指定自己的自定义设置：GIF、JPEG、PNG 8、PNG 24 和 PNG 32。

5. 从 Preset（预置）菜单中选择 JPEG High for Maximum Compatibility（高清 JPEG 以实现最大兼容性），如图 8-22 所示。

注意 Quality（品质）设置。

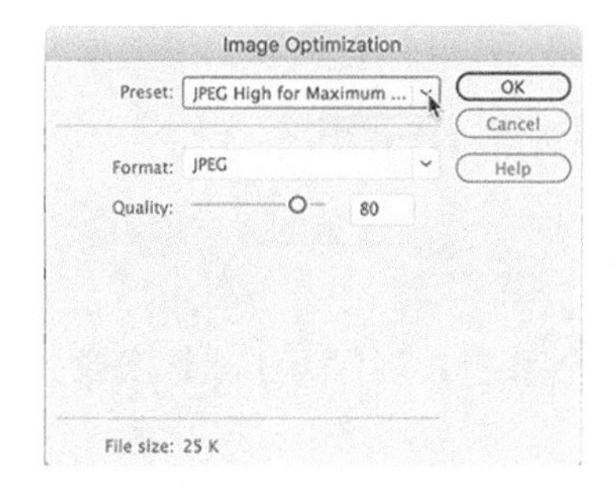

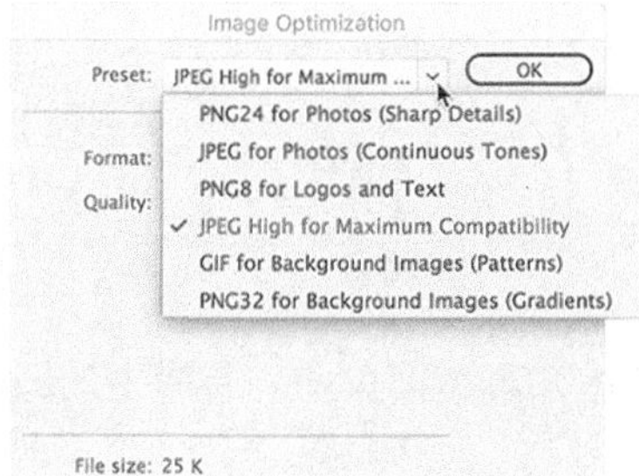

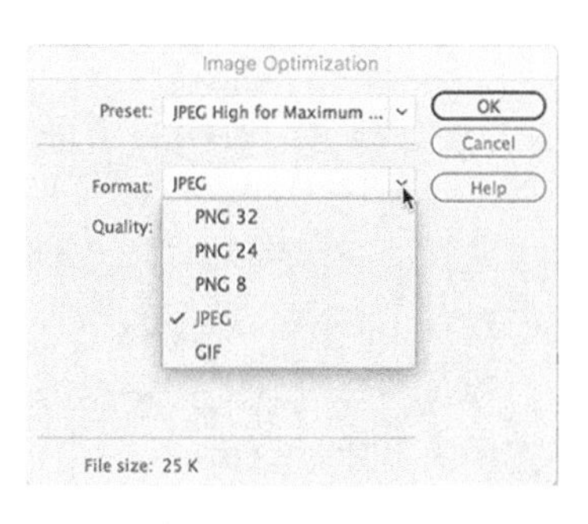

图 8-22

这个 Quality（品质）设置产生具有适度压缩率的高质量图像。如果降低质量设置，则会自动提高压缩级别并减小文件大小；提高质量设置将产生相反的效果。有效设计的秘诀是选择质量和压缩之间的良好平衡。JPEG High（高清 JPEG）预设的默认设置为 80，这对你的目的是足够的。

注意：“图像优化”对话框的底部将显示最终图像文件大小。

6. 单击 OK（确定）转换图像。

注意：通过这种方式转换图像时，Dreamweaver 通常将转换后的图像保存到网站的默认图像文件夹中。当插入的图像与网络兼容时，情况并非如此。因此，在插入图像之前，你应该了解其在网站中的当前位置，并在必要时将其移动到合适的文件夹。

显示 Save Web Image（保存 Web 图像）对话框，并在 Save As（文件名）字段中输入名称 lin。Dreamweaver 会自动将 .jpg 扩展名添加到文件中，如图 8-23 所示。确保将文件保存到默认站点的图像文件夹。如果 Dreamweaver 不自动指向此文件夹，请在保存文件之前浏览到该文件夹。

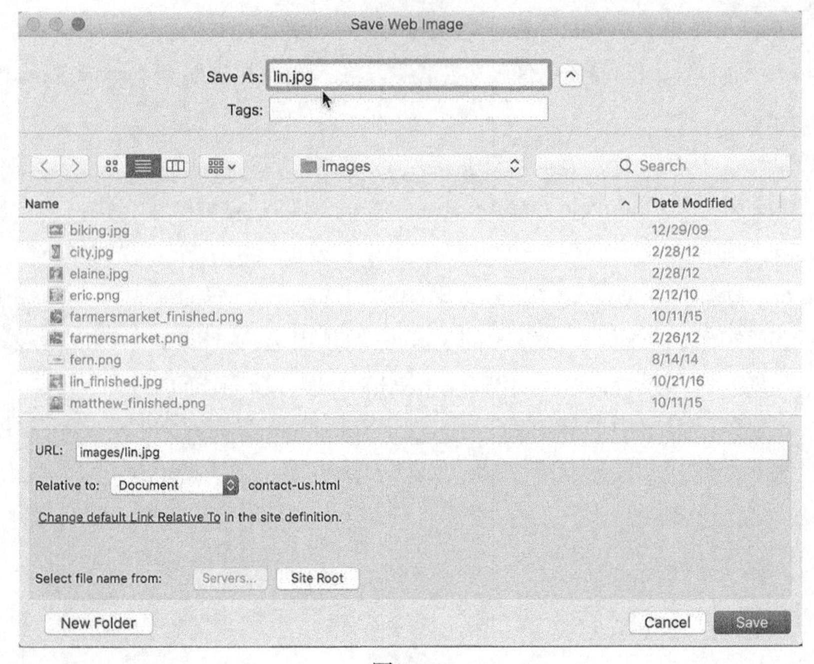

图 8-23

7. 单击 Save（保存）。

Save Web Image（保存 Web 图像）对话框关闭。布局中的图像现在链接到保存于默认图像文件夹中的 JPEG 文件。

8. 在 Alt（替换）字段中输入 Lin, Research and Development Coordinator，如图 8-24 所示。

图 8-24

提示：”元素显示”和“属性”检查器都可以用于输入替换字段。

图像出现在 Dreamweaver 的光标位置。图像已被重新采样为 72ppi，但仍然显示原始尺寸，因此它大于布局中的其他图像。你可以在“属性”检查器中调整图像的大小。

9. 如果有必要，单击 Toggle Size Constrain（切换尺寸约束）图标🔒显示关闭的锁。更改 Width（宽）值为 150px，并按 Enter/Return 键，如图 8-25 所示。

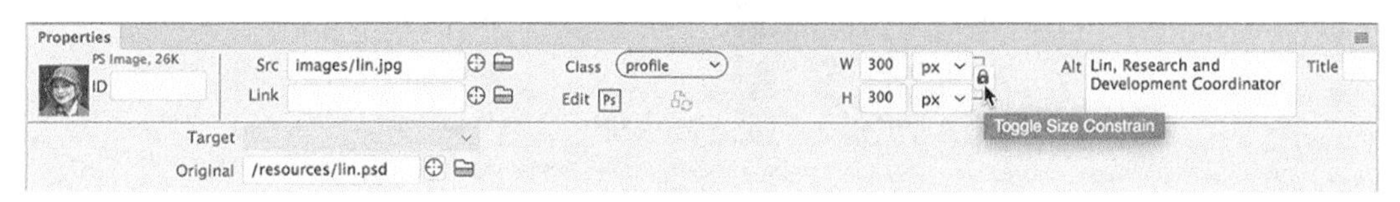

图 8-25

当“锁”图标显示关闭时，宽度和高度之间的关系受到限制，并且两者彼此成比例地变化：更改一个，则两者都会一起变化。图像尺寸的更改只是暂时的，如 Reset（重置为原始大小）和 Commit（提交）图标所示。换句话说，HTML 属性将图像的大小指定为 150 × 150 像素，但是 JPEG 文件仍然保存为 300 × 300 像素，这是它所需要像素的 4 倍。

注意：无论何时更改 HTML 或 CSS 属性，都可能需要按 Enter/Return 键才能完成修改。

10. 单击 Commit（提交）图标✓，如图 8-26 所示。

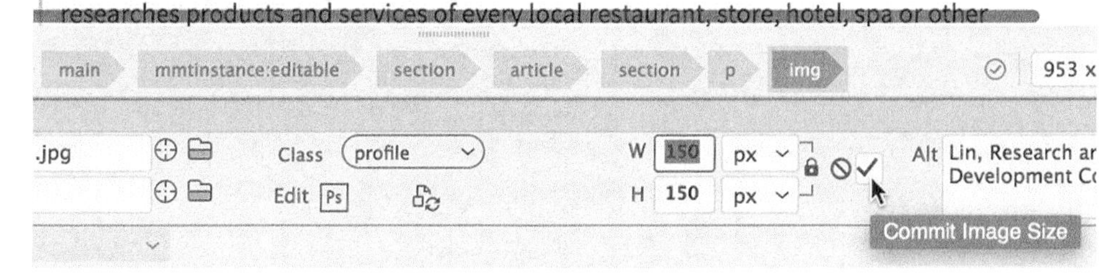

图 8-26

图像的大小现在永久性地变为 150 × 150 像素。

11. 用“元素显示”对这个图像应用 `flt-lft` 类。保存所有文件。在实时视图中，图像现在和布局中的其他图像显示一致，不过，这个图像有一个不同之处。你在“实时”视图中无法看到。

12. 切换到设计视图，结果如图 8-27 所示。

图 8-27

在设计视图中，你现在可以看到图像左上角有一个图标，标识这个图像为 Photoshop Smart Object（智能对象）。

13. 保存所有文件。

正确的大小和错误的大小

在最新的移动设备出现之前，决定用于网页图像的大小和分辨率是非常简单的。你选择了特定的宽度和高度，并将图像保存为每英寸 72 像素。这就是你需要做的所有事情。

但是今天，网页设计师希望，无论访问者想要使用什么类型或大小的设备，他们的网站都能很好地运行。所以只需要选择一种大小和分辨率的日子可能一去不复返了。但是，答案是什么？目前还没有一个完美的解决方案。

趋势之一是插入一个更大或更高分辨率的图像，并使用 CSS 调整其大小。这使图像在高分辨率屏幕（如苹果的 Retina 显示屏）上更清晰地显示。这种方法的缺点是，较低分辨率的设备在下载比实际需求更大的图像时可能会被卡住。这不仅会导致页面的加载变慢，而且可能会让智能手机用户产生更高的数据流量费用。另一种想法是提供为不同设备和分辨率优化的多个图像，并在必要时用 JavaScript 加载对应的图像。但是，许多用户反对使用脚本加载图像等基本资源。其他人则希望有一种标准化的解决方案。

因此，W3C 正致力于一种技术，使用名为 `<picture>` 的新元素，完全不需要 JavaScript。使用这个新元素，你可以选择多个图像，声明它们的使用方式，然后由浏览器加载对应的图像。不幸的是，这个元素太新颖，Dreamweaver 还不支持它，也没有多少浏览器知道它是什么。

实现图像的响应式工作流超出了本课程的范围。在第 14 课中，你将学习如何使用 CSS 和媒体查询，让标准的 Web 图像适应响应式模板。

8.8 处理 Photoshop 智能对象（可选）

与其他图像不同，智能对象保持与原始 Photoshop（PSD）文件的联系。如果以任何方式改变了 PSD 文件并且保存它，Dreamweaver 就会识别这些改变，并提供用于更新布局中使用的 Web 图像的手段。只有在计算机上安装了 Photoshop 与 Dreamweaver 时，才能完成下面的练习。

1. 如果必要，在设计视图中打开 contact_us.html 文件。向下滚动到 Research and Development 区域中的 lin.jpg 图像，观察图像左上角的图标。

该图标表示图像是智能对象，仅在 Dreamweaver 本身中显示。访问者在浏览器中看到的是正常图像，就像在实时视图中看到的那样。如果要编辑或优化图像，可以右键单击图像，然后从快捷菜单中选择适当的选项。

为了对图像执行实质性的更改，你不得不在 Photoshop 中打开它（如果你没有安装 Photoshop，可以把 lesson08/resources/smartobject/lin.psd 复制到 lesson08/resources 文件夹中，替换原始图像，然后跳到第 6 步）。在这个练习中，将使用 Photoshop 编辑图像背景。

2. 右键单击 lin.jpg 图像。选择上下文菜单中的 Edit Original With（原始文件编辑方式）> Adobe Photoshop CC 2018，如图 8-28 所示。

注意： 出现在菜单中的应用名称可能不同，这取决于你的操作系统和拥有的 Photoshop 版本。如果没有安装任何版本的 Photoshop，可能没有任何程序列出。

图 8-28

Photoshop 启动——如果它已经安装在你的计算机上——并加载该文件。

3. 如果有必要，在 Photoshop 中，选择 Window（窗口）> Layers（图层）显示图层面板。观察现有图层的名称和状态。

这个图像有两个图层：Lin 和 New Background。New Background 已关闭。

4. 单击 New Background 图层的眼睛图标👁，显示其内容，如图 8-29 所示。图像背景改变，显示一个公园的景色。

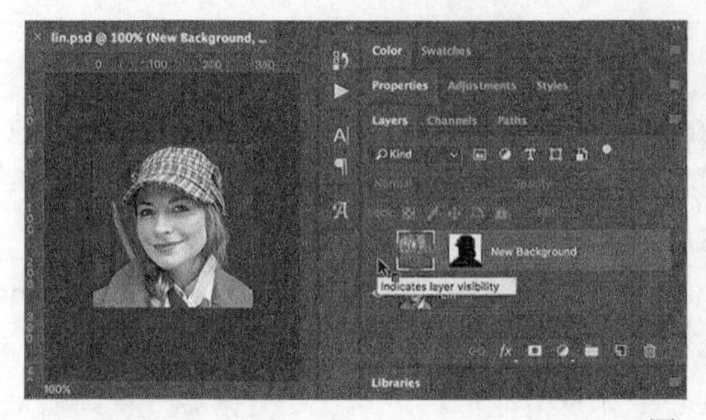

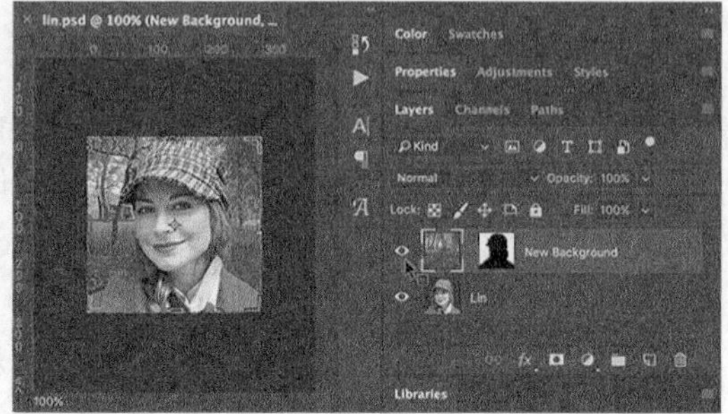

图 8-29

5. 保存 Photoshop 文件。

6. 切回 Dreamweaver。将光标放在智能对象图标上。

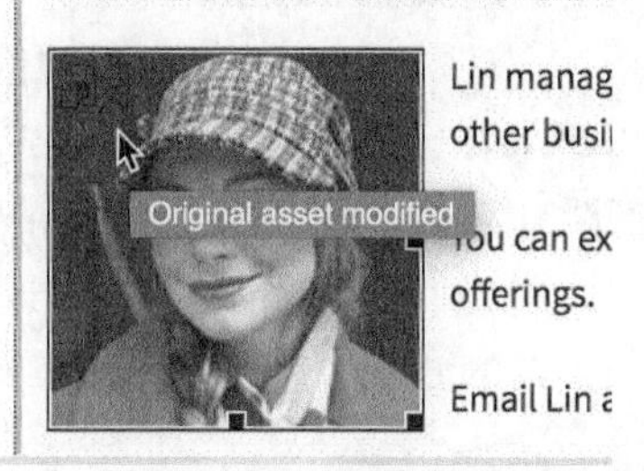

图 8-30

出现一个工具提示，表示原始图像已经修改，如图 8-30 所示。你没有必要在这个时候更新图像，可以将过期的图像留在布局中任意长的时间。只要它还在布局里，Dreamweaver 就将继续监控其状态。但是对于本练习，我们将更新图像。

7. 右键单击图像，从上下文菜单中选择 Update From Original（从源文件更新），如图 8-31 所示。

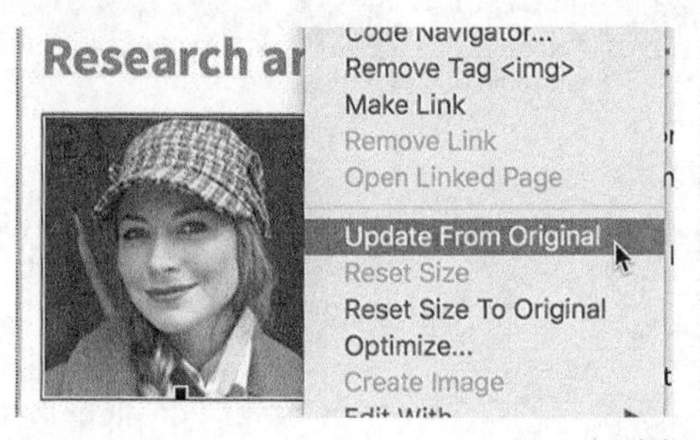

图 8-31

这个智能对象及其任何其他实例也会改变，以反映新的背景。你可以将鼠标指针放在图像上，检查智能对象的状态。应该有一个工具提示出现，显示图像已经同步。你还可以在站点中多次插入相同的原始 PSD 图像，并利用不同的文件名使用不同的尺寸和图像设置。所有的智能对象都将保持与 PSD 的联系，你可以在 PSD 改变时更新它们。

8. 保存文件。

由上可知，智能对象与典型的图像工作流相比有许多优势。对于频繁更改或者更新的图像，使用智能对象可以简化未来网站的更新。

8.9　从 Photoshop 复制和粘贴图像（可选）

当你构建 Web 站点时，在站点中使用许多图像之前需要对它们进行编辑和优化。Adobe Photoshop 是执行这些任务的优秀的软件。常见的工作流程是：对图像进行必要的更改，然后手动把优化过的 GIF、JPEG 或 PNG 文件导出到 Web 站点默认的图像文件夹中。但是，有时把图像简单地复制并粘贴到布局中更快速。

1. 如果必要，启动 Adobe Photoshop。

注意：你应该可以使用任何版本的 Photoshop 进行此练习。但 Creative Cloud 用户可以随时下载并安装最新版本。

打开 lesson08/resources 文件夹中的 matthew.tif。

观察 Layers（图层）面板，如图 8-32 所示。

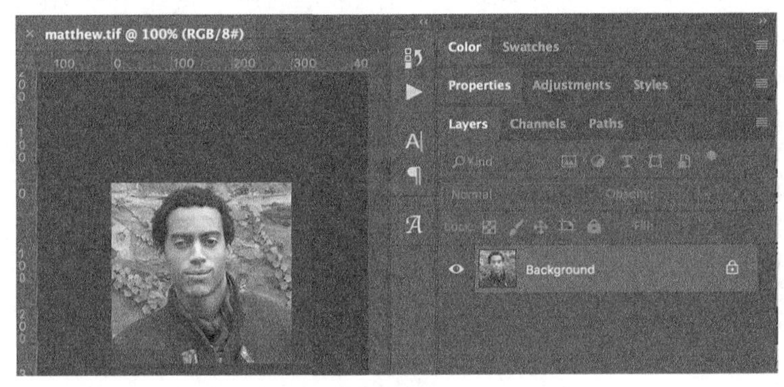

图 8-32

这个图像只有一个图层。在 Photoshop 中，默认情况下，你可以一次只复制一个图层、粘贴到 Dreamweaver 中。要复制多个图层，你必须首先合并（扁平化）图像，否则必须使用命令 Edit（编辑）> CopyMerged（合并拷贝）复制带有多个活动图层的图像。

2. 选择 Select（选择）> All（全部）或者按 Ctrl+A/Cmd+A 键选择整个图像。

3. 选择 Edit（编辑）> Copy（拷贝），或者按 Ctrl+C/Cmd+C 键复制图像。

4. 切换到 Dreamweaver。向下滚动到 contact-us.html 的 Information Systems 区段。将光标插入到这一区域第一个段落的开始（名字 Mattew 之前）。

5. 按 Ctrl+V/Cmd+V 键从剪贴板粘贴图像。

图像出现在布局中，并显示 Image Optimization（图像优化）对话框，如图 8-33 所示。

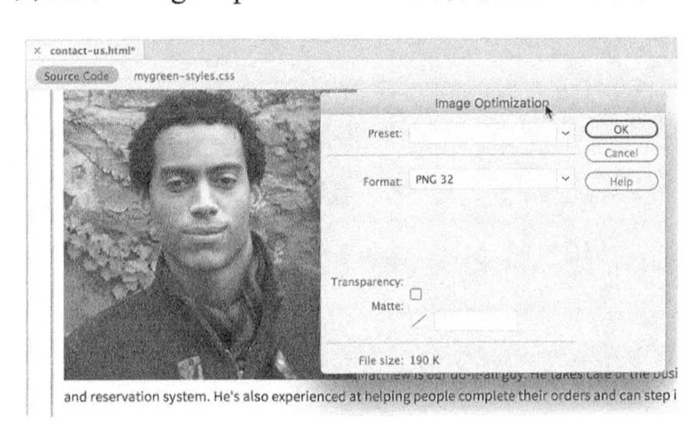

图 8-33

> **提示：**插入站点默认图像文件夹以外的图像时，Dreamweaver 可能会尝试将图像保存在其原始位置，这个位置可能实际上在站点文件夹之外。如有疑问，请使用“另存为”对话框中的“站点根目录”按钮将对话框聚焦于站点文件夹上。然后从那里选择图像文件夹。

6. 选择预置值 PNG24 For Photos (Sharp Details)（用于照片的 PNG24（锐利细节）），并从格式菜单中选择 PNG24，单击 OK（确定）。

出现 Save Image（保存图像）对话框。

7. 如果有必要，浏览到默认站点的图像文件夹。将图像命名为 matthew.png，如果有必要，选择默认站点的图像文件夹，如图 8-34 所示。单击 Save（保存）。

图 8-34

现在，你已经将图像保存为站点图像文件夹中的一个 Web 兼容 PNG 文件。和 Lin 的照片一样，Matthew 的照片比其他图像更大。

8. 在属性检查器中，将图像尺寸改为 150 × 150 像素。单击 Commit（提交）图标应用更改。单击出现的对话框中的 OK（确定），承认更改是永久性的，如图 8-35 所示。

> **注意：**缩小光栅图像的尺寸不会损失品质，反之则不然。除非图形具有高于 72ppi 的分辨率，否则放大它可能无法避免显著的降级。

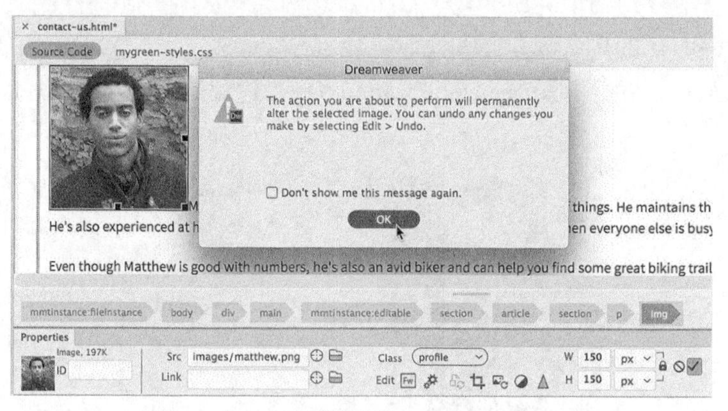

图 8-35

9. 如果必要，选择 Mattew 的照片并在属性检查器中的 Alt（替换）框中输入 Matthew, Information Systems Manager。

10. 用属性检查器中的 Class（类）菜单，对 matthew.png 应用 `flt-rgt` 类，如图 8-36 所示。

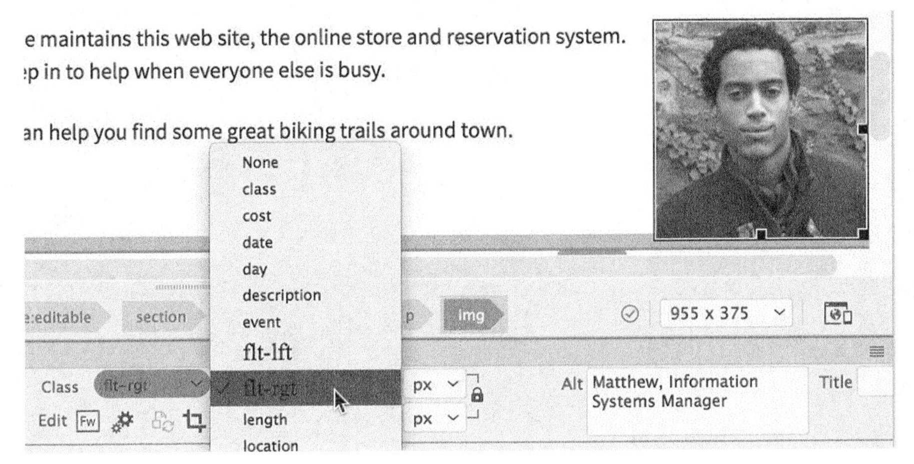

图 8-36

该图像将以与其他图像相同的大小出现在布局中，向右对齐。尽管这幅图像来自于Photoshop，但它并不像 Photoshop 智能对象那样“智能”，无法自动更新。不过，这为你提供了将图像加载到 Photoshop 或者另一个图像编辑器以执行修改的方便手段。

11. 在布局中，右键单击 matthew.png。在上下文菜单中选择 Edit With（编辑以）> Adobe Photoshop CC 2018，如图 8-37 所示。如果 Photoshop CC 2018 没有安装，选择显示的程序。

图 8-37

> **提示：** 如果没有显示图像编辑程序，则可能需要寻找兼容的编辑器。可执行程序文件通常存储在 Windows 中的 Program Files 文件夹和 Mac 上的 Applications 文件夹中。

程序启动并显示站点图像文件夹中的 PNG 文件。如果你想更改此图像，则只需要保存文件即可在 Dreamweaver 中更新图像。

> **注意：** 菜单中显示的确切名称可能取决于所安装的程序版本或操作系统。

12. 在 Photoshop 中，按 Ctrl+L/Cmd+L 键打开 Levels（色阶）对话框，调整亮度和对比度，如图 8-38 所示。保存并关闭图像。

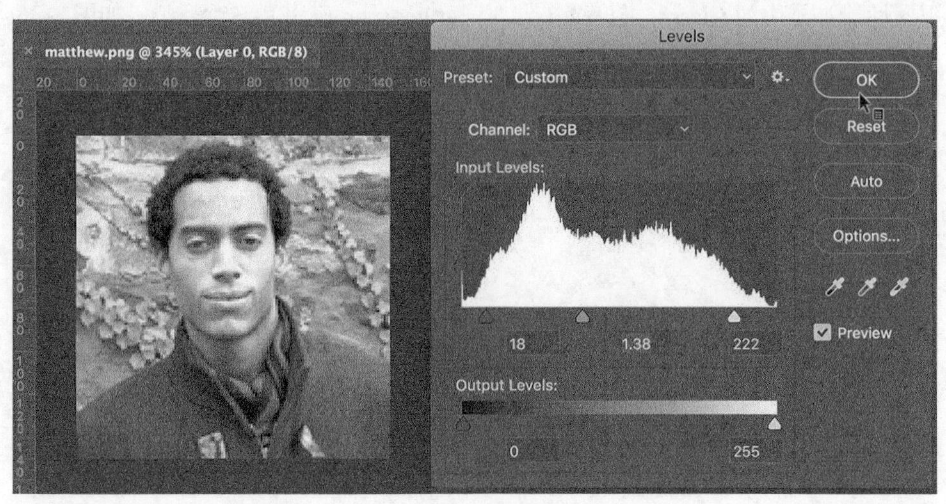

图 8-38

> **注意：** 本练习专门针对 Photoshop，但是图像也可以在大部分图像编辑器中更改。

13. 切回 Dreamweaver。向下滚动，查看 Information Systems 区段的 matthew.png 图像。

图像应该自动在布局中更新。由于你将更改保存在原始文件名下，因此不需要其他操作。此方法可以节省你几个步骤，避免任何潜在的打字错误。

> **注意：** 尽管 Dreamweaver 会自动重新加载任何修改过的文件，但大多数浏览器都不会。在你看到任何更改之前，必须刷新浏览器显示。

14. 保存文件。

在下一个练习中，你将使用拖放技术插入图像。

8.10 通过拖放操作插入图像

大部分 Creative Cloud 软件都提供拖放功能。Dreamweaver 也不例外。

1. 在实时视图中，打开站点根文件夹下的 news.html。
2. 如果有必要，选择 Window（窗口）> Assets（资源）。资源面板不再在 Dreamweaver 工作区中默认打开。

   你可以保留浮动对话框，或者将其停靠以避免妨碍其他工作。
3. 如果有必要，拖动资源面板，将其停靠在 Files（文件）或者 DOM 选项卡旁边。
4. 在资源面板中，单击 Images（图像）类别图标。

> 提示：如果没有看到资源面板中列出特定的图像文件，单击 Refresh（刷新）图标重新加载站点图像。

5. 从面板中拖动 skyline.png 的图标，将光标放在第一段和标题 Green Buildings earn more Green 之间，如图 8-39 所示。

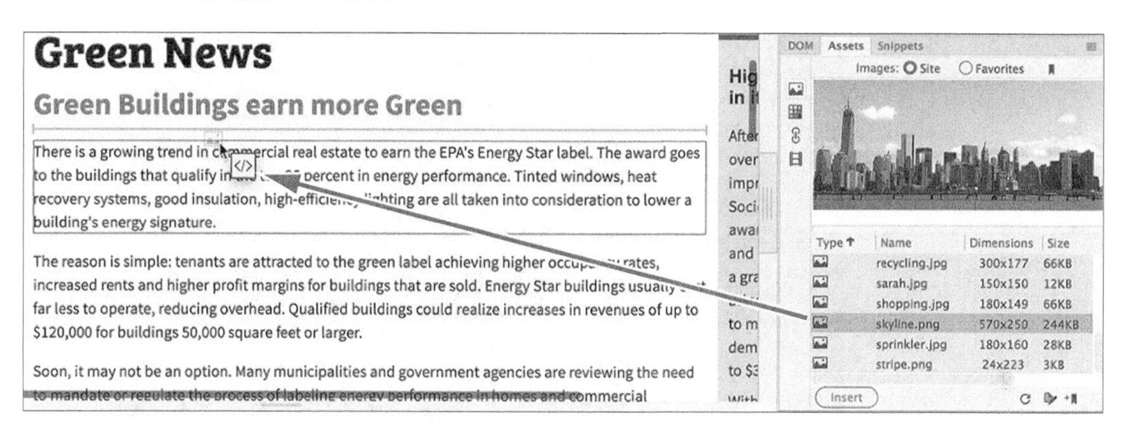

图 8-39

如果你正确放置光标，就会看到标题和段落之间的一条绿线，表示放开鼠标时图像将会插入的位置。

和前一个练习中使用的图像不同，skyline.png 插入到 `<h2>` 和 `<p>` 元素之间。这不是任何段落的一部分，所以不需要浮动命令。

6. 在属性检查器的 Alt 字段中输入 Green buildings are top earners。
7. 保存所有文件。

对于没有 Photoshop 或者其他图像编辑器的用户，Dreamweaver 提供了基本图形处理的工具。

8.11 用属性检查器优化图像

经过优化的 Web 图像可以在图像尺寸和品质与文件大小之间达到一种平衡。有时你可能需要优化已经放置到页面上的图形。Dreamweaver 具有一些内置特性，可以帮助你在保持图像品质的同时实现尽可能小的文件尺寸。在下面这个练习中，你将使用 Dreamweaver 中的一些工具缩放、优化和裁剪 Web 图像。

1. 如果有必要，在实时视图中打开 news.html 或者切换到该文件。
2. 单击选中 Shopping green saves energy 标题的第一个段落。
3. 选择 Insert（插入）> Image。在定位辅助对话框中单击 Nest（嵌套），从站点图像文件夹中选择 farmersmarket.png，单击 Open（打开）。
4. 在 Alt 字段中输入 Buy local to save energy。
5. 对图像应用 `.flt-rgt` 类，如图 8-40 所示。

图 8-40

这幅图像太大了，在这一列中几乎没有任何空间了。可以进行一些大小调整和裁剪。Dreamweaver内置工具只能在设计视图中工作。

6. 切换到设计视图，观察 Properties（属性）检查器，如图 8-41 所示。

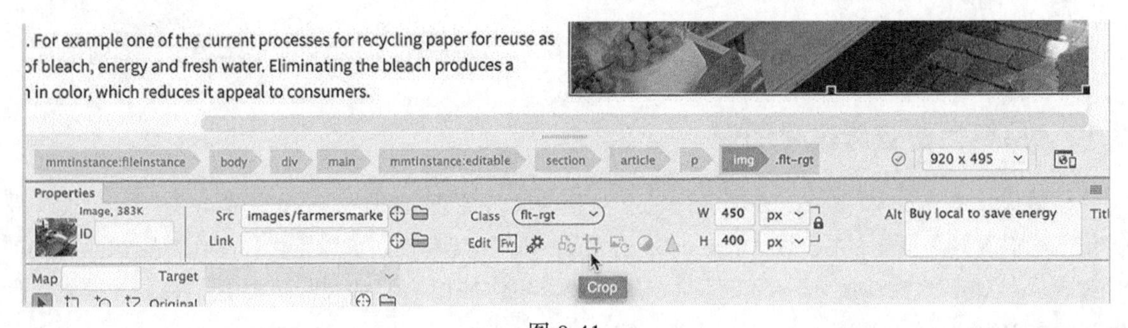

图 8-41

每当选择图像时，图像编辑工具都会显示在 Properties（属性）检查器的 Class（类）菜单下。这些图标允许你在 Photoshop 或 Adobe Fireworks 中编辑图像，或者调整多个不同的设置。有关每个工具的说明，请参阅本课后面的“Dreamweaver 的图形工具”。

在 Dreamweaver 中可以用两种方式减小图像的尺寸。第一种方法是通过强加用户定义的尺寸，临时更改图像的大小。

7. 选择 farmersmarket.png。如有必要，请单击“属性”检查器中的 Toggle Size Constrain

（切换大小约束）图标以锁定图像比例。将图像宽度更改为 350 个像素，然后按 Tab 键，如图 8-42 所示。

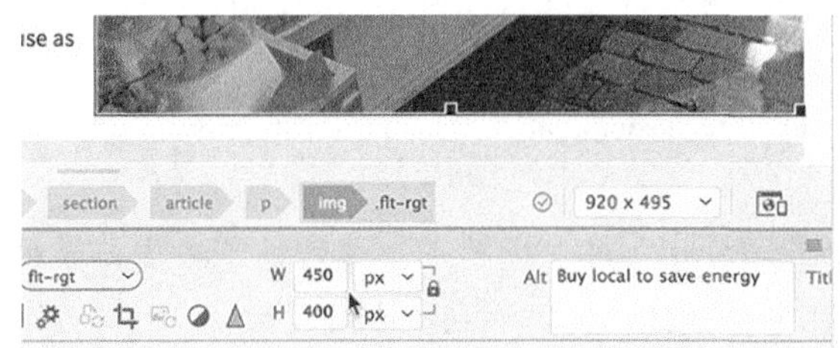

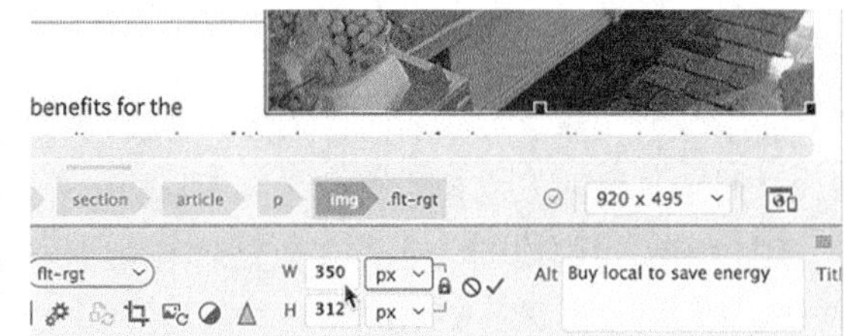

图 8-42

当大小约束被锁定时，高度将自动遵循与新宽度的比例关系。请注意，Dreamweaver 通过以粗体显示当前规格以及重置和提交图标来指示新尺寸不是永久性的。

8. 单击 Commit（提交）图标，出现一个对话框，表示更改将是永久性的。

9. 单击 OK（确定）。

Dreamweaver 还能裁剪图像。

10. 保持图像选中，单击 Property（属性）检查器中的 Crop（裁剪）图标，出现一个对话框，表示该操作将永久性改变图像。

11. 单击 OK（确定），图像边缘出现裁剪手柄。你想裁剪宽度，而不是高度。

12. 拖动裁剪手柄，将图像宽度改为 300 像素，高度为 312 像素，如图 8-43 所示。

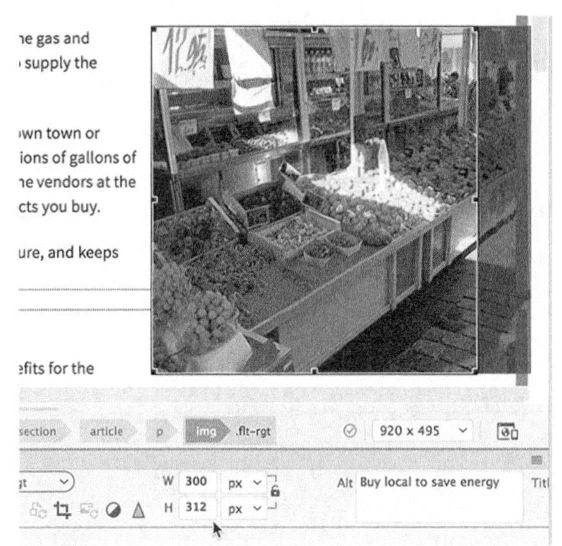

图 8-43

Dw | **提示：**如果你知道最终的比例，也可以手工输入尺寸。

13. 按 Enter/Return 键应用更改。

14. 保存所有文件。

大多数设计人员会在将图像导入 Dreamweaver 之前对其进行编辑和调整大小，但这些工具可用于任何最后一刻的更改或快速转换。

在本课中，你学习了如何将图像和智能对象插入到 Dreamweaver 页面，从 Photoshop 复制并粘贴，并使用“属性”检查器编辑和重新采样图像。

创建和编辑网络图像有许多方法。在本课程中使用到了一些，但并不意味着推荐或支持某种方法。你可以根据自己的情况和专业能力，随意使用你想要的任何方法和工作流程。

Dreamweaver 的图形工具

在“设计”视图中选择图像时，所有 Dreamweaver 的图形工具都将显示在“属性”检查器中。这里有 7 个工具。

- 编辑——在已定义的外部图形编辑器（如果安装了的话）中打开所选图像。你可以为“首选项”对话框的“文件类型 / 编辑器”类别中的任何给定文件类型指定图形编辑程序。按钮的图像根据选择的程序而改变。例如，如果 Fireworks 是图像类型的指定编辑器，则会显示 Fireworks 图标；如果 Photoshop 是指定的编辑器，你将看到一个 Photoshop 图标。如果两个应用都没有安装，你将看到一个通用的编辑图标。
- 编辑图像设置——在“图像优化”对话框中打开当前图像，允许对所选的图像应用用户定义的优化规范。
- 从原始文件更新——更新放置的任何智能对象，匹配原始源文件的任何更改。
- 裁剪——永久删除图像中不需要的部分。当裁剪工具处于活动状态时，会在所选图像中显示带有一系列控制手柄的边框。你可以通过拖动手柄或输入最终尺寸来调整边框大小。当该框包含图像所需部分的轮廓时，按 Enter/Return 键或双击图形以应用裁剪。
- 重新取样——永久性调整图像大小。仅当调整了图像的大小之后，“重新取样”工具才是活动的。
- 亮度与对比度——提供用户可选择的图像亮度和对比度调整。一个对话框提供了两个可以独立调整的滑块，分别用于调整亮度和对比度。可以实时预览，以便你可以在提交所进行调整之前对它们进行评估。
- 锐化——通过提高或降低像素的对比度（0 ~ 10），影响图像细节的清晰度。与“亮度和对比度”工具一样，“锐化”工具也提供了实时预览。

在包含的文档关闭或退出 Dreamweaver 之前，你可以通过选择 Edit（编辑）> Undo（撤消）来撤消大多数图形操作。

8.12 复习题

1. 决定光栅图像质量的 3 个因素是什么？

2. 什么文件格式专门设计用于网络？

3. 描述至少两种在 Dreamweaver 中将图像插入网页的方法。

4. 判断正误：所有图形都必须在 Dreamweaver 之外进行优化。

5. 在 Photoshop 中复制和粘贴图像时，使用 Photoshop Smart Object 有什么优势？

8.13 复习题答案

1. 光栅图像质量由分辨率、图像尺寸和颜色深度决定。

2. Web 兼容图像格式为 GIF、JPEG、PNG 和 SVG。

3. 使用 Dreamweaver 将图像插入网页的一种方法是使用“插入”面板。另一种方法是将图形文件从“资源”面板拖动到布局中。图像也可以从 Photoshop 和 Fireworks 中复制和粘贴。

4. 错。即使通过使用“属性”检查器将图像插入到 Dreamweaver 中也可以进行优化。优化可以包括重新缩放、更改格式或微调格式设置。

5. 智能对象可以在站点的不同位置多次使用，并且可以为智能对象的每个实例分配单独的设置。所有副本保持连接到原始图像。如果原件更新，所有连接的图像也将立即更新。然而，当你复制并粘贴全部或部分 Photoshop 文件时，你将获得仅能应用一组值的单个图像。

第9课　处理导航

课程概述

在本课中，读者将学习以下内容：

- 创建指向同一个站点内页面的文本链接；
- 创建指向另一个网站上页面的链接；
- 创建电子邮件链接；
- 创建基于图像的链接；
- 创建指向页面内某个位置的链接。

完成本课大约需要 2 小时。请先到异步社区的相应页面下载本书的课程资源，并进行解压。根据lesson09文件夹定义站点。

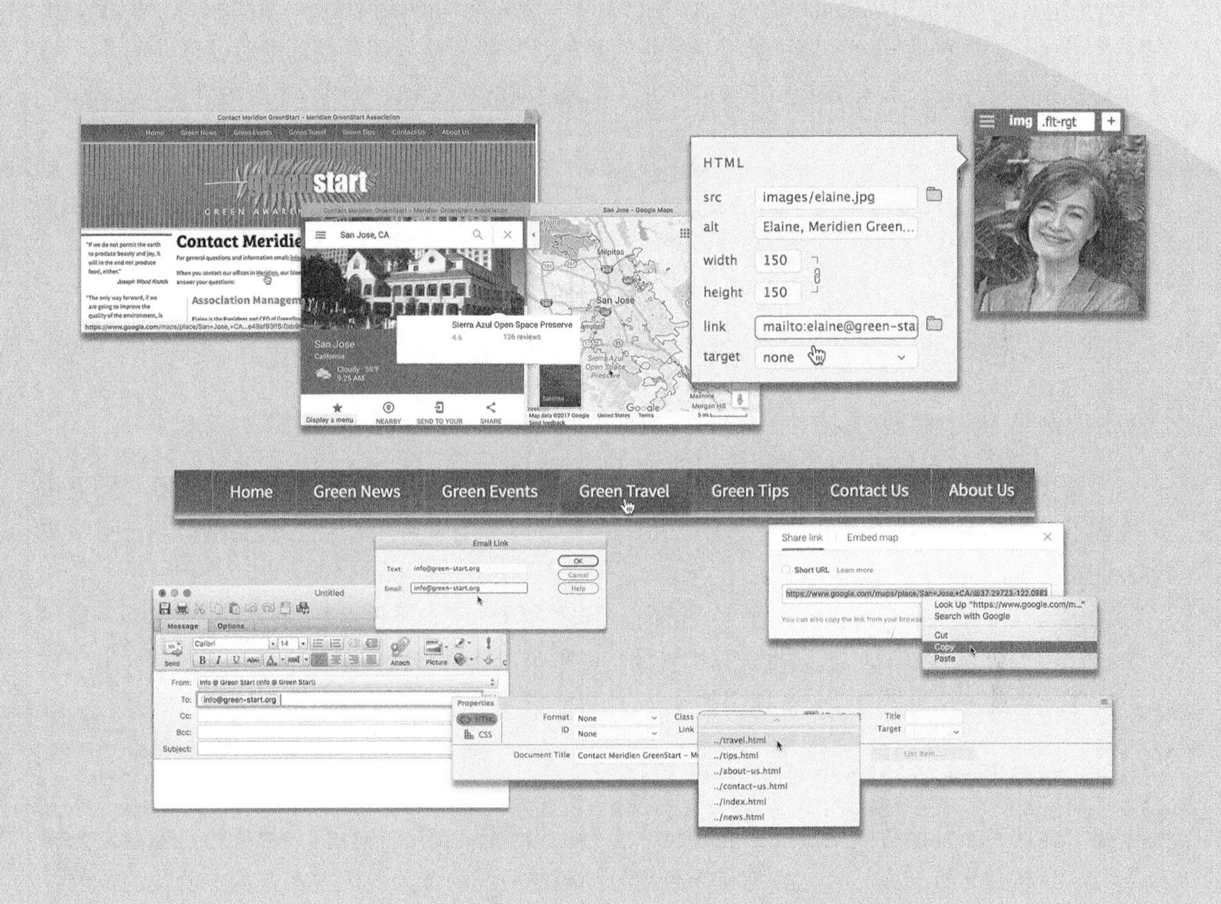

Dreamweaver 能够轻松、灵活地创建和编辑许多类型的链接，从基于文本的链接到基于图像的链接。

9.1 超链接基础知识

如果没有超链接，万维网以及通常所说的互联网将离我们很遥远。如果没有超链接，HTML（超文本标记语言）将只剩下 ML（标记语言）。HTML 这个名称中的超文本（Hypertext）指的是超链接的功能。那么，什么是超链接呢？

超链接（或者简称为“链接”）是对互联网上或者托管某个 Web 文档的计算机内部资源的引用（见图 9-1）。这种资源可以是能够存储在计算机上并且被它显示的任何内容，比如网页、图像、影片、声音文件、PDF 等——实际上几乎是任何类型的计算机文件。超链接创建通过 HTML 和 CSS 或者你使用的程序设计语言指定的交互式行为，并通过浏览器或其他应用程序启用。

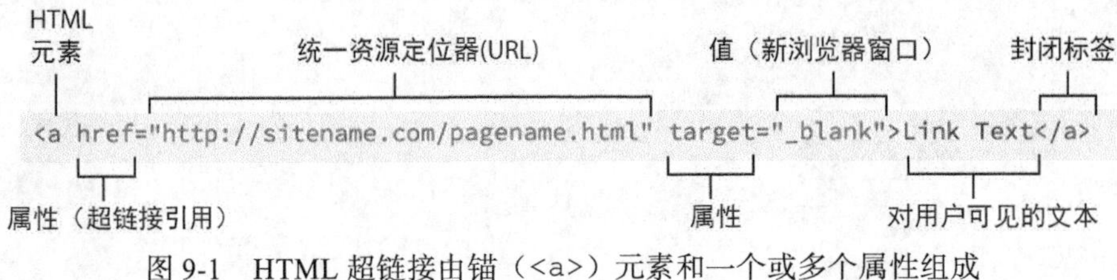

图 9-1　HTML 超链接由锚（<a>）元素和一个或多个属性组成

9.1.1　内部和外部超链接

最简单的超链接是内部超链接，它将用户带到相同文档的另一部分或者网站托管服务器上相同文件夹或硬盘驱动器中存储的另一个文档。外部超链接用于将用户带到硬盘驱动器、网站或 Web 主机之外的文档或资源。

内部超链接和外部超链接的工作方式不同，但是它们有一个共同之处：它们都通过 <a> 锚记元素嵌入在 HTML 中。这个元素指定超链接的目的地址，然后可以使用几个属性指定它的工作方式。在下面的练习中将学习如何创建和修改 <a> 元素。

9.1.2　相对超链接和绝对超链接的对比

可以用两种不同的方式书写超链接地址。当引用相对于当前文档存储的目标时，就称之为相对链接。这就像告诉朋友，你住在那所蓝色房子的隔壁一样。如果有人驾车来到你所住的街道并且看见蓝色房子，他们就会知道你住在哪儿。但是，你确实没有告诉他们怎样到达你的房子，甚至是邻居的房子。相对链接经常包含资源名称，也许还包含存储它的文件夹，比如 news.html 或 content/news.html。

有时，你需要准确指出资源所在的位置。在这些情况下，就需要绝对超链接。这就像告诉人们你住在 Meridien 的 123 Main Street。在引用网站以外的资源时，通常就是这样。绝对链接包括目标的完整 URL（统一资源定位器），甚至可能包括一个文件名，或者站点内的某个文件夹。

这两种类型的链接各有优劣。相对链接书写起来更快、更容易，但是如果包含它们的文档保存在网站中的不同文件夹中或者不同的位置，它们可能无法正常工作。不管包含文档保存在什么位置，绝对链接总能正常工作，但是如果移动或者重命名了目标，它们也可能失败。大多数 Web 设计师遵循的一条简单规则是：为站点内的资源使用相对链接，并为站点外的资源使用绝对链接。当然，不管你是否遵循这条规则，在部署页面或者站点之前测试所有链接都很重要。

9.2 预览完成的文件

为了查看你将在本课程中处理的文件的最终版本，让我们在浏览器中预览已完成的页面。

注意：在开始本练习之前，请根据本书"前言"中的说明，下载项目文件并根据 lesson09 文件夹定义新的站点。

1. 启动 Adobe Dreamweaver CC（2018）或者更新版本。
2. 如果有必要，按 F8 打开 Files（文件）面板，从站点列表中选择 lesson09。
3. 在 Files（文件）面板中，展开 lesson09 文件夹。
4. 在文件面板中，右键单击 lesson09/finished-files 文件夹中的 aboutus-finished.html。选择上下文菜单中的 Open In Browser（在浏览器中打开），并选择你喜欢的浏览器，如图 9-2 所示。

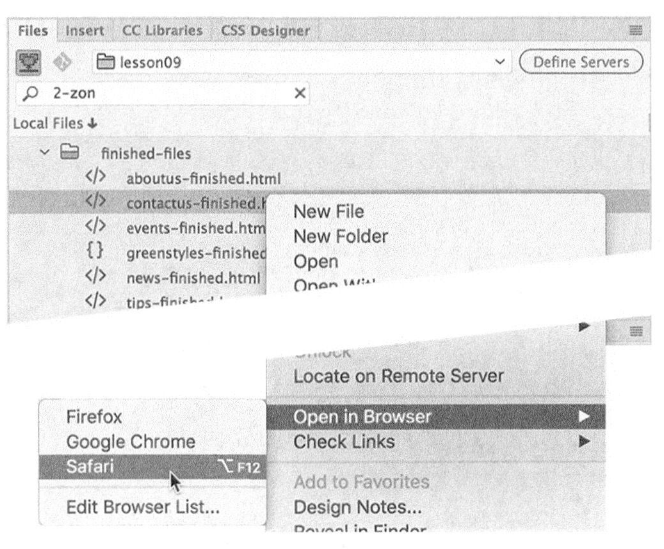

图 9-2

aboutus-finished.html 文件出现在你的默认浏览器中。这个页面只有水平菜单上的内部链接。

5. 将光标放在水平导航菜单上，鼠标悬停于每个按钮之上，检查菜单行为。

这个菜单与第 5 课中创建和格式化的相同，只有少数更改。

6. 单击 Green News 链接，浏览器加载完成的 Green News 页面。
7. 将光标放在 Contact Us 链接上，观察浏览器，看看是否在屏幕上的什么地方显示了链接目标，如图 9-3 所示。

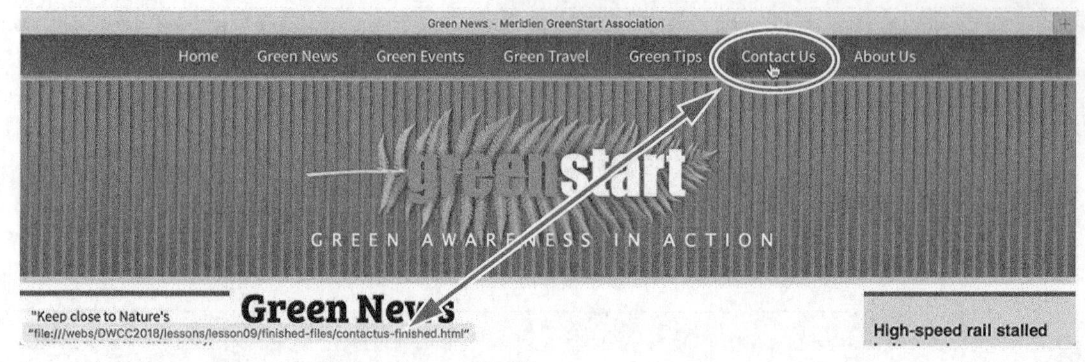

图 9-3

通常，浏览器在状态栏上显示链接目标。

> **提示：**大多数浏览器将在浏览器窗口底部的状态栏中显示超链接目标。在某些浏览器中，状态栏可能默认关闭。

8. 单击 Contact Us 链接，浏览器加载完成的 Contact Us 页面，代替 Green News 页面。新页面包含内部、外部和电子邮件链接。

9. 将光标放在主内容区域第二段的 Meridien 链接，观察状态栏显示的链接。

10. 单击 Meridien 链接，如图 9-4 所示。

> **注意：**谷歌地图的显示可能与插图中的不同。

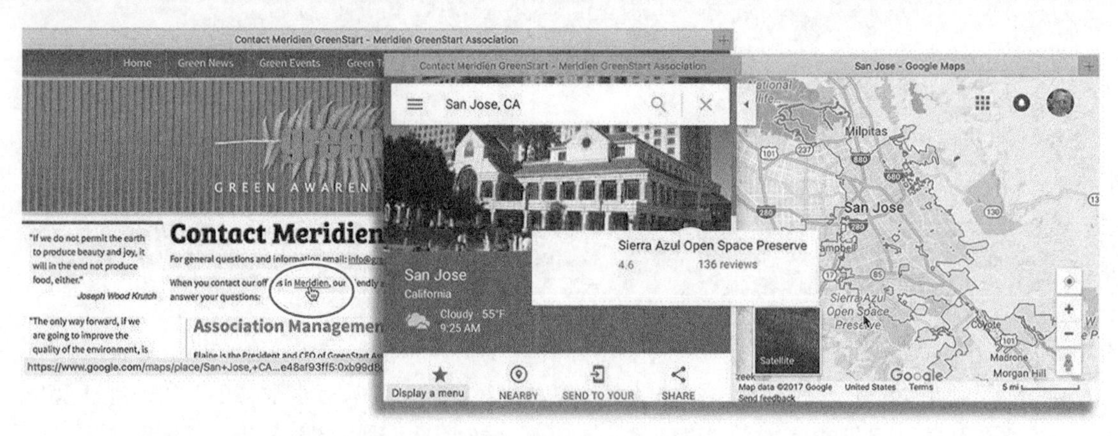

图 9-4

出现一个新浏览器窗口，并且加载谷歌地图。该链接旨在为访问者显示“Meridien GreenStart Association”办公室所在的位置。如果需要，甚至可以在这个链接中包括详细地址信息或者公司名称，使得谷歌可以加载准确的地图和路线信息。

注意，在单击链接时，浏览器将打开单独的窗口或文档选项卡。在把访问者指引到站点外面的资源时，这是一种好的做法。由于链接是在单独窗口中打开的，你自己的站点仍然是打开的，随时可以使用。如果访问者不熟悉你的站点，一旦单击离开后可能不知道如何返回，那么这种做法就特别实用。

11. 关闭谷歌地图窗口。Contact Us 页面仍然是打开的。注意，每位雇员都有一个电子邮件链接。

12. 单击其中一位雇员的电子邮件链接。

在计算机上将启动默认的邮件应用程序。如果你没有安装这种应用程序以发送和接收电子邮件，程序通常将启动一个向导，帮助你安装这种功能。如果安装了电子邮件程序，将会出现一个新的消息窗口，并且会在“收件人”框中自动输入雇员的电子邮件地址。

注意：许多 Web 访问者没有使用安装在他们的计算机上的电子邮件程序，而是使用基于 Web 的服务，比如 AOL、Gmail、Hotmail 等。对于这些类型的访问者，你测试的这种电子邮件链接将不能正常工作。最好的选择是在你的网站上创建一个网络托管表单，通过你自己的服务器将电子邮件发送给你。

13. 如果有必要，关闭“新建邮件”窗口，退出电子邮件程序。

14. 向下滚动到 Education and Events 区段。

注意，在你向下滚动时，菜单保持在页面顶部。

15. 单击 events 链接，浏览器将加载 Green Events and Classes 页面，并把焦点放在页面顶部的表格上，其中包含即将发生的事件列表。注意，水平菜单仍然可以在浏览器顶部看到。

16. 单击第一段里的 Classes 链接，浏览器跳到页面底部的课程列表。

17. 单击出现在课程表之上的 Return to Top 链接。你可能需要在页面中上下滚动才能看到它。

浏览器跳转回页面顶部。

18. 如果有必要，关闭浏览器，切换到 Dreamweaver。

你已经测试了各种不同类型的超链接：内部、外部、相对、绝对。在下面的练习中，你将学习如何构建各种类型的链接。

9.3 创建内部超链接

用 Dreamweaver 创建各种类型的超链接很容易。在下面这个练习中，将通过多种方法创建基于文本的链接，它们指向同一个站点中的页面。你可以在设计视图、实时视图和代码视图中创建链接。

9.3.1 创建相对链接

Dreamweaver 提供多种创建和编辑链接的方法。链接可以在全部 3 种程序视图中创建。

1. 在实时视图中，打开站点根文件夹中的 about-us.html。

2. 在水平菜单中，将光标放在任何一个水平菜单项上，观察显示的光标类型，如图 9-5 所示。

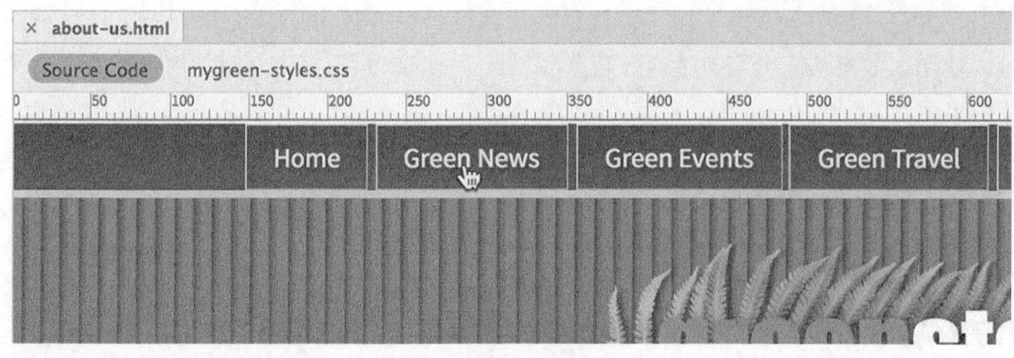

图 9-5

指针表示菜单项是一个超链接。水平菜单中的链接不能以常规方式编辑，但你只有在设计视图中才能发现这一点。

3. 切换到设计视图。将光标再次放在水平菜单的任何一项上，结果如图 9-6 所示。

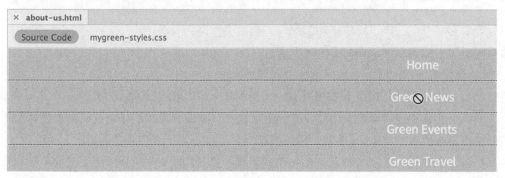

图 9-6

出现 no 符号⊘，表示页面的这个部分无法编辑。水平菜单不会加入你在第 6 课中所创建的任何可编辑区域。这意味着这些区域被视为模板的一部分，在 Dreamweaver 中锁定。要在这个菜单中添加超链接，你必须打开模板。

4. 选择 Window（窗口）> Assets（资源）。在资源面板的 Template（模板）类别中，右键单击 mygreen-temp，从上下文菜单中选择 Edit（编辑）。

注意：模板类别在“实时”视图中不可见。你只能在“设计”和“代码”视图中并且没有打开任何文档时看到。水平菜单在模板中是可编辑的。

5. 如果有必要，切换到设计视图。

在水平菜单中，将光标插入到 Green News 链接。

提示：编辑或者删除现有超链接时，你不必选择整个链接，只需将光标插入链接文本中的任何位置。Dreamweaver 默认假定你想更改整个链接。

水平菜单可以在模板中编辑。

6. 如果有必要，选择 Window（窗口）> Properties（属性）打开“属性”检查器。

检查“属性”检查器中 Link（链接）字段的内容，如图 9-7 所示。

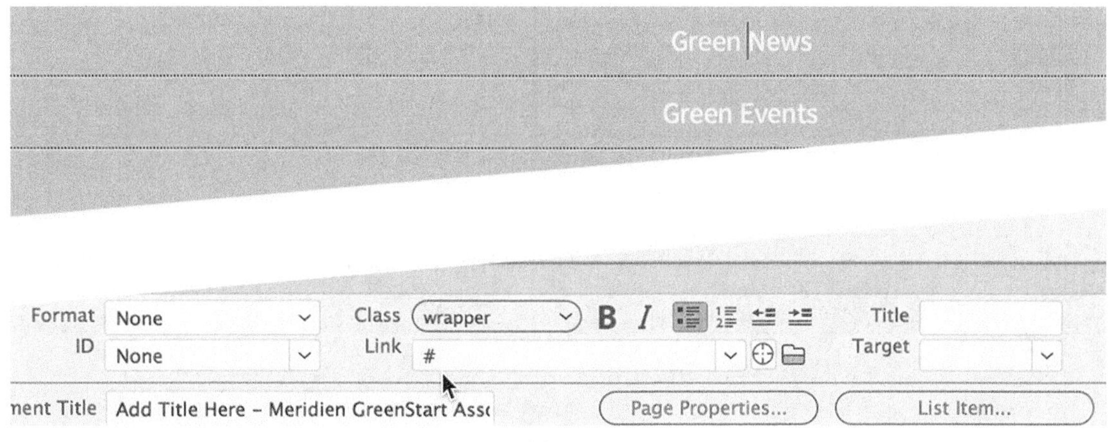

图 9-7

要创建链接，必须在“属性”检查器中选择 HTML 选项卡。Link（链接）字段显示一个超链接占位符（#）。

7. 在 Link（链接）字段中，单击 Browse For File（浏览文件）图标，如图 9-8 所示。

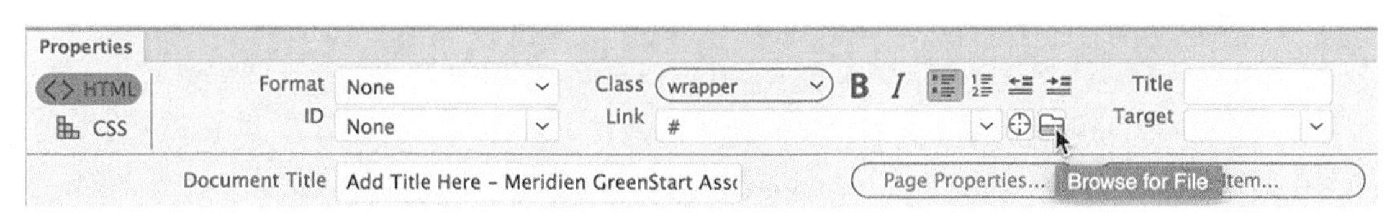

图 9-8

出现文件选择对话框。

8. 如果有必要，浏览到站点根文件夹。从站点根文件夹选择 news.html，如图 9-9 所示。

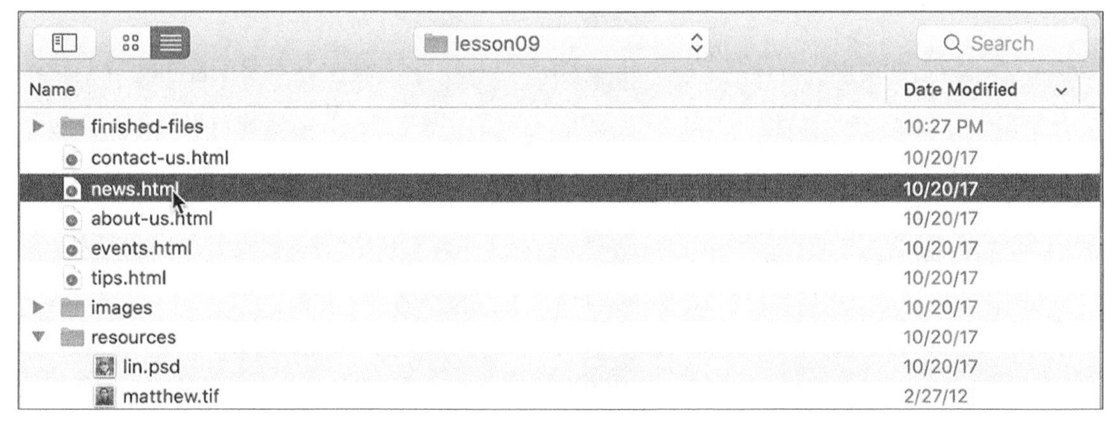

图 9-9

9. 单击 Open（打开）。

链接 ../news.html 出现在“属性”检查器中的 Link（链接）字段，如图 9-10 所示。

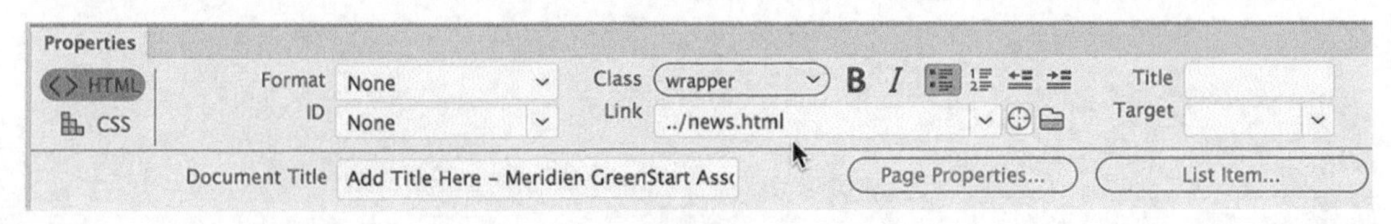

图 9-10

注意：由于你在第 5 课中应用了此菜单的特殊格式，该链接将不具有典型的超链接外观——蓝色下划线。

你已经创建了第一个基于文本的超链接。

由于模板保存在子文件夹中，Dreamweaver 将路径元素符号（../）添加到文件名中，该符号告诉浏览器或操作系统查看当前文件夹的父目录。

如果子页面保存在某个子文件夹中，这是必要的。但是，如果页面保存在站点根文件夹，就没有必要这么做了。幸运的是，当你从模板创建页面时，Dreamweaver 会改写链接，根据需要添加或删除路径信息。

如有必要，你也可以在字段中手动输入链接。

10. 在 Home 链接中插入光标。首页还不存在。但是并不能阻止你人工输入链接文本。

11. 在“属性”检查器的 Link（链接）字段中，选择“#”符号，输入 ../index.html 代替占位符，按 Enter/Return 键，如图 9-11 所示。

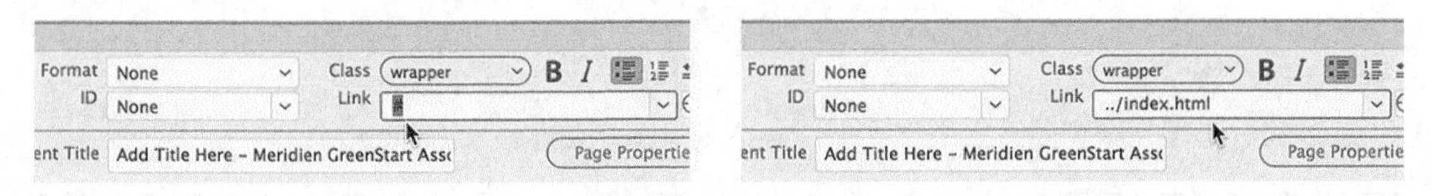

图 9-11

在任何时候，你都可以通过手工输入链接来插入它。但是，手工输入链接可能会引入各种错误，从而破坏你尝试创建的链接。如果要链接到已存在的文件，Dreamweaver 可以使用其他的交互方式来创建链接。

12. 在 Green Tips 链接中插入光标。

13. 单击 Files（文件）选项卡将面板置顶，或者选择 Window（窗口）> Files（文件）。你必须确保可以看到“属性”检查器和 Files（文件）面板中的目标文件。

14. 在“属性”检查器中，将 Link（链接）字段旁边的 Point To File（指向文件）图标⊕拖到 Files（文件）面板中显示的站点根文件夹下的 tips.html 文件，如图 9-12 所示。

Dreamweaver 将文件名和任何必要的路径信息输入 Link（链接）字段中。

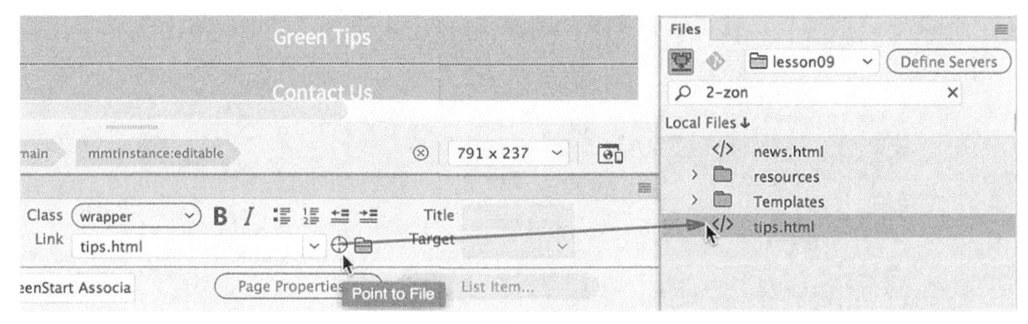

图 9-12

提示：如果 Files（文件）面板中的某个文件夹包含你希望链接的页面，但是文件夹没有打开，可以拖动 Point To File（指向文件）图标到文件夹上并保持，以展开文件夹，这时你就可以指向想要的文件了。

15. 用你已经学到的任何一种方法，创建如下的其余链接：

Green Travel: ../travel.html

Contact Us: ../contact-us.html

About Us: ../about-us.html

注意：travel.html 文件尚未创建。你必须像使用 index.html 一样手工创建链接。你将在后面创建 Green Events 链接。

对于你还没有创建的文件，你总是必须手工输入链接。记住，添加到模板中的所有指向站点根文件夹中文件的链接都必须包含“../”符号，以便正确解析链接。还要记住，一旦将模板应用到子页面，Dreamweaver 将根据需要修改链接。

9.3.2 创建主页链接

大多数网站都会显示一个标志或公司名称，这个网站也不例外。标题元素中出现了 GreenStart 标志，标志由两个背景图形、一些渐变和一些文本组成。通常，这些标志用于创建一个返回站点主页的链接。事实上，这种做法已经成为网络上的虚拟标准。由于模板仍然是打开的，所以很容易将这样的链接添加到 GreenStart 标志上。

1. 如果有必要，在设计视图中打开 mygreen_temp.dwt。在 `<header>` 元素中的 GreenStart 文本里插入光标。

Dreamweaver 跟踪你在每次编辑会话中创建的链接，直到你关闭程序。你可以从 Property（属性）检查器中访问之前创建的链接。

注意：你可以选择任何文本范围来创建链接——从一个字符到整个段落或更多，Dreamweaver 会为选中的范围添加必要的标记。

2. 单击 h2 标签选择器。在“属性”检查器的 Link（链接）字段中，从下拉菜单中选择 ../index.html，如图 9-13 所示。

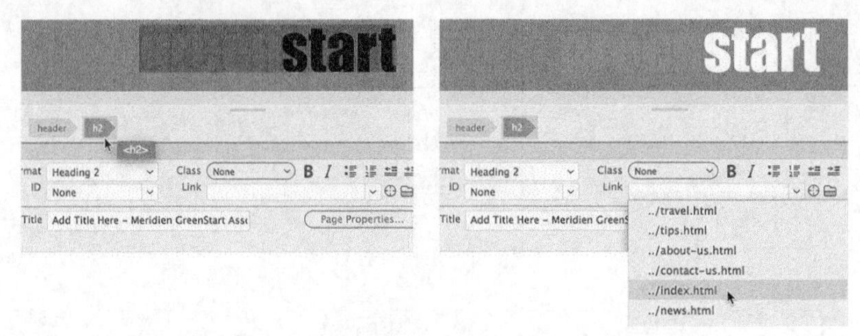

图 9-13

选中的这个范围将创建一个指向你将要创建的主页的链接。现在，<a> 标签出现在标签选择器界面中，标志已更改颜色以匹配超链接的默认样式。虽然你可能希望通过这种方式设置常规的超链接，但标志不应该是蓝色的。用 CSS 可以很简单地修复。

3. 在 CSS 设计器中，单击 mygreen-styles.css，创建如下选择器：

```
header h2 a:link, header h2 a:visited
```

提示： 你可能需要选择 All（按钮）以查看 mygreen-styles.css。

这个选择器将针对标志中链接的“默认”和“已访问”（Visited）状态。

4. 在规则中添加如下属性：

```
color: inherit
text-decoration: none
```

注意： 设计视图不能正常呈现所有的样式，但是在实时视图和浏览器中显示正确。

5. 切换到实时视图。

这些属性将取消超链接样式，并将文本恢复到原来的外观。通过对颜色值使用 `inherit` 属性，由 `header h2` 规则应用的颜色将自动传递到文本，如图 9-14 所示。这样，每当 `header h2` 规则中的颜色改变时，超链接将依次进行样式设置，而不需要任何额外的工作或冗余代码。

到目前为止，你创建的所有链接和你所做的更改仅在模板上。使用该模板的全部目的是在你的站点中更方便地更新页面。

9.3.3 更新子页面中的链接

为了将你创建的链接应用到基于此模板的所有的现有页面，你所要做的就是保存它。

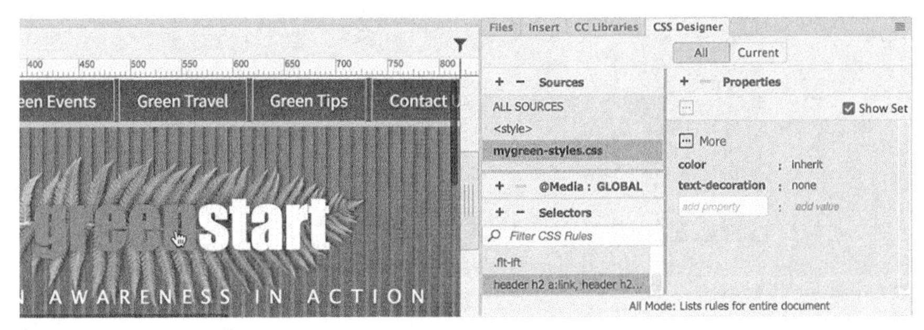

图 9-14

1. 选择File(文件)> Save(保存)。出现Update Template Files(更新模板文件)对话框，如图9-15所示。

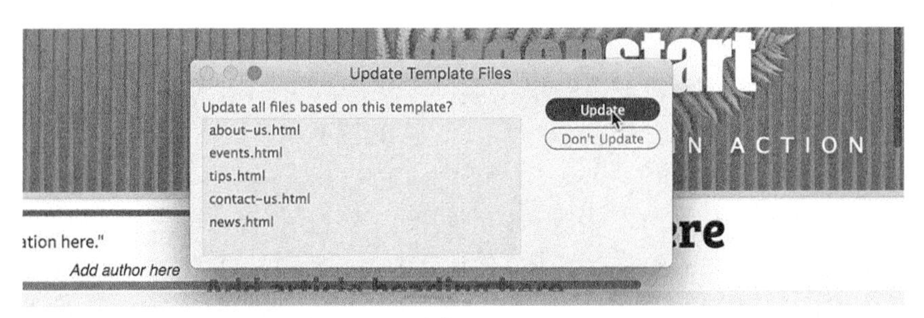

图 9-15

2. 单击 Update（更新）。

Dreamweaver 更新此模板创建的所有页面。出现 Update Pages（更新页面）对话框，并显示列出更新页面的报告。如果没有看到更新页面的列表，请单击对话框中的 Show log（显示日志）选项，如图 9-16 所示。

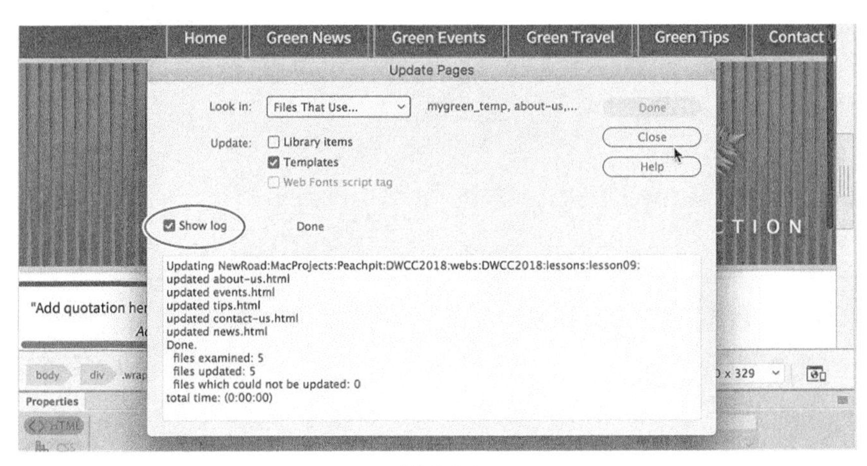

图 9-16

3. 关闭 Update Pages（更新页面）对话框。

关闭 mygreen_temp.dwt。Dreamweaver 提示你保存 mygreen-styles.css，如图 9-17 所示。

图 9-17

> **注意：**关闭模板或网页时，Dreamweaver 可能会要求你将更改保存到 green_styles.css。每当你看到这些警告，始终选择保存更改，否则可能会丢失所有新创建的 CSS 规则和属性。

4. 单击 Save（保存）。

文件 about_us.html 仍然为打开状态。注意文档选项卡中的星号，这表示该页面已被更改但未保存。

5. 保存 about-us.html。

虽然实时视图提供了预览 HTML 内容和样式的极佳方法，但是目前为止最好的链接预览方法是使用 Web 浏览器。Dreamweaver 提供了用最你喜爱的浏览器预览网页的方便手段。

6. 右键单击 about-us.html 的文档选项卡，选择 Open In Browser（在浏览器中打开），从上下文菜单中选择你最喜爱的浏览器，图 9-18 中选择的是 Safari。

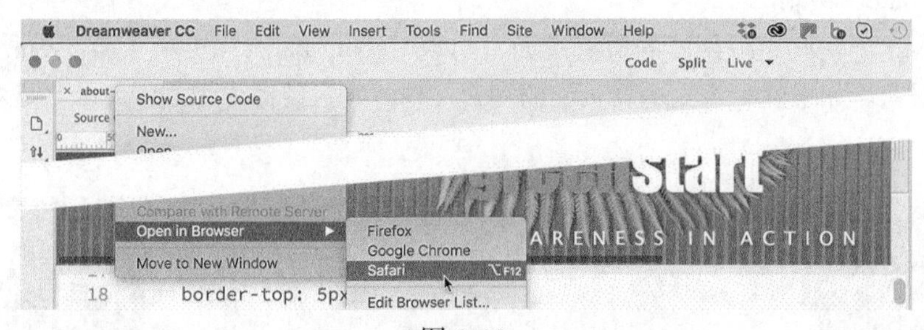

图 9-18

7. 将光标放在 Home 和 Green News 链接中，如图 9-19 所示。

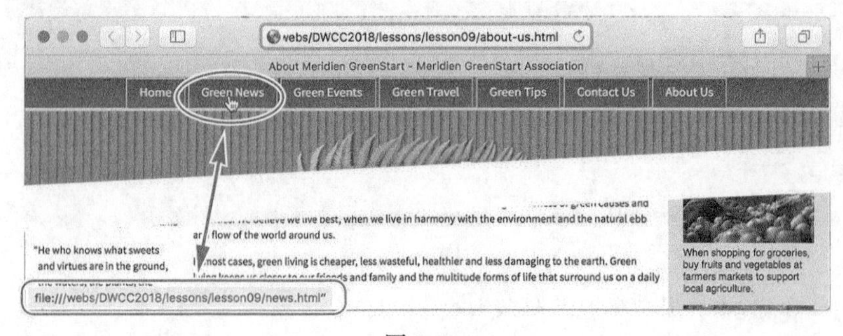

图 9-19

如果你在浏览器中显示状态栏，可以看到应用于每个项目的链接。当保存模板时，它更新了页面的锁定区域，将超链接添加到水平菜单。在更新时关闭的子页面将自动保存。打开的页面必须手工保存，否则将丢失模板应用的更改。

8. 单击 Contact Us 链接。Contact Us 页面加载，替换浏览器中的 About Us 页面。

提示：必须全面测试每个页面中创建的每个链接。

9. 单击 About Us 链接。About Us 页面加载，替换 Contact Us 页面。

10. 关闭浏览器。

你学习了使用“属性”检查器创建超链接的 3 种方法：手工键入链接、使用 Browse For File（浏览文件）功能以及使用 Point To File（指向文件）工具。

9.4 创建外部链接

你在上一个练习中链接到的页面存储在当前站点中。如果你知道 URL，还可以链接到网络上的任何页面或其他资源。

在实时视图中创建一个绝对链接

在上一个练习中，你使用设计视图构建所有链接。当你构建页面和格式化内容时，将经常使用实时视图预览元素的样式和外观。尽管实时视图中内容创建和编辑的某些方面受到限制，但仍然可以创建和编辑超链接。在本练习中，你将使用实时视图将外部链接应用于某些文本。

1. 在实时视图中，打开站点根文件夹中的 contact-us.html。

2. 在主内容区域中的第二个 <p> 元素里，注意单词 Meridien。你将把这段文本链接到谷歌地图网站。

提示：对于这个练习，你可以使用任何搜索引擎或者基于 Web 的地图应用。

3. 启动你最喜欢的浏览器。在 URL 输入框中，输入 google.com/maps 并按 Enter/Return 键。

谷歌地图出现在浏览器窗口中。

4. 在搜索框里输入 San Jose, CA，并按 Enter/Return 键，结果如图 9-20 所示。

注意：在某些浏览器中，你可以直接在 URL 字段中键入搜索短语。

注意：我们将使用 Adobe 总部所在地代替虚构的城市 Meridien。你可以随意使用自己的位置或其他搜索词。

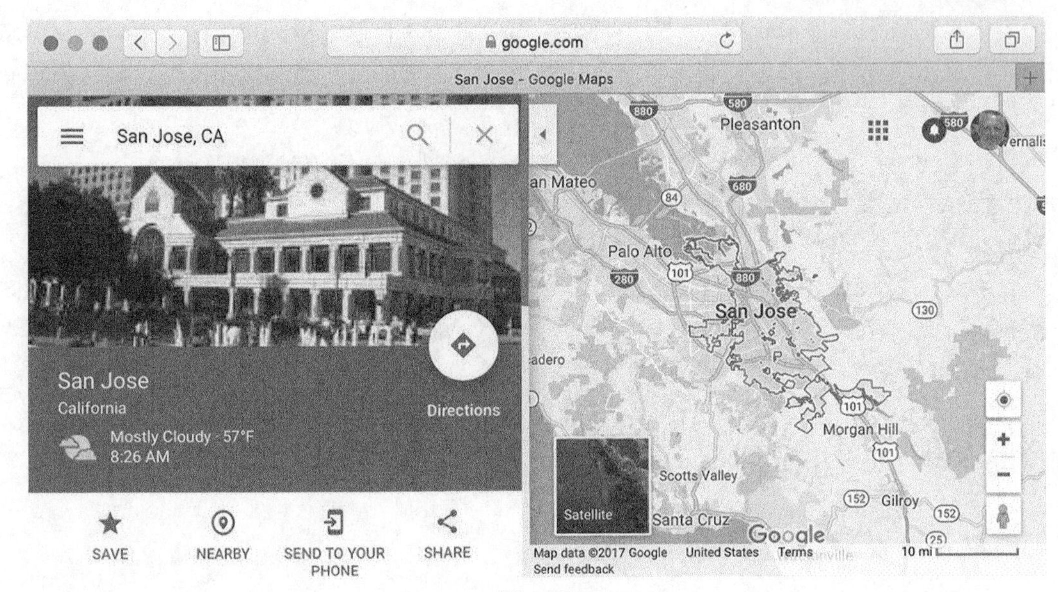

图 9-20

San Jose 出现在浏览器中的一幅地图上。在谷歌地图中，你应该可以在屏幕上的某处看到设置或者共享图标。

5. 根据你选择的映射应用程序打开“共享”或“设置”界面，如图 9-21 所示。

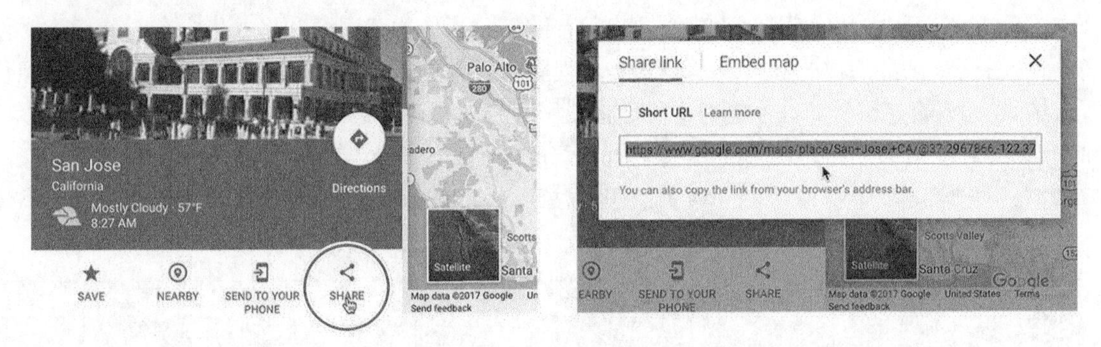

图 9-21

搜索引擎和浏览器所显示的链接共享和嵌入界面可能与本图略有不同。谷歌地图、MapQuest 和 Bing 通常至少有两个独立的代码片段：一个用于超链接中，另一个用于生成可嵌入到你的站点中的实际地图。

注意： 共享地图链接的技术在各种浏览器和搜索引擎中有不同的实现方式，并且可能会随时间而变化。

注意，链接包含地图的整个 URL，使其成为绝对链接。使用绝对链接的优点是可以将它们复制并粘贴到网站的任何位置，而不用担心链接是否能正确解析。

6. 选择并复制该链接。

7. 在 Dreamweaver 中切换到实时视图，选择单词 Meridien。

> **提示：**在实时视图中用鼠标双击选择文本。

在“实时”视图中，你可以选择整个元素，或者在元素中插入光标，以编辑或添加文本或应用超链接。当选择文本的元素或部分时，将出现 Text Display（文本显示）界面。“文本显示”界面允许你将 <strong> 或 <em> 标签应用于选中内容或（如在这种情况下）应用超链接。

8. 在“文本显示”中单击 Hyperlink（超链接）图标，按 Ctrl+V/Cmd+V 键将链接粘贴到 Link（链接）字段中。按 Enter/Return 键完成链接，如图 9-22 所示。

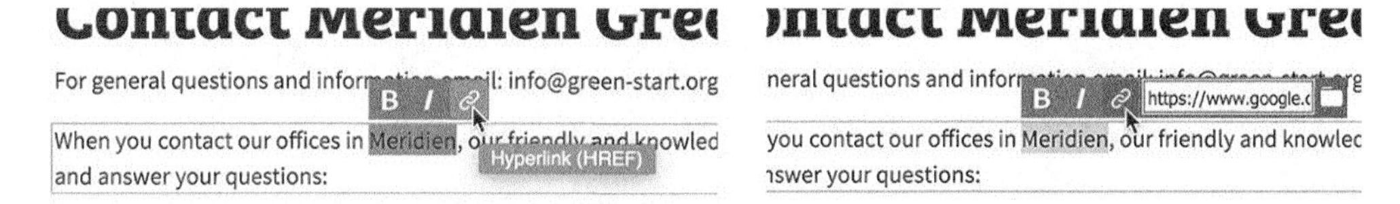

图 9-22

选中的文本显示默认超链接格式。

9. 保存文件并在默认浏览器中预览。测试链接。

假设你已连接到互联网，当你单击链接时，浏览器会转到谷歌地图的开始页面。但是有一个问题：在浏览器中单击取代 Contact Us 页面的链接，它没有像在本课开始时预览页面那样，打开一个新窗口。要使浏览器打开一个新窗口，你需要在链接中添加一个简单的 HTML 属性。

10. 切换到 Dramweaver。在实时视图中单击 Meridien 链接。“元素显示”将出现，焦点在 <a> 元素上。“属性”检查器显示现有链接值。

11. 从“属性”检查器中的 Taget（目标）菜单中选择 _blank，如图 9-23 所示。注意下拉菜单中的其他选项。

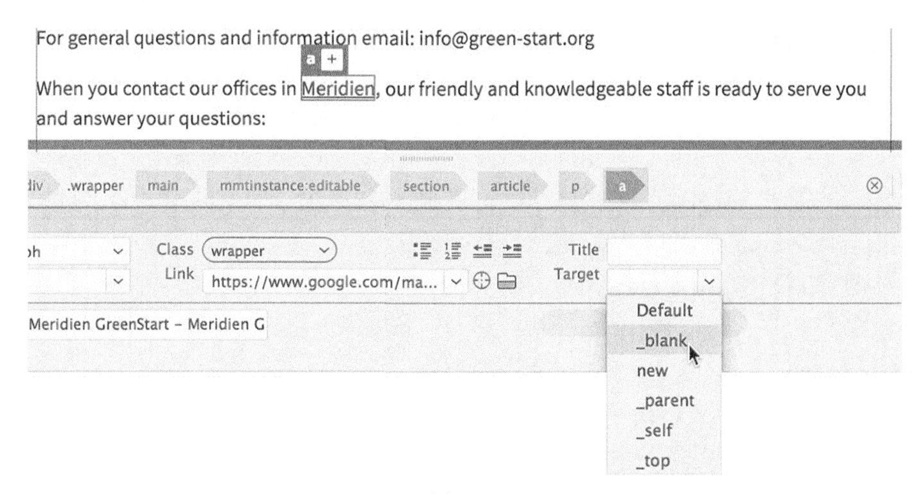

图 9-23

提示：每当选中一个链接时，你就可以在实时、设计和代码视图中访问“属性”检查器的 Target（目标）属性。

12. 保存文件，在默认浏览器中再次预览页面。测试链接。这次当你单击链接时，浏览器将打开一个新的窗口或者文档选项卡。

13. 关闭浏览器窗口，切回 Dreamweaver。

如你所见，Dreamweaver 将创建内部和外部资源的链接变成轻松的任务。

你将去往何处

Target（目标）菜单有 6 个选项。target 属性指定在哪里打开指定页面或者资源。

- Default（默认）——这个选项不在标记中创建 target 属性。超链接的默认行为是在同一个窗口或者选项卡中加载页面或者资源。
- _blank——在新窗口或者选项卡中加载页面或者资源。
- new——在新窗口或者选项卡中加载页面或者资源的 HTML5 属性值
- _parent——在链接所在框架的父框架或者父窗口中加载链接文档。如果链接所在框架不是嵌套的，则在完整的浏览器窗口中加载链接文档。
- _self——在与链接相同的框架或者窗口中加载链接文档。这是一个默认目标，所以通常没有必要指定。
- _top——在完整浏览器窗口中加载链接文档，从而删除所有框架。

许多目标选项是几十年前为使用框架集的网站设计的，现在已经过时。因此，你现在需要考虑的唯一选项是以新页面或者资源代替现有窗口内容，还是在新窗口中加载它们。

9.5 建立电子邮件链接

另一种链接类型是电子邮件链接，但这种链接不是把访问者带到另一个页面，而是打开访问者的电子邮件程序。邮件链接可以为访问者创建自动的、预先编写好地址的电子邮件消息，用于接收客户反馈、产品订单或其他重要的通信。电子邮件链接的代码稍微不同于正常的超链接，你可能已经猜到，Dreamweaver 可以自动创建对应的代码。

1. 如果必要，在设计视图中打开 contact-us.html。

2. 选择标题之下第一个段落中的电子邮件地址（info@green-start.org）并按 Ctrl+C/Cmd+C 键复制文本。

3. 选择 Insert（插入）> HTML > Email Link（电子邮件链接）。

Email Link（电子邮件链接）对话框出现。第 2 步在文档窗口中选择的文本自动输入到 Text（文本）字段中。

提示： 在实时视图中无法访问“电子邮件链接”菜单。但是你可以使用设计视图或代码视图中的菜单，或者在任何视图中手工创建链接。

4. 如果有必要，将光标插入 Email（电子邮件）字段，按 Ctrl+V/Cmd+V 键粘贴电子邮件地址。

5. 单击 OK（确定）。

检查 Property（属性）检查器中的 Link（链接）字段，如图 9-24 所示。

提示： 如果你在访问对话框之前选中文本，Dreamweaver 将自动为你在字段中输入文本。

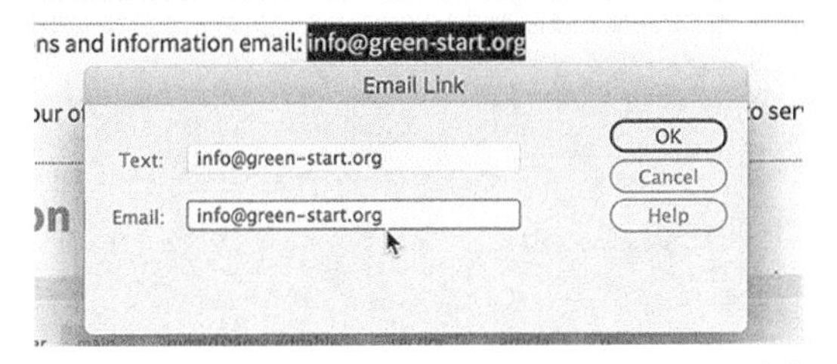

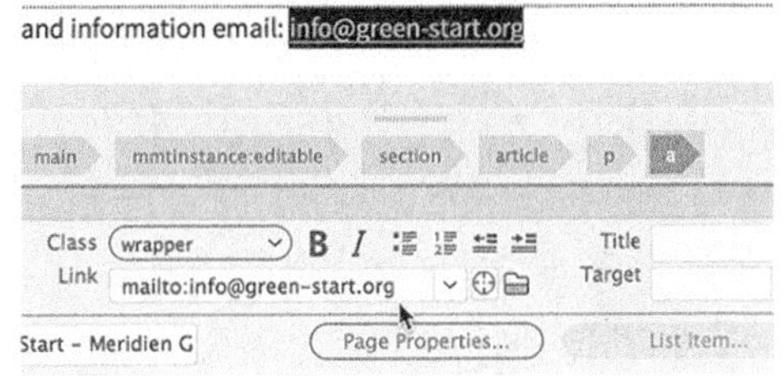

图 9-24

Dreamweaver 在 Link（链接）字段中插入电子邮件地址，并输入 mailto: 标记，这将告诉浏览器自动启动访问者的默认电子邮件程序。

6. 保存文件并在默认浏览器中打开。

测试电子邮件的链接，如图 9-25 所示。

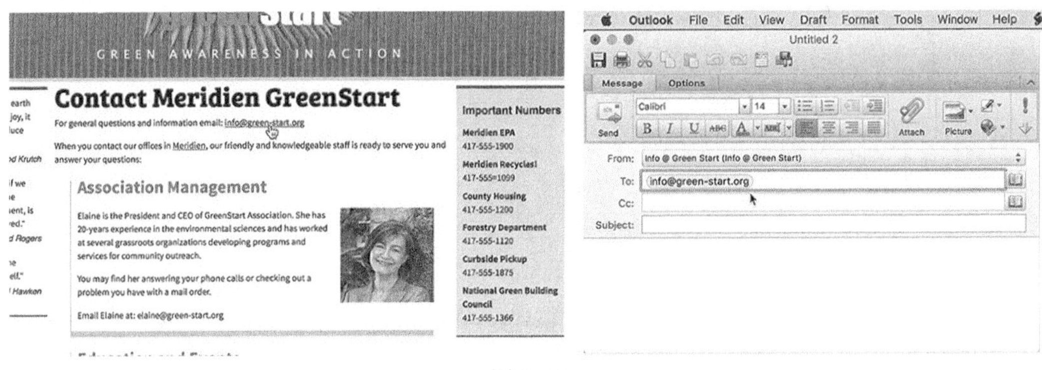

图 9-25

如果你的计算机安装了默认电子邮件程序，该程序将启动并用链接中提供的邮件地址创建一封新邮件。如果没有默认电子邮件程序，计算机操作系统可能要求你确定或者安装一个程序。

7. 关闭任何打开的电子邮件程序、相关对话框或者向导。切换到 Dreamweaver。

你还可以手工创建电子邮件链接。

8. 选择并复制 Elaine 的电子邮件地址。

9. 在属性检查器的 Link（链接）字段中输入 mailto:，在冒号后面粘贴 Elaine 的电子邮件地址，如图 9-26 所示。按 Enter/Return 键完成链接。

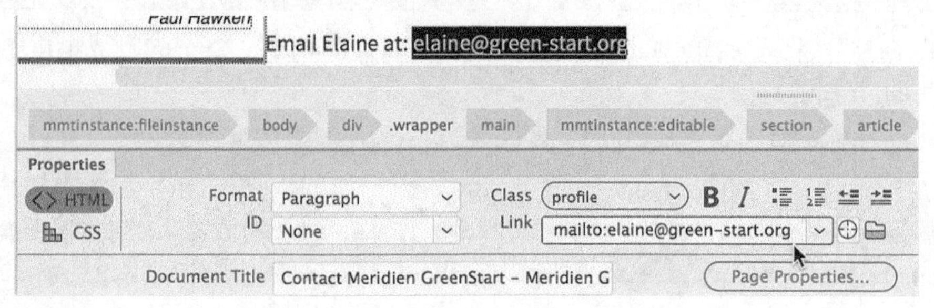

图 9-26

> **注意：**在冒号和链接文本之间一定不能有任何空格。

文本 mailto:elaine@green-start.org 出现在实时视图的“文本显示”链接字段中。

10. 保存文件。

你已经学习了为文本内容添加链接的几种技术。你也可以为图像添加链接。

9.6 创建基于图像的链接

基于图像的链接和其他任何一种超链接的工作方式类似，可以把用户引导到内部或外部资源。你可以使用设计或代码视图中的“插入”菜单，或在实时视图中使用“元素显示”界面应用链接和其他属性。

9.6.1 用“元素显示”界面创建基于图像的链接

在这个练习中，你将通过 Element Display（元素显示）界面，用每个 GreenStart 雇员的电子邮件地址创建和格式化基于图像的链接。

1. 如果有必要，在实时视图中打开站点根文件夹中的 contact-us.html。

2. 选择 Association Management 区段中的 Elaine 图像。

要访问超链接选项，你必须打开 Quick Property（快速属性）检查器。

3. 在“元素显示”中，单击 Edit HTML Attributes（编辑 HTML 属性）图标。Quick Property（快速属性）检查器打开，显示图像属性 src、alt、link、width 和 height 的选项，如图 9-27 所示。

4. 如果上一个练习中的电子邮件地址仍在内存中，只需要输入 mailto: 并将地址粘贴到 Link（链接）字段中即可。否则，Link（链接）字段中的冒号之后输入 mailto:elaine@green-start.org，按 Enter/Return 键完成链接，如图 9-28 所示。按 Esc 键关闭 Quick Property（快速属性）检查器。

图 9-27

图 9-28

> **注意：**过去，表示超链接的图像自动设置蓝色边框样式，这在 HTML5 中已经被弃用。

应用到图像的超链接将启动默认电子邮件程序，和前面创建的基于文本的链接相同。

5. 选择和复制 Sarah 的电子邮件地址。

重复 2 ～ 4 步，为 Sarah 的图像创建一个电子邮件链接。

6. 用对应的电子邮件地址，为其余雇员创建图像链接。

页面上所有基于图像的链接都已完成。你也可以用 Text Display（文本显示）界面创建基于文本的链接。

9.6.2 用“文本显示”界面创建文本链接

在本练习中，你将为其余雇员创建基于文本的电子邮件链接。

1. 如果有必要，在实时视图中打开 contact-us.html。

2. 选择并复制 Sarah 的电子邮件地址，如图 9-29 所示。

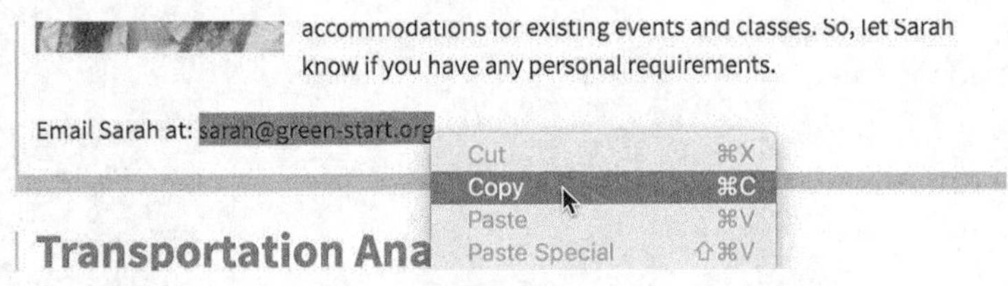

图 9-29

现在，你可以选择和复制文本，而不必激活实时视图中的文本编辑模式。

3. 双击编辑包含 Sarah 电子邮件地址的段落。选择她的电子邮件地址。选中的文本附近出现"文本显示"界面。

4. 单击 Link（链接）图标。出现一个链接字段。链接字段右侧显示一个文件夹图标。如果你打算链接到网站上的一个文件，可以单击文件夹选择目标文件。在本例中，我们将创建一个电子邮件链接。

5. 如果有必要，在链接字段中插入光标。输入 `mailto:` 并粘贴 Sarah 的电子邮件地址，如图 9-30 所示。按 Enter/Return 键。

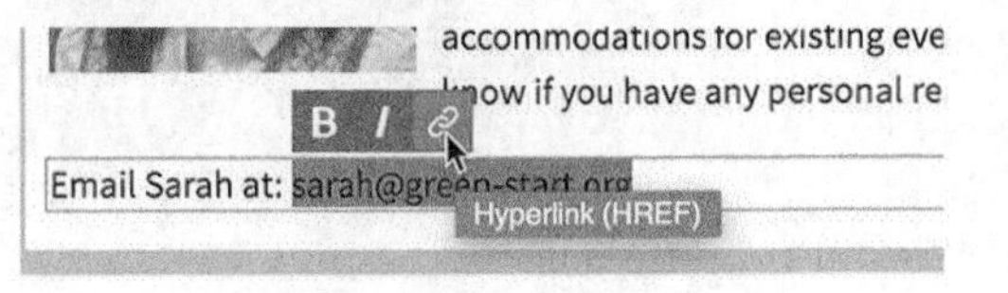

图 9-30

6. 使用"文本显示"界面，为页面上显示的其余电子邮件地址创建电子邮件链接。

7. 保存并关闭所有文件。

杀手机器人的攻击

从表面上看，添加电子邮件链接是使你的客户和访客更容易与你和你的员工沟通的一个好主意，但电子邮件链接是柄双刃剑。互联网充斥着不法分子和无良公司，他们使用智能程序或机器人不断搜索在用的电子邮件和其他个人信息，以便大量发送来路不明的电子邮件和垃圾邮件。像这些练习中那样，在你的网站上放置一个普通电子邮件地址，就像在背上放一个"踩我"的标记一样。

许多网站使用各种方法代替活跃的邮件链接，以限制收到的垃圾邮件数量。其中一种技术使用图像来显示电子邮件地址，因为机器人（还）不能读取以像素存储的数据。另一种方法是取消超链接属性，并用额外的空格键入地址，如下所示：

```
elaine @ green-start.org
```

然而，这两种技术都有缺点；如果访问者尝试使用复制和粘贴，就不得不费尽心思删除额外的空格，或者凭借记忆输入你的电子邮件地址。无论哪一种方法，用户在没有额外帮助的情况下不得不完成的每个步骤，都会降低你接收到沟通邮件的概率。

目前，没有任何简单、安全的方式能阻止某人将电子邮件地址用于邪恶的目的。加之，在计算机上安装邮件程序的用户越来越少，实现访问者沟通的最佳方法是提供站点本身内置的手段。许多网站创建网络托管表单，收集访问者的信息和消息，然后使用基于服务器的电子邮件功能传递。

9.7 以页面元素为目标

随着你在页面上添加更多的内容，页面变得更长，内容导航也变得更困难。通常，当你单击一个指向页面的链接时，浏览器窗口将从页面的开始处显示它。只要有可能，就要为用户提供方便的方法，链接到页面上的特定位置。

在 HTML 4.01 中提供了两种方法，用于把特定的内容或页面结构作为目标：一种方法使用命名锚记，另一种方法使用 ID 属性。不过，在 HTML5 中，命名锚记的方法已经被弃用，这是为了支持 ID 属性。如果你以前用过命名锚记，别担心，它们不会突然停止运作。但是从现在起，你应该开始使用 ID 属性。

9.7.1 创建以内部为目标的链接

在这个练习中，你将使用 ID 属性创建内部链接目标。你可以在实时、设计或者代码视图中添加 ID。

1. 在实时视图中打开 events.html。

2. 向下滚动到包含课程安排的表格。

当用户在页面上向下移动较远的距离时，将看不到也不能使用导航菜单。他们越往下阅读页面，就离主导航系统越远。在用户可以导航到另一个页面之前，他们不得不使用浏览器滚动条或者鼠标滚轮返回到页面顶部。

较旧的网站通过添加一个链接来解决这个问题，使访问者回到顶端，大大改善了你在网站上的体验。我们称这种类型的链接为内部目标链接。现代网站只需冻结屏幕顶部的导航菜单即可，那样，菜单总是可见、用户也一直可以访问。你将学习这两种技术。首先，创建一个内部目标链接。

内部目标链接有两个部分：链接本身和目标（目的地）。

先创建哪一部分都没有关系。

3. 单击 2018 Class Schedule 表格。选择表格父元素 section 的标签选择器。“元素显示”将出现，焦点在 `section` 元素上。

4. 打开 Insert（插入）面板，选择 HTML 类别，单击 Paragraph（段落）项目，出现“定位辅助”对话框。

5. 单击 Before（之前），如图 9-31 所示。

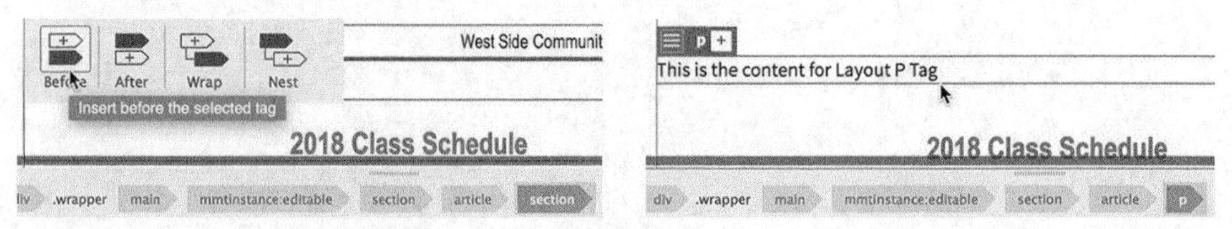

图 9-31

布局中出现一个新段落元素，包含占位文本 This is the content for Layout P Tag。

6. 选择占位文本，输入 Return to Top 替代上述文本，如图 9-32 所示。

图 9-32

文本插入到两个表格之间，格式化为一个 <p> 元素。这段文本如果居中，外观会更好看。

7. 在 CSS 设计器中选择 mygreen-styles.css，创建一个新的选择器：`.ctr`。

8. 为 `.ctr` 创建如下属性，如图 9-33 所示。

```
text-align: center
margin-top: 2em
```

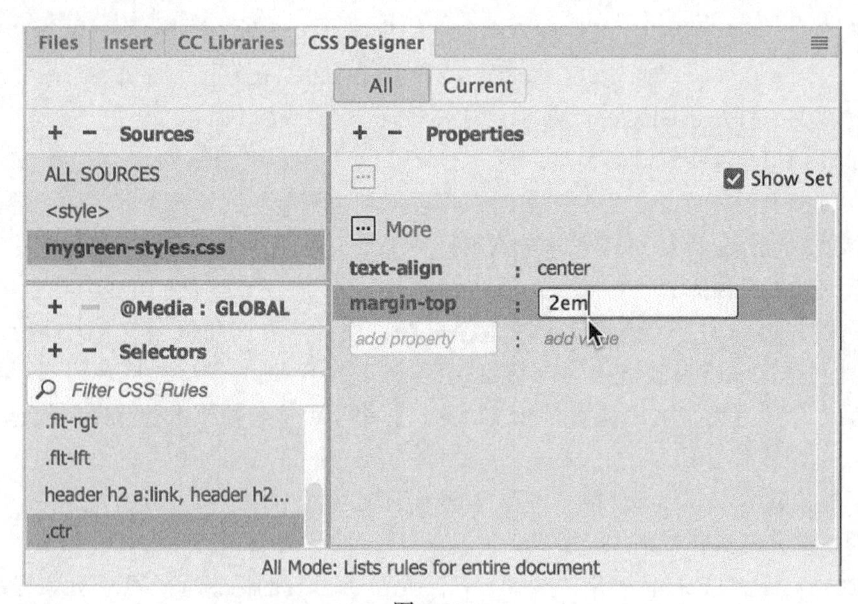

图 9-33

9. 单击所选 <p> 元素的 Add Class/ID（添加类 /ID）图标⊞。

10. 在文本框中输入 .ctr 并按 Enter/Return 键，或者从提示菜单中选择 .ctr，如图 9-34 所示。

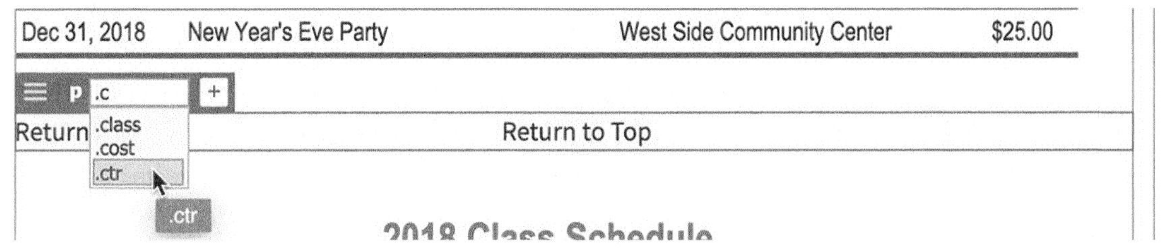

图 9-34

Return to Top 文本居中对齐。标签选择器现在显示 p.ctr。

11. 选择元素 Return to Top。单击 Edit HTML Attributes（编辑 HTML 属性）图标并在 Link（链接）字段中输入 #top，如图 9-35 所示。

按 Enter/Return 键完成链接。

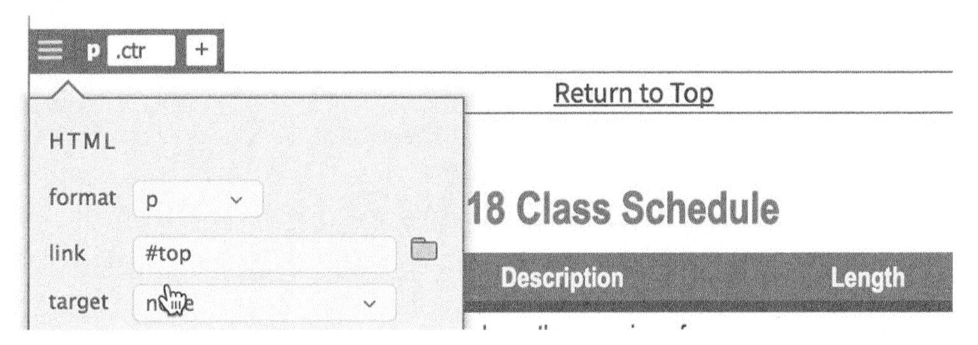

图 9-35

通过使用 #top，你创建了到当前页面顶部的链接。这个目标现在是 HTML5 中的一个默认功能。如果你使用简单的 # 符号或者 #top 作为链接目标，浏览器自动假定你希望跳转到页面顶部，不需要任何附加代码。

12. 保存所有文件。

13. 在浏览器中打开 events.html。

14. 向下滚动到 Class 表格，单击 Return to Top 链接。浏览器跳转回到页面顶部。

你可以复制 Return to Top 链接，将其粘贴到站点中希望添加这一功能的任何位置。

15. 在 Dreamweaver 中，切换到实时视图，选择并复制包含 Return to Top 文本及其链接的 <p> 元素。

16. 在 Class 表格中插入光标，用标签选择器选择 <section> 元素，按 Ctrl+V/Cmd+V 键粘贴，一个新的 p 元素和链接出现在页面底部，如图 9-36 所示。

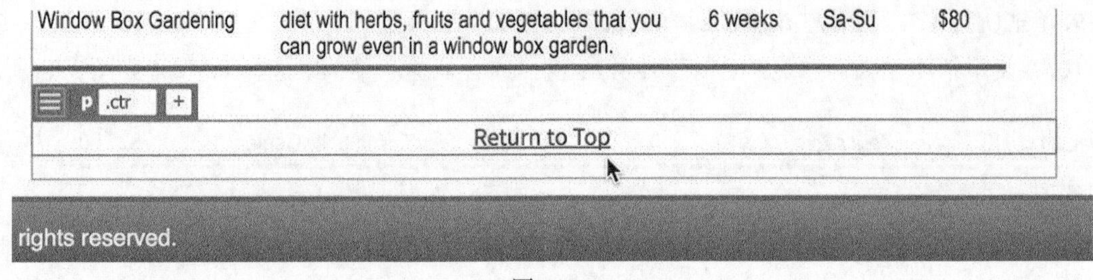

图 9-36

17. 保存文件并在浏览器中预览。测试两个 Return to Top 链接。

这两个链接都可用于跳转回文档顶部。在下一个练习中，你将学习如何用元素属性创建链接目标。

9.7.2 在“元素显示”中创建一个目标链接

在过去，链接目标往往是通过在代码中插入被称为命名锚的独立元素来创建的。在大多数情况下，无需添加任何额外的元素来创建超链接目的地，因为你可以简单地将 id 属性添加到附近的元素上。在本练习中，你将使用“元素显示”来添加一个 ID。

1. 在实时视图中打开 events.html，单击 2018 Events Schedule 表格。选择 `table` 标签选择器。

“元素显示”和“属性”检查器显示当前应用到 Events 表格的属性。你可以用任何一个工具添加一个 ID。

2. 单击 Add Class/ID（添加类 /ID）图标⊞，输入 #。

如果样式表中定义了 ID 但是没有在页面上使用，将出现一个列表。没有出现任何列表意味着没有未用的 ID。创建新 ID 很容易。

3. 输入 `calendar` 并按 Enter/Return 键，如图 9-37 所示。

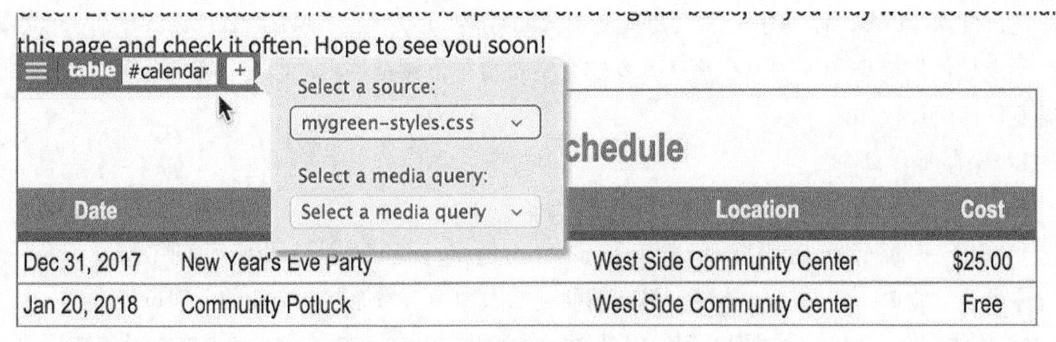

图 9-37

CSS Source（CSS 源）对话框出现。你不需要将该 ID 添加到任何样式表。

4. 按 Esc 关闭对话框。

标签选择器现在显示 `#calendar`，样式表中没有任何输入项。由于 ID 是唯一的标识符，它们极其适合为超链接选择页面上的特定内容目标。

你还需要为 Class 表格创建 ID。

5. 重复第 2 ～ 4 步，在 Class 表格上创建 ID `#classes`，如图 9-38 所示。

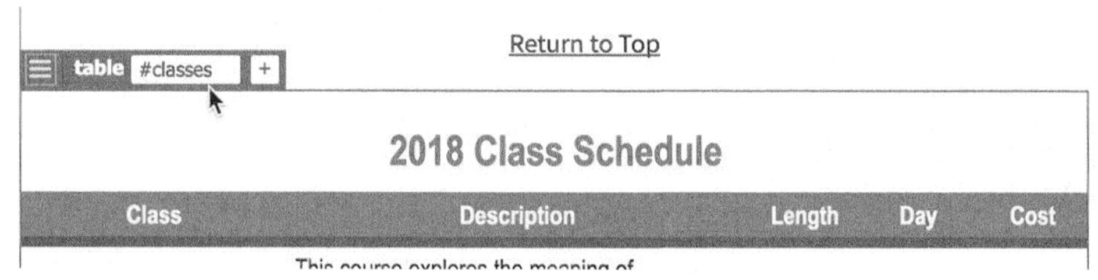

图 9-38

标签选择器现在显示 `#classes`。

注意： 创建 ID 时请记住，它们需要的名称只能在每个页面使用一次。ID 是区分大小写的，所以请注意打字错误。

注意： 如果将 ID 添加到了错误的元素，只需将其删除并重新开始。

6. 保存所有文件。

在下一个练习中，你将学习如何链接到这些 ID。

9.7.3 以基于 ID 的链接目的地作为目标

通过在两个表格中添加唯一的 ID，你已经为内部超链接提供了理想的目标，可以导航到网页的特定部分。在本练习中，你将创建一个指向每个表格的链接。

1. 如果有必要，在实时视图中打开 contact-us.html。

向下滚动到 Education and Events 区段。

2. 选择该区段第一个段落中的单词 events。

提示： 你可以双击选择单词。

3. 使用“文本显示”，创建指向 events.html 文件的链接，如图 9-39 所示。

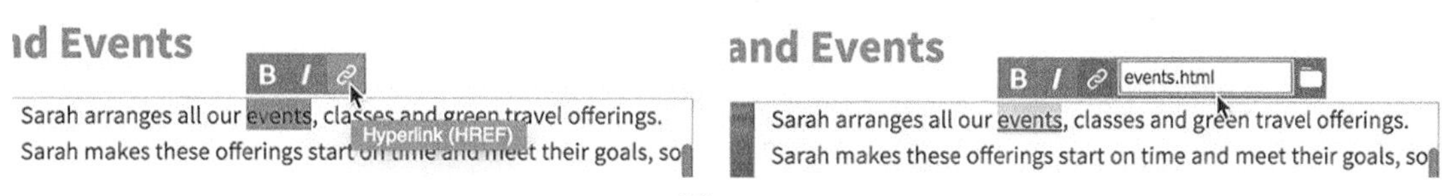

图 9-39

这个链接将打开文件，但是你的工作还没有完成。现在，你必须引导浏览器导航到 Events 表格。

4. 在文件名的最后输入 `#calendar` 完成链接，并按 Enter/Return 键，如图 9-40 所示。

图 9-40

单词 events 现在是一个以 events.html 文件中的 Events 表格为目标的链接。

注意：超链接不能包含空格，确保 id 引用紧跟文件名。

5. 选择单词 classes，创建指向 events.html 文件的链接。

输入 `#classes` 完成链接，并按 Enter/Return 键，如图 9-41 所示。

图 9-41

6. 保存文件，并在浏览器中预览页面。

测试指向 Events 和 Class 表格的链接。

这些链接打开 Events 页面并导航到相应的表格。你已经学会了如何创建各种内部和外部链接。你需要做的最后一件事是学习如何冻结屏幕顶部的水平导航菜单、调整与菜单元素相关的样式问题。

9.8 锁定屏幕上的元素

你在网页上遇到的大部分元素将随着你在内容中向下滚动而移动。这是 HTML 的默认行为。为了特定的目的，你可能希望冻结某个元素，使其保留在屏幕上。这种做法已经变得非常流行，特别是导航菜单。在必要时保持菜单总是可见，能够提供方便的导航选项。

虽然导航菜单不能在由模板创建的子页面中直接编辑，但是你完全可以在 CSS 设计器中完成必要的更改。不过，打开其中一个页面很有帮助。

1. 如果有必要，在实时视图中打开 contact-us.html。

导航菜单出现在页面顶部，但是随着其余的内容滚动。

2. 在 CSS 设计器中选择 `nav` 规则。

3. 在该规则中添加如下属性，如图 9-42 所示。

```
position: fixed
```

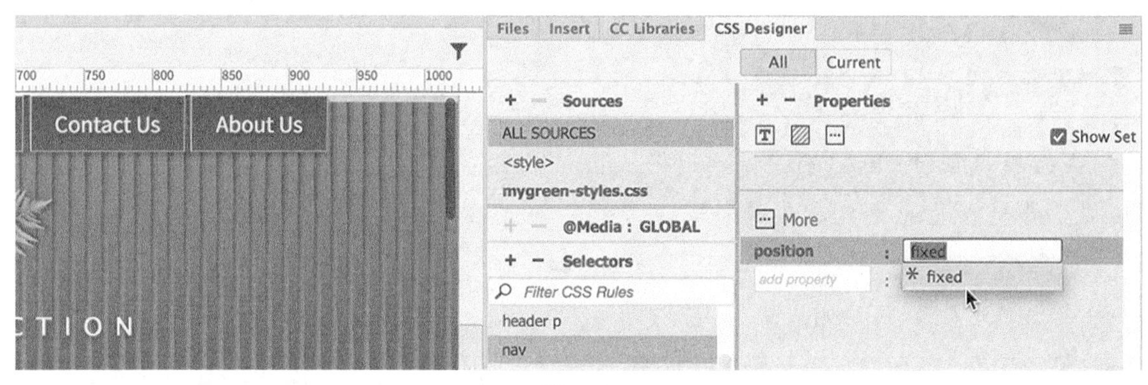

图 9-42

创建属性之后，header 元素立刻转移到水平菜单下面。如果你向下滚动页面，将在实时视图中看到菜单停留在窗口顶部。在浏览器中的表现也应该相同。

这种效果与我们想要的很接近，但并不完整。虽然菜单固定在屏幕顶部，但是它不再匹配页面其余部分的宽度，遮盖了部分标题。应用 position 属性本质上是将菜单放到了文档之外。现在，它存在于和其余内容分离的一个世界里。默认情况下，它浮动于其他元素之上。

为了使菜单很好地适应原始页面设计，你必须对其应用某个宽度，在标题上添加空白，将所有内容恢复成原始的位置。

4. 在 nav 规则中添加如下属性，如图 9-43 所示。

```
width: 1100px
```

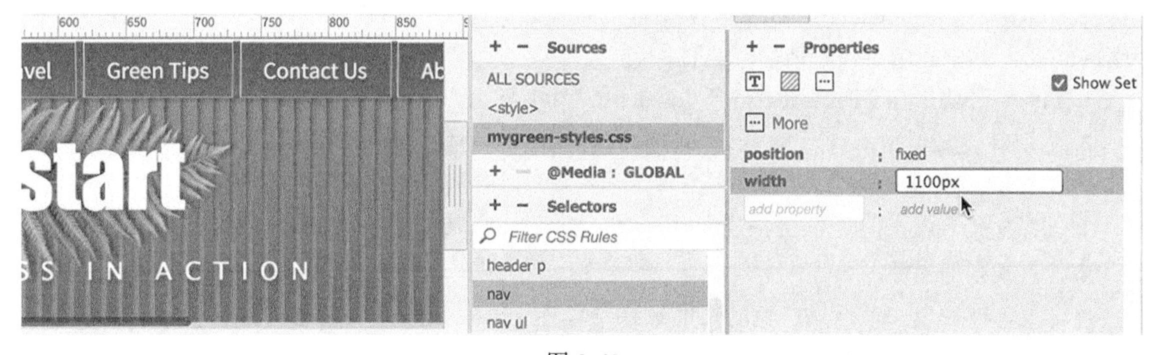

图 9-43

水平菜单现在与 div.wrapper 的宽度相同。为了将标题下移到菜单之下，你必须在控制规则中添加一些间隔。

5. 在标题规则中添加如下属性，如图 9-44 所示。

```
margin-top: 2.6em
```

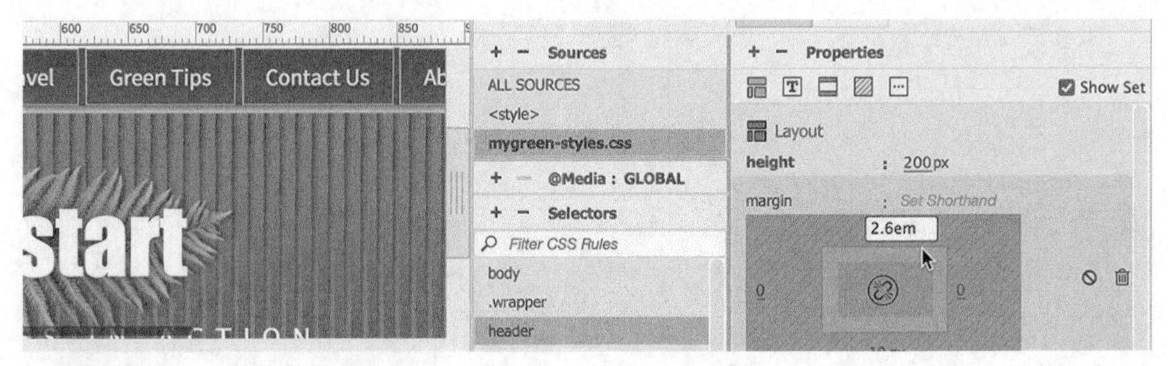

图 9-44

header 元素回到了原始位置。

提示：对菜单和其他控件使用 em 计量单位确保在访问者使用较大字号时更好地适应结构，因为 em 是基于字体大小的。

6. 保存所有文件。

菜单几乎已经完成。你可能注意到菜单项的边框仍然是灰色的。让我们调整这些颜色，更好地匹配网站的配色方案。

9.9　设置导航菜单样式

菜单项上的灰色边框是布局原始样式的残留。当你从第 5 课的模型中选择样式时，没有包含这些项目的边框颜色。使用 CSS 设计器，可以很轻松地识别样式的来源。虽然菜单在子页面中是锁定的，但是只要你知道组件的构造方式，仍然可以确定相关的 CSS 规则。

水平菜单由 nav、ul、li 和 a 元素组成。知道这一结构，你就可以寻找任何 CSS 样式方案的错误。打开其中一个子页面是有帮助的。

1. 如果有必要，在实时视图中打开 contact-us.html。

2. 在 CSS 设计器中，找到 Selectors（选择器）窗格中的任一条 nav 规则。

列表中有一条 nav 规则。

3. 选择这条 nav 规则。当选择规则时，实时视图中布局里的 nav 元素高亮显示。

4. 检查规则的属性。

整个菜单都被选中，但是灰色的边框只在菜单项上。在你搜索设置边框的规则时，最好的方法是沿着组件的结构向下查找。

5. 选择规则 nav ul。这一次高亮显示的焦点是成为一组的 7 个菜单项。

6. 选择规则 nav ul li，如图 9-45 所示。高亮显示的焦点现在是每个项目。

7. 检查规则 nav ul li 的属性。这条规则没有包含任何边框样式，只有一条规则。

8. 选择规则 nav ul li a:link, nav ul li a:visited，如图 9-46 所示。

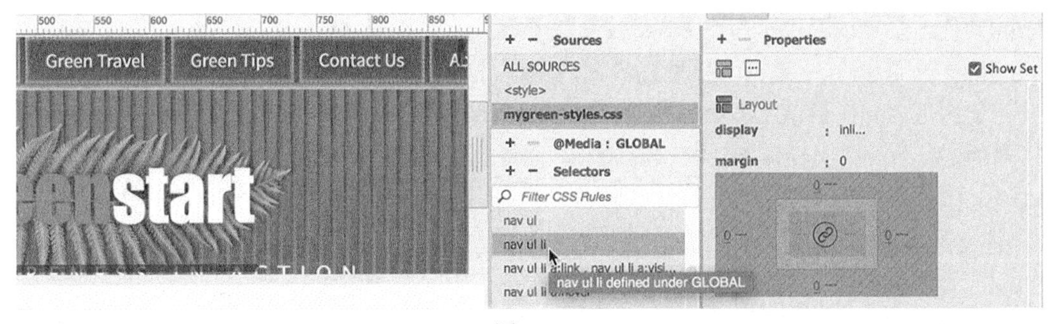

图 9-45

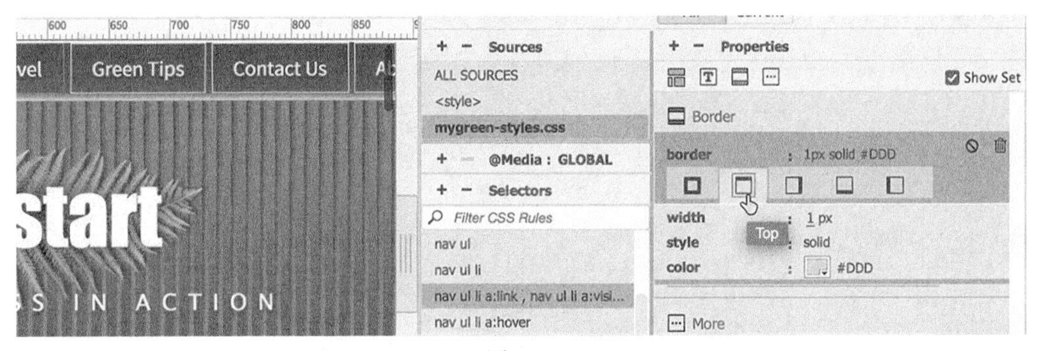

图 9-46

这条规则适用于边框颜色。你可能需要选择其中一个边框选项卡，查看当前指定的颜色。

9. 对规则进行如下更改，如图 9-47 所示。

```
nav ul li a:link,nav ul li a:visited:
border-top-color:#29C
border-right-color:#066
border-bottom-color:#066
border-left-color:#29C
```

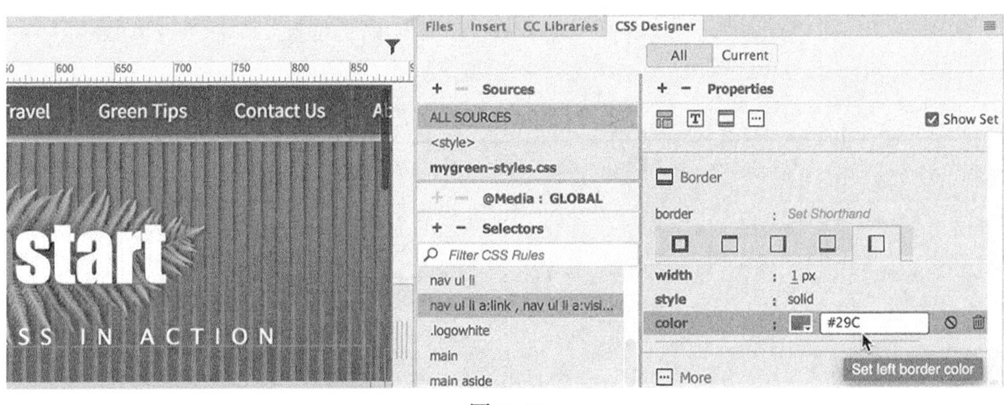

图 9-47

新的颜色为菜单项提供了些许3D特效。除了设置菜单样式之外，为这些组件添加交互式行为也是很好的。这是Web上流行的一种技术。许多设计师利用锚元素的默认行为完成这一效果。关于这些行为的更多知识请参见下面的补充材料“超链接伪类”。

通过为:hover伪类提供单独的CSS规则，你将改变访问者将光标放在菜单项上时它们的样式。

超链接伪类

<a>元素（超链接）提供5种状态（或者截然不同的行为），可以使用CSS伪类修改。伪类是CSS的一种特性，可以为某些选择器（如<a>锚标签）添加特效或者功能。

- a:ink伪类创建超链接的默认显示和行为，在许多情况下可以与CSS规则的a选择器互换使用。但是a:ink特异度更高，如果在样式表中同时使用，将覆盖为特异度较低的选择器指定的规格。
- a:visited伪类格式化被浏览器访问之后的链接格式。每当浏览器缓存或历史被删除，将重置为默认样式。
- a:hover伪类格式化光标经过的链接。
- a:active伪类格式化鼠标单击的链接。
- a:focus伪类格式化通过键盘访问（而不是鼠标交互）的链接。

使用时，伪类必须按照这里列出的顺序声明才能生效。记住，不管是不是在样式表中声明的，每种状态都有一组默认的格式和行为。

正如上面的“超链接伪类”中所述，:hover规则必须出现在样式表中的:link和:visited选择器之后。你可以在CSS设计器中使用一种简单的技术，确保特定规则出现在另一条规则之后。

10. 选择规则nav ul li a:link, nav ul li a:visited，单击Add Selector（添加选择器）图标+。新选择器字段出现在所选规则之后。相应地，新选择器和声明将插入样式表中的nav ul li a:link, nav ul li a:visited规则之后。

11. 输入nav ul li a:hover并按Enter/Return键创建选择器，如图9-48所示。

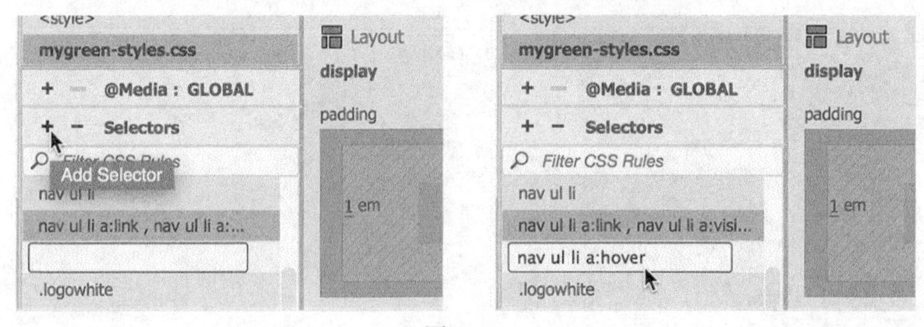

图9-48

:hover选择器在光标放在元素之上时起作用。

格式化这一效果的最简单方式是使用菜单的现有样式，然后修改它。

12. 右键单击规则 nav。选择 Copy Styles（复制样式）> Copy Background Styles（复制背景样式），如图 9-49 所示。

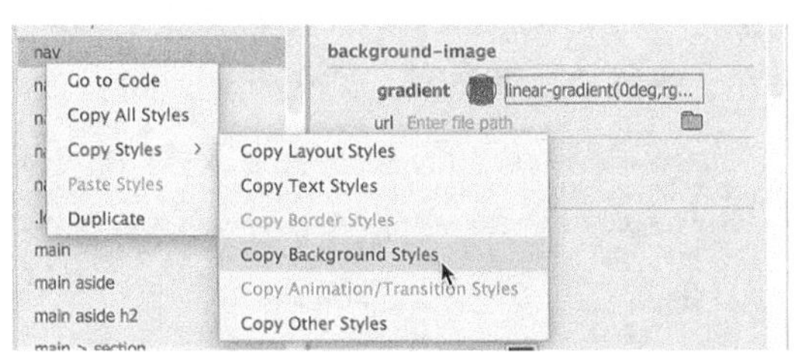

图 9-49

13. 右键单击规则 nav ul li a:hover，从上下文菜单中选择 Paste Styles（粘贴样式）。

:hover 规则现在有了和 nav 规则完全相同的样式。对背景渐变的简单更改将提供戏剧性的交互外观。

14. 单击 nav ul li a:hover 中的渐变颜色选择器。将角度更改为 180，如图 9-50 所示。

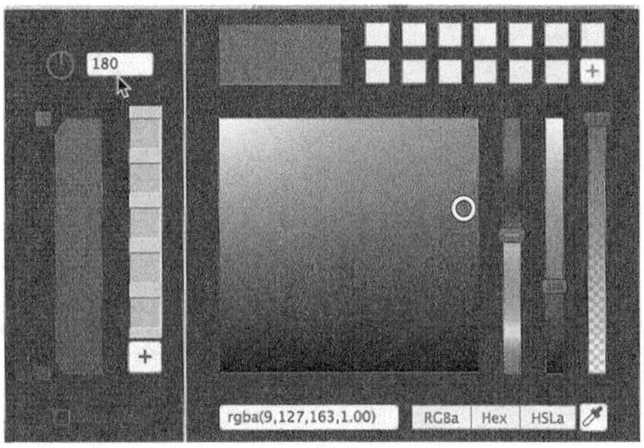

15. 在规则中创建如下新属性：

```
color: #FFF
```

图 9-50

16. 将光标放在任何一个菜单项上，如图 9-51 所示。

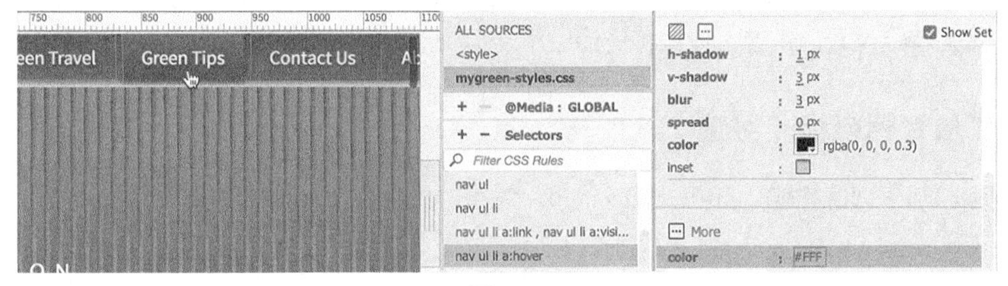

图 9-51

渐变背景颠倒方向，文本显示为白色。这种效果为菜单项提供了很好的交互行为。

17. 保存所有文件。

你已经学习了创建链接的各种方法，甚至学习了格式化水平菜单的交互行为，以及将其冻结在屏幕顶部的方法。一旦知道了创建超链接的方法，下一步就需要学习测试它们的方法。

9.10 检查页面

Dreamweaver 可以检查你的页面和整个站点，确定 HTML 的有效性、可访问性以及断掉的链接。在这个练习中，你将学习如何在站点范围内检查链接。

1. 如果有必要，在设计视图中打开 contact-us.html。

2. 选择 Site（站点）> Site Options（站点选项）> Check Links Sitewide（检查站点范围的链接）。

出现 Link Checker（链接检查器）面板，如图 9-52 所示。面板报告指向 index.html 和 travel.html 文件的链接是“断掉的链接”（Broken links）。这些链接指向不存在的页面。你将在后面的课程中创建这些页面，所以现在无需操心这些链接的修复问题。链接检查器还将找出指向外部站点的断链（如果有的话）。

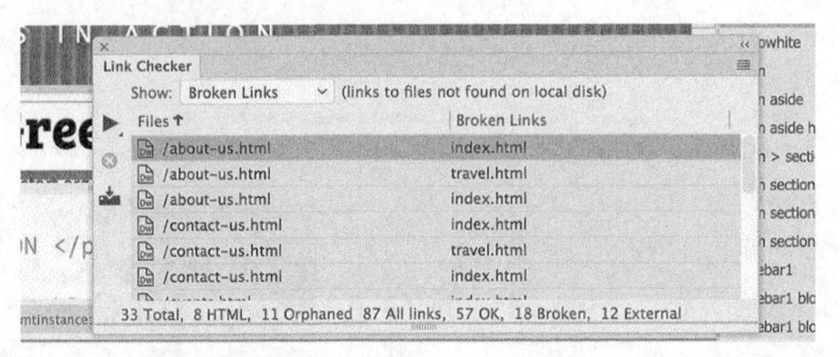

图 9-52

> Dw **提示：**缺失和断掉的链接总数及类型可能与图中不同。

3. 关闭链接检查器面板。如果面板为停靠状态，右键单击 Link Checker（链接检查器）选项卡并选择上下文菜单中的 Close Tab Group（关闭标签组）。

你已经在本课中对页面进行了重大更改，创建了主导航菜单，包含指向某个页面、电子邮件和外部网站上特定位置的链接。你还将链接应用到图像上，学习如何检查网站上断掉的链接。

9.11 添加目标链接（可选）

使用你刚刚学到的技能，打开 events.html，为第一段中的 Events 和 Classes 这两个单词创建目标链接，如图 9-53 所示。

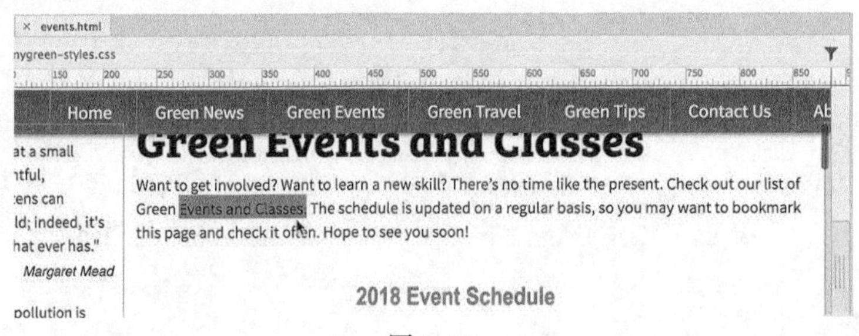

图 9-53

记住，这些单词将链接到同一个页面上的表格。你是否已了解构造这些链接的方法？如果有任何问题，访问 events-finished.html 文件找出答案。

9.12 复习题

1. 描述向页面中插入链接的两种方式。
2. 在创建指向外部网页的链接时，需要什么信息？
3. 标准页面链接与电子邮件链接之间的区别是什么？
4. 什么属性用于创建目标链接？
5. 什么限制了电子邮件链接的实用性？
6. 可以将链接应用于图像吗？
7. 怎样检查链接能否正确地工作？

9.13 复习题答案

1. 一种方法是：选取文本或图形；然后在“属性”检查器中，选择“链接”框旁边的“浏览文件”图标，并导航到想要的页面。另一种方法是：拖动“指向文件”图标，使其指向“文件”面板内的一个文件。
2. 通过在“属性”检查器或“文本显示”的“链接”字段中键入或复制和粘贴完整的Web 地址（完整形式的 URL（包括 http:// 或其他协议）），链接到外部页面。
3. 标准页面链接将打开一个新页面，或者把视图移到页面上的某个位置。如果访问者安装了电子邮件应用程序，电子邮件链接将会打开一个空白的电子邮件消息窗口。
4. 你可以将唯一的 id 属性应用于任何元素，以创建一个链接目的地，该目的地在每个页面只能出现一次。
5. 电子邮件链接可能不是非常有用，因为许多用户不使用内置的电子邮件程序，并且链接不会自动连接到基于互联网的电子邮件服务。
6. 是的，链接可以应用于图像，且使用方式与基于文本的链接相同。
7. 运行链接检查器报告，单独测试每个页面上的链接或整个网站。你还应该在浏览器中测试每个链接。

第10课　增加交互性

课程概述

在本课中，读者将学习以下内容：

- 使用 Dreamweaver 行为创建图像翻转效果；
- 插入 jQuery 可折叠（Accordion）窗口部件。

完成本课大约需要 90 分钟。请先到异步社区的相应页面下载本书的课程资源，并进行解压。根据lesson10文件夹定义站点。

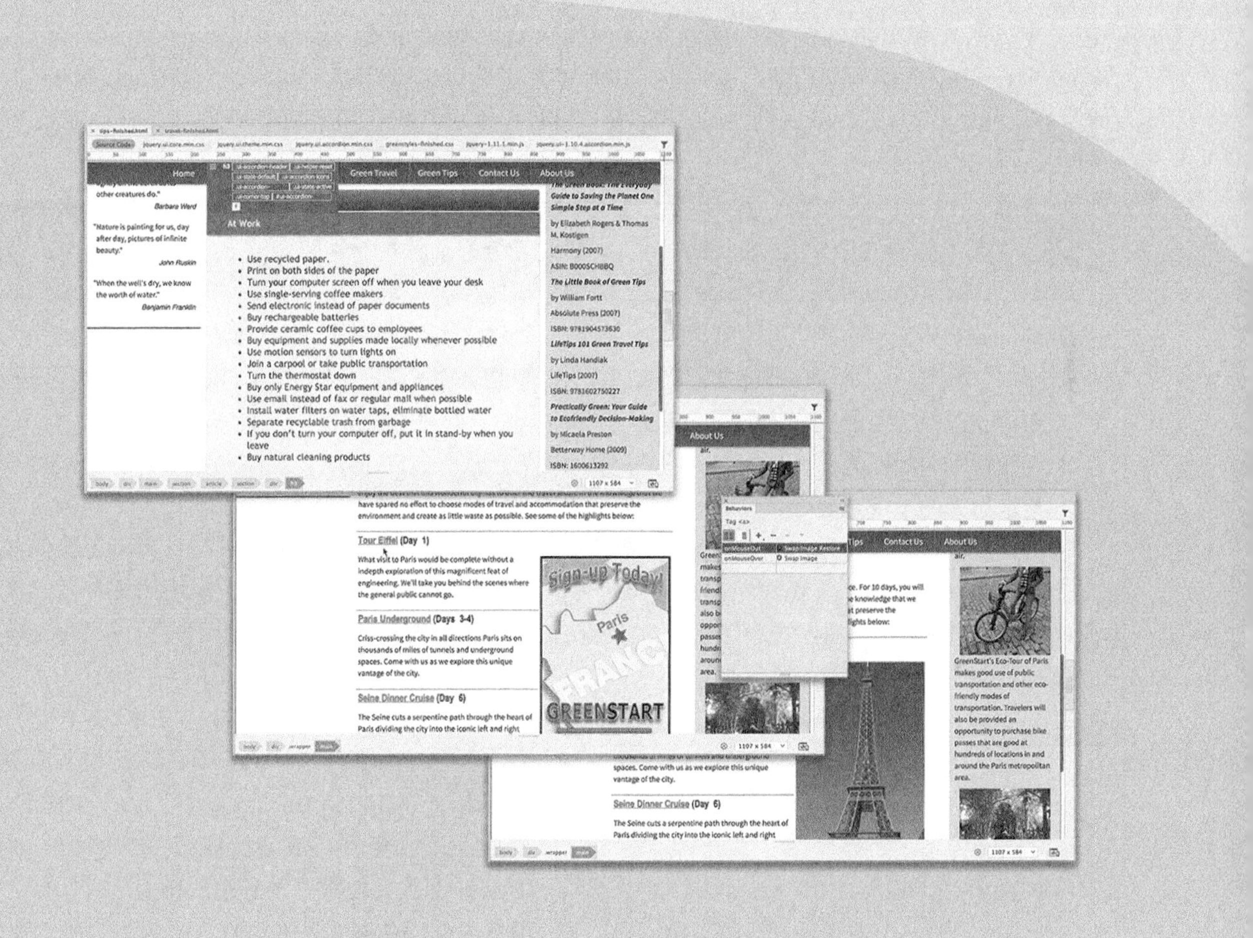

Dreamweaver 能够用 Adobe 的 Bootstrap 和 jQuery 框架，创建具备行为和可折叠面板的复杂交互效果。

10.1 学习 Dreamweaver 行为

注意：如果你还没有把用于本课的文件复制到计算机硬盘上，那么现在一定要这样做。参见本书开头的“前言”中的相关内容。

提出 Web2.0 这个术语，是为了描述互联网用户体验中的重大变化，从基本静态的页面、特色文本、图形和简单的链接过渡到充满视频、动画和交互式内容的动态 Web 页面新范型。Dreamweaver 一直在引领着行业，它提供了多种工具来推动这种运动：从久经考验的 JavaScript 行为集，到 jQuery、QueryMobile 和 Bootstrap 窗口部件。本课将探讨其中两种能力：Dreamweaver 行为和 jQuery 窗口部件。

注意：要访问 Dreamweaver 行为，必须先打开一个文件。

Dreamweaver 行为是一段预先定义的 JavaScript 代码，当某个事件（比如鼠标单击）触发它时，它将执行一个动作，比如打开浏览器窗口或者显示/隐藏页面元素。应用行为的过程包含 3 个步骤。

1. 创建或选择想要触发行为的页面元素。
2. 选择要应用的行为。
3. 指定行为的设置或参数。

触发元素通常涉及应用于一段文本或者一幅图像的超链接。在某些情况下，行为不需要加载新页面，因此它将使用一个虚拟链接，用 # 符号表示它，类似于你在第 5 课中使用的该符号。在本课中将使用的 Swap Image（交换图像）行为在工作时不需要链接，但是在使用其他行为时要牢记链接。

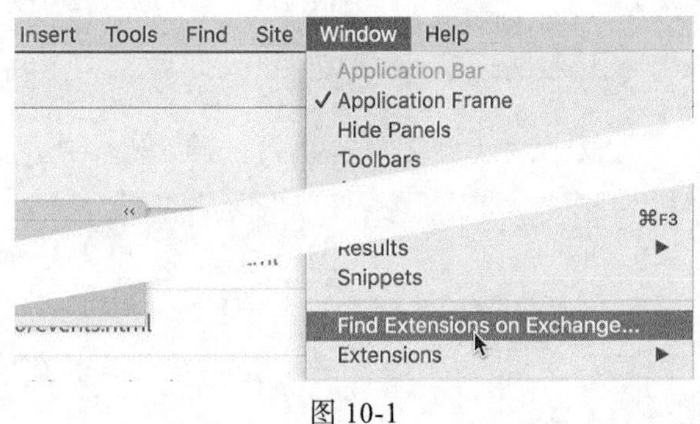

图 10-1

Dreamweaver 提供了超过 16 种的内置行为，所有行为都可以从 Behaviors（行为）面板（Window（窗口）> Behaviors（行为））中访问。另外还可以免费（或者只需很少的费用）从 Internet 下载其他数百种有用的行为。有些行为可从 Adobe Add-ons 网站获得，你可以通过单击 Behaviors（行为）面板中的“添加行为”图标 + 并从弹出菜单中选择 Get More Behaviors（获取更多行为）将它们添加到程序中。你可以从第三方软件获取其他工具或功能，并将其作为扩展功能安装在 Dreamweaver 中。你还可以通过选择 Window（窗口）> Find Extensions On Exchange（在 Exchange 中寻找扩展功能）来访问 Adobe Add-ons 网站，如图 10-1 所示。

当浏览器中加载 AdobeAdd-ons 页面时，单击链接以下载插件、扩展程序或其他附加功能。通常你可以简单地双击加载项来安装它。

下面是使用内建 Dreamweaver 行为能够实现的一些功能：

- 打开浏览器窗口；
- 交换图像，创建所谓的翻转效果；
- 淡入和淡出图像或页面区域；
- 增大或收缩图形；
- 显示弹出式消息；
- 更改给定区域内的文本或其他 HTM 内容；
- 显示或隐藏页面区域；
- 调用自定义的 JavaScript 函数。

并非所有的行为都是一直可用的。仅当存在并且选择了某些页面元素（比如图像或超链接）时，才可以使用某些行为。例如，除非存在一幅图像，否则将不能使用“交换图像”行为。

每种行为都会调用一个独特的对话框，用于提供相关的选项和规范。例如，用于“打开浏览器窗口”行为的对话框允许打开新的浏览器窗口，设置它的宽度、高度和其他属性，并设置所显示资源的 URL。在定义了行为之后，“行为”面板中就会列出它们以及它们所选的触发动作。与其他行为一样，你可以随时修改这些规格。

行为极其灵活，并且可以对同一个触发事件应用多种行为。例如，可以将一幅图像交换为另一幅图像，然后更改伴随的图像说明文本，通过单击一次鼠标即可完成所有这些操作。虽然某些效果似乎是同时发生的，但是行为实际上是按顺序触发的。在应用多种行为时，可以选择处理行为的顺序。

查看 Adobe Add-ons 网站以了解有关 Adobe 附加组件的更多信息。在左侧的栏目中选择 Dreamweaver 查看专为该应用开发的附加程序，如图 10-2 所示。

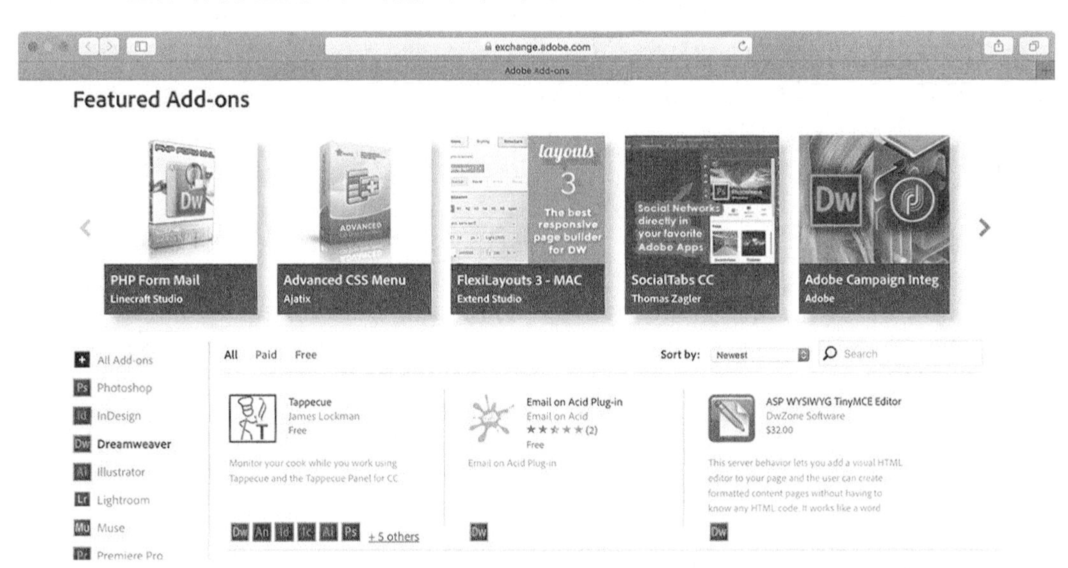

图 10-2　Adobe Add-ons 网站为 Creative Cloud 中的许多应用程序提供了大量资源，包括免费和付费的附加组件

10.2 预览完成的文件

在本课的第一部分，你将为 GreenStart 的旅游服务创建一个新页面。

让我们在浏览器中预览完成的页面。

1. 启动 Adobe Dreamweaver CC（2018 版）或者更高版本。以 lesson10 文件夹为基础定义一个站点。

2. 在你最喜欢的浏览器中直接打开 travel_finished.html，图 10-3 中选择的浏览器是 Safari。

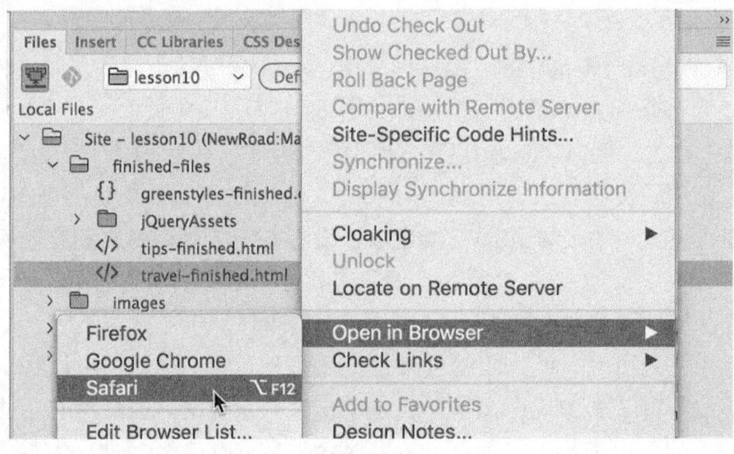

图 10-3

这个页面包含了 Dreamweaver 行为。在页面中间是一个两列的表格。一些交互行为可能无法在 Dreamweaver 中正常预览。

3. 如果 Microsoft Internet Explorer 是默认浏览器，可能会在浏览器窗口底部显示一条消息，指示它已经阻止运行脚本和 ActiveX 控件。如果是这样，可单击“允许阻止的内容”。

这条消息只在文件从你的硬盘中预览时出现，当文件真正托管于互联网上时不会出现。

4. 把光标放在标题 Tour Eiffel 上。观察文本右边的图像。现有的图像切换成埃菲尔铁塔的图像，如图 10-4 所示。

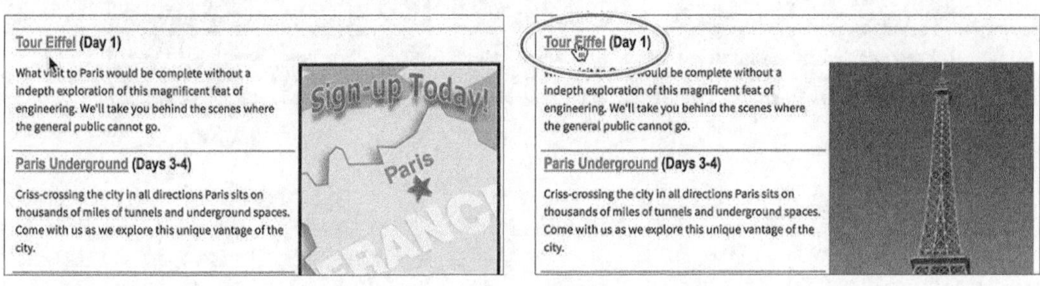

图 10-4

5. 将鼠标指针移到标题 Paris Underground。观察文本右边的图像。

随着指针离开标题 Tour Eiffel，图像恢复成 Eco-Tour 的广告。然后，在指针移到标题 Paris

Underground 上时，广告图像切换成巴黎地下的图像。

6. 移动鼠标指针经过每个 <h3> 标题上方，观察图像的行为。

图像在 Eco-Tour 和每个旅游图像之间切换。这个效果就是 Swap Image（交换图像）行为。

7. 当你结束操作时，关闭浏览器窗口并返回 Dreamweaver。

8. 关闭 travel-finished.html。

在下一个练习中，你将学习如何使用 Dreamweaver 行为。

10.3 使用 Dreamweaver 行为

向布局中添加 Dreamweaver 行为只是简单的指向 - 单击操作。但是，在可以添加行为之前，还必须创建旅行页面。

1. 从 mygreen_temp.dwt 创建一个新页面。

2. 将文件保存为站点根文件夹中的 travel.html。

如果有必要，切换到设计视图。

3. 在设计视图中打开 lesson10/resources 文件夹中的 sidebars10.html。将光标插入第一段。检查标签选择器。

段落是 aside 元素内 <blockquote> 的子元素。新文件中的类和结构与站点模板中的 Sidebar 1 完全相同。

4. 在 sidebars10.html 中，选择 aside.sidebar 1 标签选择器，如图 10-5 所示。

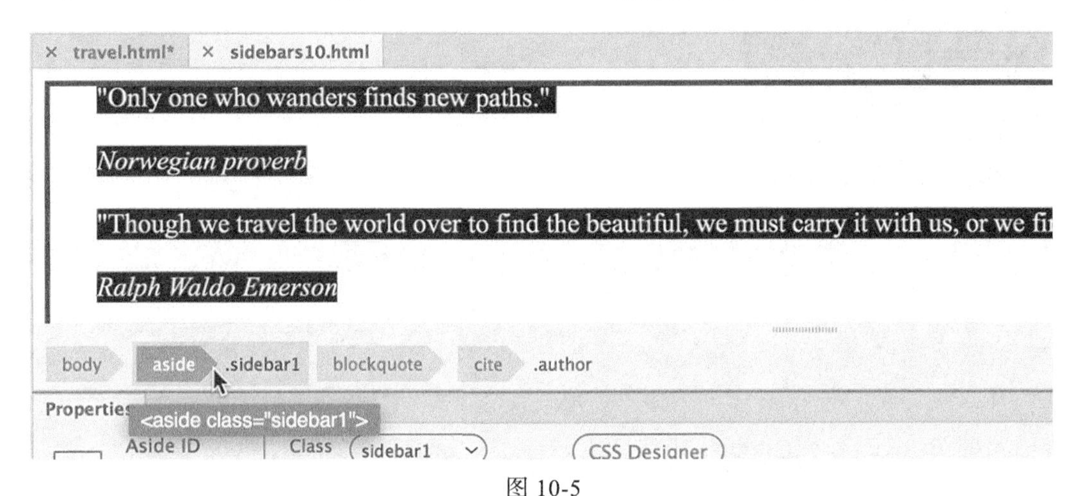

图 10-5

5. 从 sidebars10.html 复制 aside 元素。

> **注意：**在 Dreamweaver 中从一个文档复制内容并粘贴到另一个文档时，使用相同的文档视图是至关重要的。

6. 切换到 travel.html，将光标插入引文占位符，选择 `aside.sidebar1` 标签选择器。

7. 粘贴第 5 步复制的内容，如图 10-6 所示。新内容替代占位符。

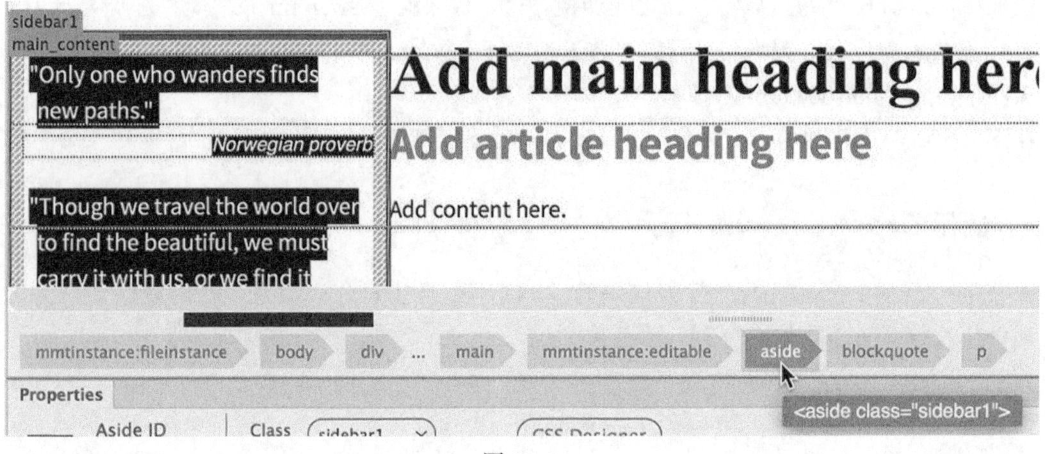

图 10-6

8. 在 sidebars10.html 中，向下滚动到下一个内容元素。选择并复制 `aside.sidebar2`，如图 10-7 所示。

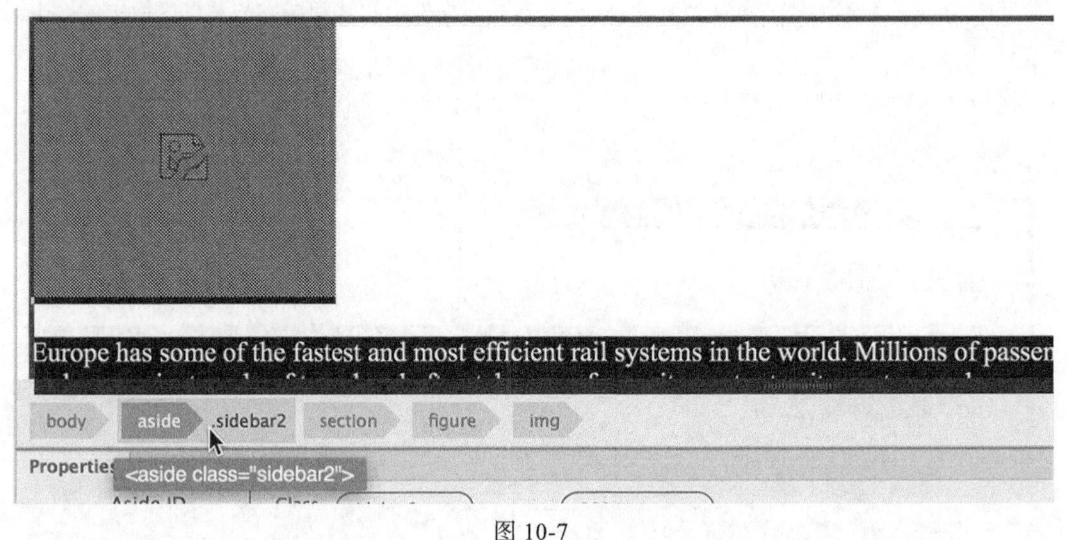

图 10-7

注意，sidebars10.html 中 Sidebar 2 的文本包含缺失的图像。如果你检查来源属性，就会看到图像路径设计为从站点根文件夹开始。由于 sidebars10.html 保存在 resources 子文件夹中，当这段代码移入旅游页面并保存之前，图像不会出现。

9. 关闭 sidebars10.html。

10. 在 travel.html 的 Sidebar 2 中插入光标。

11. 选择 `aside.sidebar 2` 标签选择器。

粘贴第 8 步中复制的文本，如图 10-8 所示。

图 10-8

文本替换 Sidebar 2 中的占位文本。图像现在应该可见。

12. 在设计视图中打开 lesson10/resources 文件夹中的 travel-text.html。

travel-text.html 文件在段落和一个表格中包含了用于旅游页面的内容。注意，文本和表格没有格式化。

13. 按 Ctrl+A/Cmd+A 键选择所有文本。按 Ctrl+C/Cmd+C 键复制内容。

关闭 travel-text.html。

14. 在 travel.html 中，选择文本 Add main heading here，输入 Green Travel 替换上述文本。

15. 选择标题占位符 Add article heading here，输入 Eco-Touring 替换。

16. 选择文本 Add content here 对应的 p 标签选择符，按 Ctrl+V/Cmd+V 键粘贴。

travel-text.html 中的内容出现，替代占位文本，如图 10-9 所示。文本和表格的默认格式由第 7 课中创建的样式表应用。

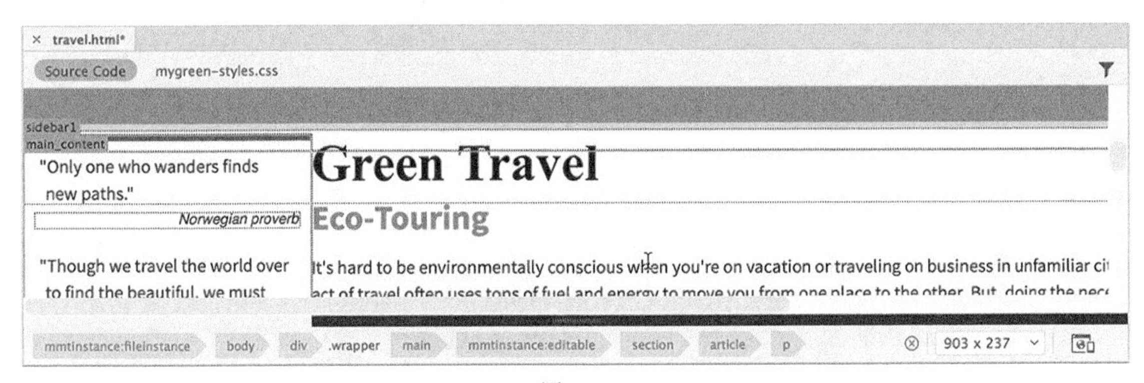

图 10-9

接下来，让我们插入 Eco-Tour 广告，这将是 Swap Image（交换图像）行为的基本图像。

17. 在表格中，双击 SideAd 占位符，从 images 文件夹中选择 ecotour.png，单击 OK/Open（确定 / 打开），结果如图 10-10 所示。

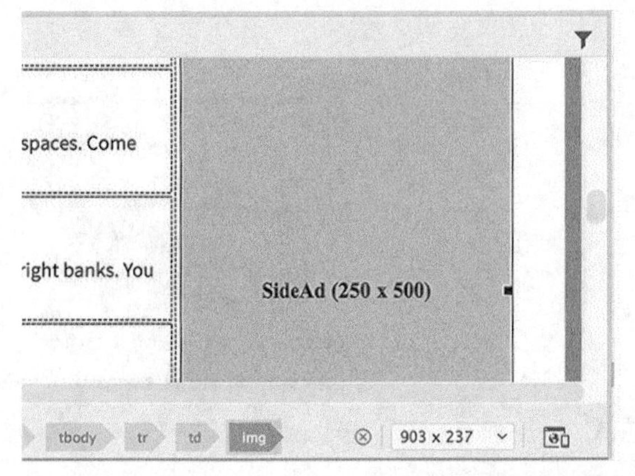

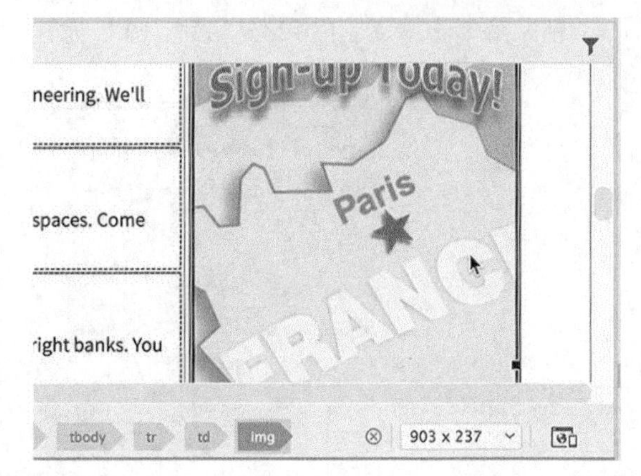

图 10-10

占位符被 Eco-Tour 广告所取代。但是在你应用 Swap Image（交换图像）行为之前，你必须确定想要切换的图像。你通过为图像提供一个 ID 来完成。

18. 在布局中选择 ecotour.png，在属性检查器中，选择现有的 ID `SideAd`，输入 `ecotour` 并按 Enter/Return 键。

在 Alt（替换）字段中输入 `Eco-Tour of Paris`，如图 10-11 所示。

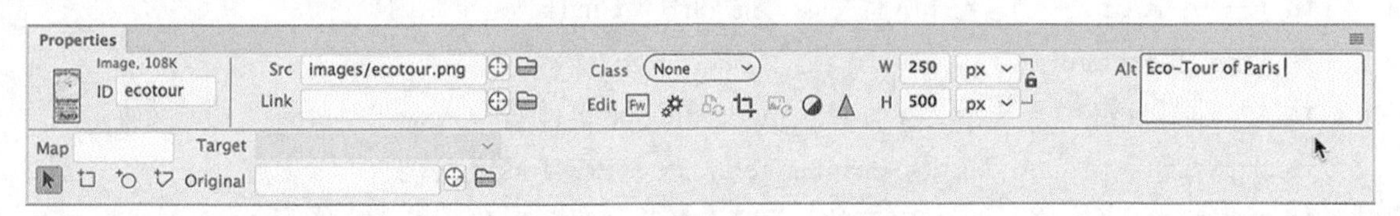

图 10-11

> **提示：** 虽然花的时间较多，但是为所有图像提供独特的 id 是一种好习惯。

19. 保存文件。

接下来，你将为新图像创建一个 Swap Image（交换图像）行为。

10.3.1 应用行为

如前所述，许多行为是上下文敏感的，取决于出现的元素或者结构。Swap Image（交换图像）行为可由任何文档元素触发，但是只影响页面内显示的图像。

1. 选择 Window（窗口）> Behaviors（行为）打开 Behaviors（行为）面板。

> **注意：** 只有在设计或者代码视图中才能访问行为面板。

2. 将光标插入到文本 Tour Eiffel 中，选择 `<h3>` 标签选择器。

注意：你可以随意将行为面板停靠到界面上的其他面板。

3. 单击 Add Behavior（添加行为）图标 +，从行为菜单中选择 Swap Image（交换图像），如图 10-12 所示。

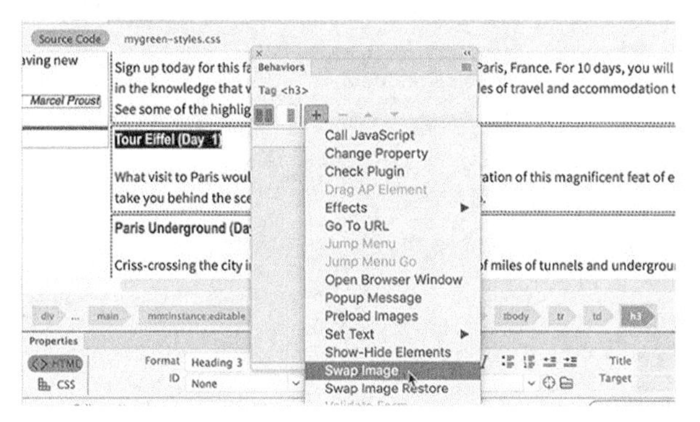

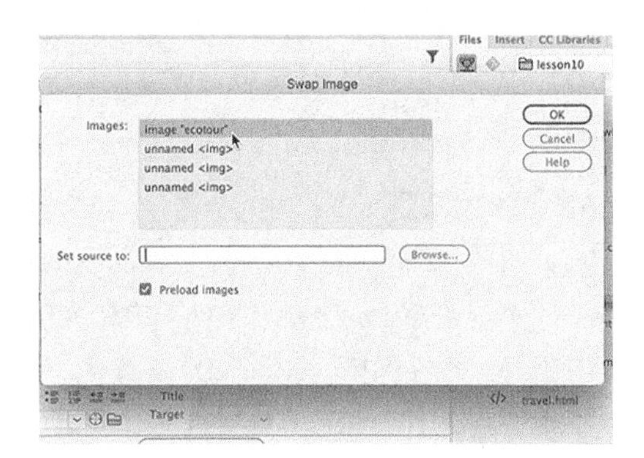

图 10-12

Swap Image（交换图像）对话框列出了页面上可用于这个行为的任何图像。这一行为可以一次替换这些图像中的一个或者多个。

4. 选择 `image "ecotour"` 项目并单击 Browse（浏览）。

5. 在 Select Image Source（选择图像源文件）对话框中，选择站点 images 文件夹中的 tower.jpg，单击 OK/Open（确定 / 打开），如图 10-13 所示。

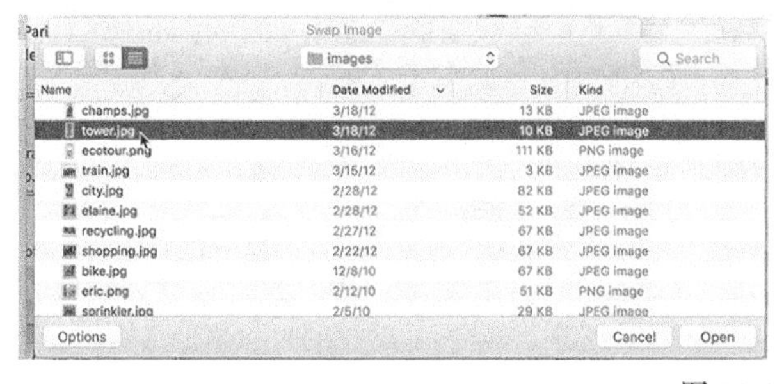

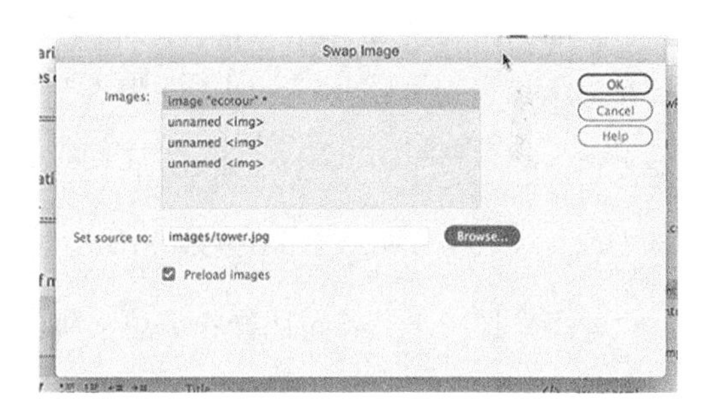

图 10-13

6. 如果有必要，在 Swap Image（交换图像）对话框中，选择 Preload Images（预先载入图像）选项，并单击 OK（确定）。

注意： Preload Images（预先载入图像）选项迫使浏览器在页面加载时下载行为需要的所有图像。那样，当用户与触发器交互时，图像交换的发生没有任何延迟或者障碍。

Swap Image（交换图像）行为添加到行为面板上的 onMouseOver 属性上。如果需要，可以用行为面板更改属性。

7. 单击 onMouseOver 属性打开弹出式菜单，检查其他可用的选项，如图 10-14 所示。

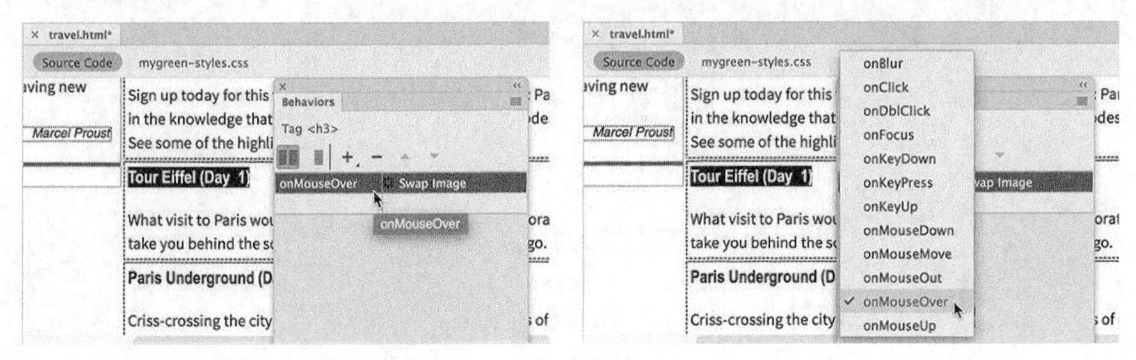

图 10-14

这个菜单提供一个触发事件列表，大部分都不言自明。

但是，现在保留 onMouseOver 属性。

8. 保存文件。切换到实时视图以测试行为。

将光标放在文本 Tour Eiffel 上，如图 10-15 所示。

图 10-15

当光标经过该文本时，Eco-Tour 广告图像就会被埃菲尔铁塔的图像替换。但是有一个小问题，当光标从该文本上移开时，原始图像不会恢复。原因很简单：你没有告诉它这样做。为了恢复原始图像，必须给同一个元素添加另一个命令——Swap Image Restore（恢复交换图像）。

10.3.2 应用 Swap Image Restore（恢复交换图像）行为

在一些情况下，特定的操作需要多种行为。为了在鼠标一离开触发元素时就恢复 Eco-Tour 广告图像，必须添加恢复功能。

1. 返回到设计视图。在标题 Tour Eiffel 中插入光标，并检查“行为”面板。

检查器显示当前指定的行为。你不需要完全选择该元素，Dreamweaver 假定你打算修改整个触发器。

2. 单击 Add Behavior（添加行为）图标 **+**，从下拉菜单中选择 Swap Image Restore（恢复交换图像），在 Swap Image Restore（恢复交换图像）对话框中单击 OK（确定）完成该命令，如图 10-16 所示。

Swap Image Restore（恢复交换图像）行为出现在 Behaviors（行为）面板上的 onMouseOut 属性中。

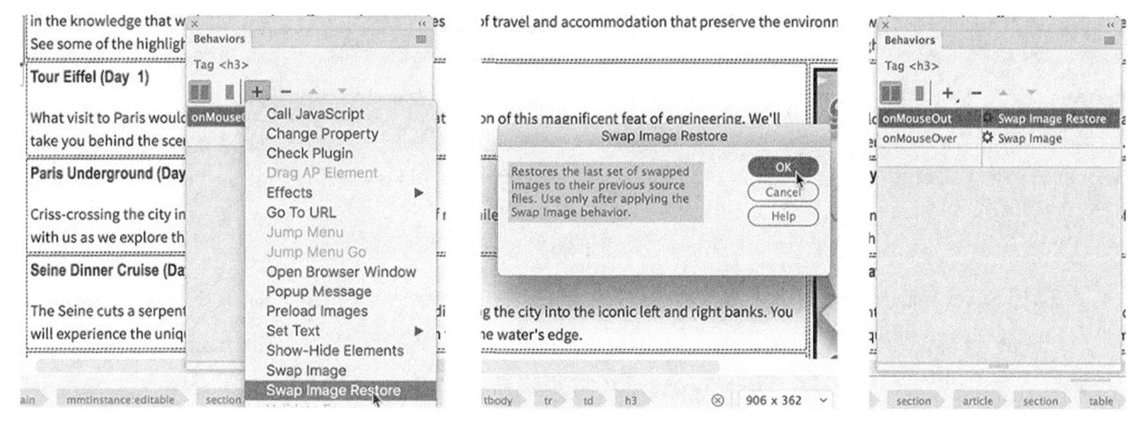

图 10-16

3. 切换到代码视图。检查 Tour Eiffel 文本的标记，如图 10-17 所示。

```
90          <td scope="col"><h3
            onMouseOver="MM_swapImage('ecotour','','images/tower.jpg',1)"
            onMouseOut="MM_swapImgRestore()">Tour Eiffel (Day 1)</h3>
91            <p>What visit to Paris would be complete without a indepth
```

图 10-17

触发事件——onMouseOver 和 onMouseOut——作为属性添加到 <h3> 元素。其余 JavaScript 代码插入到文档的 <head> 区段。

4. 保存文件，切换到实时视图以测试行为。

测试文本触发器 Tour Eiffel。

当指针经过该文本时，Eco-Tour 图像将被一幅埃菲尔铁塔的图像替换，然后当移开指针时，Eco-Tour 图像将重新出现。这个行为根据需要发挥作用，但是文本没有任何明显的“不同”。换句话说，这里没有提示用户将其指针滚动到标题上。结果是许多用户将完全错过交换图像的效果。

有时需要鼓励或指导用户使用这些类型的功能。许多设计师为此目的使用超链接，因为用户已经熟悉它们的功能。让我们用一个超链接替换当前的效果。

10.3.3 删除应用的行为

在你将某个行为应用到一个超链接时，必须删除当前的“交换图像”和“恢复交换图像”行为。

1. 切换到设计视图，如果有必要，打开 Behaviors（行为）面板，在 Tour Eiffel 文本中插入光标。

Behaviors（行为）面板显示两个已经应用的事件，删除的顺序无关紧要。

2. 在 Behaviors（行为）面板中选择 Swap Image（交换图像）事件，单击 Remove Event（删除事件）图标 ，如图 10-18 所示。

Swap Image（交换图像）事件被删除。

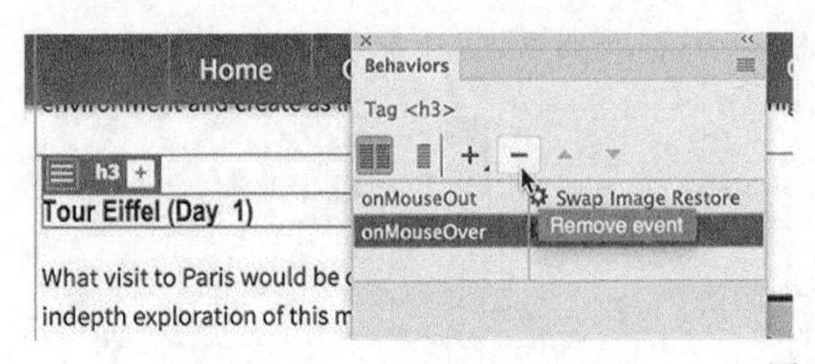

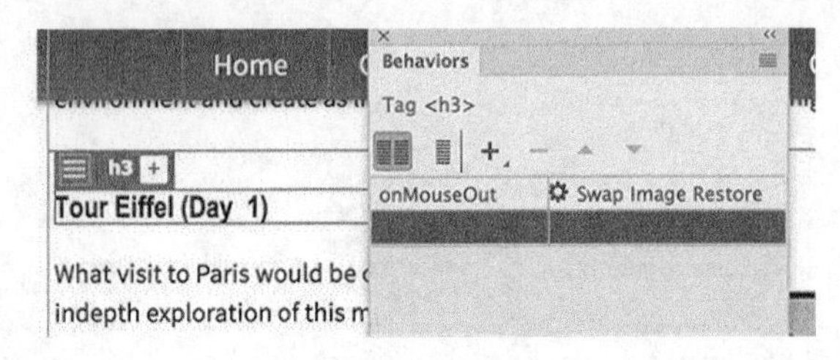

图 10-18

3. 选择 Swap Image Restore（恢复交换图像）事件，在 Behaviors（行为）面板中，单击 Remove Event（删除事件）图标 。

现在，两个事件都被删除。Dreamweaver 还将删除任何不必要的 JavaScript 代码。

4. 保存文件，在实时视图中再次检查文本。

文本不再触发“交换图像”行为。要重新应用行为，必须为标题添加一个链接或者连接占位符。

10.3.4 为超链接添加行为

可以为超链接添加行为，即使这个链接没有加载一个新文档。在这个练习中，你将为标题添加一个链接占位符（#），支持所需要的行为。

1. 切换到设计视图。仅选择 `<h3>` 元素中的文本 Tour Eiffel，在 Property（属性）检查器的 Link（链接）字段中输入 #，按 Enter/Return 键创建链接占位符。

文本以默认的超链接样式显示。出现 `a` 标签选择器。

2. 在 Tour Eiffel 链接中插入光标，单击 Add Behavior（添加行为）图标 ，从弹出菜单中选择 Swap Image（交换图像）。

只要光标仍然插入链接中的任何位置，该行为都将应用到整个链接标记。

3. 在 Swap Image（交换图像）对话框中，选择项目 `image "ecotour"`，浏览并从 images 文件夹中选择 tower.jpg。单击 OK/Open（确定 / 打开）。

4. 如果有必要，在 Swap Image（交换图像）对话框中，选择 Preload Images（预先载入图像）选项和 Restore Images onMouseOut（鼠标划开时恢复图像）选项，并单击 OK（确定），如图 10-19 所示。

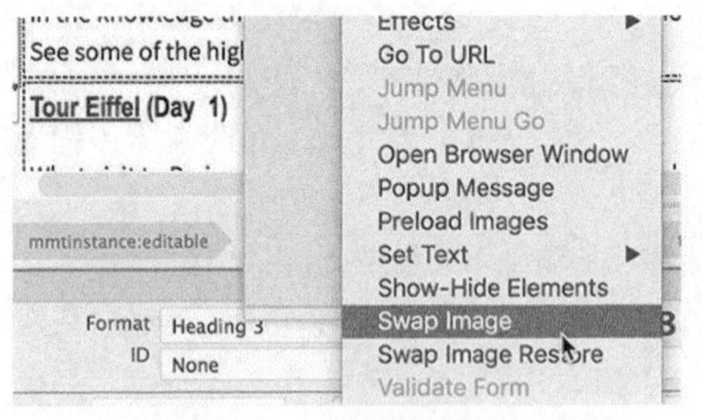

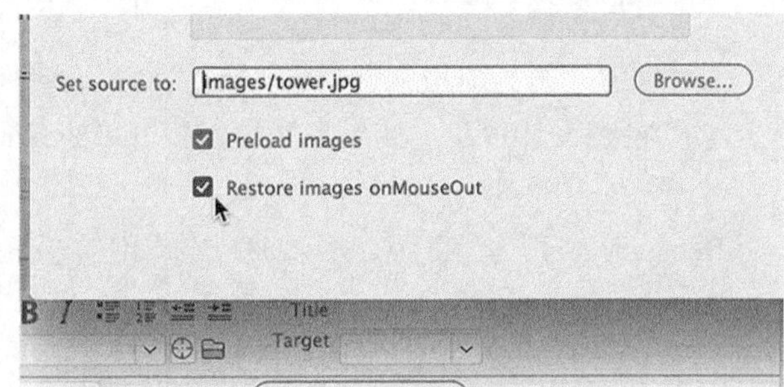

图 10-19

Swap Image（交换图像）和 Swap Image Restore（恢复交换图像）事件一起出现在 Behaviors（行为）面板中。由于行为一次性应用，Dreamweaver 提供恢复功能，以提高效率。

5. 为文本 Paris Underground 添加一个链接占位符（#），对该链接应用 Swap Image（交换图像）行为。使用来自 images 文件夹的 underground.jpg。

6. 对 Seine Dinner Cruise 文本重复第 5 步，选择图像 cruise.jpg。

7. 对 Champs élysées 文本重复第 5 步，选择图像 champs.jpg。

现在，“交换图像”行为完成了，但是文本和链接样式与站点的配色方案不匹配。让我们创建自定义的 CSS 规则，相应地格式化它们。你将创建两个规则：一个用于标题元素，另一个用于链接本身。

8. 在 CSS 设计器中，在 mygreen-styles.css 中创建一个新选择器：

```
table h3
```

9. 在新规则中创建如下属性，如图 10-20 所示。

```
margin-top: 0px
margin-bottom: 5px
font-size: 130%
font-family: "Arial Narrow", Verdana, "Trebuchet MS",
sans-serif
```

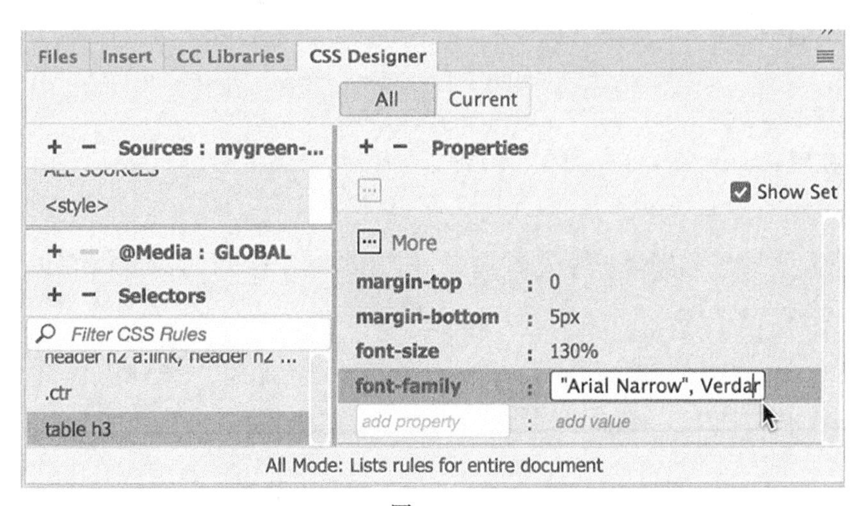

图 10-20

10. 创建一个新选择器：

```
table h3 a:link, table h3 a:visited
```

11. 在新规则中创建属性 `color: #090`，如图 10-21 所示。

标题现在更醒目，样式也与网站主题匹配。

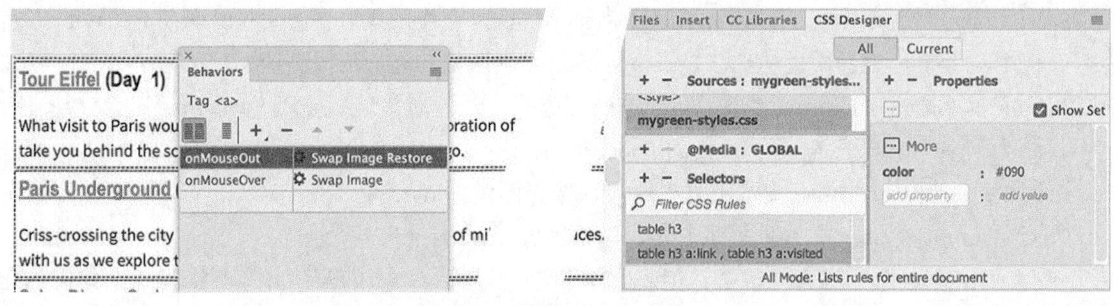

图 10-21

12. 保存所有文件，在实时视图中测试行为。

交换图像行为应该在所有链接上成功运行，但是只在链接本身上有效。如果一个或多个链接不起作用，请检查以确保行为成功分配给链接。

13. 关闭所有文件。

除了吸引眼球的效果（如你刚刚学习的动态行为）之外，Dreamweaver 还提供了节约空间、为你的网站增添更多交互特性的结构化组件（如 jQuery 和 Bootstrap 窗口部件）。

10.4 使用 jQuery 可折叠窗口部件

jQuery 可折叠（Accordion）窗口部件使你可以组织许多内容，放入一个紧凑的空间内。在 Accordion 部件中，选项卡被堆叠起来，当它们被打开时，从垂直方向展开，而不是并排显示。让我们来预览完成的布局。

1. 在 Files（文件）面板中，选择 lesson10\finished 文件夹中的 tips-finished.html。直接在你喜欢的浏览器中打开。

页面内容使用 jQuery Accordion 部件分割到 3 个面板中。

2. 依次单击每个面板，打开和关闭它们，如图 10-22 所示。

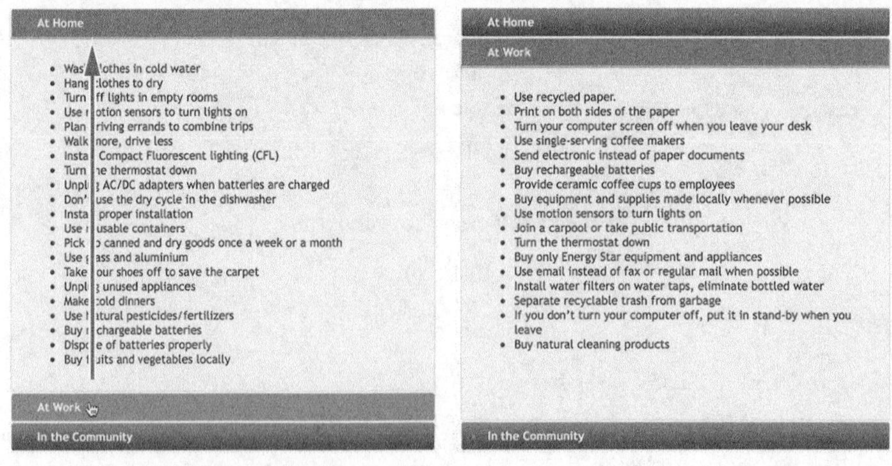

图 10-22

当你单击一个选项卡时，面板流畅地滑开。面板被设置为某个特定高度，如果内容高于默认面板尺寸，面板自动调整其高度。当面板打开和关闭时，可以看到环保小贴士项目列表。可折叠面板使你可以在更小、更高效的空间里显示更多的内容。

3. 关闭浏览器返回 Dreamweaver。关闭 tips-finished.html。

在下一个练习中，你将学习如何创建和格式化一个 jQuery Accourdion 部件。

10.5 插入 jQuery Accourdion 部件

在这个练习中，你将在现有布局中插入一个 jQuery Accourdion 部件。

1. 在实时视图中打开 tips.html。

这个页面包含 3 个由 <h2> 标题分隔的 3 个项目列表。这些列表在页面上占据了许多垂直空间，要求用户滚动两个或者更多屏幕来阅读它们。在屏幕上保持尽可能多的内容，将使布局更容易访问和阅读。

最大化屏幕空间的技术之一是使用标签化或者可折叠面板。Dreamweaver（2018 版）提供了 jQuery 和 Bootstrap 框架中的此类组件。由于你在这里不使用 Bootstrap 布局，我们将使用一个 jQuery Accordion 部件。

2. 在 At Home 标题上插入光标，选择 <h2> 标签选择器。

3. 打开 Insert（插入）面板，从下拉菜单中选择 jQuery UI 类别，单击 Accordion 项目，如图 10-23 所示。

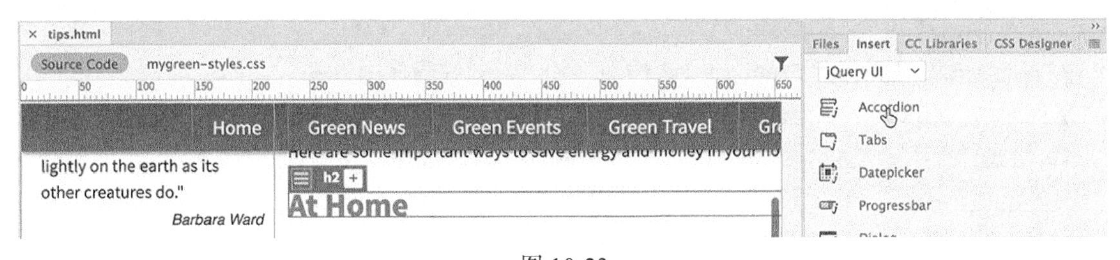

图 10-23

出现“定位辅助”对话框。

4. 单击 Before（之前），如图 10-24 所示。

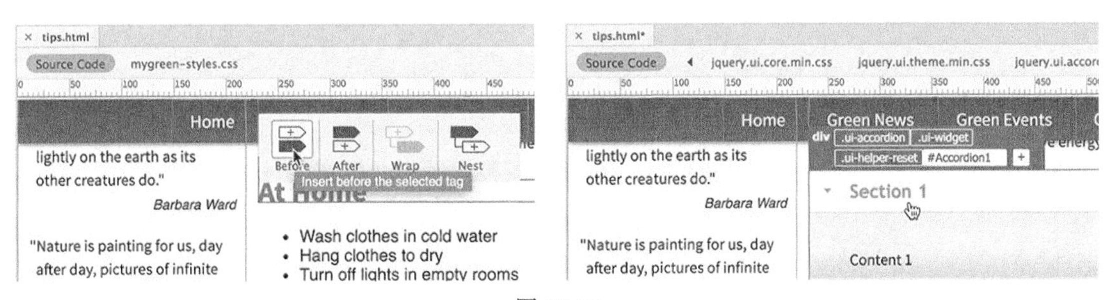

图 10-24

Dreamweaver 在标题之上、<section> 元素内插入 jQuery Accordion 部件元素。默认元素是 3 个面板的 Accordion 部件，最上方的一个面板打开。“元素显示”出现在新对象之上，焦点是 ID 为 #Accordion1 的 div 元素。

下一步是将现有列表移入面板中，由于两个面板默认隐藏，处理内容的最简方式是代码视图。

5. 切换到代码视图。

6. 向下滚动，并将光标插入第一个项目：<li>Wash clothes in cold water.</li>（大约在第 73 行）。

7. 选择 ul 标签选择器，如图 10-25 所示。

按 Ctrl+X/Cmd+X 键剪切整个列表。

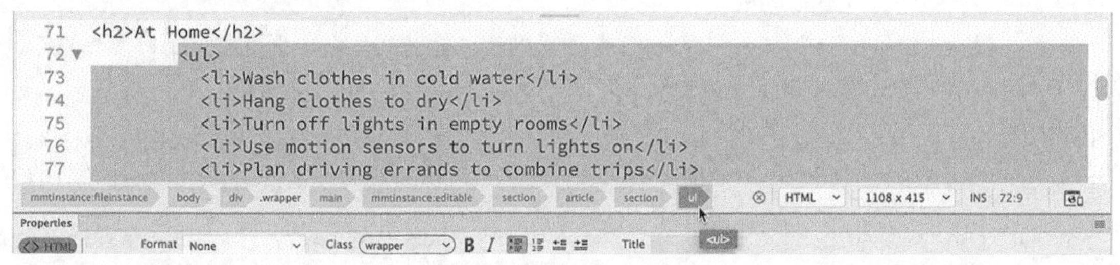

图 10-25

8. 删除代码 ~~<h2>At Home</h2>~~。

提示： 当你编辑代码元素时，可能无法看到标签选择器。记得在必要时单击 Refresh（刷新）按钮。

9. 向上滚动并选择标题 Section 1（大约在第 58 行）。编辑标题为 At Home。

新标题结构基于 <h3> 元素。

10. 将光标插入占位文本 Content 1（大约在第 74 行），选择 p 标签选择符。

文本出现在 <div> 中，没有任何其他结构。确保不要删除这个 <div>

11. 按 Ctrl+V/Cmd+V 键粘贴列表，如图 10-26 所示。

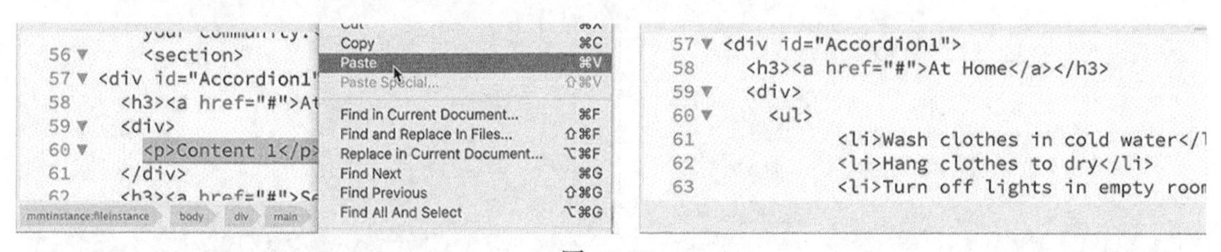

图 10-26

列表标记出现在 <div> 中。第一个 Accordion 面板组完成。你必须对其他两个列表重复这一过程。

12. 向下滚动到 At Work 提示列表（大约在第 97 行）。

13. 和第 7 步一样，选择 ul 标签选择器。剪切列表。

14. 单击 <section> 标签选择器。按 Delete 键，<section> 和标题 At Work 被删除。

15. 选择标题 Section 2，输入 At Work 代替它（大约在第 84 行）。

16. 删除占位文本 Content 2 并粘贴第 13 步剪切的列表（大约在第 86 行）。

17. 重复第 12 ～ 16 步，将 In the Community 的内容移入第 3 个面板，结果如图 10-27 所示。

```
106     <h3><a href="#">In the Community</a></h3>
107 ▼   <div>
108 ▼     <ul>
109           <li>Carpool with neighbors to school or the shopping mall</li>
110           <li>Put the leaf blowers away and get out the rakes</li>
mmtinstance:fileinstance  body  div  main  mmtinstance:editable  section  article  section  div  h3  a   HTML
```

图 10-27

当你完成时，全部 3 个列表现在都包含在 Accordion 1 中，所有空白的 <section> 元素都已经删除。

18. 切换到实时视图。

你插入一个 jQuery Accordion 部件，并在其中添加了内容。

19. 单击每个标题，测试面板。

单击时，面板应该打开，显示里面包含的列表。当你单击不同标题时，新面板打开，关闭旧面板。

20. 保存所有文件，如图 10-28 所示。

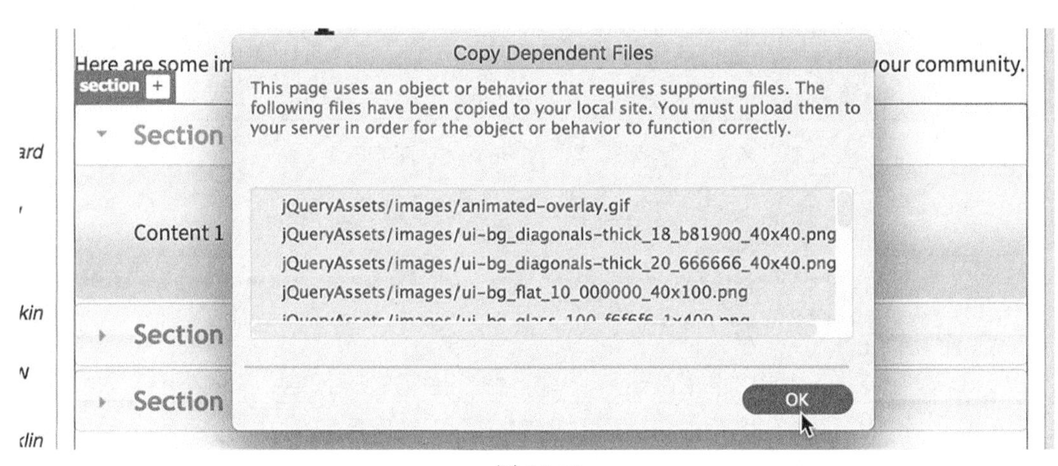

图 10-28

当你保存 tips.html 时，应该出现一个对话框，通知你有多个新的相关文件将复制到站点文件夹中。这些文件包括图像、CSS 和 JavaScript 文件，用于实现可折叠面板的交互性。这些文件将保存在名为 jQueryAssets 的文件夹中。每当你将这个页面上传到 Web 服务器时，记得包含这整个文件夹。

21. 单击 OK（确定）。

在下一个练习中，你将学习如何将站点配色方案应用到 Accordion 部件。

用任何其他名称

我不断地抛出 jQuery 和 JavaScript 这些术语，你可能觉得疑惑："有什么不同？我需要学习两种不同的脚本语言吗？"好消息是，jQuery 就是 JavaScript。美国软件工程师 John Resig 于十多年前开发的 jQuery 是一个预建 JavaScript 函数库。Resig 意识到，他总是用 JavaScript 重复编写执行特定任务的相同代码。通过提供一个函数库，jQuery 使你可以用最少的编码创建一组复杂的行为。

Dreamweaver 的插入面板中有 11 个 jQuery 窗口部件，包括标签式面板、对话框、日期选择器和其他方便的网页组件。和可折叠面板一样，每个部件都为你的网站提供强大的交互式功能，这些功能可以用简单的用户界面添加，不需要任何编程知识或者编码经验。

10.6 为 jQuery Accordion 设置样式

和 Dreamweaver 创建的基本布局及其他 jQuery 组件一样，可折叠面板由 jQuery CSS 和 JavaScript 文件格式化。你应该避免直接编辑这些文件，除非你知道自己在做什么。相反，你将用自定义样式表对 Accordion 1 应用站点设计。让我们从选项卡开始。

提示：当你在代码视图中工作时，你可能需要不时地单击属性检查器中的 Refresh（刷新）按钮，查看标签选择器。

1. 单击 At Home 选项卡，检查标签选择器，如图 10-29 所示。

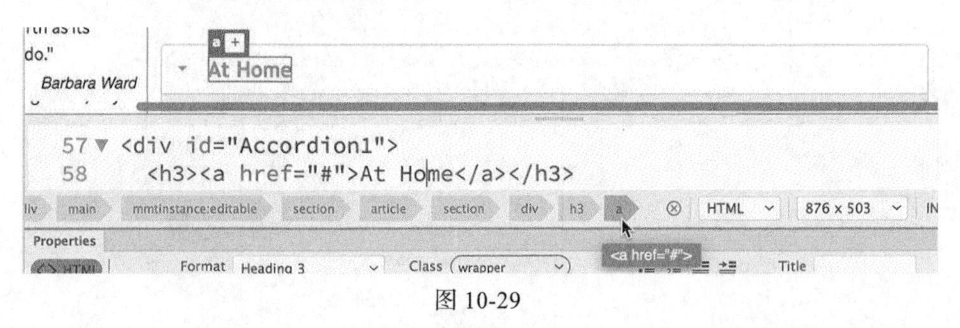

图 10-29

选项卡由两个元素组成：`<h3>` 和 `<a>`。但那只是表面现象。jQuery 和 CSS 函数在后台操纵 HTML 和 CSS，生成各种控制可折叠面板的行为。当你将鼠标放到选项卡上并单击时，添加类属性并即时更改，以产生悬停效果和面板动画。在大部分情况下，你甚至没有看到这一切是怎么发生的。

正如你在前面学到的，超链接有 4 种行为：`link`、`visited`、`hover` 和 `active`。jQuery 库利用这些默认状态，应用你在与 At Home 列表的 Accordion 1 交互时看到的各种特效。

你的任务将是创建多条新规则，这些规则将覆盖默认样式，代之以 GreenStart 主题。第一步是格式化选项卡的默认状态。由于一次只能打开一个选项卡，关闭状态被视为默认状态。

插入可折叠面板时，第一个选项卡通常默认打开。正常情况下，你可以在实时视图中选择一个元素，查找 CSS 的错误。但由于选项卡设计为在你单击时打开，在实时视图中选择一个关闭的选项卡会带来问题。幸运的是，你可以使用代码视图。

2. 如果有必要，选择拆分视图。

在代码视图中，将光标插入文本 At Work 中。

选择 a 标签选择器，如图 10-30 所示。

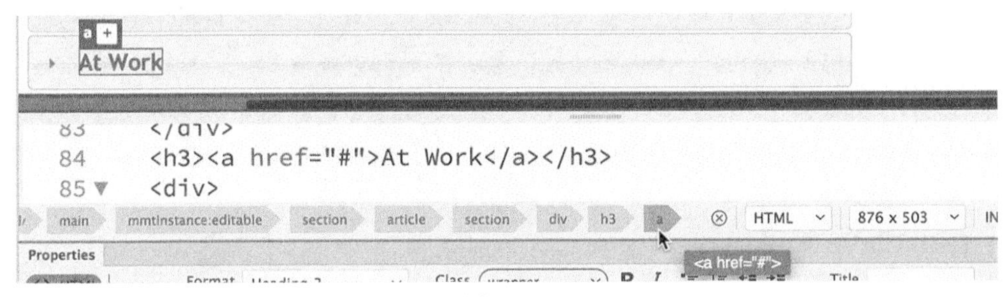

图 10-30

关闭的选项卡目前设置为浅灰色和轻微渐变的背景。你必须确定格式化 Accordion 选项卡背景颜色的所有规则。记住，可能有多于一条规则影响这些属性，正如你在第 9 课中所学，有些样式是动态应用的。所以，你必须分辨默认应用和只在用户交互时生效的规则。

3. 在 CSS 设计器中，单击 Current（当前）按钮。

Selectors（选择器）面板显示目前设置所选元素样式的所有规则。

4. 如果有必要，单击列表中的第一条规则，如图 10-31 所示。

```
.ui-state-default a,.ui-state-default a:link,.ui-state-default
a:visited
```

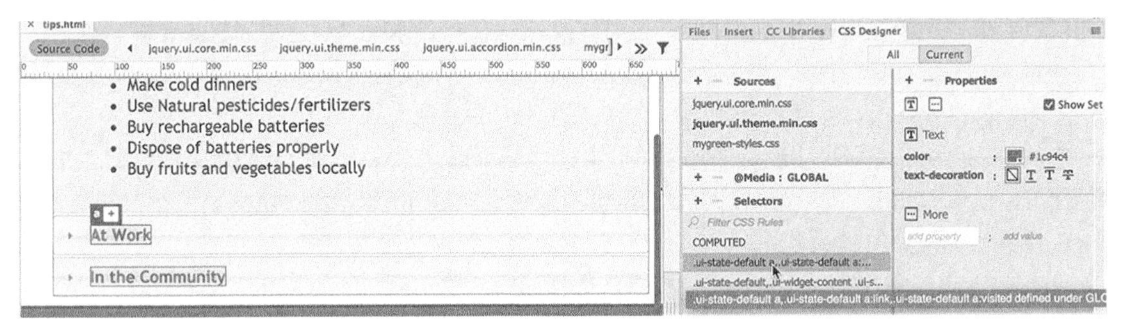

图 10-31

注意，“元素显示”只将焦点放在 <a> 元素上。你可以看到这些属性格式化文本颜色，关闭下划线。很明显，这条规则不格式化整个选项卡，我们以后可以用它设置文本颜色。

一个类、两个类、三个类，更多！

你可能注意到，jQuery 可折叠面板使用的许多规则中有多个类。你可能觉得奇怪：“那是怎么回事？”

正如你在第 3 课中所学的，类用于在特殊情况下应用样式，比如打开或者关闭的 Accordion 选项卡。但是，为什么一个选择器中有多个类？

CSS 规则往往对目标元素应用多个属性。但是如果你必须为对象的不同状态（如打开、关闭等）提供不同的样式，可能希望将样式拆分成多个类，对一个元素应用多个类。那样，一条规则将提供基本的默认样式，其他类只需要提供特殊事件的样式。

你有时候可以通过查看类名领会其用意。在 jQuery 样式表中，你将看到多个屡次使用的单词，例如 default、active、hover 等。HTML 直接支持一些事件，如 a:link 和 a:hover。而其他事件（如 default 和 active）将由 JavaScript 应用和切换。

5. 单击如下规则，如图 10-32 所示。

```
.ui-state-default,.ui-widget-content
.ui-state-default,.ui-widget-header .ui-state-default
```

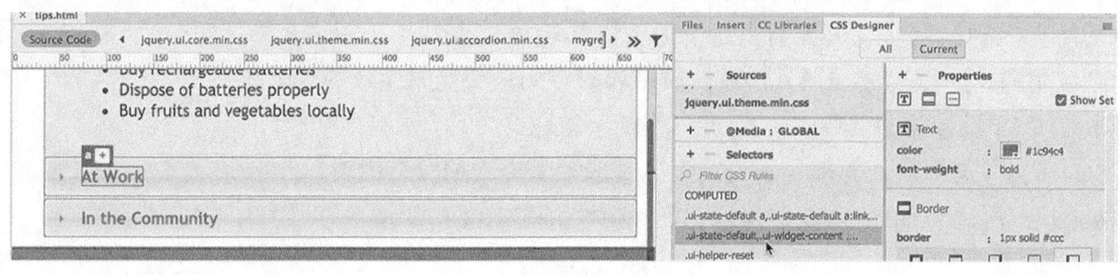

图 10-32

注意，全部 3 个选项卡都在文档窗口中高亮显示，但是“元素显示”继续以 <a> 元素为焦点。你还可以看到，这条规则包含了选项卡背景的样式，这意味着你可以用它重新格式化默认样式。

查看 Sources（源）窗格，可以看到高亮显示的规则位于文件 jquery.ui.theme.min.css 中。其目标是复制 mygreen-styles.css 中的规则，以便覆盖选项卡的默认样式。

遗憾的是，Dreamweaver 没有任何简单的内建功能可以一次性地完成我们所需的全部工作。但你仍然可以使用 CSS 设计器得到相同的结果。

6. 注意目标规则的准确名称。

单击 CSS 设计器中的 All（全部）按钮，选择器窗口将显示 jquery.ui.theme.min.css 中的所有规则。

Dw **注意：** 选中 Current（当前）按钮时，不能编辑选择器。

你需要复制的规则应该仍然可见，但不再高亮显示。

7. 双击如下选择器：

```
.ui-state-default,.ui-widget-content .ui-state-default,
.ui-widget-header .ui-state-default
```

名称现在应该可以编辑了。

8. 复制选择器，如图 10-33 所示。

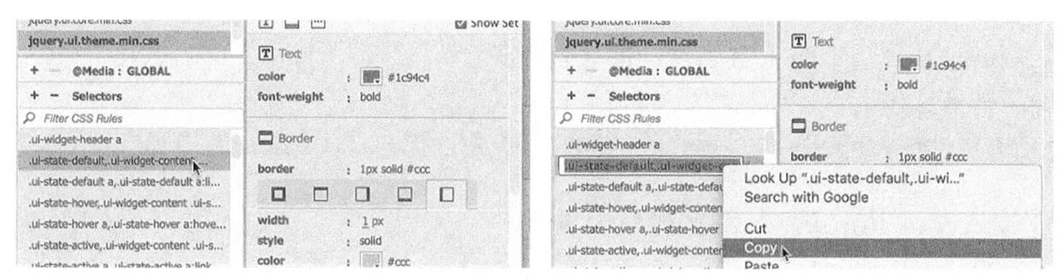

图 10-33

9. 在 Sources（源）窗格中，选择 mygreen-styles.css。

10. 单击 Add Selector（添加选择器）图标 **+**，出现一个新的选择器名称。

11. 粘贴第 8 步中复制的选择器名称，在必要时按 Enter/Return 键创建新选择器，如图 10-34 所示。

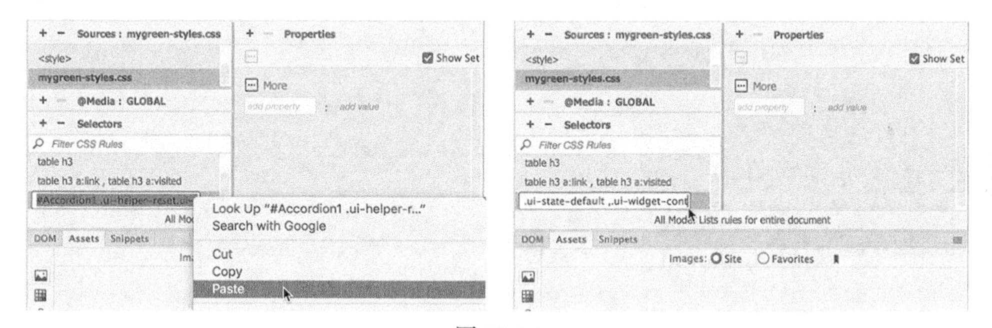

图 10-34

12. 在 jquery.ui.theme.min.css 中，选择如下规则：

```
.ui-state-default,.ui-widget-content .ui-state-default,
.ui-widget-header .ui-state-default
```

13. 右键单击规则，从上下文菜单中选择 Copy All Styles（复制所有样式）。

14. 在 mygreen-styles.css 中，选择如下规则：

```
.ui-state-default,.ui-widget-content .ui-state-default,
.ui-widget-header .ui-state-default
```

15. 右键单击规则，从上下文菜单中选择 Paste Styles（粘贴样式），如图 10-35 所示。

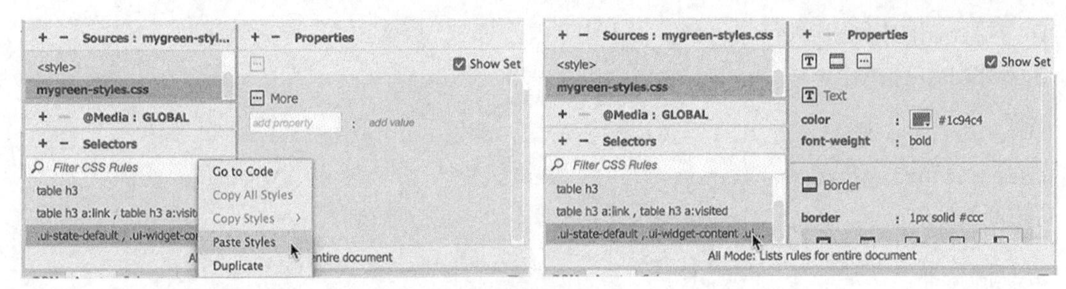

图 10-35

选择器和原始规则中的所有样式现在都复制到你的站点样式表中。

16. 保存所有文件。

引入所有属性使你可以确定需要修改的样式。首先，我们将从背景效果开始。

10.6.1 对 Accordion 选项卡应用背景效果

由于一些因素已经使用了站点主题，用 CSS 设计器从另一个元素中抓取样式很简单。

在这个练习中，你将使用页脚样式格式化 Accordion 选项卡。

1. 右键单击 mygreen-styles.css 中的 `footer` 规则，选择上下文菜单中的 Copy Styles（复制样式）> Copy Background Styles（复制背景样式）。

2. 右键单击 mygreen-styles.css 中的 `.ui-state-default,.ui-widget-content .ui-state-default,.ui-widget-header .ui-state-default` 规则。

3. 从上下文菜单中选择 Paste Styles（粘贴样式），如图 10-36 所示。

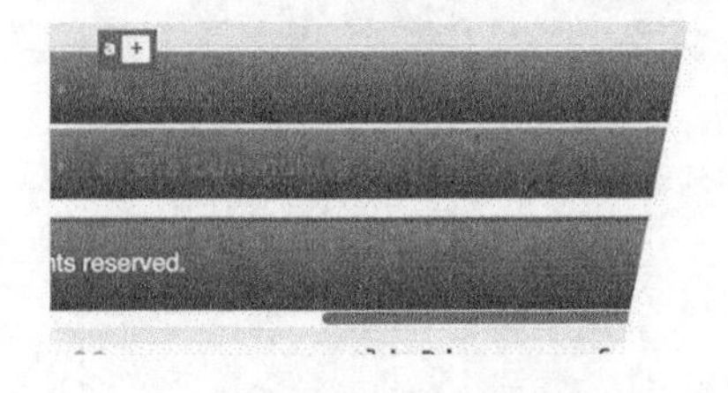

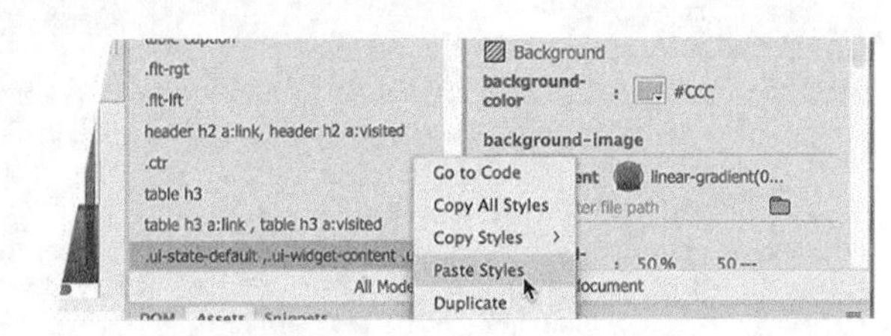

图 10-36

背景颜色和渐变属性添加到新规则中。选项卡现在有了和页脚相同的渐变背景。选项卡中的文本难以辨认。

4. 编辑如下属性：

```
color: #FFC
```

当你更改这个属性时，布局中什么也没有发生。那是因为设置超链接样式的规则也应用了文本颜色。你更改了应用到标题的颜色，但是还需要格式化 <a> 元素的新规则。

5. 在 jquery.ui.theme.min.css 中，选择如下规则：

```
.ui-state-default a,.ui-state-default a:link,.ui-state-default
a:visited
```

6. 双击选择器，复制名称。

7. 在 mygreen-styles.css 中，创建一个新选择器，并粘贴上一步复制的名称。在必要时按 Enter/Return 键完成选择器。

8. 创建如下属性，如图 10-37 所示。

```
color: #FFC
```

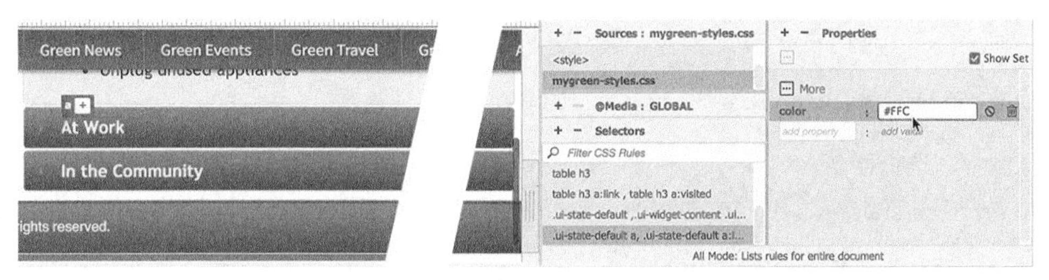

图 10-37

选项卡中的文本现在设置为浅黄色，与绿色渐变成为鲜明的对比。

9. 保存所有文件。

新规则完成了默认选项卡状态的格式化。你仍然需要设置打开和悬停状态的样式。

10.6.2 格式化可折叠面板选项卡的条件状态

在这个练习中，你将识别 Accordion 选项卡打开状态并设置它的样式。

1. 如果有必要，在拆分视图中打开 tips.html。

该文件的布局中有一个 3 个面板的 jQuery 可折叠组件。其中一个面板默认打开。CSS 设计器可以确定影响这个组件及其不同状态的规则。

2. 如果有必要，在实时视图中单击第一个选项卡，将其打开。

3. 在代码视图中，在文本 At Home 中插入光标。

如果有必要，单击 Current（当前）按钮。选择 `h3` 标签选择器，如图 10-38 所示。

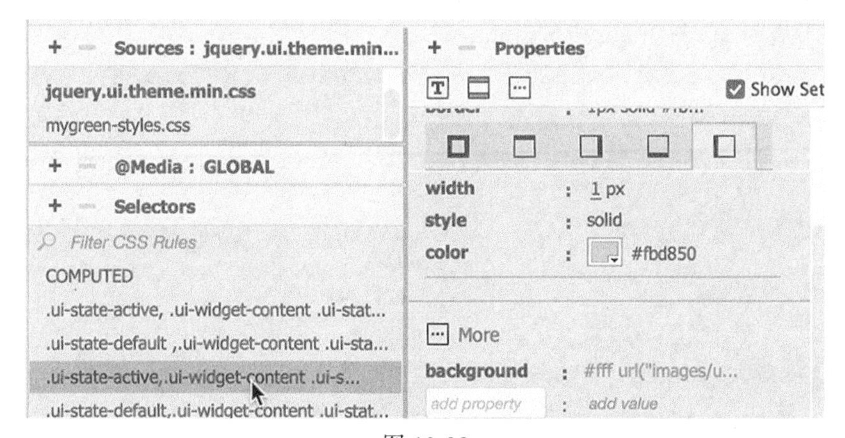

图 10-38

你有时候会发现，当使用代码视图代替实时视图时，CSS 设计器中的显示有所不同。

4. 检查影响 `<h3>` 元素的规则。

在显示的 7 条规则中，只有一条影响 tab 的激活（active）状态。为了更改打开的选项卡样式，你必须复制站点样式表中的这条规则，创建替换样式。

5. 单击 All（全部）按钮。

6. 在 jquery.ui.theme.min.css 中，双击如下规则：

```
.ui-state-active,.ui-widget-content .ui-state-active,
.ui-widget-header .ui-state-active
```

7. 复制整个选择器名称。

8. 在 mygreen-styles.css 中，单击 Add Selector（添加选择器）图标 **+**，粘贴第 7 步中复制的名称，并按 Enter/Return 键创建选择器。

9. 复制选项卡默认状态的背景样式，如图 10-39 所示。

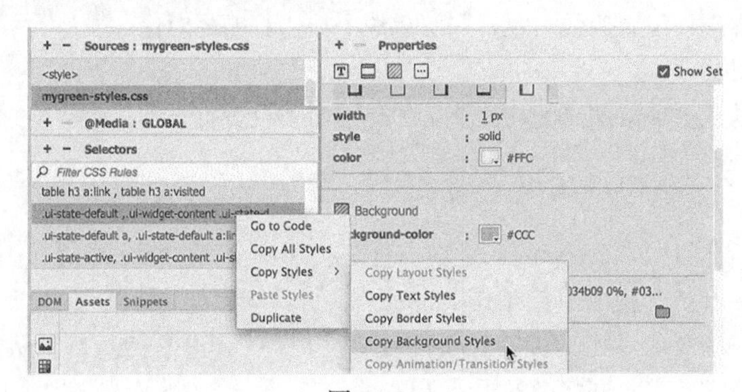

图 10-39

10. 粘贴第 8 步中创建的规则上的样式。

新规则的背景和选项卡默认状态相同。为了重置样式，你必须关闭背景渐变。

11. 在 CSS 设计器中，单击 Show Set（显示集）选项禁用之。

12. 选择如下规则：

```
.ui-state-active, .ui-widget-content .ui-state-active,
.ui-widget-header .ui-state-active
```

13. 在 Background（背景）类别中，删除 `background-image` 属性，如图 10-40 所示。

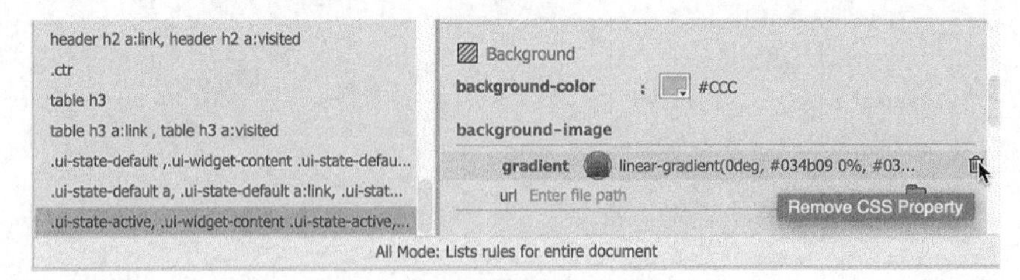

图 10-40

这对样式没有改变，因为默认状态样式仍然被继承。对于打开状态，让我们用固定颜色格式化。为此，你必须关闭或者重置其他规则应用的渐变。

14. 在 `background-image` 属性的 URL 字段中，输入 `none` 并按 Enter/Return 键，如图 10-41 所示。

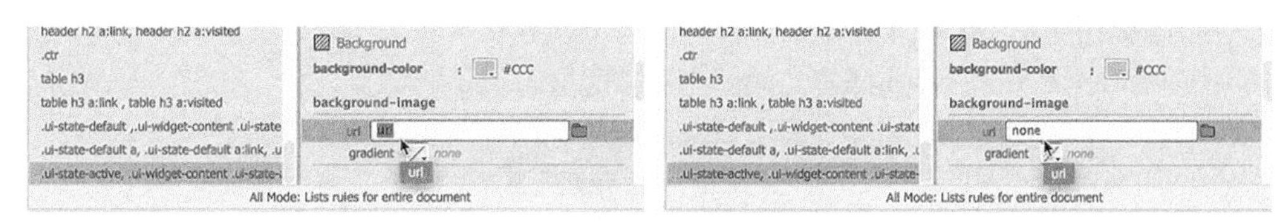

图 10-41

当你按 Enter/Return 键时，渐变被关闭，选项卡变为灰色。灰色来自于同一条规则的 `background-color` 属性。这是需要记住的重点。一条规则可能干扰或者覆盖另一条规则。

15. 将 `background-color` 属性改为 `#090`，如图 10-42 所示。

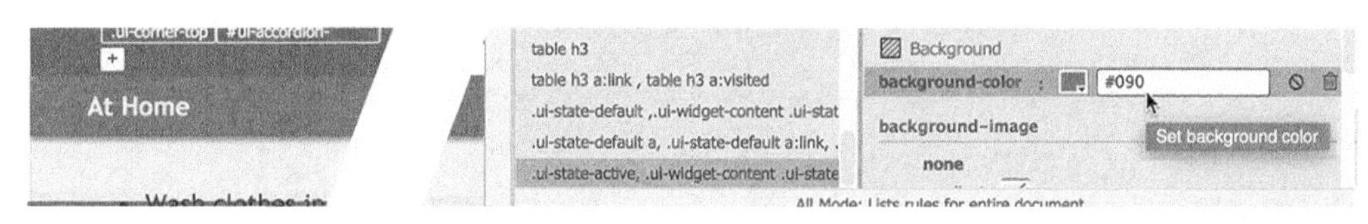

图 10-42

打开的选项卡现在显示为纯绿色。

16. 在实时视图中，测试这 3 个选项卡。

在你单击每个选项卡时，它打开且重新格式化。打开的选项卡显示纯绿色背景；关闭的选项卡显示渐变。

17. 保存所有文件。

现在，你已经处理了默认和激活状态，最后一步是格式化悬停状态。

10.6.3 使用实时代码确定动态样式

当你使用 jQuery 可折叠面板这样的复杂组件时，可能很难确定具体的样式来自哪里，特别是 Accordion 选项卡这样的动态元素。

幸运的是，Dreamweaver 提供了一个改进的工作流，允许你查看后台发生的情况，帮助你跟踪这些样式问题。

1. 如果有必要，在拆分视图中打开 tips.html。

向下滚动，以查看 Accordion 组件的标记，如图 10-43 所示。

```
<div id="Accordion1">
  <h3><a href="#">At Home</a></h3>
  <div>
    <ul>
          <li>Wash clothes in cold water</li>
          <li>Hang clothes to dry</li>
```

图 10-43

表面上，Accordion 就像一个简单的组件。它由 4 个 `div` 元素和 3 个 `h3` 标题组成，只使用一个 ID。HTML 的简单性掩盖了最终产品的复杂性。在大部分 HTML 编辑器中，你永远无法看到真相，但是 Dreamweaver 不是这样的。

使用实时视图，你可以部分感受到可折叠面板的真实特性。

2. 在实时视图中单击第一个选项卡。

如果有必要，选择 `h3` 标签选择器，如图 10-44 所示。

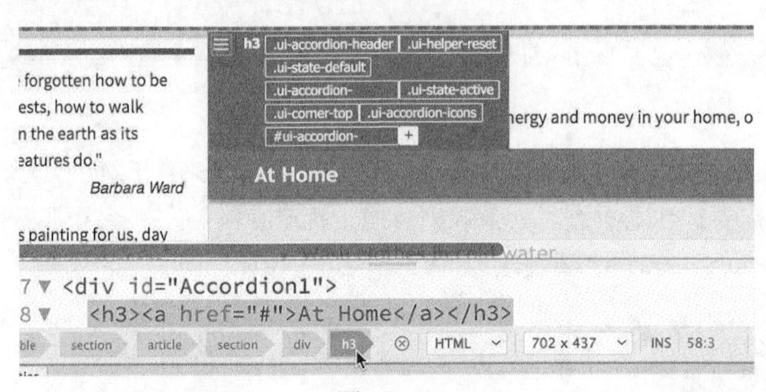

图 10-44

“元素显示”出现，焦点在 `h3` 元素上，显示 8 个类名。但是在代码视图中完全没有任何类。这是怎么回事？

实时视图基于 WebKit 渲染引擎，与 Safari 浏览器使用的引擎相同。它不仅显示你在代码视图中看到的 HTML，还选择 CSS 和 JavaScript，然后以几乎和浏览器中完全一样的方式预览页面。所以，虽然代码中没有出现任何类，实时视图显示 jQuery 在后台生成的效果。Dreamweaver 的 Live Code（实时代码）功能可以真正告诉你，在实时视图中发生了什么。

丢失了工具

要全面使用实时代码，你可能需要自定义 Common（通用）工具栏。如果练习中提到的任何工具缺失，你可以单击 Customize Toolbar 图标…，在 Customize Toolbar（自定义工具栏）对话框中选择它们，如图 10-45 所示。

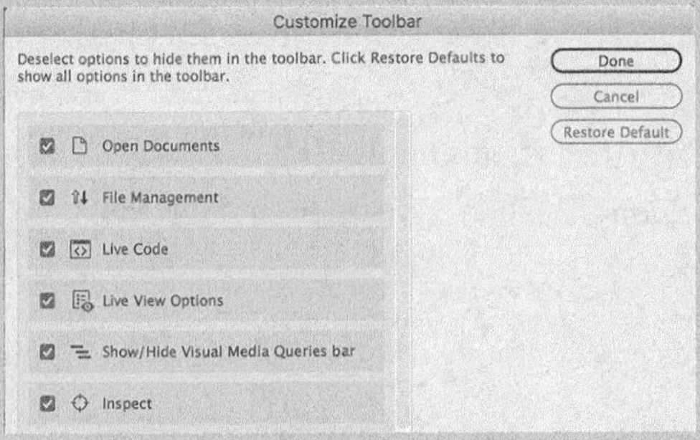

图 10-45

3. 在 Common（通用）工具栏中，单击打开 Live View Options（实时视图选项）弹出菜单。

4. 如果有必要，反选 Hide Live View Displays（隐藏“实时视图”显示）选项，如图 10-46 所示。

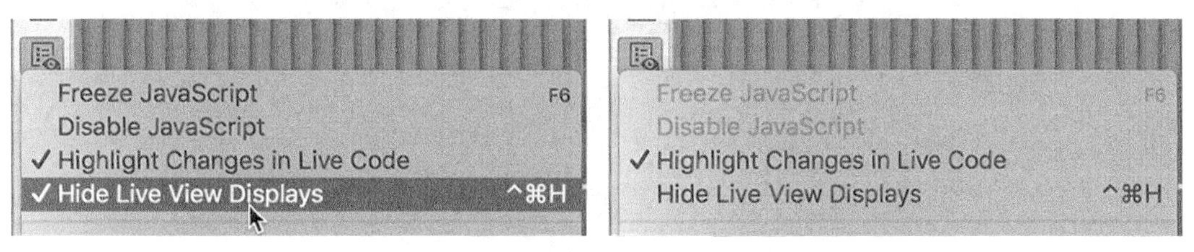

图 10-46

5. 单击 Live Code（实时代码）图标，如图 10-47 所示。

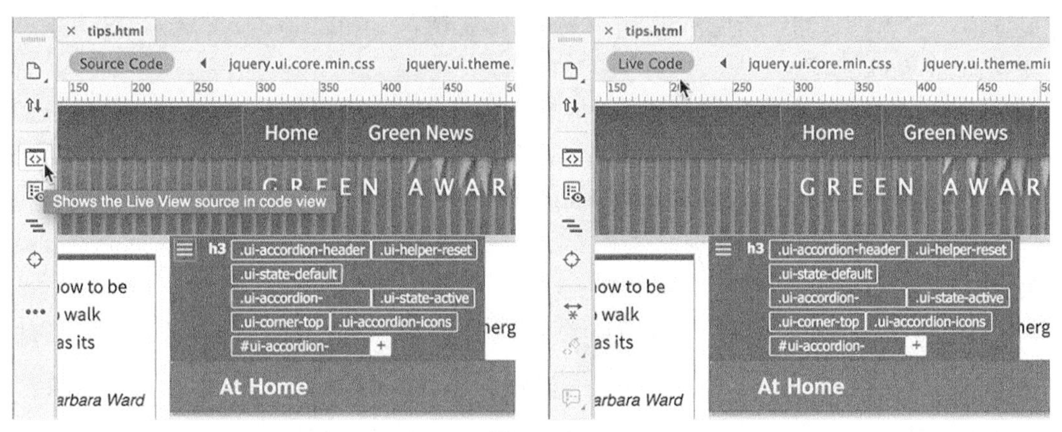

图 10-47

在 Related Files（相关文件）界面中，Source Code（源代码）引用变成 Live Code（实时代码）。代码视图窗口现在说明 jQuery 函数是如何操纵代码的。该窗口将在你与页面交互时持续更新。

6. 在代码视图中，根据需要向下滚动，以显示 At Home 选项卡，如图 10-48 所示。

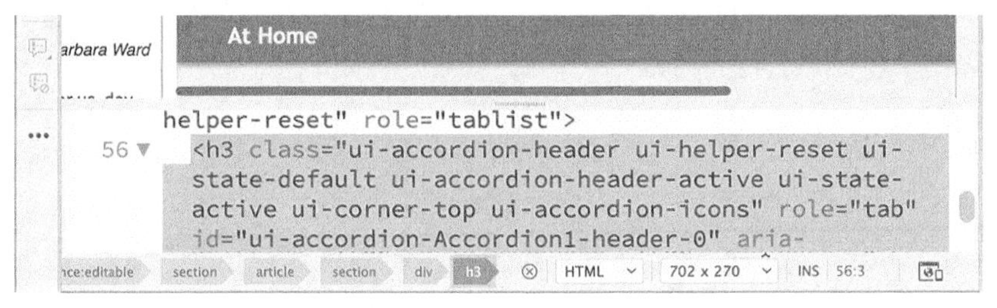

图 10-48

由于启用实时代码，标记有了显著的变化。现在，你可以看到 JavaScript 添加的所有类和其他属性。但是，这只展现了魔法的一半。

7. 单击 Inspect Mode（打开实时视图和检查模式）图标。

检查模式将你的光标变成交互式检查工具。将检查工具放在页面中的组件上，代码视图动态刷新代码。与此同时，CSS 设计器显示设置目标元素样式的不同规则和属性。

8. 将光标放在每个选项卡上，观察代码视图和 CSS 设计器中的变化，如图 10-49 所示。

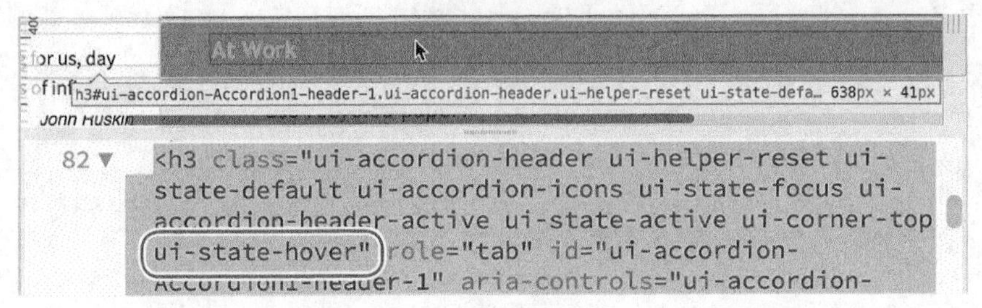

图 10-49

当光标经过选项卡时，你可以看到标记的变化。当光标在选项卡上时，你可以看到 h3 元素添加了 `ui-state-hover` 类。光标移走时，`hover` 类被删除。你可以单击元素冻结 CSS 显示。

9. 单击 At Work 选项卡。

Selectors（选择器）窗格显示 14 条影响目标元素的规则。有些来自于 mygreen-styles.css，其他则由 jQuery 框架提供。你可以看到其中一个选择器包含 `.ui-state-hover` 类。为了设置选项卡的 `hover`（悬停）状态，你应该在 mygreen-styles.css 中复制这条规则。

10. 选择包含 `.ui-state-hover` 类的规则。这条规则包含在 jquery.ui.theme.min.css 中。

11. 单击 All（全部）按钮。

12. 在 jquery.ui.theme.min.css 中复制如下选择器：

```
.ui-state-hover,.ui-widget-content .ui-state-hover,
.ui-widget-header .ui-state-hover,.ui-state-focus,
.ui-widget-content .ui-state-focus,.ui-widget-header
.ui-state-focus
```

13. 选择 mygreen-styles.css。创建一个新选择器。粘贴第 12 步中复制的选择器。

14. 必要时按 Enter/Return 键创建新规则。你可以用这条规则格式化选项卡的悬停状态。

15. 为新规则添加如下属性：

```
background-color: #0C0
background-image: none
```

Accordion 选项卡现在全面设置了样式，就像一个超链接那样。为每种状态都设置了样式：`link`、`visited`、`active` 和 `hover`。但是，`active` 状态出现了混乱。为了让所有样式都生效，`active` 类必须出现在 `hover` 类之后。CSS 设计器允许你在选择器窗格中拖动规则，重新排序。

16. 在 mygreen-styles.css 中，将 `hover` 规则拖动到 `active` 规则之上，如图 10-50 所示。

在实时视图中测试样式。

17. 将光标放在每个选项卡上，如图 10-51 所示。

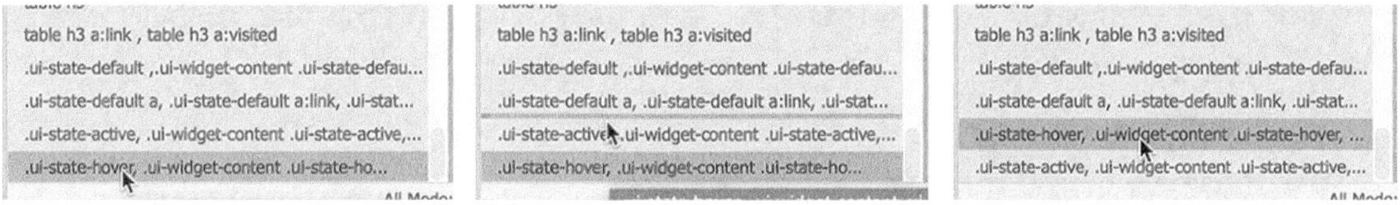

图 10-50

图 10-51

新的 hover 规则只设置关闭选项卡的样式。这个行为将提示访问者点击以查看内部情况。

界面仍然处于“实时代码”模式。这个模式对查错很方便，你可能发现它对大部分工作流来说没有必要。该模式还可能使程序的其他功能变慢。在下一次需要之前，关闭它是好主意。

18. 单击 Live Code（实时代码）图标，关闭实时代码模式。

19. 在 Common（通用）工具栏，单击打开 Live View Options（实时视图选项）弹出菜单。

20. 选择启用 Hide Live View Displays（隐藏“实时视图”显示）选项。

21. 保存所有文件。

可折叠面板样式设置的最后一步是在内容区域中应用合适的填充颜色。

10.6.4 设置可折叠面板内容的背景

每个选项卡都有一个包含 HTML 列表的内容区域。可折叠面板的默认样式应用浅灰色的渐变背景。在这个练习中，你将对内容区域应用一个新背景效果，更好地匹配站点配色方案。

1. 如果有必要，在实时视图中打开 tips.html。

默认情况下，总有一个 Accordion 选项卡打开。

2. 在实时视图中，选择打开内容区域中的一个项目符号。检查标签选择器界面，如图 10-52 所示。

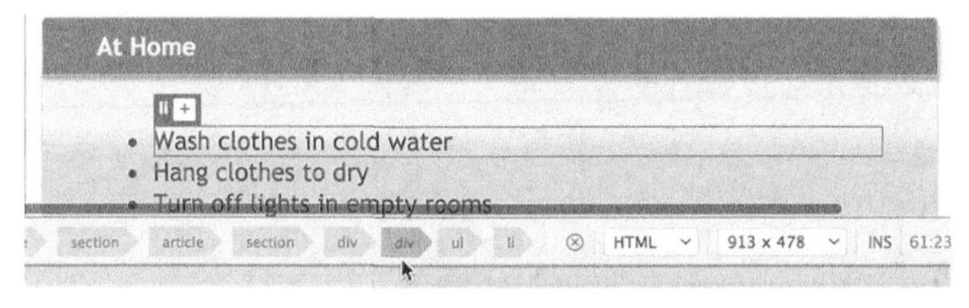

图 10-52

HTML 列表的第一个（最靠近 ul 元素的）父元素是 <div> 元素。你必须确定设置内容区域样式的规则。

3. 选择第一个 div 父元素的标签选择器。检查“元素显示”。

“元素显示”列出动态应用到内容区域的类，如图 10-53 所示。有时候，类名向你大叫：“我在这里！”指定到 <div> 的类之一是 .ui-widget-content。

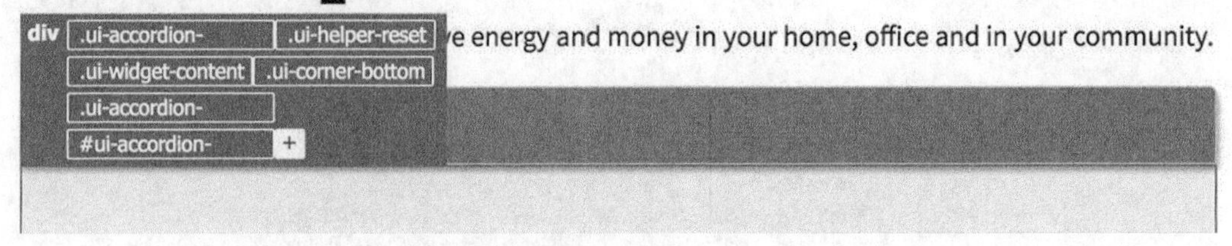

图 10-53

4. 单击 CSS 设计器中的 Current（当前）按钮。

选择 .ui-widget-content 规则，检查属性，如图 10-54 所示。

不出所料，规则应用当前背景效果。你可以使用同一条规则重置它。

5. 单击 All（全部）按钮。

6. 在 mygreen-styles.css 中，创建如下选择器：

```
.ui-widget-content
```

7. 在新规则中添加如下属性，如图 10-55 所示。

```
background-image: none
background-color: #FFC
```

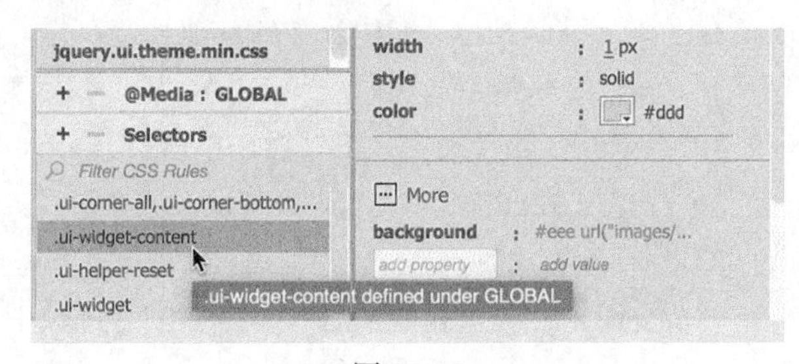

图 10-54

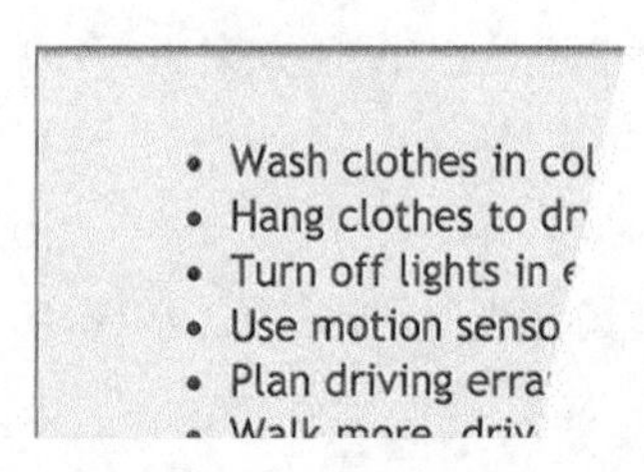

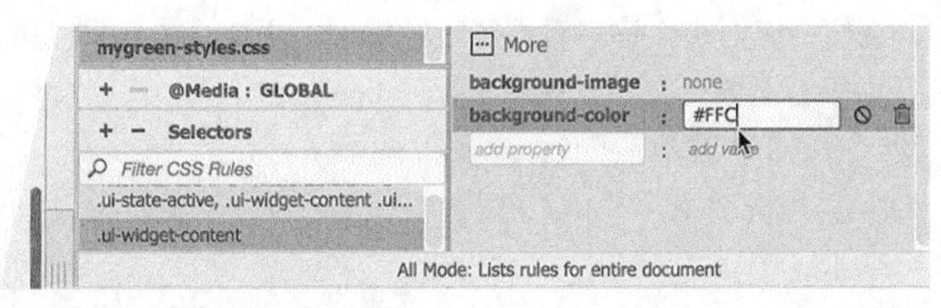

图 10-55

内容区域显示浅黄色背景。可折叠面板的样式全部设置好了。

8. 保存所有文件。

Accordion 只是 Dreamweaver 提供的 100 多个 jQuery 和 Bootstrap 窗口部件中的一个。你可以用它们在网站中加入高级功能，对编程技能没有很高（甚至完全没有）的要求。这些组件都可以通过 Insert（插入）菜单或者插入面板访问。

为网页添加交互性，你就可以新的方式吸引访问者，为他们带来新鲜有趣而又刺激的体验。交互性的使用很容易过度，但是明智地使用它们可能有助于吸引新的访问者，使常客们更经常光顾。

10.7 复习题

1. 使用 Dreamweaver 行为有什么好处？

2. 创建 Dreamweaver 行为必经的 3 个步骤是什么？

3. 在应用行为之前为图像指定 ID 的目的是什么？

4. jQuery Accordion 部件有什么作用？

5. Dreamwever 的哪个工具有助于查找动态元素上 CSS 样式的错误？

10.8 复习题答案

1. Dreamweaver 行为快速、轻松地为网页添加交互式功能。

2. 要创建 Dreamweaver 行为，你必须创建或者选择一个触发元素，选择所需的行为，并指定参数。

3. id 对应用行为过程中选择特定图像是必不可少的。

4. jQuery Accordion 部件包含多个可折叠面板，可以在页面上一个紧凑的空间里隐藏和显示内容。

5. CSS 设计器的 Current（当前）模式有助于确定任何已有的 CSS 样式，Live Code（实时代码）和 Inspect（检查）模式可用于动态 CSS 和 JavaScript 特效的查错工作。

第11章　发布到Web

课程概述

在本课中，读者将学习以下内容：

- 定义远程站点；
- 定义测试服务器；
- 将文件放到 Web 上；
- 遮盖文件和文件夹；
- 更新站点范围内的过时链接。

完成本课大约需要 1 小时。请先到异步社区的相应页面下载本书的课程资源，并进行解压。根据 lesson11 文件夹定义站点。

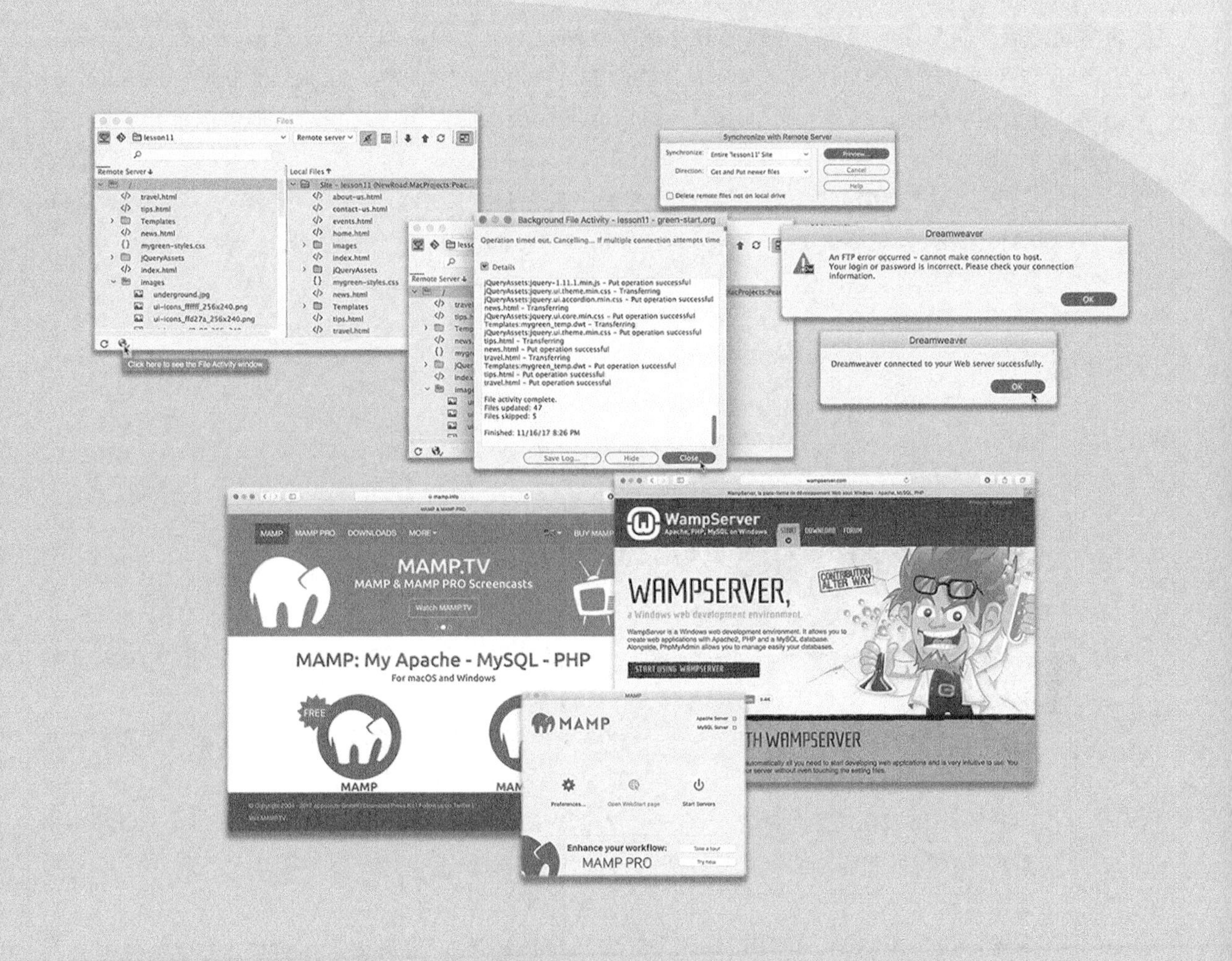

前面各课的目标是为远程 Web 站点设计、开发和构建页面。但是 Dreamweaver 并没有就此止步，它还提供了一些功能强大的工具，用于随时上传和维护任意规模的 Web 站点。

11.1 定义远程站点

> **注意：** 如果你还没有从 Account 页面上将本课的项目文件下载到你的电脑中，并以这个文件夹为基础定义站点，现在一定要这么做。参见本书开始的前言部分。

Dreamweaver 的工作流基于双站点系统。其中一个站点是你的计算机硬盘上的一个文件夹，称为本地站点。前几课的所有工作都是在你的本地站点上进行的。另一个站点称为远程站点，建立于 Web 服务器上的一个文件夹，这个服务器通常运行于另一台电脑，连接到互联网，供人们公开访问。在大型企业中，远程站点通常只通过内联网供员工们使用。这些站点提供信息和应用、支持企业的计划与产品。

Dreamweaver 支持多种连接远程站点的方法，如图 11-1 所示。

- FTP（文件传输协议）——连接到托管网站的标准方法。

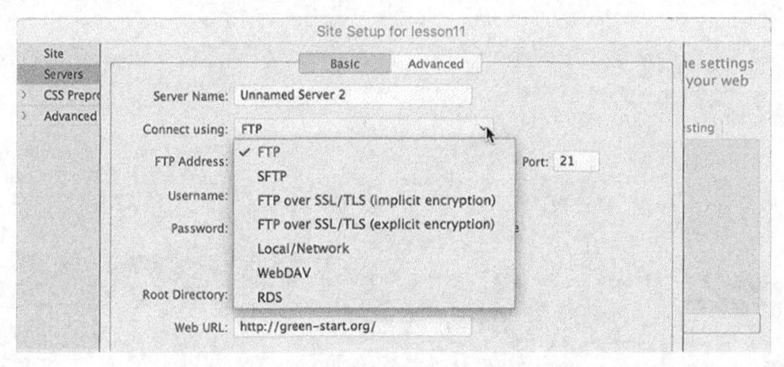

图 11-1

- SFTP（安全文件传输协议）——这种协议提供了以更安全的方式连接到托管 Web 站点的手段，可以阻止未经授权的访问或者在线内容截获。
- FTP over SS/TS（隐式加密）——一种安全的 FTP 方法，需要 FTPS 服务器的所有客户端都知道将在会话中使用 SS。它与非 FTPS 感知客户端不兼容。
- FTP over SS/TS（显式加密）——一种与遗留系统兼容的、安全的 FTP 方法，FTPS 感知客户可以利用 FTPS 感知服务器实现安全性，而对于非 FTPS 感知客户，不会破坏 FTP 的整体功能。
- 本地 / 网络——当使用中间 Web 服务器（也称为交付准备服务器（staging server））时，最经常使用本地或网络连接。交付准备服务器通常用于在站点投入使用之前进行测试。来自交付准备服务器的文件最终将会被发布到与互联网相连的 Web 服务器上。
- WebDav（Web Distributed Authoring and Versioning，Web 分布式授权和版本化）——一种基于 Web 的系统，对于 Windows 用户来说，也将其称为 Web 文件夹；对于 Mac 用户，则称为 iDisk。
- RDS（Remote Deveopment Services，远程开发服务）—是由 Adobe 为 CodFusion 开发的，主要用于处理基于 CodFusion 的站点。

Dreamweaver 现在可以更快、更高效地从后台上传较大的文件，使你可以更快地返回到工作中。在下面的练习中，你将用两个最常用的方法建立一个远程站点：FTP 和本地 / 网络。

11.1.1 建立远程 FTP 站点

绝大部分的 Web 开发人员依赖 FTP 发布和维护站点。FTP 是一种久经考验的协议，该协议的许多变种都在 Web 上使用——其中大部分都得到了 Dreamweaver 的支持。

警告：要完成下面的练习，必须已经建立了远程服务器。远程服务器可以由你自己的公司托管，或者是通过与第三方 Web 托管服务提供商签约获得。

1. 启动 Adobe Dreamweaver CC（2018 版）或者更高版本。

2. 选择 Site（站点）> Manage Sites（管理站点）或者从 Files（文件）面板的站点列表下拉菜单中选择 Manage Sites（管理站点），如图 11-2 所示。

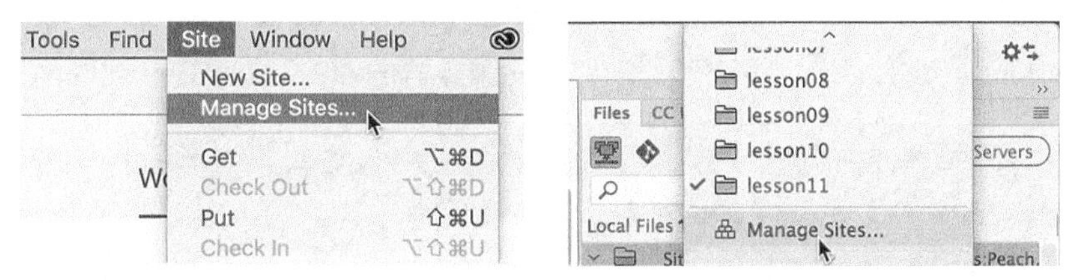

图 11-2

在 Manage Sites（管理站点）中，是你已经定义的所有站点的列表。

3. 确保选中当前站点 lesson11。

单击 Edit（编辑）图标，如图 11-3 所示。

图 11-3

4. 在 lesson11 的 Site Setup（站点设置）对话框中，单击 Servers（服务器）类别。

Site Setup（站点设置）对话框允许你设置多个服务器，以便在需要时测试多种安装类型。

5. 单击 Add New Server（添加新服务器）图标，如图 11-4 所示。

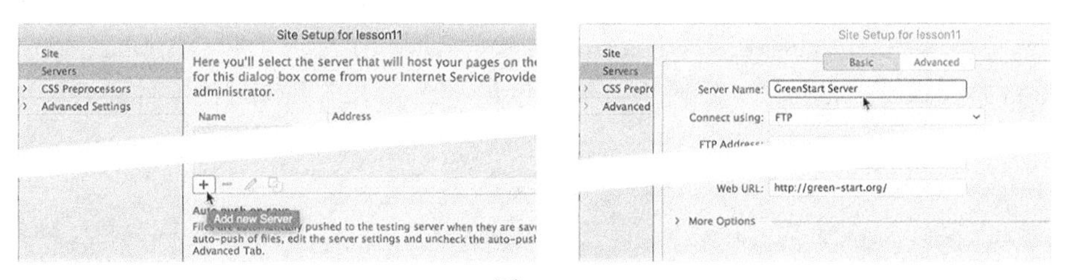

图 11-4

在 Server Name（服务器名称）字段中输入 GreenStart Server。

6. 从 Connect using（连接方法）弹出菜单中选择 FTP，如图 11-5 所示。

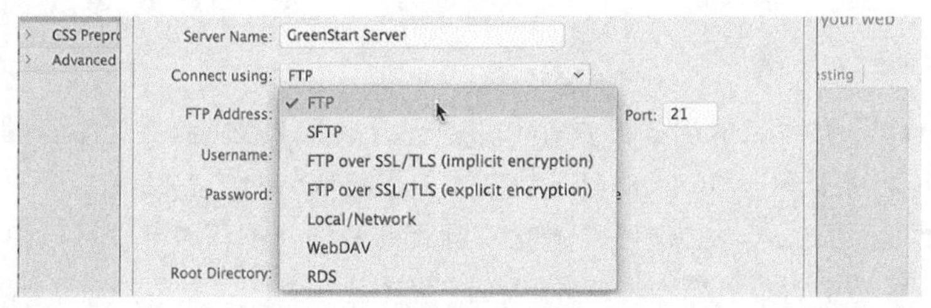

图 11-5

注意：如果有必要，选择不同协议，匹配你可用的服务器。

7. 在 FTP Address（FTP 地址）字段，输入 FTP 服务器的 URL 或者 IP（互联网协议）地址。

提示：如果你正在将现有站点转移到新的互联网服务提供商（ISP）的过程中，可能无法使用域名将文件上传到新服务器。在这种情况下，可以先使用 IP 地址上传文件。

如果与第三方签约得到 Web 主机服务，你将分配到一个 FTP 地址。这个地址可能是以 IP 地址的形式提供的，比如“192.168.1.100”。把这个数字完全按照发送给你的原样输入到这个框中。FTP 地址往往是站点的域名，如 ftp.green-start.org。但是不要在框中输入字符 ftp。

8. 在 Username（用户名）字段，输入你的 FTP 用户名；在 Password（密码）字段，输入你的 FTP 密码，如图 11-6 所示。

注意：用户名和密码将由你的主机托管公司提供。

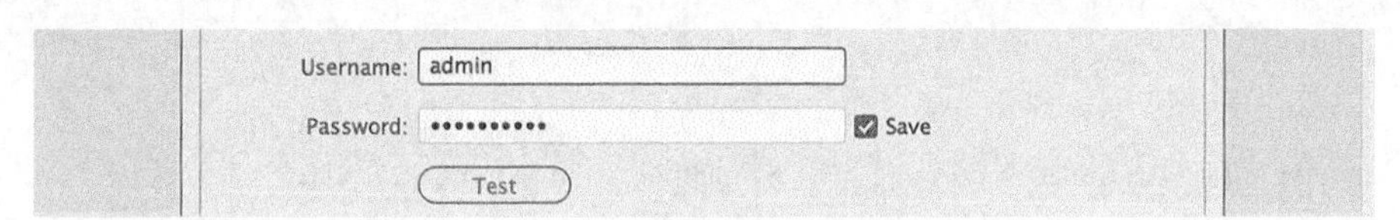

图 11-6

用户名可能是大小写敏感的，而密码几乎总是大小写敏感的，一定要正确输入。输入它们的方法常常是从主机托管公司的确认邮件中复制，粘贴到对应的字段中。

9. 在 Root Directory（根目录）字段中，输入包含 Web 公共访问文档的文件夹名称（如果有的话）。

提示：与你的 Web 托管服务或者 IS/IT 管理人员接洽，获得根目录名称（如果有的话）。

有些 Web 主机提供对根级文件夹的 FTP 访问，这些目录可能既包含非公共文件夹（如用于保存通用网关接口 CGI 或者二进制脚本的 cgi-bin），也包含公共文件夹。在这种情况下，在 Root Directory（根目录）字段中输入公共文件夹名称——如 public、public_html、www 或者 wwwroot。在许多 Web 主机配置中，FTP 地址与公共文件夹相同，在 Root Directory（根目录）字段应该留空。

10. 如果你不希望在 Dreamweaver 每次连接到你的网站时重新输入用户名和密码，选择 Save（保存）复选框。

11. 单击 Test（测试）验证你的 FTP 链接正常工作。

提示： 如果 Dreamweaver 不连接到你的主机，首先检查用户名和密码以及 FTP 地址和根目录有没有错误。

Dreamweaver 显示一个警告，通知你连接成功或者不成功，如图 11-7 所示。

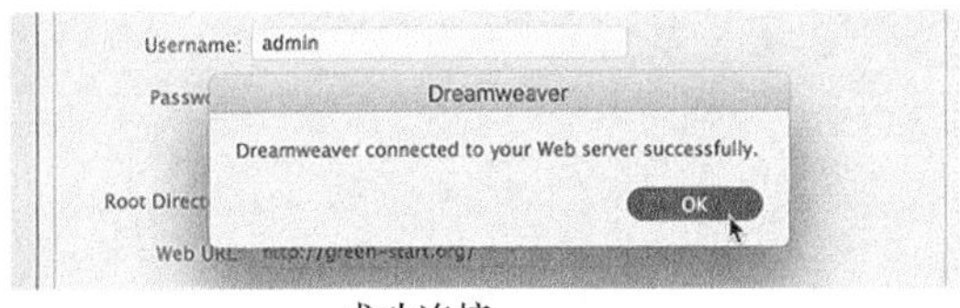

成功连接

连接错误

图 11-7

12. 单击 OK（确定）关闭警告。

如果 Dreamweaver 正常连接到 Web 主机，跳到第 14 步。如果你收到一条错误消息，你的 Web 服务器可能需要额外的配置选项。

13. 单击 More Options（更多选项）三角标记，显示其他服务器选项，如图 11-8 所示。

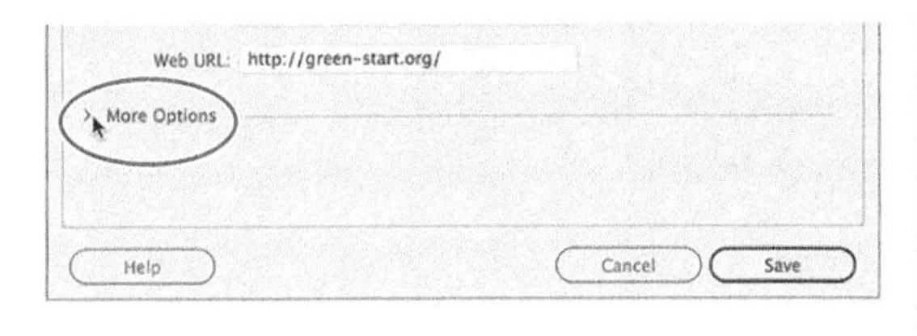

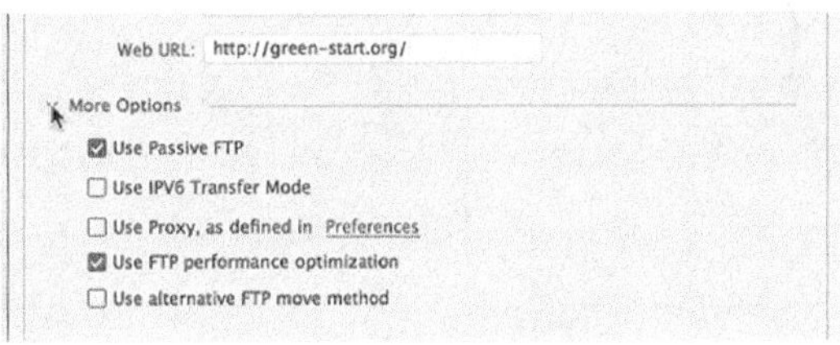

图 11-8

咨询你的主机托管公司，为特定 FTP 服务器选择相应的选项。

- Use Passive FTP（使用被动式 FTP）——允许你的计算机连接到主机，并绕过防火墙的限制。许多 Web 主机需要这一设置。
- Use IPv6 Transfer Mode（使用 IPv6 传输模式）——启用与基于 IPv6 服务器的链接，这种服务器使用最新版本的互联网传输协议。
- Use Proxy（使用代理）——确定 Dreamweaver 首选参数中定义的二级代理主机连接。
- Use FTP Performance Optimization（使用 FTP 性能优化）——优化 FTP 连接。如果 Dreamweaver 无法连接到你的服务器，取消这一选项。

- Use Aternative FTP Move Method（使用其他的 FTP 移动方法）——提供额外的 FTP 冲突解决方法，特别是在启用回滚或者移动文件时。

一旦建立了正常的连接，你可能需要配置一些高级选项。

FTP 连接查错

第一次尝试连接远程站点可能是令人沮丧的体验。你可能遭遇多种陷阱，其中许多不在你的控制之中。下面是遇到连接问题时可以采取的几个步骤。

- 如果不能连接到 FTP 服务器，首先要检查用户名和密码，并且仔细地重新输入它们。记住，用户名可能是区分大小写的，而大多数密码往往也是这样（这是最常见的错误）。
- 然后，选中“使用被动式 FTP”复选框，并再次测试连接。
- 如果仍然不能连接到FTP服务器，可以取消选中“使用FTP性能优化”选项，并再次单击“测试”按钮。
- 如果上面这些措施都不能让你连接到远程站点，可以咨询你的 IS/IT 经理，或者远程站点 /Web 托管服务管理员。

14. 单击 Advanced（高级）选项卡。选择如下选项中适合于你的远程站点。

- Maintain synchronization information（维护同步信息）——自动注明本地和远程站点上已经改变的文件，以便可以轻松地同步它们。这种特性有助于跟踪所做的改变，在上传前更改多个页面的情况下很有用。你可能想将这一功能与遮盖相结合。在下一个练习中将了解遮盖功能。本功能通常默认选中（见图 11-9）。

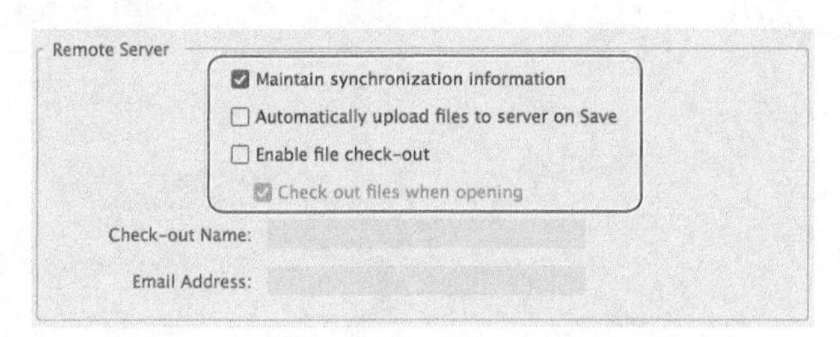

图 11-9

- Automaticay upoad files to server on Save（保存时自动将文件上传到服务器）——当保存文件时，将它们从本地站点传输到远程站点。如果你经常保存但还没有准备好公开页面，这个选项就可能变得令人讨厌。
- Enabe file check-out（启用文件取出功能）——在工作组环境中构建协作式网站时，可以启动“存回 / 取出”（check-in/check-out）系统。如果选择这个选项，将需要为取出目的输入一个用户名，并且可以选择输入一个电子邮件地址。如果你独自工作，就不需要选择文件取出选项。

不选择这些选项中的任何一个或者全部是可以接受的，但是如果有必要，为本课的目的选择 Maintain synchronization information（维护同步信息）选项。

15. 单击 Save（保存）完成打开对话框中的设置。

“服务器设置”对话框将关闭，并在 Site Setup（站点设置）对话框中显示“服务器”类别。你新定义的服务器显示在窗口中。

16. 如果有必要，单击服务器名右侧的 Remote（远程）单选按钮，如图 11-10 所示。

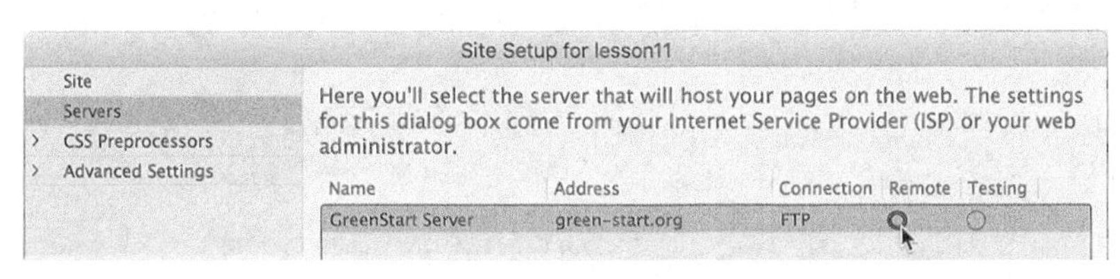

图 11-10

17. 单击 Save（保存）完成新服务器的设置。

可能出现一个对话框，通知你因为改变了站点设置，缓存将重建。

18. 如果有必要，单击 OK（确定）构建缓存。当 Dreamweaver 完成缓存更新时，单击 Done（完成）关闭 Manage Sites（管理站点）对话框。

你已经建立了到远程服务器的连接。如果目前没有远程服务器，你可以用本地测试服务器代替远程服务器。

11.1.2 在本地或者网络 Web 服务器上建立一个远程站点（可选）

如果你的公司或者组织使用一个交付准备服务器作为 Web 设计人员和实际网站间的“中介”，你就很可能必须通过一个本地或者网络 Web 服务器连接到远程站点。本地 / 网络服务器常常用作测试服务器，在页面上传到互联网之前检查动态功能。

警告：要完成以下练习，你必须已经安装并配置本地或网络 Web 服务器，如“安装测试服务器”补充材料所述。

1. 启动 Adobe Dreamweaver CC（2018）或者更新版本。

2. 选择 Site（站点）> Manage Sites（管理站点）。

3. 在 Manage Sites（管理站点）对话框中，确保选中 lesson11。

单击 Edit（编辑）图标。

4. 在 Site Setup for lesson11（站点设置对象 lesson11）对话框中，选择 Servers（服务器）类别。

注意：在执行第 5 步之前，你必须在你的计算机或者网络上安装一个本地测试服务器。

5. 单击 Add New Server（添加新服务器）图标+，在 Server Name（服务器名称）字段中，输入 GreenStart Local。

安装测试服务器

当你生成具有动态内容的网站时，必须在网页上线之前测试功能。测试服务器可以很好地满足这个需求。根据你需要测试的应用程序，测试服务器可以是实际Web服务器上的子文件夹，也可以使用本地Web服务器，如Microsoft或Microsoft InternetInformation Services（IIS），以及图11-11中所示的服务器。

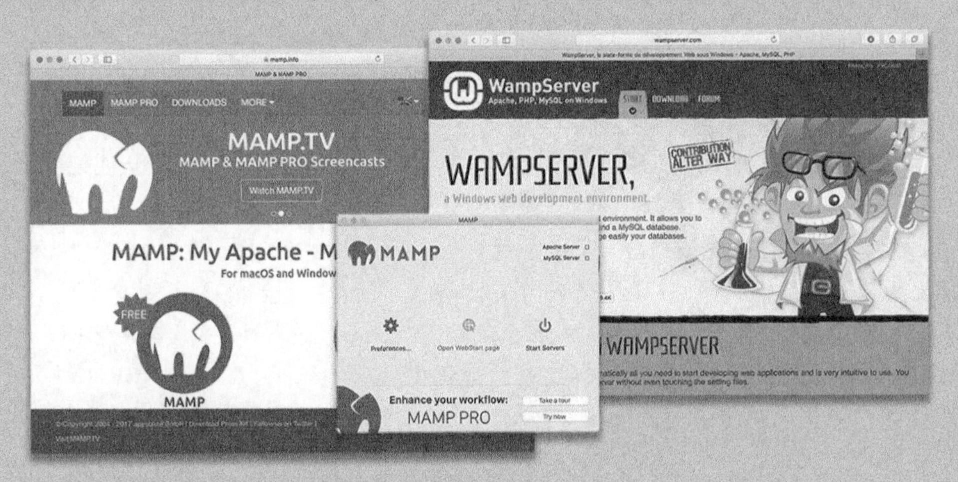

图 11-11

一旦安装了本地Web服务器，就可以用它上传完整的文件，测试你的远程站点。在大部分情况下，你的本地Web服务器不能从互联网访问，或者托管用于公众访问的实际网站。

6. 从Connect Using（连接方式）弹出式菜单中，选择Local/Network（本地/网络）。
7. 在Server Folder（服务器文件夹）字段中，单击Browse（浏览）图标，选择本地Web服务器的HTML文件夹，如C:/wamp/www/lesson11。
8. 在Web URL字段中，输入本地Web服务器对应的URL。如果使用WAMP或者MAMP本地服务器，你的Web URL将同http://localhost:8888/lesson11或者http://localhost/lesson11那样，如图11-12所示。

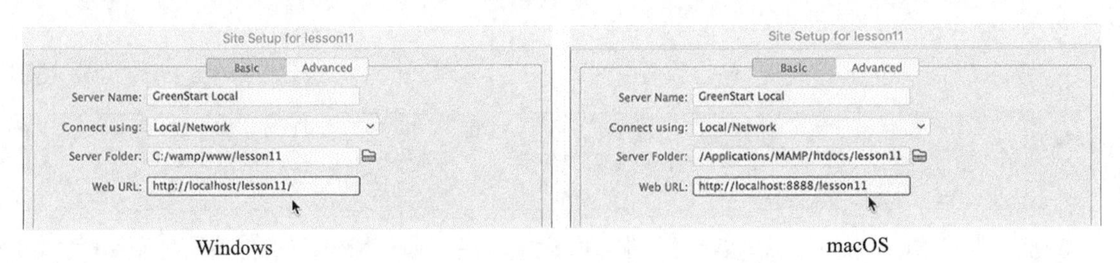

图 11-12

你必须输入正确的 URL，否则 Dreamweaver 的 FTP 和测试功能无法正常运转。

注意：你在此输入的路径取决于安装本地 Web 服务器的方式，可能与显示的不同。

9. 单击 Advanced（高级）选项卡，和真实的 Web 服务器一样，选择适合于远程站点的选项：Maintain Synchronization Information（维护同步信息）、Automatically Upload Files To Server On Save（保存时自动将文件上传到服务器）以及 Enable File Check-Out（启用文件取出功能）。

尽管所有这些选项都不选择是可以接受的，但是出于本课程的目的，如果有必要，选择 Maintain Synchronization Information（维护同步信息）选项。

10. 如果你也想使用本地 Web 服务器作为测试服务器，在对话框的 Advanced（高级）选项卡中选择服务器模型。如果你打算用特定编程语言（如 ASP、ColdFusion 或者 PHP）创建动态站点，从下拉菜单中选择匹配的 Server Model（服务器模型），以便可以正常测试你的站点，如图 11-13 所示。

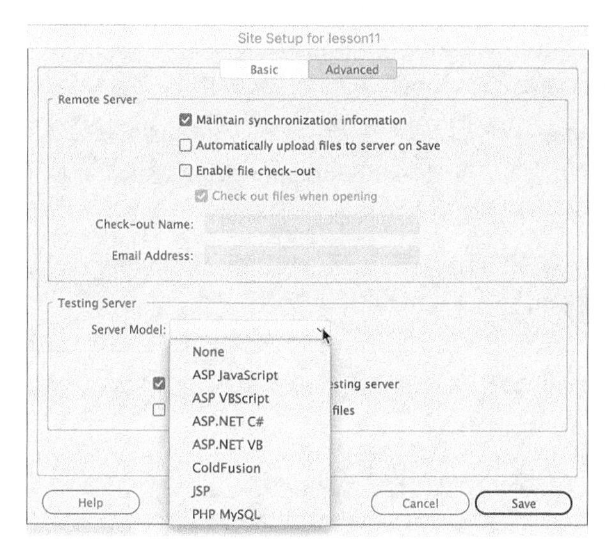

图 11-13

11. 单击 Save（保存）完成远程服务器设置。

12. 在 lesson11 的 Site Setup（站点设置）对话框中，选择 Remote（远程）。如果也想使用本地服务器作为测试服务器，选择 Testing（测试）。单击 Save（保存）。

13. 在 Manage Sites（管理站点）对话框中，单击 Done（完成）。如有必要，单击 OK（确定）重建缓存。

在同一时间只能有一个远程服务器和一个测试服务器是活动的，但是可以定义多个服务器。如果需要，可以把一个服务器同时用于这两种角色。在为远程站点上传文件之前，可能需要遮盖本地站点中的某些文件夹和文件。

11.2 遮盖文件夹和文件

可能不需要把站点根目录中的所有文件都传输到远程服务器上。例如，用不会被访问或者不允许网站用户访问的文件填充远程站点是没有意义的。如果为使用FTP或网络服务器的远程站点选择了Maintain Synchronization Information（维护同步信息）选项，你可能应该遮盖（cloak）一些本地材料，阻止它们上传。遮盖是Dreamweaver的一种特性，可以指定某些文件夹和文件不被上传，或者不与远程站点进行同步。

你不希望上传的文件夹包括Template和resource文件夹。用于创建站点的一些Photoshop文件（.psd）、Flash文件（.fla）或MS Word（.doc或.docx）等非Web兼容的文件类型也不需要传输到远程服务器上。尽管遮盖的文件不会自动上传或同步，但仍然可以根据需要手动上传它们。有些人喜欢上传这些文件，保留它们的场外备份。

提示： 如果磁盘空间不是问题，你可以考虑将模板文件上传到服务器，作为备份手段。

遮盖过程从Site Setup（站点设置）对话框开始。

1. 选择Site（站点）> Manage Sites（管理站点）。

2. 从站点列表中选择lesson 11，并单击Edit（编辑）图标。

3. 展开Advanced Settings（高级设置）类别，选择Cloaking（遮盖）类别。如果有必要，选择Enable Cloaking（启用遮盖）和Cloak Files Ending With（遮盖具有以下扩展名的文件）复选框。

复选框下的输入框显示多个扩展名，可能与图中不同。

注意： 添加所有你可能用于源文件的扩展名。

4. 将光标插入最后一个扩展之后，如果有必要，插入一个空格。输入.doc .txt .rtf，如图11-14所示。

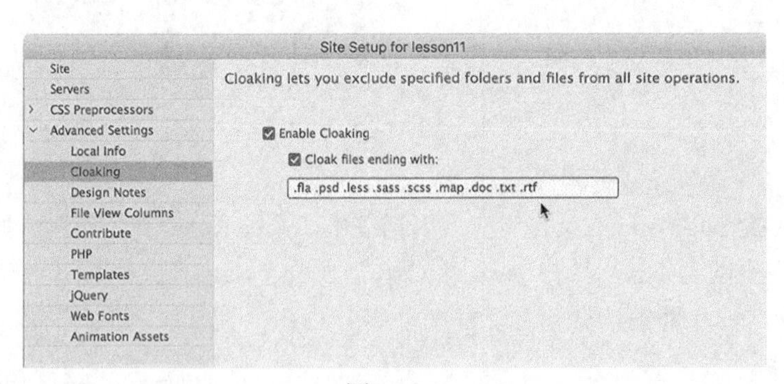

图11-14

一定要在每个扩展名之间插入一个空格。由于这些文件类型不包含任何想要的Web内容，在这里添加它们的扩展名将阻止Dreamweaver自动上传和同步这些文件类型。

5. 单击 Save（保存）。如果 Dreamweaver 提示你更新缓存，单击 OK（确定）。然后单击 Done（完成）关闭 Manage Sites（管理站点）对话框。

虽然你已经自动遮盖了多种文件类型，但也可以从 Files（文件）面板中人工遮盖特定文件或者文件夹。

6. 打开 Files（文件）面板。

在网站列表中，你将看到组成该网站的文件和文件夹的列表。有些文件夹用于存储构建内容的原始素材。没有必要将这些项目上传到网络上。在远程站点上不需要 Template 文件夹，因为你的网页将不会以任何方式引用这些资源。但是，如果在团队环境中工作，上传和同步这些文件夹可能很有帮助，能够使每个团队成员都在他们自己的计算机上有每个文件夹的最新版本。对于这个练习，我们假定你是单独一个人工作。

7. 右键单击 Templates 文件夹。

从上下文菜单中选择 Cloaking（遮盖）> Cloak（遮盖），如图 11-15 所示。

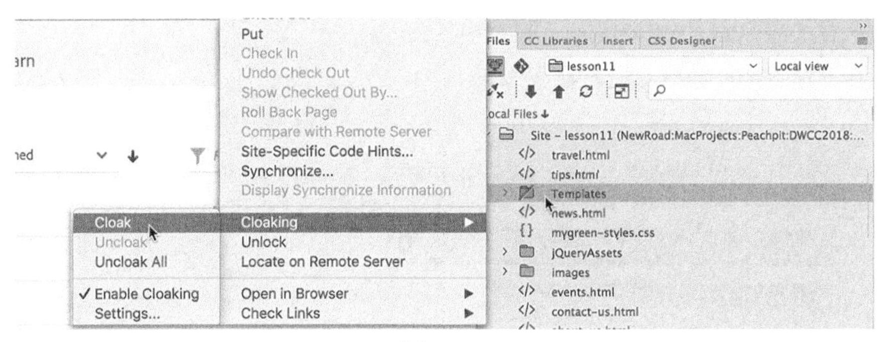

图 11-15

8. 在出现的警告对话框中，单击 OK（确定）。

选中的文件夹显示一个红色的斜杠，表示它现在被遮盖了。

使用 Site Setup（站点设置）对话框和 Cloaking（遮盖）上下文菜单，可以遮盖文件类型、文件夹和文件。同步过程将会忽略这些被遮盖的项目，不会自动上传或者下载它们。

11.3　完善网站

在前 10 课中，你的一个启动器布局已经开始，添加文本、图像、影片和交互式内容，构建了一个完整的网站，但是有几处还需要完善一下。在发布站点之前，你需要创建一个重要的网页，并对站点导航进行一些至关重要的更新。

你需要创建的文件是每个站点都必不可少的文件：主页。主页是大多数用户在你的网站上查看的第一个页面。当用户输入站点域名时，将自动把该页面加载到浏览器窗口中。由于页面是自动加载的，对于你可以使用的文件名称和扩展名只有很少的限制。

实质上，文件名称和扩展名取决于托管服务器和主页上运行的应用程序类型（如果有的话）。在大多数情况下，主页将简单地命名为 index，也可以使用 default、start 和 iisstart。

扩展名确定页面内使用的程序设计语言的具体类型。正常的 HTML 主页将使用扩展名 .htm 或 .html。如果主页包含特定于某种服务器模型的任何动态应用程序，则需要像 .asp、.cfm 和 .php 这样的扩展名。即使页面不包含任何动态应用程序或内容，如果它们与你的服务器模型兼容的话，你也仍有可能使用其中一种扩展名。但在使用扩展名时一定要小心，在一些情况下，使用错误的扩展名可能会完全阻止页面加载。与你的服务器管理员或者 IT 经理协商对应的扩展名。

具体主页名称或者服务器支持的名称通常由服务器管理员配置，可以根据需要更改。大多数服务器被配置为支持多个名称和多种扩展名。可以与你的 IS/IT 经理或 Web 服务器支持团队协商，以确定主页的建议名称和扩展名。

1. 从站点模板创建一个新页面。

将文件保存为 index.html，或者使用与你的服务器模型兼容的文件名和扩展名。

2. 在设计视图中，打开 lesson11 站点根文件夹中的 home.html。

这个文件包含新主页中侧栏和主要内容区域的内容。

3. 在标题 Welcome to Meridien GreenStart 中插入光标。

选择 section 标签选择器并复制内容，如图 11-16 所示。

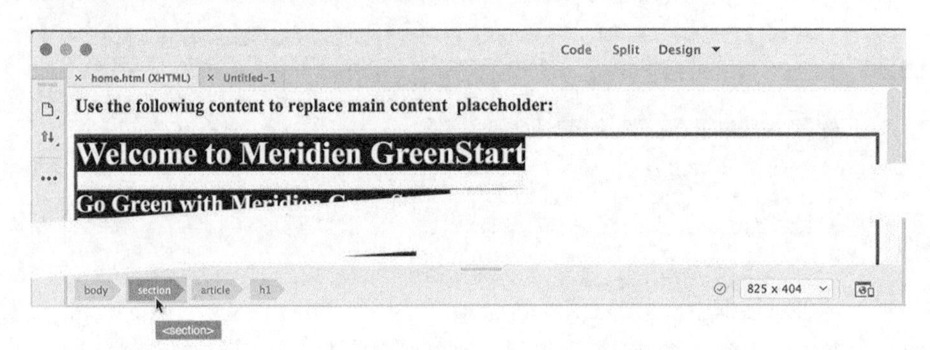

图 11-16

> **注意：**在“设计”或“代码”视图中，将内容从一个文件移动到另一个文件更容易。记住，你必须在源文档和目标文档中使用相同的视图。

4. 在 index.html 中，选择设计视图。

单击标题 Add main heading here。选择 `section` 标签选择器并粘贴，如图 11-17 所示。

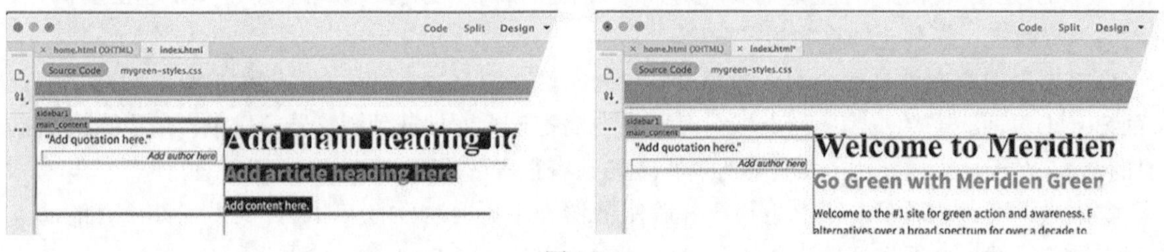

图 11-17

新布局中的主内容部分被复制的文本和代码所替代。

5. 在 index.html 中，用 home.html 中的 `<asideclass="sidebar1">` 元素替换引文占位符。

> **注意：** 粘贴以替换元素只能在设计视图和代码视图中进行。

6. 用 home.html 中的 `<aside class="sidebar2">` 元素代替 Sidebar 2。

注意 main_content 区域中的超链接占位符。

7. 在 main_content 区域的 News 链接中插入光标。

在 Property（属性）检查器中，浏览并将该链接指向 news.html，如图 11-18 所示。

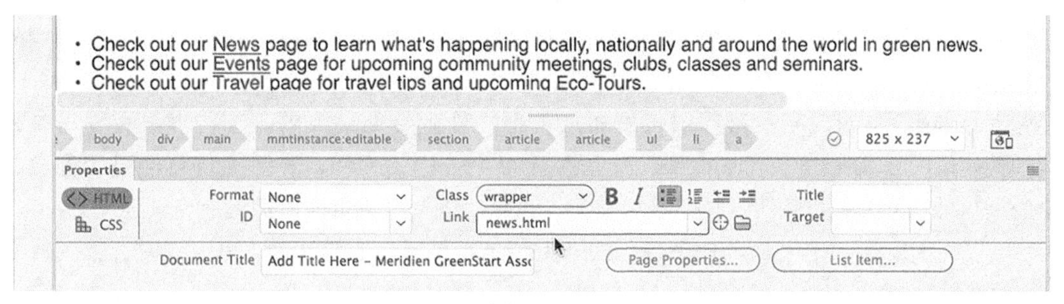

图 11-18

8. 对每个链接重复第 7 步。

将链接指向站点根文件夹中的对应页面。

9. 保存并关闭所有文件。

主页已经接近完成。例如，标题和元描述占位符仍然需要更新。可以随意用合适的文本更新它们。

现在，我们假设你要将目前处于完成状态的网站上传到服务器。这在任何网站开发过程中都会发生。随着时间的推移，页面将被添加、更新和删除，缺少的页面将被完成，然后上传。在将站点上传到实际服务器之前，你应该始终检查并更新任何过期链接并删除无效链接。

发布前检查清单

在发布之前，借此机会查看你的所有网站页面，以检查它们是否为首秀做好了准备。在实际工作流程中，你应该在上传单个页面之前执行之前课程中学习的以下操作：

- 拼写检查（第 7 课）；
- 站点范围链接检查（第 9 课）。

解决你发现的任何问题，然后进行下一个练习。

11.4 将站点上传到网络（可选）

在大多数情况下，本地站点和远程站点互为镜像，在一致的文件夹结构中包含相同的 HTML 文件、图像和资源。当你将网页从本地站点传输到远程站点时，你就是在发布（或者上传）该页面。如果你上传保存在本地站点某文件夹中的一个文件，Dreamwever 将这个文件传输到远程站点上等价的文件夹中。这最终将自动创建远程文件（如果它们还不存在的话）。下载文件也是如此。

注意：这个练习是可选的，因为它要求你先安装一个远程服务器。

警告：Dreamweaver 做了很出色的工作，试图确定特定工作流中的所有相关文件。但在某些情况下，它可能遗漏了动态或者扩展过程中的关键文件。你一定要做好功课，确定这些文件并确保它们上传。

使用 Dreamweaver，一次操作即可发布从单个文件到整个站点的任何内容。在发布 Web 页面时，默认情况下 Dreamweaver 会询问你是否还想上传相关文件。相关文件可能是图像、CSS、HTML5 影片、JavaScript 文件、服务器端包含（SSI），以及完成页面所需的所有其他文件。

你可以一次上传一个文件，也可以一次性上传整个站点。在这个练习中，你将上传一个网页及其相关文件。

1. 如果有必要，打开 Files（文件）面板并单击 Expand（展开）图标，如图 11-19 所示。

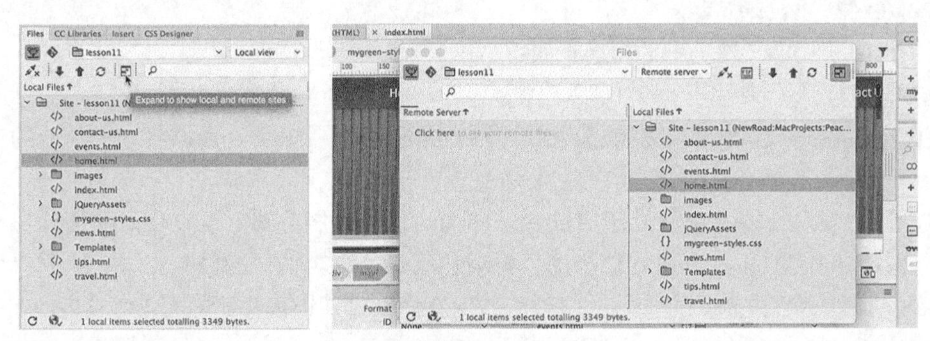

图 11-19

2. 单击 Connect To Remote Server（连接到远程服务器）图标，连接到远程站点，如图 11-20 所示。

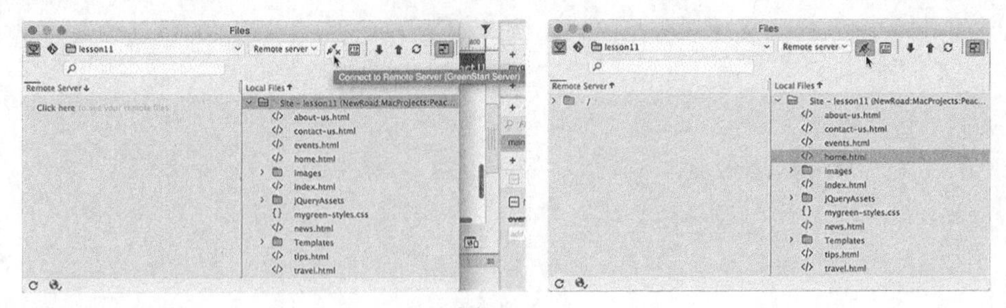

图 11-20

如果正确地配置了远程站点，Files（文件）面板将连接到站点并在面板的左半部分显示其内容。在第一次上传文件时，远程站点应该是空的或者大部分是空的。如果连接到互联网主机，可能会显示由托管公司创建的特定文件和文件夹。不要删除这些项目，除非你检查过它们对于服务器或你自己的应用程序运行没有必要。

3. 在本地文件列表中，选择 index.html。

在文件面板工具栏中，单击 Put（将文件上传到远程服务器）图标⬆，如图 11-21 所示。

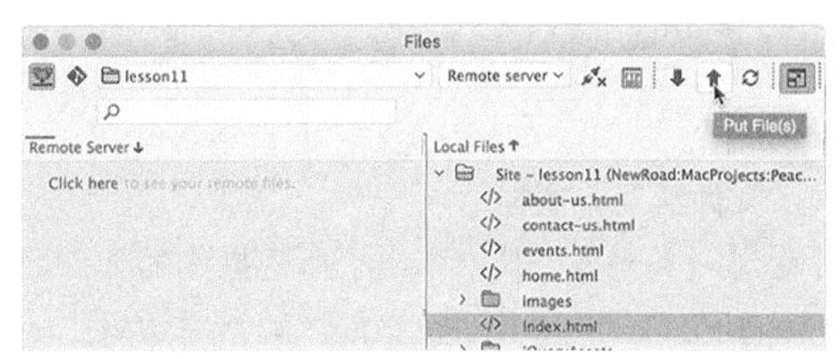

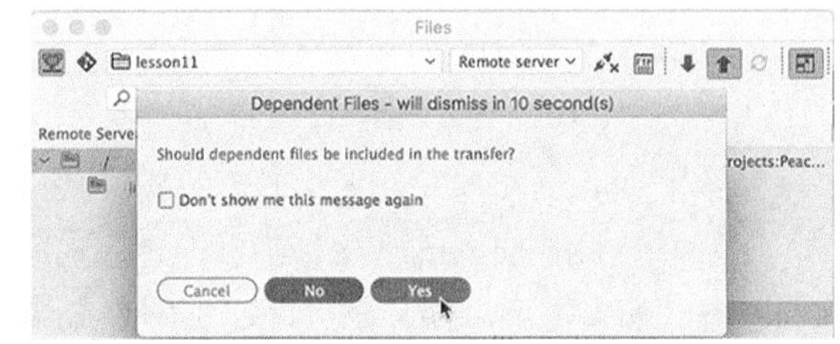

图 11-21

默认情况下，Dreamweaver 将提示你上传相关文件。如果相关文件在服务器上已经存在并且所做的更改不会影响它，就可以单击 No（否）按钮。否则，对于新文件或者做了大量修改的文件，应该单击 Yes（是）按钮。首选项中有一个选项，如果需要，你可以禁用此提示。

注意： 相关文件包括但不限于特定页面中使用且对页面的正确显示和功能至关重要的图像、样式表和 JavaScript。

4. 单击 Yes（是）。

Dreamweaver 上传 index.html 和正确呈现所选 HTML 文件需要的所有图像、CSS、JavaScript、服务器端包含及其他相关文件。虽然你只选择了一个文件，但是可以看到有 5 个文件和 1 个文件夹被上传。

Files（文件）面板可以一次性上传多个文件和整个站点。

5. 选择本地站点的根文件夹，然后单击 Files（文件）面板中的 Put（将文件上传到远程服务器）图标⬆。

出现对话框，要求你确认想要上传整个站点。

6. 单击对应的 Yes（是）或者 OK（确定），如图 11-22 所示。

提示： 如果你正在使用第三方网络托管服务，请注意，他们往往在你的域上创建占位页面。如果你的主页在访问网站时不会自动出现，请检查以确保网站主机的占位页面没有发生冲突。

Dreamweaver 开始上传网站。它将在远程服务器上重新创建本地站点结构。Dreamweaver 在后台上传页面，以便你可以在此期间继续工作。如果想查看上传的进度，请单击文件面板左下角的 File Activity（文件活动）图标。

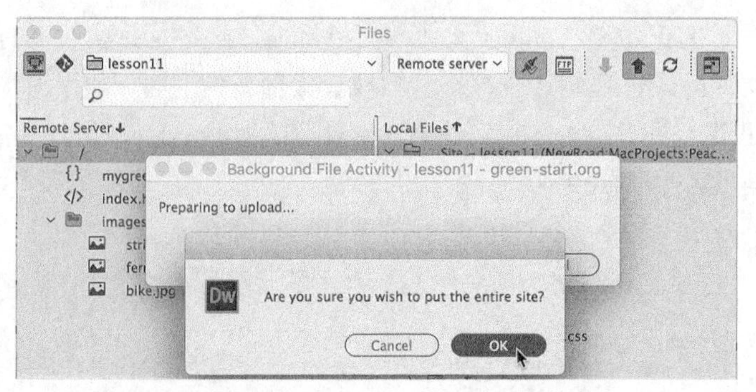

图 11-22

7. 单击 Files（文件）面板左下角的 File Activity（文件活动）图标。

当你单击 File Activity（文件活动）图标时，将看到一个列表，其中列出了所选操作的文件名称和状态。如果需要，你甚至可以通过单击 Background File Activity（后台文件活动）对话框中的 Save Log（保存日志）按钮将报告保存到文本文件，如图 11-23 所示。

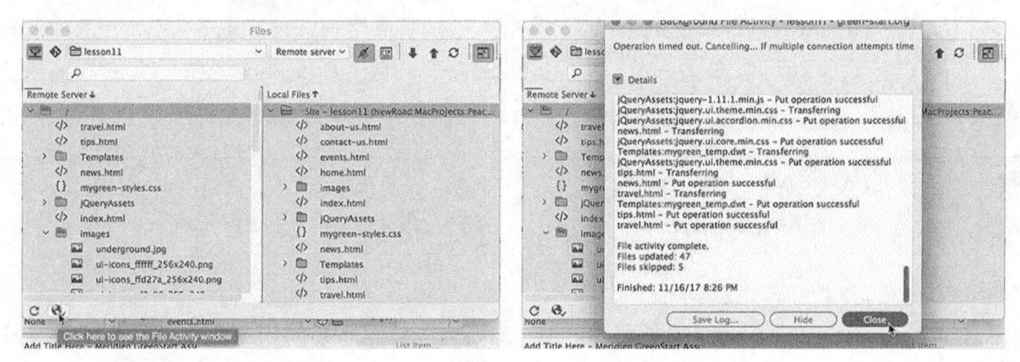

图 11-23

注意，被遮盖的课程文件夹和其中存储的文件都不会上传。在上传单个文件夹或整个站点时，Dreamweaver 会自动忽略所有遮盖文件。如果需要，你可以手动选择和上传单独遮盖的项目。

注意：上传或下载的文件将自动覆盖目标站点上的同名文件的任何版本。

8. 右键单击 Templates 文件夹，从上下文菜单中选择 Put（上传）。

Dreamweaver 提示上传 Templates 文件夹的相关文件。

9. 单击 Yes（是）上传相关文件。

Templates 文件夹上传到远程服务器。日志报告显示，Dreamweaver 检查相关文件，但是不上传没有变化的文件。

注意，远程站点上的 Templates 文件夹显示红色斜杠，表示它也被遮盖。有时，你希望遮盖本地和远程文件夹，以阻止这些项目被替换或者被意外地重写。被遮盖的文件将不会自动上传或下载。但你可以手动选择任何特定文件，执行相同的操作。

与 Put（上传）命令相对的是 Get（获取）命令，该命令用于把选中的任何文件或文件夹下载到本地站点。可以在 Remote（远程）或 Local（本地）窗格中选择任何文件并单击 Get（获取）图标，从远程站点获取任何文件。此外，也可以把文件从 Remote（远程）窗格拖到 Local（本地）窗格中。

注意： 在访问“上传”和“获取”命令时，使用“文件”面板的“本地”窗格还是“远程”窗格是无关紧要的。“上传”总会上传到“远程”站点，“获取”则总会下载到“本地”站点。

10. 如果你能够成功上传网站，请使用浏览器连接到网络服务器或 Internet 上的远程站点。根据你是连接到本地 Web 服务器或实际的互联网站点（如 http://localhost/domain_name 或 http://www.domain_name.com），在 URL 字段中输入相应的地址，结果如图 11-24 所示。

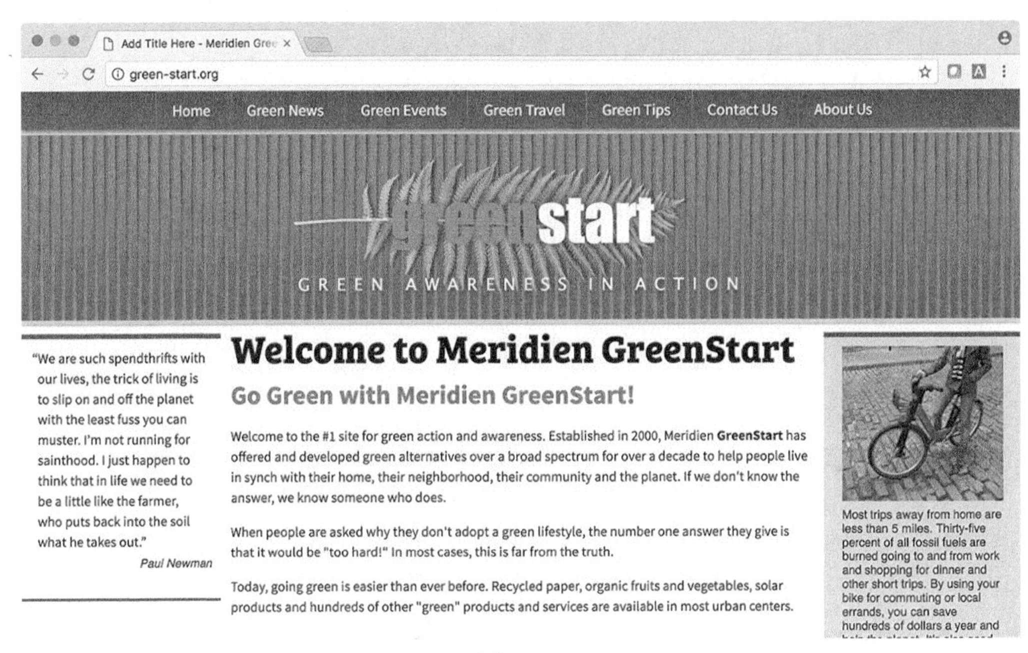

图 11-24

GreenStart 站点出现在浏览器中。

11. 单击测试超链接，查看站点上每个完成的页面。一旦站点上传，保持最新版本就是一件轻松的任务。在文件更改时，你可以一次上传一个文件，或者和远程服务器同步整个站点。

在工作组环境中，文件会被多个人单独更改和上传，此时同步就特别重要。你很可能下载或上传较旧的文件，覆盖较新的文件，而同步可以确保使用的是每个文件的最新版本。

11.5 同步本地和远程站点

Dreamweaver 中的同步功能用于使服务器和本地计算机上的文件保持最新状态。当你在多个位置工作或者与一位或多位同事协作时，同步是一种必不可少的工具。通过正确地使用它，可以阻止意外地上传或使用过时的文件。

目前，本地站点和远程站点是完全相同的。为了更好地说明同步的能力，让我们更改其中一个站点页面。

1. 在实时视图中打开 about-us.html。

2. 折叠 Files（文件）面板。

如果有必要，单击折叠 / 展开按钮，将面板重新停靠在软件界面右侧。

3. 在 CSS 设计器中，单击 All（全部）按钮。选择 mygreen-styles.css，创建新选择器 `.green`。

4. 为新规则添加如下属性，如图 11-25 所示。

```
color: #090
```

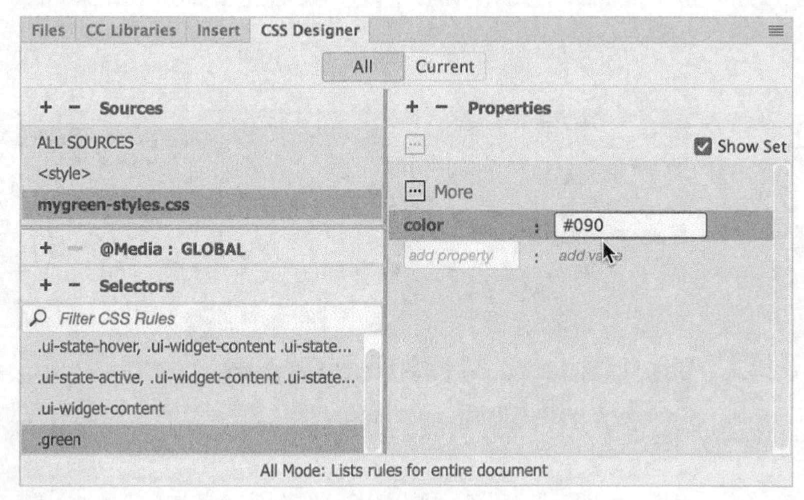

图 11-25

5. 在主标题中，将光标拖过标题 About Meridien GreenStart 中的单词 Green。

6. 将 `green` 类应用到这段文本，如图 11-26 所示。

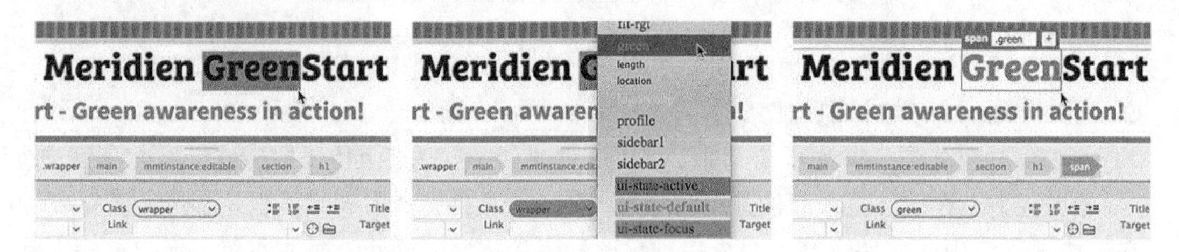

图 11-26

7. 将 `green` 类应用到页面任何位置上不为绿色的单词 green。

8. 保存所有文件并关闭页面。

9. 打开并展开 Files（文件）面板。

在 Docoment（文档）工具栏上，单击 Synchronize（同步）图标，如图 11-27 所示。

图 11-27

注意：“同步”图标外观和“刷新”图标类似，但是位于“文件”面板的右上角。

出现 Synchronize With Remote Server（与远程服务器同步）对话框。

10. 从 Synchronize（同步）弹出式菜单中选择选项 Entire‘lesson11’Site（整个 lesson11 站点）。从 Direction（方向）菜单中，选择 Get and Put newer files（获得和放置较新的文件）选项，如图 11-28 所示。

图 11-28

11. 选择对话框中符合要求和工作流程的选项。

12. 单击 Preview（预览）。

注意：同步不比较遮盖的文件或者文件夹。

出现“同步”对话框，报告更改了什么文件，以及你是需要获取还是上传它们，如图 11-29 所

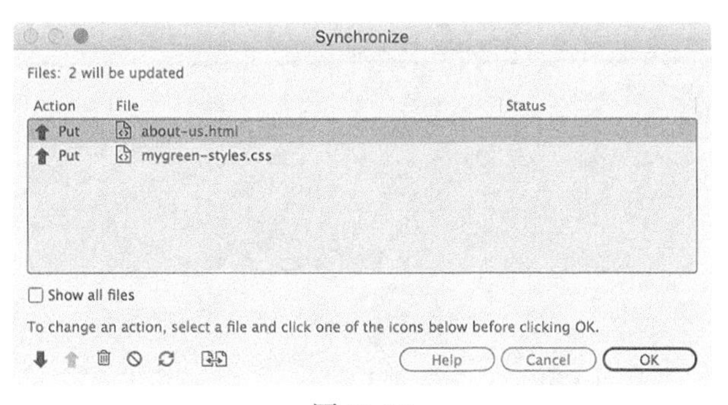

图 11-29

示。由于你刚刚上传了整个网站，所以只有你修改的文件 about_us.html 和 green_styles.css 才会出现在列表中，这表明 Dreamweaver 希望将它们上传到远程站点。如果你看到有任何其他文件列出，请选择它们，然后单击“同步”图标，告诉 Dreamweaver 这些文件不做改变。

同步选项

在同步期间，可以选择接受建议的操作，或者在对话框中选择其他选项之一覆盖它。一次可以对一个或多个文件应用选项。

Get（获取）——从远程站点下载选中的文件。

Put（放置）——将选中的文件上传到远程站点。

Delete（删除）——为删除标记选中的文件。

Ignore（忽略）——在同步过程中忽略选中的文件。

Synchronized（已同步）——标识选中的文件为已同步状态。

Compare（比较）——使用第三方工具比较选中文件的本地和远程版本。

13. 单击 OK（确定）上传这两个文件。

单击 Yes to All（全部为是）替换远程服务器上的文件。

如果其他人在你的站点上访问和更新了文件，那么在你处理任何文件之前要记得进行同步，以确保你使用的是站点中每个文件的最新版本。另一个技巧是在服务器设置对话框的高级选项中设置“存回 / 取出”功能。

在本课中，你设置站点连接到远程服务器，并且把文件上传到该远程站点。你还遮盖了文件和文件夹，然后同步了本地站点与远程站点。

祝贺你！你设计、开发并构建了整个 Web 站点，并把它上传到远程服务器。通过完成本书到目前为止的所有练习，你获得了设计和开发与桌面电脑兼容的标准网站各个方面的经验。在接下来的课程中，你将学习提高 HTML 编码效率的一些技巧，以及将静态、固定宽度站点改编为可供手机、平板和其他移动设备使用的站点的方法。

11.6　复习题

1. 什么是远程站点？

2. 指出 Dreamweaver 中支持的两种文件传输协议。

3. 如何配置 Dreamweaver，使得它不会把本地站点中的某些文件与远程站点进行同步？

4. 判断正误：你必须手动发布每个文件以及关联的图像、JavaScript 文件和链接到站点页面的服务器端包含。

5. 同步会执行什么服务？

11.7　复习题答案

1. 远程站点通常是本地站点的实用版本，它存储在连接到互联网的 Web 服务器上。

2. FTP（FileTransferProtocol，文件传输协议）和“本地 / 网络”是两种最常用的文件传输方法。Dreamweaver 中支持的其他文件传输方法包括：安全 FTP、WebDav 和 RDS。

3. 遮盖文件或文件夹，可以阻止它们进行同步。

4. 错误。Dreamweaver 可以根据需要自动传输相关文件，包括：嵌入或引用的图像、CSS 样式表及其他链接的内容，但是可能会遗漏一些文件。

5. 同步将自动扫描本地站点与远程站点，比较两个站点上的文件，以确定每个文件的最新版本。它会创建一个报告窗口，建议获取或上传哪些文件以使两个站点保持最新状态，然后它将执行更新。

第12课　处理代码

课程概述

在本课中，读者将学习以下内容：

- 使用代码提示和 Emmet 简写法编写代码；
- 设置 CSS 预处理器并创建 SCSS 样式；
- 使用多个光标来选择和编辑代码；
- 折叠和展开代码项；
- 使用实时代码测试和排除动态代码错误；
- 使用检查模式识别 HTM 元素和相关样式；
- 使用相关文件界面访问和编辑附加的文件。

完成本课大约需要 90 分钟。请先到异步社区的相应页面下载本书的课程资源，并进行解压。根据 lesson12 文件夹定义一个新的 Dreamweaver 站点。

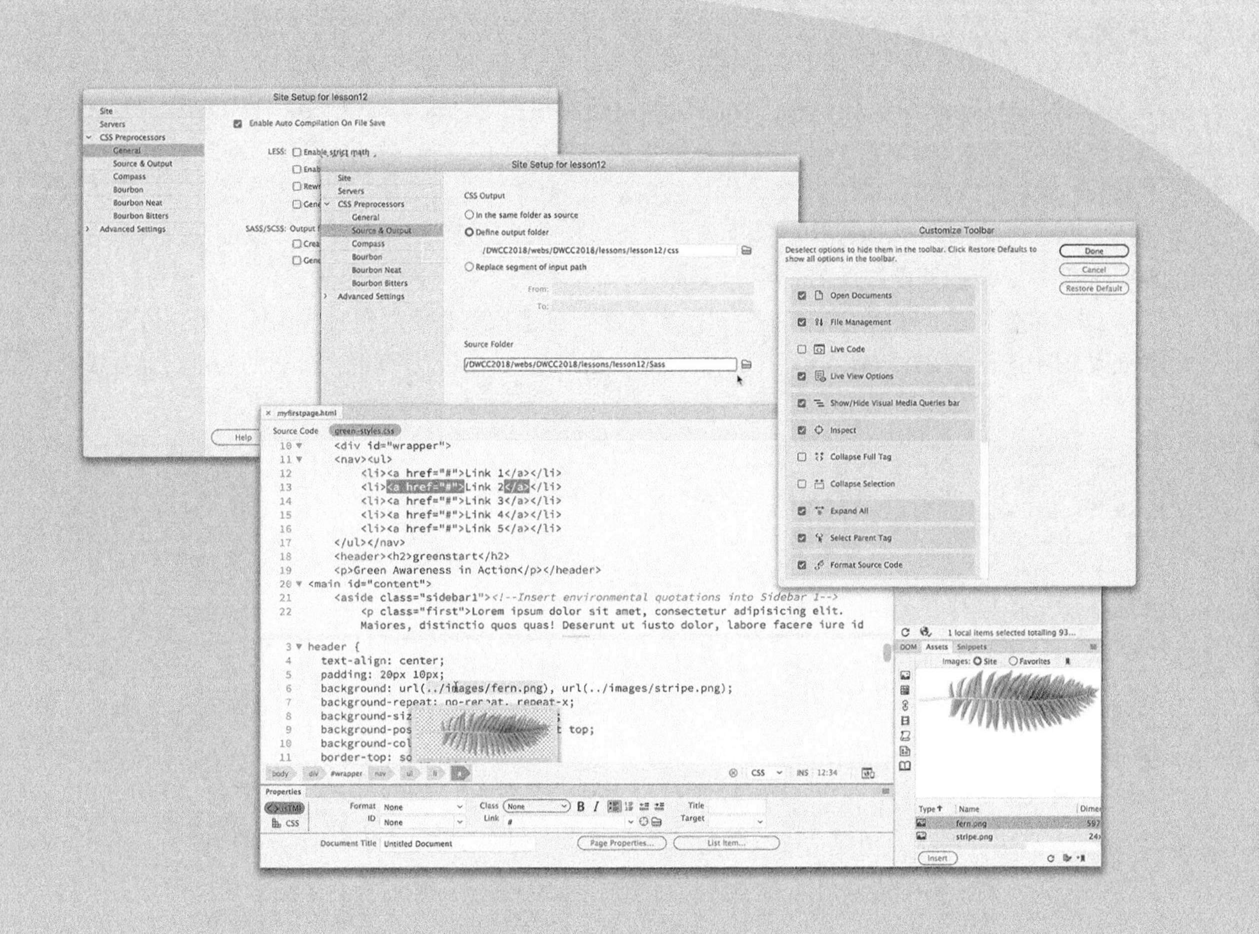

Dreamweaver 的主要成就是，作为一种可视化 HTML 标记器，其代码编辑功能并不落后于图形界面，它们为专业编程人员和开发人员提供了一些折衷方案。

12.1 创建 HTML 代码

作为领先的“所见即所得”（WYSIWYG）HTML 编辑器之一，Dreamweaver 能帮助用户创建精致的网页和应用程序，而无需接触甚至查看在幕后进行所有工作的代码。但对于许多设计者来说，使用代码不仅是一种渴望，也是一种必需品。

> **注意：** 如果你还没有从异步社区上下载本课的项目文件，现在一定要这么做。参见本书的前言部分。

尽管在 Dreamweaver 代码视图中处理页面始终和在设计或实时视图中一样容易，但有些开发人员认为它的代码编辑工具落后于可视化设计界面。在过去这种说法有一部分是真实的，但 Dreamweaver CC（2018 版）对旧版本中带给编码人员和开发人员的工具及工作流程进行了极大的改善。事实上，Dreamweaver CC 提供了可以处理几乎所有任务的单一平台，以前所未有的方式将你的整个 Web 开发团队联系在一起。

你常常会发现，在代码视图中完成特定任务实际上比单独使用实时或设计视图更容易。在下面的练习中，你将更深入地了解，Dreamweaver 是如何将代码处理变成一件轻而易举、非常愉快的任务的。

> **注意：** 有些工具和选项只能在激活代码视图时使用。

12.1.1 手工编写代码

如果你完成了前面的 11 节课，就已经有很多机会手工查看和编辑代码。但是对于直接跳到本课的读者来说，这个练习将提供对这个主题的简单概述。体验 Dreamweaver 代码编写和编辑工具的第一步就是创建一个新文件。

1. 以从异步社区上下载的 lesson12 文件夹为基础定义一个站点，如本书“前言”所述。

2. 从 Workspace（工作区）菜单中选择 Developer（开发人员），如图 12-1 所示。

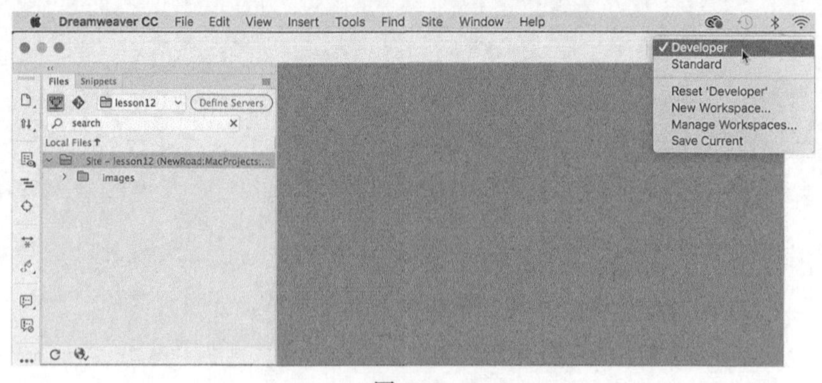

图 12-1

所有代码编辑工具在两种工作区中都同样起作用，但是 Developer（开发人员）工作区聚焦于代码视图窗口，为下面的练习提供更好的体验。

3. 选择 File（文件）> New（新建）。出现 New Document（新建文档）对话框。

4. 选择 New Document（新建文档）> HTML > None（无），如图 12-2 所示。

单击 Create（创建）。

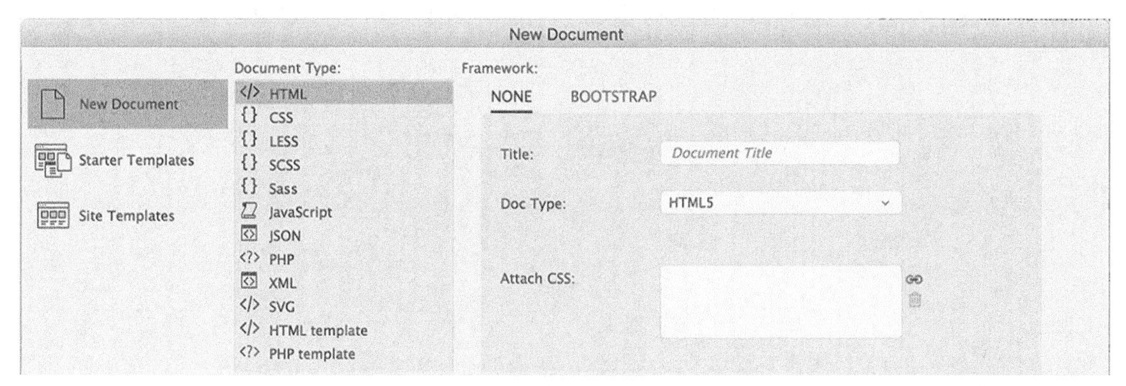

图 12-2

Dreamweaver 自动创建网页的基本结构。光标可能出现在代码的开头。

注意：我们在所有屏幕截图中使用 Solarized Light 配色方案，这可以在 Preferences（首选项）中选择。更多细节参见本书前言。

如你所见，Dreamweaver 提供了颜色编码标签和表示，使其容易辨认，但这还不是全部。它还为 10 种不同的 Web 开发语言提供了代码提示，包括但不限于 HTML、CSS、JavaScript 和 PHP。

5. 选择 File（文件）> Save（保存）。

6. 将文件命名为 myfirstpage.html 并保存在 lesson12 文件夹。

7. 在 <body> 标签后插入光标。按 Enter/Return 创建新行，输入 <，如图 12-3 所示。

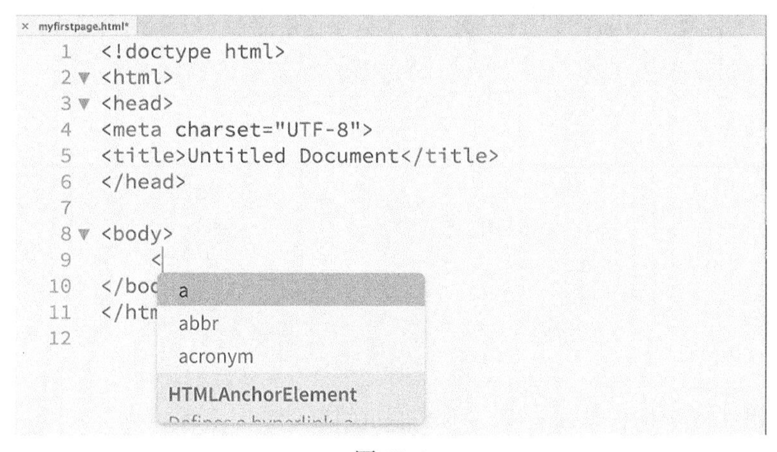

图 12-3

出现一个代码提示窗口，显示你可以选择的 HTML 兼容代码列表。

8. 输入 d。

代码提示窗口过滤代码元素，只显示以字母 d 开头的元素。你可以继续直接输入标签名称，或者使用这个列表选择所需的元素。通过使用这个列表，你可以消灭简单的打字错误。

9. 按向下箭头键。代码提示中的 dd 标签高亮显示。

10. 继续按下箭头键，直至高亮显示标签 div。按 Enter/Return 键，如图 12-4 所示。

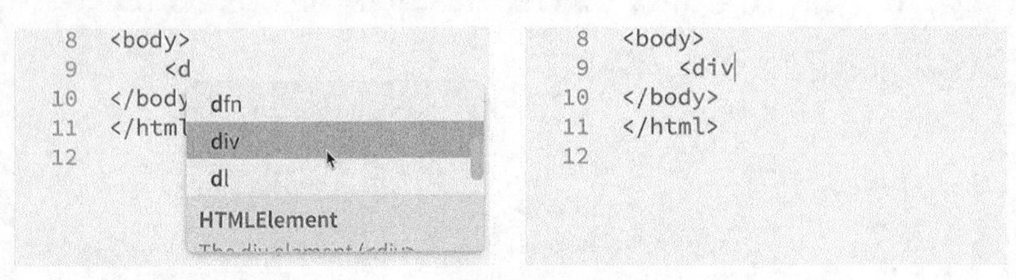

图 12-4

标签名称 div 插入到代码中。光标留在标签名称，等待下一个输入。例如，你可以完成标签名称或者输入各种 HTML 属性。让我们为 div 元素添加一个 id 属性。

11. 按空格键插入一个空格。

提示菜单再次打开，显示一个不同的列表。这一次列表中包含了各种对应的 HTML 属性。

12. 输入 id 并按 Enter/Return 键，如图 12-5 所示。

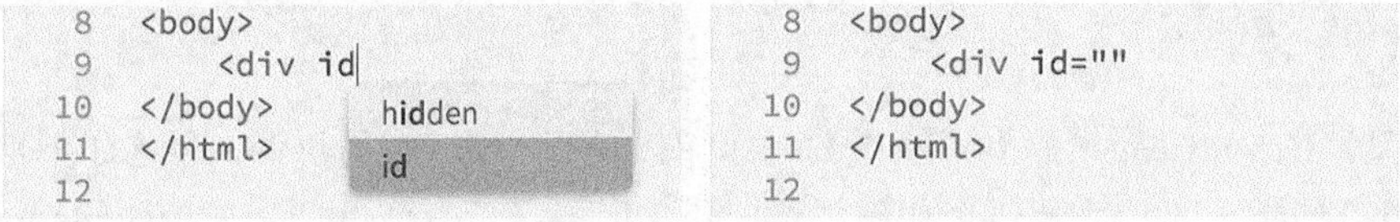

图 12-5

Dreamweaver 创建 id 属性，包括等号和引号。注意，光标出现在引号内，做好输入准备。

13. 输入 wrapper 并按右箭头键一次。光标移出右引号。

注意： 根据程序中的设置，标签可能自动关闭，这意味着你可以跳过第 14 步，这种行为可以在首选项的 Code Hints（代码提示）部分关闭或者调整。

14. 输入 ></，如图 12-6 所示。

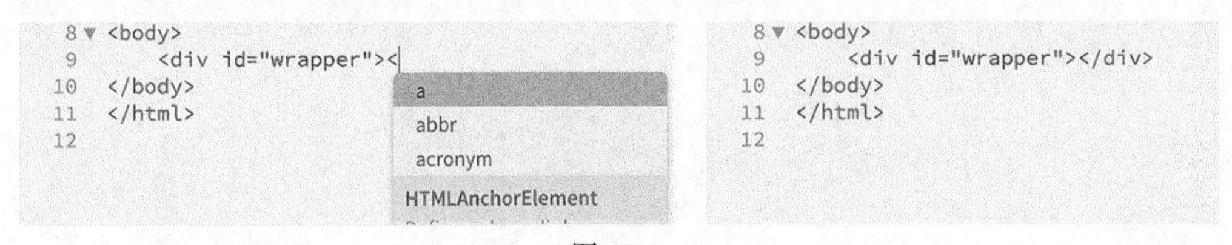

图 12-6

当你输入反斜杠（/）时，Dreamweaver 会自动关闭 <div> 元素。如你所见，在手动编写代码时，程序可以提供大量帮助。但是，它也可以帮助你自动编写代码。

15. 选择 File（文件）> Save（保存）。

12.1.2 自动编写代码

Emmet 是一个 Web 开发人员工具包，它被添加到最新版本的 Dreamweaver 中，可以为你的代码编写任务增添力量。当你输入简写字符和运算符时，Emmet 可以通过几次按键创建整个代码块。要体验 Emmet 的力量，请尝试这个练习。

1. 如果有必要，打开 myfirstpage.html。

2. 在代码视图中，在 div 元素中插入光标，并按 Enter/Return 键创建新行。

默认情况下，只要你在代码视图中输入，就可以启用 Emmet。在我们的原始网站模型中，导航菜单出现在页面的顶部。HTML5 使用 <nav> 元素作为网站导航的基础。

3. 输入 nav 并按 Tab 键，如图 12-7 所示。

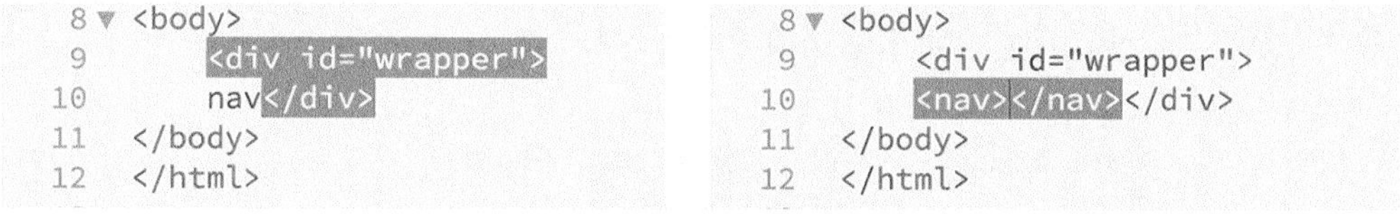

```
8 ▼ <body>
9       <div id="wrapper">
10      nav</div>
11  </body>
12  </html>
```

```
8 ▼ <body>
9       <div id="wrapper">
10      <nav></nav></div>
11  </body>
12  </html>
```

图 12-7

Dreamweaver 一次性创建开始和结束标签。光标出现在 nav 元素内，做好添加另一个元素和一些内容（或者两者兼有）的准备。

HTML 导航菜单通常基于无序列表，其中包含一个 <ul> 元素与一个或多个子 <li> 元素。Emmet 允许你同时创建多个元素，通过使用一个或者多个运算符，你可以指定后续元素是遵循跟在第一个元素之后（+），还是嵌套到其他元素（>）中。

4. 输入 ul>li 并按 Tab 键，如图 12-8 所示。

```
8 ▼ <body>
9       <div id="wrapper">
10      <nav>ul>li</nav></div>
11  </body>
12  </html>
```

```
8 ▼ <body>
9 ▼     <div id="wrapper">
10 ▼    <nav><ul>
11          <li></li>
12      </ul></nav></div>
13  </body>
```

图 12-8

出现一个 <ul> 元素，其中包含一个列表项。大于符号（>）用于创建你在此处看到的父子结构。通过添加另一个运算符，可以创建多个列表项。

5. 选择 Edit（编辑）> Undo（撤销）。

代码恢复为 ul>li 简写。很容易改编这个简写标记，创建一个有 5 个元素的菜单。

6. 按照图 12-9（左）中高亮显示的内容，编辑现有简写词——ul>li*5——并按 Tab 键。

出现一个新的无序列表（图 12-9 右），这一次有 5 个 <li> 元素。星号（*）是表示乘法的数学符号，所以最近的一次修改表示“<li> 乘以 5”。

```
8 ▼ <body>
9       <div id="wrapper">
10      <nav>ul>li*5</nav></div>
11  </body>
12  </html>
13
```

```
8 ▼ <body>
9 ▼     <div id="wrapper">
10 ▼    <nav><ul>
11          <li></li>
12          <li></li>
13          <li></li>
14          <li></li>
15          <li></li>
16      </ul></nav></div>
17  </body>
18  </html>
```

图 12-9

为了创建合适的菜单，你还需要为每个菜单项添加一个超链接。

7. 按 Ctrl+Z/Cmd+Z 键或者选择 Edit（编辑）> Undo（撤销）。

代码恢复为 `ul>li*5` 简写。

8. 将现有的简写词编辑为 `ul>li*5>a`。

如果你猜到添加标记 `>a` 将为每个链接项创建一个超链接子元素，那你是正确的。Emmet 也可以创建占位符内容。让我们用它在每个链接项中插入一些文本。

9. 将简写词编辑为 `ul>li*5>a{Link}`。

在大括号中添加文本将其传递到超链接的最终结构，但是我们还没有完成。你还可以通过添加可变字符（$）来增加项目，如 Link1、Link2、Link3 等。

注意：按 Tab 键之前，光标必须在括号之外。

10. 将简写词编辑为：`ul>li*5>a{Link $}`，按 Tab 键，如图 12-10 所示。

```
8 ▼ <body>
9       <div id="wrapper">
10      <nav>ul>li*5>a{Link $}</nav></div>
11  </body>
12  </html>
13
```

```
8 ▼ <body>
9 ▼     <div id="wrapper">
10 ▼    <nav><ul>
11          <li><a href="">Link 1</a></li>
12          <li><a href="">Link 2</a></li>
13          <li><a href="">Link 3</a></li>
14          <li><a href="">Link 4</a></li>
15          <li><a href="">Link 5</a></li>
16      </ul></nav></div>
17  </body>
18  </html>
```

图 12-10

新菜单似乎已经完全结构化了，有 5 个链接项和超链接占位符，编号从 1 递增到 5。这个菜单已经接近完成。唯一缺失的是 `href` 属性的目标。你现在可以使用另一个 Emmet 短语添加它们，但是我们将这个更改留到下一个练习中。

11. 将光标插入 `</nav>` 结束标签之后，按 Enter/Return 键创建新行。

让我们看看，使用 Emmet 在新页面中添加一个 `header` 元素有多么容易。

注意：添加新行使代码更容易阅读和编辑，但是对操作没有任何影响。

12. 输入 header 并按 Tab 键。

像你之前创建的元素一样，header 开始和结束标签出现，光标位于可插入内容的位置上。如果你在第 5 课中完成的网站中为此标题建模，则需要添加两个文本组件：一个用于公司名称的 <h2> 和用于格言的 <p> 元素。Emmet 提供了一种方法，不仅可以添加标签，还可以添加内容。

13. 输入 h2{greenstart}+p{Green Awareness in Action} 并按 Tab 键，如图 12-11 所示。

```
15        <li><a href="">Link 5</a></li>
16     </ul></nav>
17     <header>h2{greenstart}+p{Green Awareness in
       Action} </header></div>
18  </body>
19  </html>
```

```
15        <li><a href="">Link 5</a></li>
16     </ul></nav>
17     <header><h2>greenstart</h2>
18     <p>Green Awareness in Action</p></header></div>
19  </body>
20  </html>
```

图 12-11

这两个元素看起来很完整，包含公司名称和座右铭。注意你是如何使用花括号将文本添加到每个项目的。加号（+）指明应将 <p> 元素作为标题的同级元素添加。

14. 在 </header> 结束标签之后插入光标。

15. 按 Enter/Return 键插入新行。

Emmet 使你能够快速构建复杂的多层面父子结构，如导航菜单和标题，但并不止于此。当你将几个元素与占位符文本串在一起时，甚至可以添加 id 和 class 属性。要插入一个 ID，请使用“#”符号作为名称开头；如果要添加一个类，用点（.）作为名称开头。现在是把你的技能提升到更高水平的时候了。

16. 输入 main#content>aside.sidebar1>p(lorem)^article> p(lorem100)^aside.sidebar2>p(lorem) 并按 Tab 键，如图 12-12 所示。

```
17     <header><h2>greenstart</h2>
18     <p>Green Awareness in Action</p></header>
19  main#content>aside.sidebar1>p(lorem)^article>p
    (lorem100)^aside.sidebar2>p(lorem)</div>
20  </body>
21  </html>
22
```

```
17     <header><h2>greenstart</h2>
18     <p>Green Awareness in Action</p></header>
19 ▼ <main id="content">
20 ▼     <aside class="sidebar1">
21           <p>Lorem ipsum dolor sit amet,
             consectetur adipisicing elit. Maiores,
             distinctio quos quas! Deserunt ut
             iusto dolor, labore facere iure id
             suscipit odit ex sed. Nostrum
```

图 12-12

注意：在代码视图中，整个短语可能会包含多行，但请确保标记中没有空格。

将创建一个 <main> 元素，其中包含 3 个子元素（<aside>、<article>、<aside>）以及 id 和类属性。简写中的插入符号（^）用于确保将 <article> 和 <aside.sidebar2> 元素创建为 aside.sidebar1 的兄弟节点。在每个子元素中，你应该看到一段占位符文本。Emmet 包含一个 Lorem 生成器，自动创建占位符文本块。当你在元素名称后面的括号中添加 lorem（如 p（lorem））时，Emmet 将会生成 30 个字的占位符内容。要指定更多或者更少的文本，只需在末尾添加一个数字，例如 p（lorem100），表示生成 100 个字。

我们以包含版权声明的 footer 元素完成本页。

17. 在光标插入 </main> 结束标签之后。

创建新行。输入 footer{Copyright 2018 Meridien GreenStart Association. All rights reserved.} 并按 Tab 键，如图 12-13 所示。

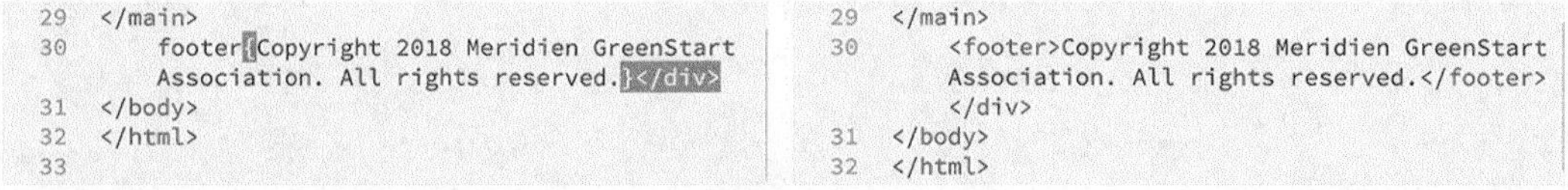

```
29 </main>
30     footer{Copyright 2018 Meridien GreenStart
       Association. All rights reserved.}</div>
31 </body>
32 </html>
33
```

```
29 </main>
30     <footer>Copyright 2018 Meridien GreenStart
       Association. All rights reserved.</footer>
       </div>
31 </body>
32 </html>
```

图 12-13

18. 保存文件。

通过使用几个简写短语，你已经构建了完整的网页结构和一些占位内容。你可以看到，Emmet 是如何支撑你的代码编写任务的。可以随意使用这个奇妙的工具包来添加单个元素或复杂的多层面组件。当你需要它的时候，它总在那里。

这个练习只是粗略地讲解了 Emmet 可以实现的功能。这个工具太强大了，不可能用寥寥数页进行全面描述。但是，你已经对其能力有所了解了。

12.2 使用多光标支持

你是否曾经想要一次编辑多行代码？Dreamweaver CC（2018 版）的另一个新特点是多光标支持。此功能允许你一次选择和编辑多行代码，以加快各种常规任务。让我们来看看它是如何工作的。

1. 如果有必要，打开 myfirstpage.html，使其显示前一个练习结束时的状态。

该文件包含一个具备 <header>、<nav>、<main> 和 <footer> 元素的完整网页。内容特征为类和几个占位符文本段落。<nav> 元素包含 5 个链接占位符，但 href 属性为空。要使菜单和链接的外观和行为正确，你需要为每个链接添加文件名、URL 或占位符元素。在以前的课程中，“#” 标记用作占位符内容，直到可以添加最终链接目标。

2. 将光标插入到 Link 1 的 href="" 属性中的引号之间。

通常，你必须为每个属性分别添加一个 # 标记。多光标支持使得这个任务变得更加容易，但是如果需要你进行一些练习，请不用惊讶。注意所有链接属性在连续的行上是如何垂直对齐的。

3. 按住 Alt（Windows）或 Option（macOS）键，拖动鼠标经过全部 5 个链接，如图 12-14 所示。

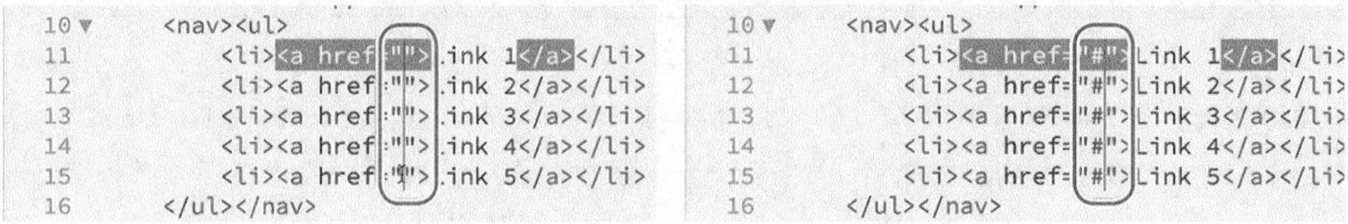

```
10     <nav><ul>
11         <li><a href="">Link 1</a></li>
12         <li><a href="">Link 2</a></li>
13         <li><a href="">Link 3</a></li>
14         <li><a href="">Link 4</a></li>
15         <li><a href="">Link 5</a></li>
16     </ul></nav>
```

```
10     <nav><ul>
11         <li><a href="#">Link 1</a></li>
12         <li><a href="#">Link 2</a></li>
13         <li><a href="#">Link 3</a></li>
14         <li><a href="#">Link 4</a></li>
15         <li><a href="#">Link 5</a></li>
16     </ul></nav>
```

图 12-14

使用 Alt/Opt 键可以连续选择代码或插入光标。小心地沿着直线向下拖动。如果你向左或向右滑动一点，将会选择到一些周围的标记。如果发生这种情况，你可以重新开始。完成后，你应该在每个链接的 href 属性中看到一个光标闪烁。

4. 输入 #。# 号同时出现在全部 5 个属性中。

Ctrl/Cmd 键可以选择代码，在非连续的代码行中插入光标。

5. 按住 Ctrl/Cmd 键并单击，将光标插入 <main> 元素中 3 个 <p> 开始标签中的 p 和 > 之间。

6. 按空格键插入一个空格，并输入 class="first"，如图 12-15 所示。

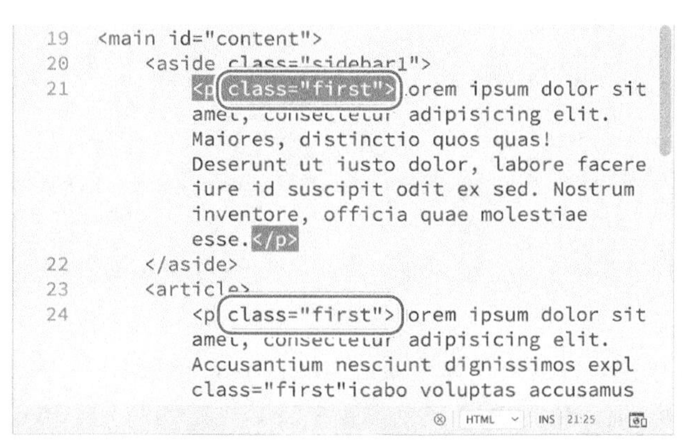

图 12-15

类同时出现在全部 3 个 <p> 标签中。

7. 保存文件。

多光标能够节约许多重复性代码编辑任务的时间。

自定义通用工具栏

本课程中的一些代码编辑练习可能需要默认情况下不会在界面中出现的工具。通用工具栏以前称为编码工具栏，仅在代码视图中显示。新工具栏出现在所有视图中，但只有当光标直接插入到代码视图窗口中时，某些工具才可见。

如果练习中需要即使光标位于正确位置时也不可见的工具，你可能需要自己自定义工具栏。这可以通过首先单击自定义工具栏图标，然后在自定义工具栏对话框中启用工具来完成，如图 12-16 所示。同时，你可以随时禁用不使用的工具。

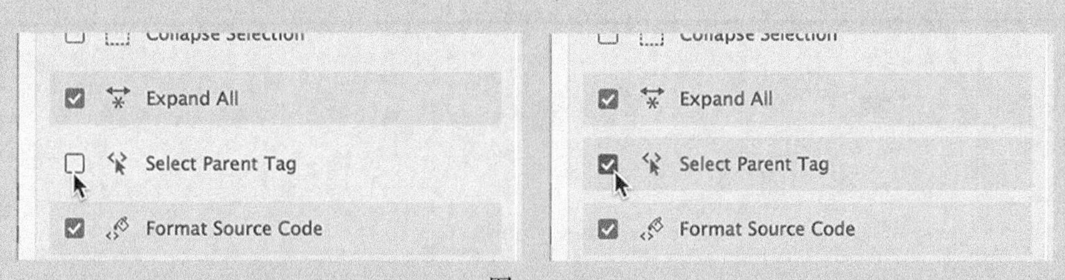

图 12-16

12.3 为代码添加注释

注释可以在代码中留下注解（它们在浏览器中不可见），描述某些标记的目的，或为其他编码者提供重要信息。虽然你可以随时手工添加注释，但 Dreamweaver 具有内置功能，可加快此过程。

1. 打开 myfirstpage.html，必要时切换到代码视图。

2. 在如下开始标签之后插入光标：

```
<aside class="sidebar1">.
```

3. 单击 Apply Comment（应用注释）图标，如图 12-17 所示。

图 12-17

出现一个弹出式菜单，包含多个注释选项。Dreamweaver 支持各种 Web 兼容语言的注释标记，包括 HTML、CSS、JavaScript 和 PHP。

4. 选择 Apply HTML Comment（应用 HTML 注释）。出现一个 HTML 注释块，文本光标位于中央。

5. 输入 `Insert environmental quotations into Sidebar 1`，如图 12-18 所示。

```
20      <aside class="sidebar1"><!--Insert
        environmental quotations into Sidebar 1-->
21          <p class="first">Lorem ipsum dolor sit
```

图 12-18

注释出现在 <!—和 --> 标记之间，显示为灰色。该工具还可以对现有文本应用注释标记。

6. 在如下开始标签中插入光标：

```
<aside class="sidebar2">.
```

7. 输入 `Sidebar 2 should be used for content related to the Article section`。

8. 选择第 7 步中创建的文本。单击 Apply Comment（应用注释）图标，如图 12-19 所示。

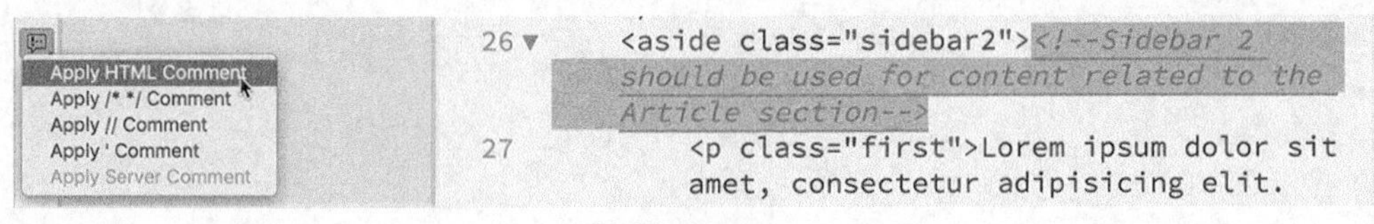

图 12-19

打开一个弹出式菜单。

9. 选择 Apply HTML Comment（应用 HTML 注释）。

Dreamweaver 对选择的文本应用 <!—和 --> 标记。如果你需要从选中的文本中删除现有注释标记，单击工具栏中的 Remove Comment（删除注释）图标。

10. 保存所有文件。

你已经创建了一个完整的基本网页。下一步是设计页面样式。Dreamweaver CC（2018 版）现在支持 LESS、Sass 和 SCSS 的 CSS 预处理器。在下一个练习中，你将学习如何使用预处理器设置和创建 CSS 样式。

12.4　使用 CSS 预处理器

Dreamweaver 最新版本的最大变化之一是增加了对 LESS、Sass 和 SCSS 的内置支持。这些行业标准 CSS 预处理器是一些脚本语言，使你能够扩展层叠样式表的功能，并通过多种提高生产率的增强功能，然后将结果编译为标准 CSS 文件。这些语言为那些喜欢手工编写代码的设计者和开发者提供了多种好处，包括速度、易用性、可重用片段、变量、逻辑、计算等。在这些预处理中不需要其他的软件，但 Dreamweaver 也支持其他框架，如 Compass 和 Bourbon。

在这个练习中，你将体会使用 Dreamweaver 预处理器有多么容易，以及它们与常规 CSS 工作流相比的优势。

12.4.1　启用预处理器

对 CSS 预处理器的支持是特定于站点的，必须根据需要为 Dreamweaver 中定义的每个站点启用。要启用 LESS、Sass 或 SCSS，你首先定义一个站点，然后在 Site Setup（站点设置）对话框中启用 CSS Preprocessors（CSS 预处理器）选项。

1. 选择 Site（站点）> Manage Sites（管理站点）。Manage Sites（管理站点）对话框出现。

2. 在 Your Sites（你的站点）窗口中选择 lesson12。单击 Your Sites（你的站点）窗口底部的 Edit（编辑）图标，如图 12-20 所示。

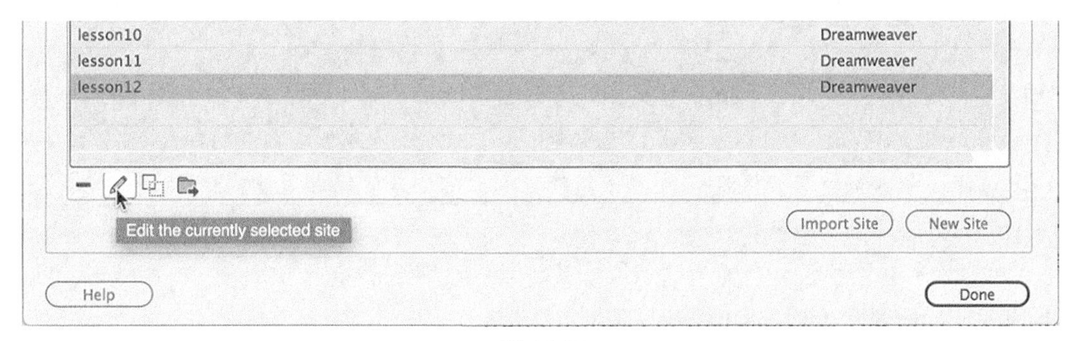

图 12-20

出现 Site Setup for lesson12（站点设置对象 lesson12）对话框。

3. 在 Site Setup（站点设置）对话框中选择 CSS Preprocessors（CSS 预处理器）选项。

CSS Preprocessors（CSS 预处理器）包含 6 个子类别，包括 General（常规）、Source & Output

（源和输出）以及各种 Compass 和 Bourdon 框架选项。你可以访问 Dreamweaver 帮助主题，了解这些框架的更多信息。对于本练习，你只需要内置于程序本身的功能。

4. 选择 General（常规）类别。

选中时，这个类别中有 LESS、Sass 或者 SCSS 编译器的开关，以及语言操作方式的选项。对于我们的目的，默认设置就可以有效工作了。

5. 如果有必要，选择 Enable Auto Compilation On File Save（保存文件时启用自动编译），启用预处理器编译程序，如图 12-21 所示。

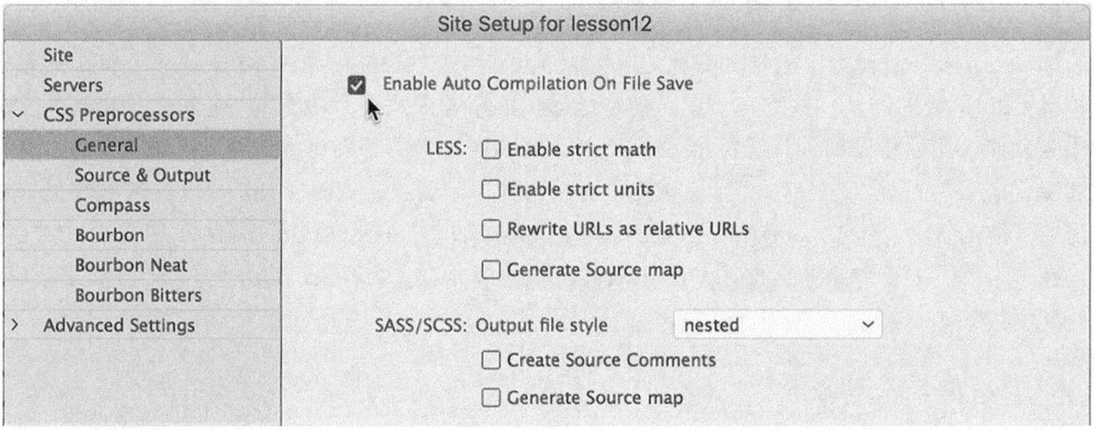

图 12-21

启用此功能后，Dreamweaver 会自动在你的 LESS、Sass 或 SCSS 源文件保存时编译其中的 CSS。一些设计师和开发人员使用站点根文件夹进行编译。在本课程中，我们将把源文件和输出文件分别放在不同的文件夹中。

LESS 还是 Sass——选择在你

LESS 和 Sass 提供类似的特性和功能，那么，你应该选择哪一个呢？这很难说。有些人认为 LESS 更容易学习，但是 Sass 提供的功能更强大，两种预处理器都能使编写 CSS 的繁杂任务变得更快捷，更重要的是，它们为长时间的 CSS 维护和扩展工作提供了明显的好处。关于哪一种预处理器更好有许多不同的看法，但是，你会发现那都出自于个人的偏好。

6. 选择 Source & Output（源和输出）类别。

这个类别可以为你的 CSS 预处理器指定源和输出文件夹。默认选项以源文件保存位置为目标文件夹。

7. 选择 Define output folder（定义输出文件夹）选项，单击 Browse for Folder（浏览文件夹）图标，如图 12-22 所示。

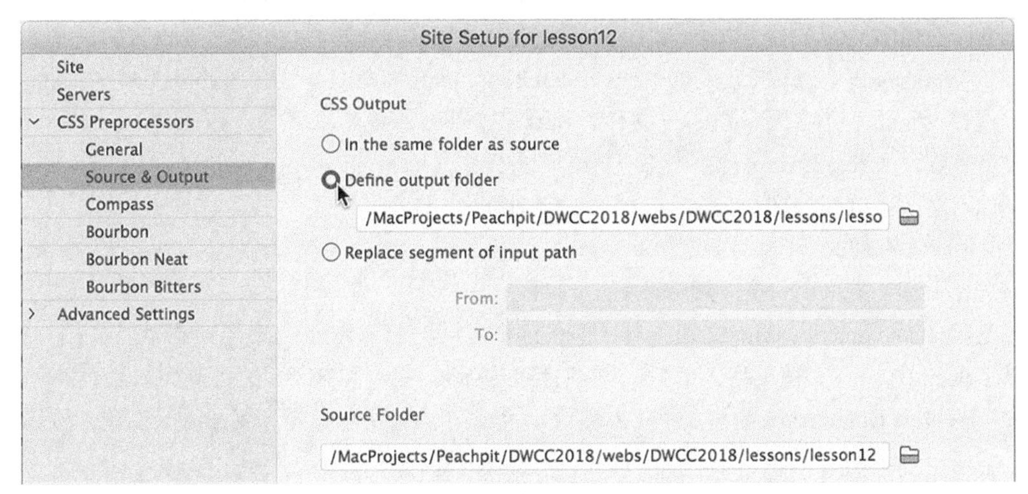

图 12-22

出现一个文件浏览器对话框。

8. 如果有必要，浏览到站点根文件夹。创建新文件夹。

9. 将新文件夹命名为 css，单击 Create（创建），如图 12-23 所示。

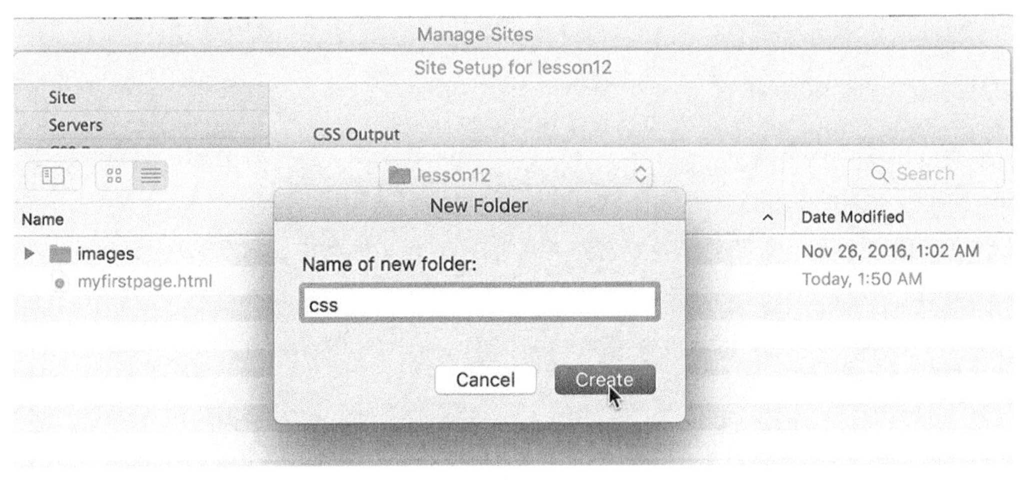

图 12-23

10. 单击 Source Folder（源文件夹）字段旁边的 Browse for Folder（浏览文件夹图标）。

11. 导航到站点根文件夹。选择已有的 Sass 文件夹，单击 Select Folder/Choose（选择文件夹 / 选择）。

12. 保存更改，单击 Done（完成）返回站点。

现在，CSS 预处理器启用，指定了源和输出文件夹。接下来，你将创建 CSS 源文件。

12.4.2 创建 CSS 源文件

使用预处理器工作流时，你不直接编写 CSS 代码，而是在源文件中编写规则和其他代码，然后将其编译为输出文件。对于以下练习，你将创建一个 Sass 源文件，并学习该语言的一些功能。

1. 从 Workspace（工作区）菜单中选择 Standard（标准）。

2. 选择 Window（窗口）> Files（文件）显示“文件”面板。

如有必要，从 Site List（站点列表）下拉菜单中选择 lesson12。

3. 如有必要，打开 myfirstpage.html 并切换到拆分视图。

此时网页没有样式。

4. 选择 File（文件）> New（新建）。

出现 New Document（新建文档）对话框。这个对话框允许你创建各类 Web 兼容文档。在对话框的 Document Type（文档类型）部分，你将看到 LESS、Sass 和 SCSS 文件类型。

5. 选择 New Document（新建文档）> SCSS，如图 12-24 所示。单击 Create（创建）按钮。

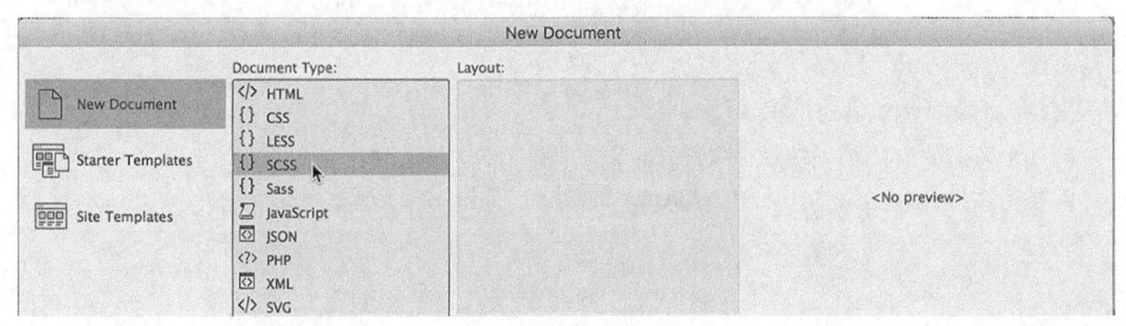

图 12-24

新的空白 SCSS 文档出现在文档窗口中。SCSS 是 Sass 的一种，使用类似常规 CSS 的语法，许多用户觉得它更容易学习和使用。

6. 将文件保存在上个练习中作为源文件夹目标的 Sass 文件夹中，取名为 green-styles.scss，如图 12-25 所示。

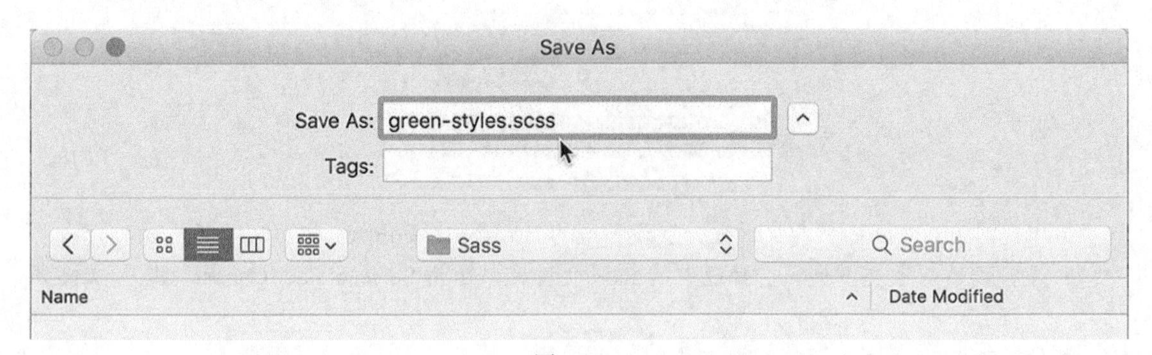

图 12-25

没有必要创建 CSS 文件，Dreamweaver 中的编译器将为你完成这项工作。你已经准备好开始使用 Sass 了。第一步是定义变量。变量是一种编程结构，可用于存储多次使用的 CSS 规格，例如站点主题中的颜色。使用变量，你就只需要定义一次。如果将来要更改它，可以在样式表中编辑一个条目，变量的所有实例都将自动更新。

7. 将光标插入 green-styles.scss 的第 2 行，输入 `$logogreen: #090;` 并按 Enter/Return 键。

你已经创建了第一个变量，这是站点主题颜色——绿色。

让我们创建其余变量。

8. 输入如下内容：

```
$darkgreen: #060;
$lightgreen: #0F0;
$logoblue: #069;
$darkblue: #089;
$lightblue: #08A;
$font-stack: "Trebuchet MS", Verdana, Arial, Helvetica,
sans-serif;
```

按 Enter/Return 创建一个新行。

在单独的行输入变量使得它们更容易阅读和编辑，但不影响它们的执行。只需确保在每个变量的末尾添加一个分号（；）。

我们从设置 <body> 元素的基础或默认样式的样式表开始。除了使用其中一个变量来设置字体系列之外，在大多数情况下，SCSS 标记看起来就像常规 CSS。

9. 输入 `body` 并按空格键。

当你输入 { 时，Dreamweaver 会自动创建右括号 }。创建新行时，默认情况下会缩进光标，并将结右括号移动到下一行。你也可以使用 Emmet 快速输入设置。

10. 输入 `ff$font-stack` 并按 Tab 键，如图 12-26 所示。

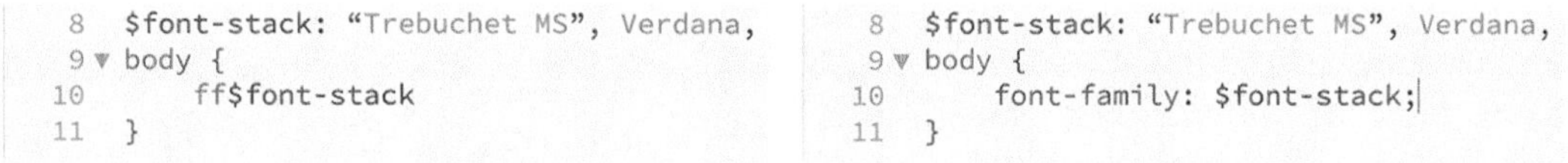

```
 8   $font-stack: "Trebuchet MS", Verdana,
 9 ▼ body {
10       ff$font-stack
11   }
```

```
 8   $font-stack: "Trebuchet MS", Verdana,
 9 ▼ body {
10       font-family: $font-stack;
11   }
```

图 12-26

上述简写展开为 `font-family: $font-stack;`。

11. 按 Enter/Return 创建新行，输入 `c` 并按 Tab 键。

简写展开为 `color: #000;`，如图 12-27 所示。这个默认颜色是可以接受的。

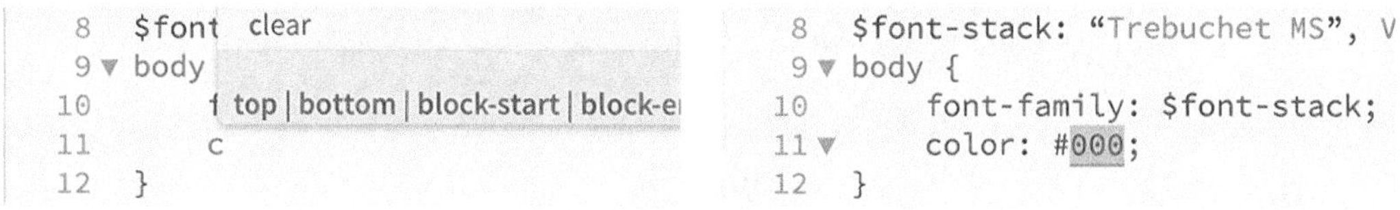

```
 8   $font  clear
 9 ▼ body
10       f  top | bottom | block-start | block-e
11       c
12   }
```

```
 8   $font-stack: "Trebuchet MS", V
 9 ▼ body {
10       font-family: $font-stack;
11 ▼     color: #000;
12   }
```

图 12-27

12. 按住 Alt/Cmd 键并按右箭头键，将光标移到当前代码行末尾。

13. 按 Enter/Return 键创建一个新行，输入 `m0` 并按 Tab 键，如图 12-28 所示。

```
 8  $font-stack: "Trebuchet MS", Ve
 9 ▼ body {
10      font-family: $font-stack;
11      color: #000;
12      m0|
13  }
```

```
 8  $font-stack: "Trebuchet MS", Ve
 9 ▼ body {
10      font-family: $font-stack;
11      color: #000;
12      margin: 0;
13  }
```

图 12-28

上述简写展开为 `margin: 0;`。这个属性完成了 body 元素的基本样式。在你保存文件之前，是观察预处理器如何完成工作的好时机。

12.4.3 编译 CSS 代码

你已经完成了 body 元素的规格。但是你还没有在 CSS 文件中直接创建样式。你的输入项完全在 SCSS 源文件中。

1. 如果有必要，显示 Files（文件）面板，展开站点文件列表，如图 12-29 所示。

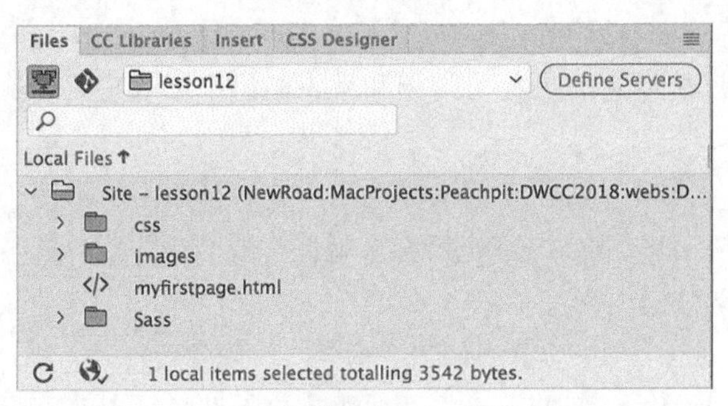

图 12-29

站点由一个 HTML 文件和 3 个文件夹组成：css、images 和 Sass。

2. 展开 css 和 Sass 文件夹视图，如图 12-30 所示。

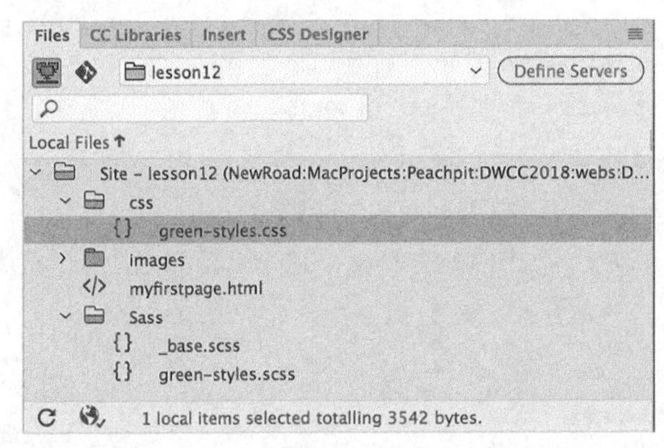

图 12-30

Sass 文件夹包含 green-styles.scss 和 _base.scss。css 文件夹包含 green-styles.css。当你开始本课时，这个文件不存在。它是你创建 SCSS 文件并保存到定义为源文件夹的站点文件夹时自动生成的。此刻，这个 CSS 文件应该不包含任何 CSS 规则或者标记。样板网页中也没有引用它。

注意：green-styles.css 文件应该在前一个练习保存 SCSS 文件时自动创建。如果没有看到这个 CSS 文件，可能需要关闭并重启 Dreamweaver。

3. 选择 myfirstpage.html 的文档选项卡。如果有必要，切换到拆分视图。页面只显示默认的 HTML 样式，如图 12-31 所示。

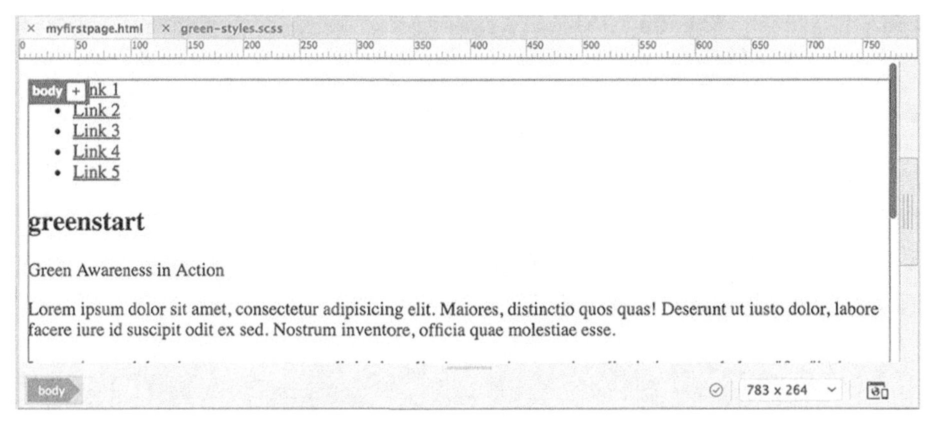

图 12-31

4. 在代码视图中，将光标插入 <head> 开始标签之后，按 Enter/Return 键插入新行。
5. 输入 <link 并按空格键，出现提示菜单。你将把网页链接到生成的 CSS 文件。
6. 输入 href 并按 Enter/Return 键。出现完整的 href="" 属性，提示菜单变为显示 Browse（浏览）命令和网站中可用文件夹的路径名列表，如图 12-32 所示。
7. 按向下箭头键选择路径 css/ 并按 Enter/Return 键，提示菜单现在显示 green-styles.css 的路径和文件名。

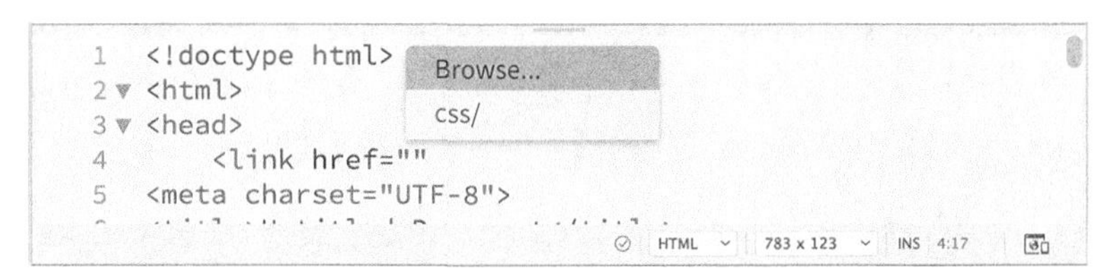

图 12-32

8. 按向下箭头键选择 css/green-styles.css 并按 Enter/Return 键，如图 12-33 所示。

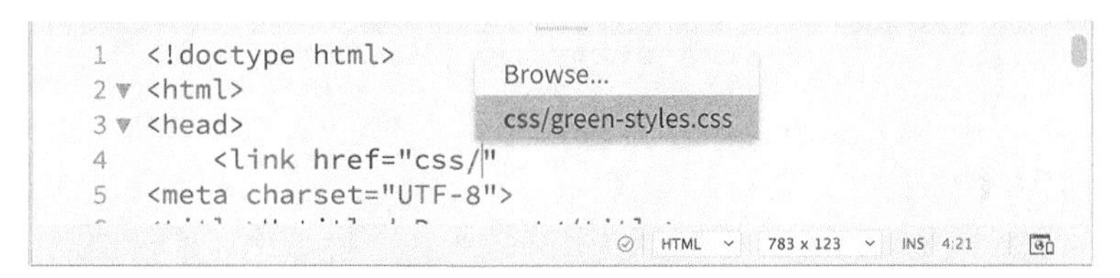

图 12-33

CSS 输出文件的 URL 出现在属性中。光标移到右引号之外，为下一个条目做好了准备。要使样式表引用有效，你还需要创建两个属性。

9. 按空格键并输入 `type`，按 Enter/Return 键，从提示菜单中选择 `text/css`，如图 12-34 所示。

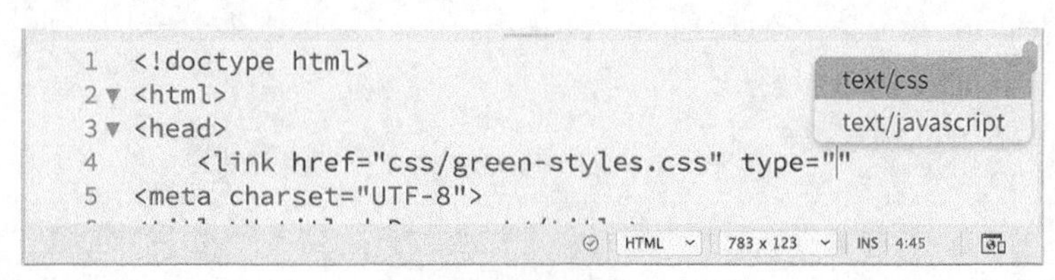

图 12-34

10. 按空格键并输入 `rel`，按 Enter/Return 键，从提示菜单中选择 `stylesheet`。

11. 将光标移动到关闭的引号之外，输入 > 关闭链接。

CSS 输出文件现在被网页引用。在实时视图中，样式不应该有任何差异，但是现在应该看到 Related Files（相关文件）界面中显示的 green_styles.css，如图 12-35 所示。

```
1   <!doctype html>
2 ▼ <html>
3 ▼ <head>
4       <link href="css/green-styles.css" type="text/css"
        rel="stylesheet">
head    HTML    783 x 108    INS 4:72
```

图 12-35

注意： 如果你不小心在这一步前保存了 SCSS 文件，可能看到 HTML 文件中的样式，在 Related Files（相关文件）界面中看到另一个文件名。

12. 在 Related Files（相关文件）界面中选择 green-styles.css。

代码视图显示的是 green_styles.css 的内容，仅显示注释条目 `"/ * Scss Document * /"`。green_styles.scss 文档选项卡中的文件名旁边会显示一个星号，表示该文件已被更改，但尚未保存。

13. 选择 Window（窗口）> Arrange（排列顺序）> Tile（垂直平铺）。

网页和源文件并排出现在程序窗口中，如图 12-36 所示。

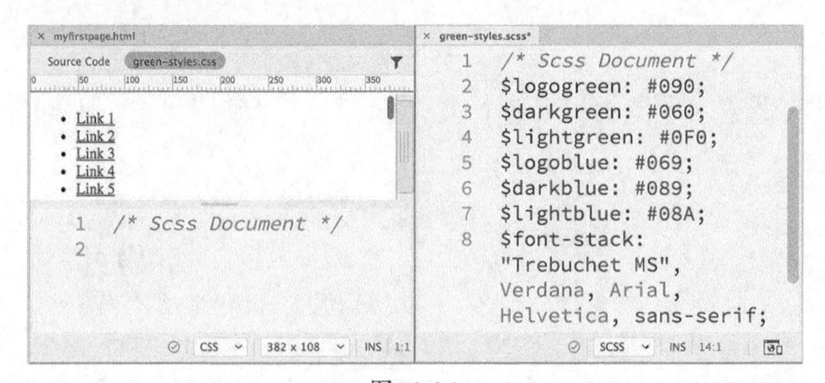

图 12-36

14. 将光标插入 green-styles.scss 中的任何位置并选择 File（文件）> Save（保存）。

过一会儿，myfirstpage.html 的显示改变，显示新的字体和边距设置。代码视图窗口也更新为显示 green-styles.css 的新内容，如图 12-37 所示。每次保存 SCSS 源文件时，Dreamweaver 将更新输出文件。

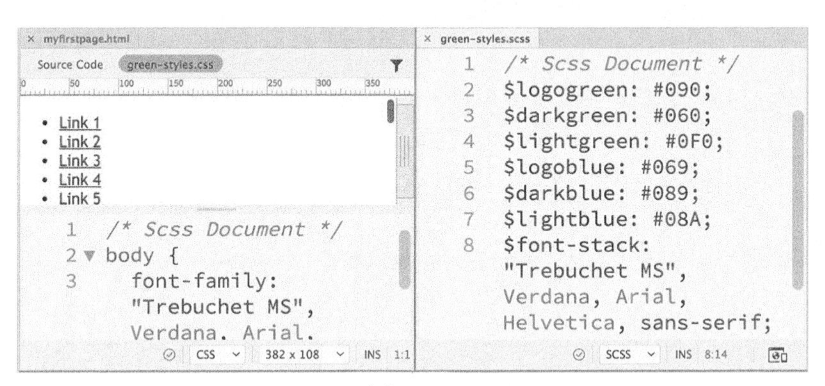

图 12-37

12.4.4 嵌套 CSS 选择器

将 CSS 样式定位到一个元素，而不会意外地影响到另一个元素，这是 Web 设计师常常需要面临的挑战。后代选择器是确保样式应用正确的一种方法。但是，随着网站和样式表规模的扩大，创造和维护正确的后代结构变得越来越困难。所有预处理器语言都可以提供某种形式的选择器名称嵌套。

在本练习中，你将学习在设置导航菜单时嵌套选择器。首先，你将为 <nav> 元素本身设置基本样式。

注意：一定要使用 SCSS 文件。

1. 在 green-styles.scss 中，插入光标到 body 规则的右括号（}）之后。

2. 创建新行，输入 `nav {` 并按 Enter/Return 键。

`nav` 选择器和声明结构创建并为你的输入做好了准备。Emmet 为所有 CSS 属性提供了简写输入。

3. 输入 `bg$logoblue` 并按 Tab 键。按 Enter/Return 键。简写展开为 `background: $logoblue`，这是你在 SCSS 源文件中创建的第一个变量。这将把颜色 `#069` 应用到 `nav` 元素。

4. 输入 `ta:c` 并按 Tab 键。按 Enter/Return 键。简写展开为 `text-align: center`。

5. 输入 `ov:a` 并按 Tab 键。按 Enter/Return 键。简写展开为 `overflow: auto`。

6. 保存源文件。

myfirstpage.html 中的 <nav> 元素显示颜色 `#069`。这个菜单没有很大的效果，但你只是刚刚开始。接下来，你将格式化 <ul> 元素。注意，光标仍然在 `nav` 选择器的声明结构中，如图 12-38 所示。

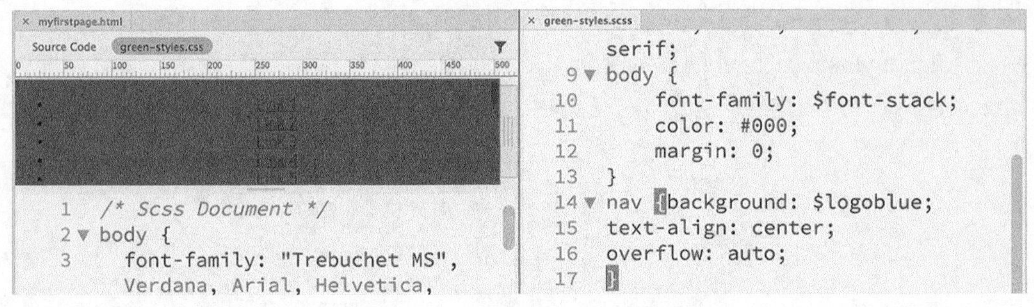

图 12-38

7. 输入 ul { 并按 Enter/Return 键。nav 规则内创建了新选择器和声明。

8. 创建如下属性：

```
list-style: none;
padding: 0;
```

这些属性重置项目列表的默认样式，删除项目符号和缩进。接下来，你将覆盖列表项的样式。

9. 按 Enter/Return 键并输入 li {，再次按 Enter/Return 键。和以前一样，新选择器和声明完全在 ul 规则内。

10. 创建属性 display: inline-block; 并按 Enter/Return 键。

这个属性将把所有链接并排显示在一行中。最后要设置样式的元素是链接本身的 <a> 元素。

11. 输入 a{ 并按 Enter/Return 键。

创建如下属性：

```
margin: 0;
padding: 10px 15px;
color: #FFC;
text-decoration: none;
background: $logoblue;
```

a 的规则和声明完全出现在 li 规则内。每条设置导航菜单样式的规则以合乎逻辑、直观的方式相互嵌套，产生同样合乎逻辑、直观的 CSS 输出。

12. 保存文件。

myfirstpage.html 中的导航菜单被重新格式化，并排显示一行链接，如图 12-39 所示。CSS 输出文件显示几条新的 CSS 规则。新规则不像源文件中那样嵌套。它们是独立且截然不同的。更令人惊讶的是，选择器已被重写，以针对菜单的后代结构（如 nav ul li a）。你可以看到，在 SCSS 源文件中的嵌套规则消除了编写复杂选择器的烦恼。

12.4.5 导入其他样式表

为了使 CSS 样式更易于管理，许多设计师将他们的样式表分成多个单独的文件，例如一个用

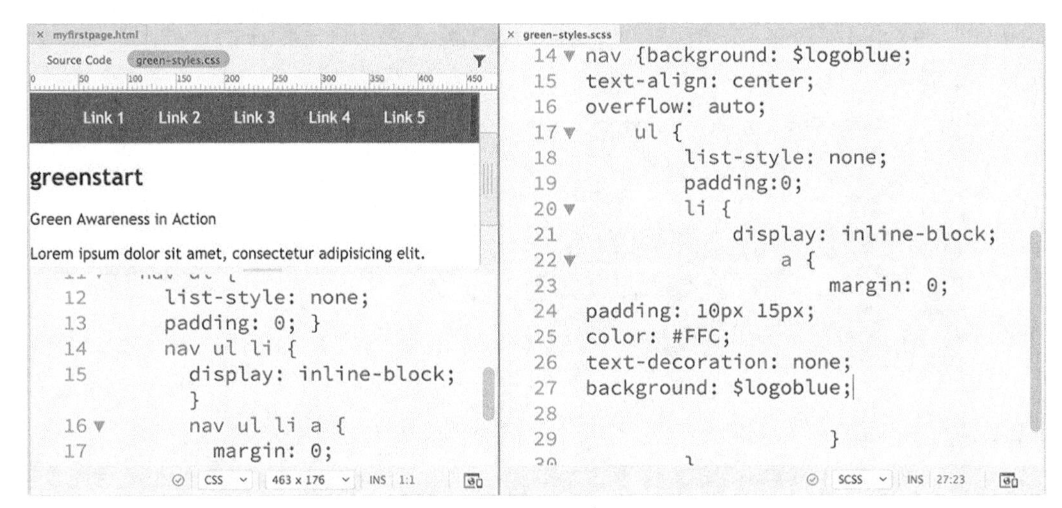

图 12-39

于导航组件，另一个用于文章，还有一个用于动态元素。大公司可以创建一个整体的企业标准样式表，然后允许各部门或子公司为自己的产品和目的编写自定义样式表。最终，所有这些 CSS 文件需要汇集在一起，供网站上的网页调用，但这可能会造成一个大问题。

链接到页面的每个资源都会创建一个 HTTP 请求，这些请求可能使页面和资源的加载陷于停顿。这对于小型网站或访问量小的网站来说不是一件大事。但是流行的、访客众多的站点将面临巨大的 HTTP 请求，可能使网络服务器超载，甚至导致页面在访问者的浏览器中“冻结”。太多这样的体验可能会导致访问者流失。

减少或消除多余的 HTTP 调用应该是任何设计师或开发人员的目标，特别是在大型企业或热门网站上工作的人员。重要技术之一是减少每个页面调用的单独样式表的数量。如果页面需要链接到多个 CSS 文件，通常建议你将一个文件指定为主样式表，然后将其他文件导入到其中，创建一个大型、通用的样式表。

在正常的 CSS 文件中，导入多个样式表不会产生任何好处，因为 import 命令会创建你首先要避免的同类 HTTP 请求。但是，由于你使用的是 CSS 预处理器，因此在发出任何 HTTP 请求之前都会执行 import 命令。各种样式表被导入和组合。虽然这样会造成样式表变大，但访问者的计算机仅需下载一次该文件，然后缓存起来供整个访问使用，从而加快了整个过程。

让我们看看，将多个样式表合并成一个文件有多么容易。

1. 如果有必要，打开 myfirstpage.html 并切换到拆分视图。打开 green-styles.scss，选择 Window（窗口）> Arrange（排列顺序）> Tile（垂直平铺）。

两个文件并排显示，更容易编辑 CSS，查看发生的更改。

2. 在 myfirstpage.html 中，单击“相关文件”界面中的 green-styles.css。

代码视图显示 green-styles.css 的内容。它包含 SCSS 源文件中所编写规则的输出。

3. 在 green-styles.scss 中，插入光标到 `body` 规则之前。输入 `@import "_base.scss"`; 并按 Enter/Return 键插入新行。

这条命令导入保存在 Sass 文件夹中的 _base.scss 文件内容。该文件在设置页面其他部分样式之前创建。此时，一切都没有改变，因为 green-styles.scss 还没有保存。

4. 保存 green-styles.scss，观察 myfirstpage.html 中的变化，如图 12-40 所示。

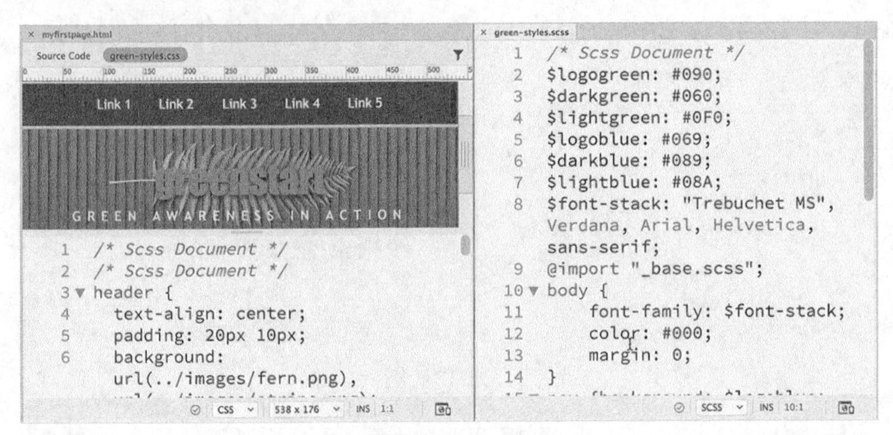

图 12-40

如果你正确地按照有关如何创建本课程 HTML 结构的说明操作，该页面现在应该是完全格式化的。如果你检查 green_styles.css，就会看到在 body 规则之前插入了几条规则。导入的内容将从第 9 行开始添加，即 `@import` 命令的位置。一旦内容导入，CSS 的优先级和特异性就会生效。确保所有规则和文件引用出现在变量之后，否则，变量将不起作用。

5. 保存并关闭所有文件。

在本小节中，你创建了一个 SCSS 文件，学习了 CSS 预处理器的使用方法。你体验了各种效率改善和高级功能，并对这一工具的深度和广度有了粗略的认识。

12.4.6 学习更多关于预处理器的知识

查阅如下书籍，可以学到更多关于 CSS 预处理器的知识，为你的 CSS 工作流增加动力。

- *Beginning CSS Preprocessors: With SASS, Compass.js, and Less.js*, by Anirudh Prabhu, Apress (2015), ISBN: 978-1484213483
- *Instant LESS CSS Preprocessor How-to*, by Alex Libby, Packt Publishing (2013), ISBN: 978-1782163763
- *Jump Start Sass: Get Up to Speed with Sass in a Weekend*, by Hugo Giraudel and Miriam Suzanne, SitePoint (2016), ISBN: 978-0994182678

12.4.7 Linting 支持

Dreamweaver CC（2018 版）提供实时代码错误检查。Dreamweaver 首选项中默认启用 Linting 支持，这意味着程序将实时监控你的代码编写，并标出错误。

1. 如果有必要，打开 myfirstpage.html，并切换到代码视图。

如果有必要，在 Related Files（相关文件）界面中选择 Source Code（源代码）。

2. 在 <article> 开始标签后插入光标，按 Enter/Return 键创建新行。

3. 输入 <h1>Insert headline here。

注意： Dreamwever 可以一次性创建开始和结束标签。如果这样，在继续进行第 4 步之前删除 </h1> 结束标签。

4. 保存文件。

你在第 3 步中没有关闭 <h1> 元素。当出现错误时，每当你保存页面，文档窗口底部将显示一个红色的 X。

5. 单击 X 图标㊋，如图 12-41 所示。

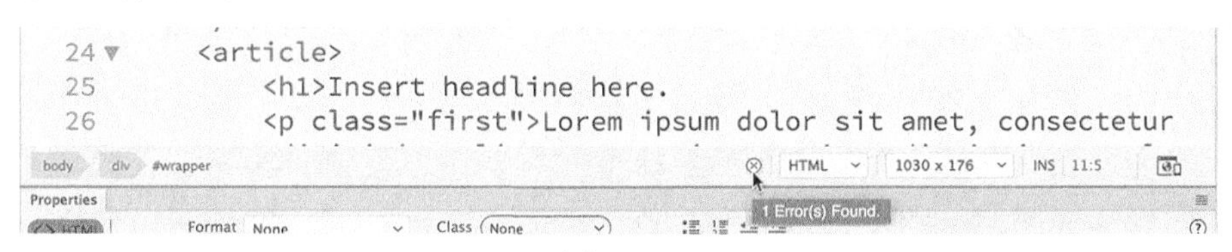

图 12-41

Output（输出）面板自动打开，显示编码错误。在本例中，错误信息说明，标签必须配对，并指出系统认为的错误发生的行号。信息中错误地定位到第 27 行，但是这一现象的发生是 HTML 标签性质和结构所致。

6. 双击错误信息，如图 12-42 所示。

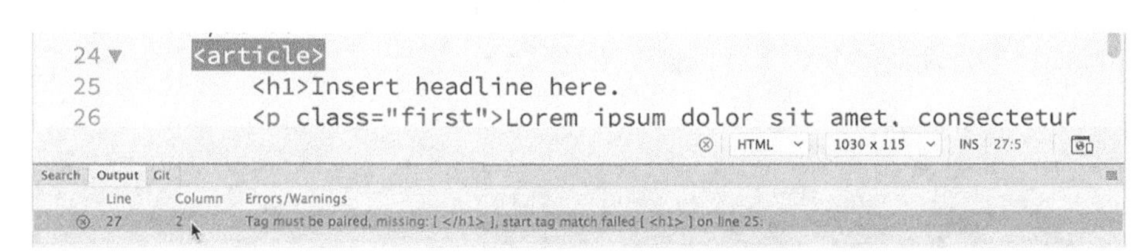

图 12-42

Dreamweaver 在代码视图窗口中的焦点在被识别出包含错误的部分。由于 Dreamweaver 寻找 <h1> 元素的结束标签，将遇到的第一个结束标签 </article> 标记出来，这是错误的。这种行为将帮助你靠近错误所在位置，但你往往必须自行跟踪真正的错误。

注意： 你可能需要单击 Refresh（刷新）按钮显示 Linting 报告。

7. 在代码 <h1>Insert headline here 的最后插入光标。输入 </。

Dreamweaver 应该自动关闭 <h1> 标签。如果没有，正确地完成该标签。

8. 保存文件。

一旦错误得到更正，红色的 X 被绿色的打钩记号取代，如图 12-43 所示。

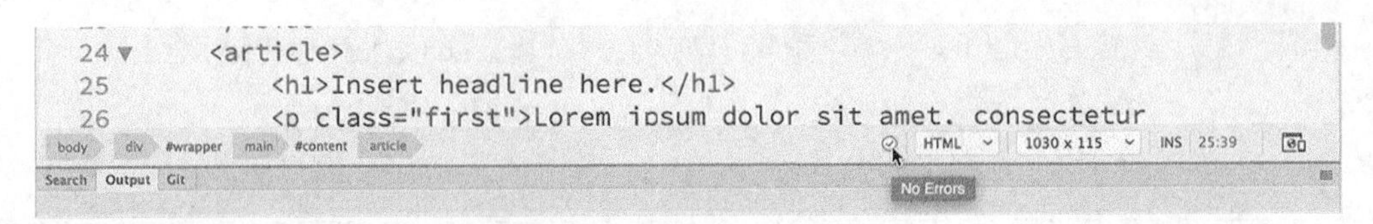

图 12-43

9. 右键单击 Output（输出）面板选项卡，从上下文菜单中选择 Close Tab Group（关闭标签组）。

在保存你的工作时，注意这个图标很重要。系统不会弹出表示任何问题的其他错误信息，你应该在将页面上传到 Web 服务器之前捕捉和更正任何错误。

12.5 选择代码

Dreamweaver 提供多种方法，在代码视图中交互和选择代码。

12.5.1 使用行号

你可以有多种方式使用光标与代码交互。

1. 如果有必要，打开 myfirstpage.html，并切换到代码视图。

2. 向下滚动并定位 <nav> 元素（大约在第 11 行）。

3. 拖动光标经过整个元素，包括菜单项。

这样使用光标，你就可以选择代码的任何部分或者全体。但是，这样使用光标容易出错，导致你错过代码的关键部分。有时候，使用行号选择整行代码更容易。

4. 单击 <nav> 标签旁边的行号，窗口中的整行都被选中。

5. 向下拖动行号，选择整个 <nav> 元素，如图 12-44 所示。

```
10 ▼    <div id="wrapper">
11 ▼    <nav><ul>
12          <li><a href="#">Link 1</a></li>
13          <li><a href="#">Link 2</a></li>
14          <li><a href="#">Link 3</a></li>
15          <li><a href="#">Link 4</a></li>
16          <li><a href="#">Link 5</a></li>
17      </ul></nav>
18      <header><h2>greenstart</h2>
```

图 12-44

Dreamweaver 完全高亮显示全部 7 行。使用行号可以节约很多时间，避免选择中的错误，但是没有考虑代码元素的实际结构，这些元素可能在一行的中间开始或者结束。标签选择器提供选择逻辑代码结构的更好手段。

12.5.2 使用标签选择器

最简单、最高效的代码选择方法之一是使用标签选择器，你在前面的课程中经常这么做。

1. 向下滚动，找到如下代码：

```
<a href="#">Link 1</a>
```

2. 在文本 `Link 1` 的任何位置插入光标。

检查文档窗口底部的标签选择器。

代码视图中的标签选择器显示 <a> 标签及所有父元素，在实时或者设计视图中也一样。

3. 选择 <a> 标签选择器，如图 12-45 所示。

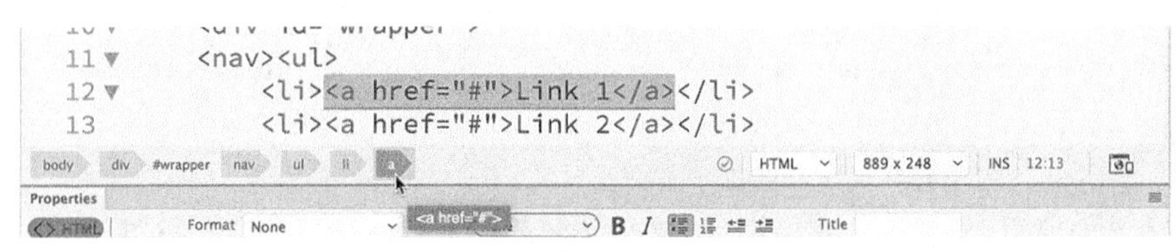

图 12-45

整个 <a> 元素，包括其内容，在代码视图中高亮显示。现在，可以复制、剪切、移动或者折叠。标签选择器清楚地揭示了代码结构，甚至与代码视图显示无关。<a> 是 <li> 元素的子元素，后者是 <ul> 的子元素，依此类推，<ul> 是 <nav> 的子元素，<nav> 是 <div#wrapper> 的子元素。

标签选择器使得选择代码结构的任何部分易如反掌。

4. 选择 <ul> 标签选择器，如图 12-46 所示。

```
10 <div id="wrapper">
11 <nav><ul>
12     <li><a href="#">Link 1</a></li>
13     <li><a href="#">Link 2</a></li>
14     <li><a href="#">Link 3</a></li>
15     <li><a href="#">Link 4</a></li>
16     <li><a href="#">Link 5</a></li>
17 </ul></nav>
18 <header><h2>greenstart</h2>
```

图 12-46

项目列表的代码被全部选中。

5. 选择 <nav> 标签选择器，整个菜单的代码被选中。

6. 选择 <div#wrapper> 标签选择器，如图 12-47 所示。

```
10 <div id="wrapper">
11 <nav><ul>
12     <li><a href="#">Link 1</a></li>
13     <li><a href="#">Link 2</a></li>
14     <li><a href="#">Link 3</a></li>
15     <li><a href="#">Link 4</a></li>
16     <li><a href="#">Link 5</a></li>
17 </ul></nav>
18 <header><h2>greenstart</h2>
```

图 12-47

现在，整个页面的代码被选中。使用标签选择器允许你确定和选择页面上任何元素的结构，但是需要你自行确定和选择父标签。Dreamweaver 提供了另一个工具，可以自动为你完成这项工作。

12.5.3 使用父标签

在代码视图窗口中使用父标签选择器，使选择页面的层次结构更加简单。

1. 如果有必要，选择 Window（窗口）> Toolbar（工具栏）> Common（通用），以显示通用工具栏。

2. 在文本 `Link 1` 中的任何位置插入光标。

3. 在通用工具栏中，单击 Select Parent Tag（选择父标签）图标，如图 12-48 所示。整个 `<a>` 元素高亮显示。

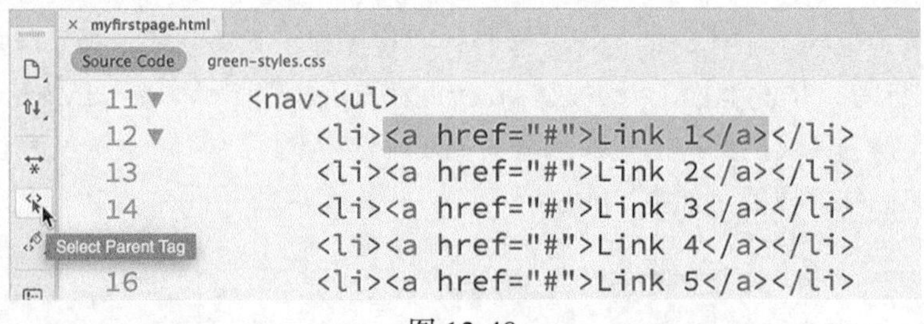

图 12-48

注意：默认情况下，Select Parent Tag（选择父标签）图标可能不在通用工具栏上显示。如果有必要，单击 Customize Toolbar（自定义工具栏）图标，启用该工具之后再继续第 3 步。

4. 再次单击 Select Parent Tag（选择父标签）图标，或者按 Ctrl+[/Cmd+[（左方括号）键。整个 `<li>` 元素被选中。

5. 单击 Select Parent Tag（选择父标签）图标，如图 12-49 所示。整个 `<ul>` 元素被选中。

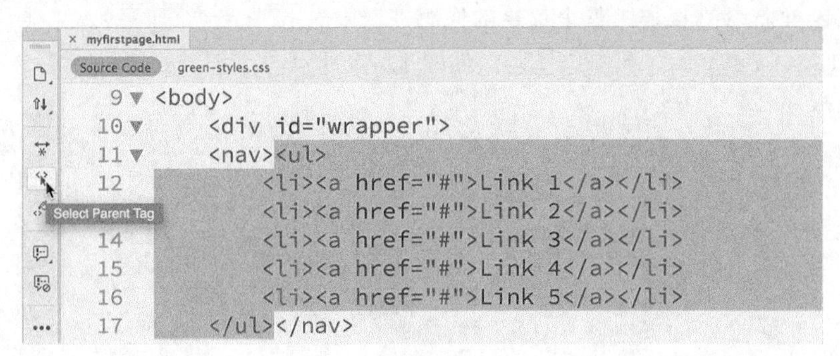

图 12-49

6. 按 Ctrl+[/Cmd+[键直到选中 `<div#wrapper>`。

每当你单击图标或者按下快捷键，Dreamweaver 选择当前选中元素的父元素。一旦你选择了该元素，可能发现处理很长的代码段落很麻烦。代码视图提供了其他一些方便的选项以折叠冗长的段落，使它们易于处理。

12.6 折叠代码

折叠代码是一种可以提高效率的工具，可以使复制或者移动大段代码变得很简单。编码人员和开发人员在查找页面上的特定元素或者区段且希望暂时隐藏不需要的区段时，也会折叠代码段。代码可以按照选择或者逻辑元素折叠。

1. 选择 `<nav>` 元素中的前 3 个链接项。

注意代码视图左侧的 Collapse（折叠）图标。折叠图标表示选中的内容目前展开。

2. 单击 Collapse（折叠）图标▼，如图 12-50 所示。

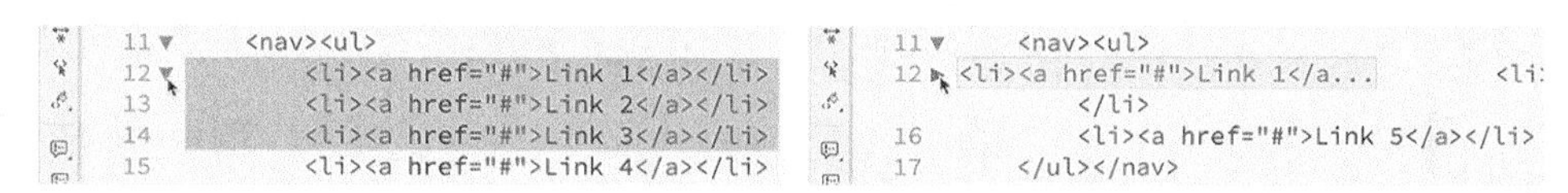

图 12-50

选中的文本折叠，只显示第一个 `<li>` 元素和一个文本片段。

你也可以根据逻辑元素（如 `<ul>` 或者 `<nav>`）折叠代码。注意，包含元素开始标签的每一行也显示折叠图标。

3. 单击 `<nav>` 元素所在行旁边的 Collapse（折叠）图标▼，如图 12-51 所示。

```
10 ▼  <div id="wrapper">
11 ▶  <nav><ul> <li><a href="#">...
18    <header><h2>greenstart</h2>
19    <p>Green Awareness in Action</p></header>
```

图 12-51

整个 `<nav>` 元素在代码窗口中折叠，只显示整个元素的一个缩略片段。在任何一种情况下，代码都完全不会被删除或者破坏，仍然和预想的一样运作。而且，折叠功能只出现在 Dreamweaver 的代码视图中，在 Web 或者另一个应用中，代码将正常显示。要展开代码，只需要把这一过程颠倒过来，下一节中将进行说明。

12.7 展开代码

当代码折叠时，你仍然可以复制、剪切或者移动它，就像对待任何其他选中元素那样。然后，你可以一次展开一个元素，或者一次性展开全部元素。

1. 单击 `<nav>` 元素所在行旁边的 Expand（展开）图标▶。`<nav>` 元素展开，但是前一个练习中折叠的 3 个 `<li>` 元素仍然折叠。

2. 单击 `<li>` 元素所在行旁边的 Expand（展开）图标▶。所有折叠元素此时将展开。

12.8 访问拆分代码视图

为什么编码人员要拒绝同时在两个窗口中工作？拆分代码视图使你可以一次性地在两个不同文档或者相同文档的不同段落中工作。你可以随意选择。

1. 如果有必要，切换到代码视图。

2. 选择 View（查看）> Split（拆分）> Code-Code，如图 12-52 所示。

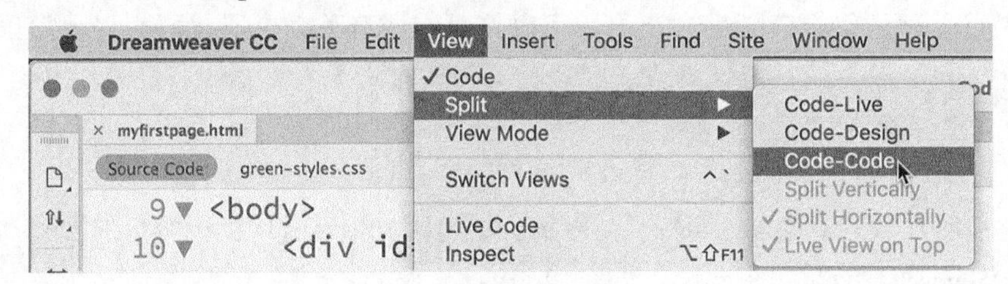

图 12-52

文档显示两个代码视图窗口，两者的焦点都是 myfirstpage.html。

3. 将光标插入上方的窗口，向下滚动到 <footer> 元素。拆分代码视图使你可以查看和编辑同一个文件的两个不同部分。

4. 在下方窗口中插入光标，滚动到 <header> 元素，如图 12-53 所示。

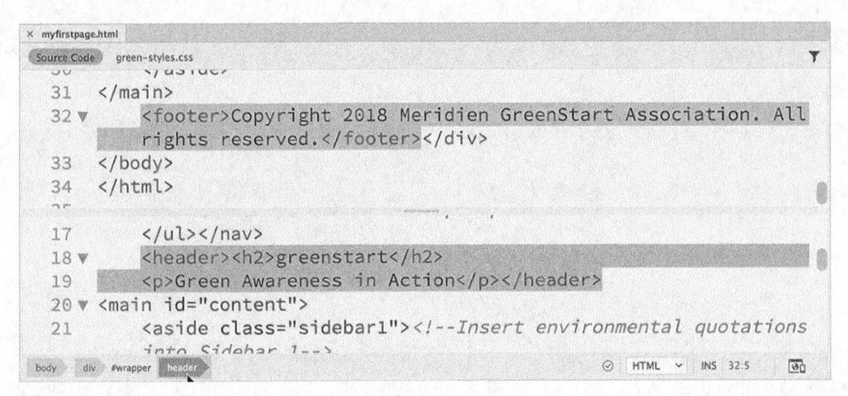

图 12-53

你也可以查看和编辑任何相关文件的内容。

5. 在相关文件界面中，选择 green-styles.css。

样式表加载到其中一个窗口中。你可以在任何一个窗口工作，并实时保存你的更改。Dreamweaver 在界面中任何一个已经改变而尚未保存的文件名上显示一个星号。如果你选择 File（文件）> Save（保存）或者按 Ctrl+S/Cmd+S 键，Dreamweaver 保存光标插入的文档中的更改。由于 Dreamweaver 在文档没有打开时也能进行更改，这一特性使你可以编辑并更新关闭链接到网页的文件。

12.9 在代码视图中预览资源

即使你是一位顽固的编码人员或者开发人员，但也没有理由不喜欢 Dreamweaver 的图形化显示。该程序在代码视图中提供了图形资源和某些 CSS 属性的可视化预览。

1. 打开 myfirstpage.html。选择代码视图。

在代码视图中你只能看到 HTML。图形资源只是出现在 CSS 文件 green-styles.css 中的引用。

2. 在相关文件界面中单击 green-styles.css。

样式表出现在窗口中。虽然它完全可以编辑，但是不要浪费时间对其进行任何更改。由于该文件是 SCSS 源文件的输出，你所做的任何更改都会在下次文件编译时被覆盖。

3. 找到 `header` 规则（大约在第 3 行）。

`header` 包含两个文本元素和两幅图像。你应该可以在 `background` 属性中看到图像引用。

4. 将光标放在 `background` 属性中的标记 `url(../images/fern.png)` 上（第 6 行）。

蕨类图像的一个缩略预览图出现在光标之下，如图 12-54 所示。

5. 将光标放在 `background` 属性中的标记 `url(../images/stripe.png)` 之上。

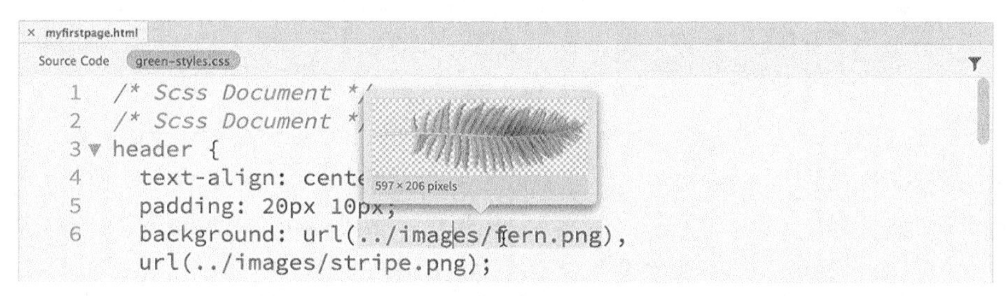

图 12-54

条纹图像的一个缩略预览图出现在光标下。预览功能还适用于颜色属性。

6. 将光标放在 `background-color` 属性中的标记 `#090` 上。

一个小色块出现，显示指定的颜色，如图 12-55 所示。预览对所有颜色模式的运作模式相同。你不再需要在实时视图或者浏览器中查看之前猜测指定的图像或者颜色了。

```
× myfirstpage.html
Source Code   green-styles.css
 8    background-size: auto 80%, auto auto;
 9    background-position: 47% center, left top;
10    background-color: #090;
11    border-top: solid 4r  #FD5;
12    border-bottom: sol    px #FD5; }
13 ▼  header h2 {
```

图 12-55

在本课中，你学到了一些技巧，使编码更加方便，更有效率。你学习了使用提示和自动代码完成手工编写代码的方法，并使用 Emmet 简写自动编写代码。你学习了用内建 linting 支持检查代码构造的方法，学习了选择、折叠和扩展代码以及创建 HTML 注释、以不同的方式查看代码的方法。总的来说，你已经知道，不管是视觉设计师还是手工编程者，都可以依靠 Dreamweaver 的关键特性和功能创建和编辑 HTML 代码，无须做出任何妥协。

12.10 复习题

1. Dreamweaver 用哪些手段帮助你创建新代码？
2. 什么是 Emmet，它为用户提供了什么功能？
3. 在 Dreamweaver 中，你需要安装什么来创建 LESS、Sass 或者 SCSS 的工作流？
4. 当你保存文件时，Dreamweaver 中的什么功能会报告代码错误？
5. 判断正误：折叠的代码在展开之前不会出现在实时视图或浏览器中。
6. Dreamweaver 的什么功能提供了对大多数链接文件的即时访问？

12.11 复习题答案

1. Dreamweaver 为你键入的 HTML 标签、属性和 CSS 样式提供代码提示和自动完成功能，同时支持 ColdFusion、Javascript 和 PHP 等语言。
2. Emmet 是一个脚本工具包，它通过将简写条目转换成完整的元素、占位符甚至内容来创建 HTML 代码。
3. 使用 LESS、Sass, 或者 SCSS 不需要额外的软件或服务。Dreamweaver 支持这些 CSS 预处理。只需在“站点设置”对话框中启用编译器。
4. Linting 在每次保存文件时都会检查 HTML 代码和结构，当出现错误时，在文档窗口底部显示一个红色的 X 图标。
5. 错误。折叠代码对代码的显示或操作没有影响。
6. “相关文件”界面显示在文档窗口的顶部，使用户能够立即访问和审核链接到该网页的 CSS、Javascript 和其他兼容文件类型。在某些情况下，界面中显示的文件将存储在互联网上的远程资源中。虽然“相关文件”界面使你能够查看所有显示的文件的内容，但你只能编辑存储在本地硬盘上的那些文档。